普通高等教育"十一五"国家级规划教材

工程材料力学性能

第3版

主编　束德林
参编　陈九磅　凤　仪

机械工业出版社

本书主要介绍工程材料在各种载荷作用及服役条件下的力学性能。全书共 11 章，有关金属材料力学性能的内容分设 8 章，是全书的基础；聚合物材料力学性能、陶瓷材料力学性能、复合材料力学性能各立 1 章。书中分别阐述了工程材料在静载荷、冲击载荷和交变载荷及兼有环境介质作用下的力学性能，以及抗断裂、耐磨损等性能。全书努力做到：宏观规律与微观机理相结合，以阐述宏观规律为主；加强力学性能指标物理意义与工程应用的介绍，促进理论联系实际。

本书可作为高等工科院校材料科学与工程类专业本科生教材，也可供有关专业的大学生及工程技术人员参考。

图书在版编目（CIP）数据

工程材料力学性能/束德林主编. —3 版. —北京：机械工业出版社，2016.4（2024.9 重印）

普通高等教育"十一五"国家级规划教材

ISBN 978-7-111-53095-4

Ⅰ.①工… Ⅱ.①束… Ⅲ.①工程材料-材料力学性质-高等学校-教材 Ⅳ.①TB301

中国版本图书馆 CIP 数据核字（2016）第 039381 号

机械工业出版社（北京市百万庄大街 22 号 邮政编码 100037）
策划编辑：冯春生 责任编辑：冯春生 韩 冰 张 鑫
版式设计：霍永明 责任校对：樊钟英
封面设计：张 静 责任印制：郜 敏
三河市宏达印刷有限公司印刷
2024 年 9 月第 3 版第 17 次印刷
184mm×260mm · 16.75 印张 · 415 千字
标准书号：ISBN 978-7-111-53095-4
定价：49.80 元

电话服务 网络服务
客服电话：010-88361066 机 工 官 网：www.cmpbook.com
　　　　　010-88379833 机 工 官 博：weibo.com/cmp1952
　　　　　010-68326294 金 书 网：www.golden-book.com
封底无防伪标均为盗版 机工教育服务网：www.cmpedu.com

工程用材料一般指金属材料、高分子材料、陶瓷材料和复合材料，其中金属材料产量最大，应用最广，在制造业中占比最高。随着国家社会经济的持续发展，新材料不断出现，工程领域对材料品种和数量的需求快速增加，对材料力学性能的要求越来越高。在不同工程领域，产品服役条件不尽相同，对材料力学性能的要求也不一样。因此，在编写《工程材料力学性能》新版教材时，编者希望，既要介绍材料力学性能的基本理论、基本知识、基本规律和试验技术，还要从以传统机械工程产品作为联系实际的对象，扩大到兼顾交通运输工程、建筑工程等领域，进一步提高教材的实用性。

机件因疲劳破坏而造成的失效事件占总失效事件的80%左右，一些关键机件的疲劳破坏常和表面的微细裂纹扩展有关。因此，有必要简单介绍"疲劳短裂纹"扩展的内容。

金属材料力学性能试验方法的国家标准化建设步伐不断加速，已先后颁布实施了新的《金属材料室温拉伸试验方法》《金属材料布氏硬度试验方法》《金属材料洛氏硬度试验方法》《金属材料夏比摆锤冲击试验方法》等。新标准已逐渐被企业广泛采用，并在专业学术期刊上的应用面也日益扩大，读者已逐渐熟悉。对此，教材应积极贯彻新标准，将有关新标准内容以适当方式吸收纳入教材中。编者以为，贯彻新标准要考虑教材的任务和整体性以及标准的特点，还要与有关学科及工程技术领域的科学著作、教材和手册中力学性能的名称和符号相衔接。为此，编者在第一、二章中，采用了两种应力符号：一是"R"，也表征材料在拉伸或压缩载荷作用下对变形的抗力（或强度）（下角附特征点符号）；二是"σ"，既是工程力学中的基本符号，又是全书后续各章中的应力或强度符号（下角附特征点符号）。

本书此次修订时，浙江大学李志章教授、江苏大学罗启富教授、大连交通大学戴雅康教授、南昌大学杨平生教授曾对有关章节进行了审阅，他们提出了一些有价值的意见，编者谨向几位老教授致以诚挚的谢意。

本次修订工作由束德林任主编，修订章节人员保持不变。陈九磅还负责了全书的插图、照片、名称符号、附录标准以及书稿的整理工作。

编者在本书修订中参考和引用了一些单位及作者的资料、研究成果、插图和图片，谨此致以谢意。

由于编者学术水平和条件所限，书中疏漏之处在所难免，敬希读者指正。

束德林

于合肥

本书体系是经多年实践逐步形成的，为了适应国家社会经济发展和高等学校本科教学改革的需要，编者对第1版中的部分内容进行了充实和更新，其中主要有：①新增高应变速率条件下的低周冲击疲劳，并将原"冲击疲劳"标题改为"低周冲击疲劳"，内含金属材料在低应变速率和高应变速率条件下的冲击疲劳行为；②重新编入用断裂韧度"评定钢铁材料的韧脆性"，增加"金属材料的冲蚀磨损"，聚合物和复合材料的韧性与增韧的有关内容，介绍聚合物材料的屈服和冷拉伸性能、摩擦学特性和磨损性能等，这些材料力学性能与使用性能、工艺性能相关的部分，进一步加强了理论与实际的联系；③简要介绍了非金属材料的一些力学性能试验方法和相应的力学性能指标，如聚合物和复合材料的冲击试验方法、冲击强度和断裂能等；④适应材料力学性能试验方法国家标准更新速度加快的要求，对书中涉及的力学性能试验方法及时进行了更新，如硬度试验等。但金属材料室温拉伸试验方法中，新旧标准指标、名称和符号差异颇大，目前在教材中将新标准介绍给读者，似乎尚不成熟。为了方便读者，编者采用了过渡方法，在书末附录部分列出了 GB/T 228—2002《金属材料 室温拉伸试验方法》中力学性能指标名称和符号对照表，供读者查阅参考。

在此版教材成书过程中，我们得到了兄弟院校四位老教授的关心和支持。他们认真地审阅了有关章节的书稿，提出了不少有益的意见，对提高本书的质量做出了重要贡献。他们是：太原理工大学刘会亭教授（审第一、四、五章）；江苏大学罗启富教授（审第三、七、九、十章）；大连交通大学戴雅康教授（审第二、六、八、十一章）；南昌大学杨平生教授（审低周冲击疲劳）。编者谨向这几位老教授致以诚挚的谢意。

参加本书修订工作的有：合肥工业大学束德林（第一、二、四、五、六、八、九章）、陈九磅（第三、七、十章）、凤仪（第十一章）。陈九磅还负责了全书插图、照片、名称符号、附录标准以及书稿的整理工作。全书由束德林任主编。

作者在编写本书时曾参考和引用了一些单位及作者的资料、研究成果和图片，在此谨致谢意。

编者学术水平有限，时间又紧迫，书中错误之处，敬希读者不吝指正。

束德林

于合肥

本书是在原《金属力学性能》(第 2 版) 教材基础上编写的。

编写的思路主要是：教材要为大学本科材料科学与工程类专业学生选材、变革冷热加工工艺、失效分析提供基础知识；篇幅不宜过大，但又要留有一定余地，以便读者自主选择；以金属材料力学性能知识为基础，作为介绍聚合物材料、陶瓷材料和复合材料力学性能的先导。金属材料力学性能的内容安排仍保留原来的体系，共设 8 章，但几乎每一章的内容都做了不同程度的压缩与调整：如第一章中解理断裂机理只保留了位错塞积与位错反应模型，微孔聚集断裂形核长大模型也做了简化处理；第四章关于弹塑性断裂力学只介绍了 J 积分与 COD 的基本概念，既压缩了篇幅，又突出了线弹性断裂力学的内容和基础地位；第五章中疲劳裂纹扩展过程仅叙述了塑性钝化模型；第七章磨损部分内容也做了删减和改写等。鉴于材料力学行为都与材料自身的结构有密切联系，本书将聚合物材料和陶瓷材料的力学性能分开立章，在简要叙述了它们的结构特点后再讨论其力学行为，可能有助于读者对这些材料力学性能的理解与掌握，也有利于对内容做适当充实。复合材料力学性能因材料结构的特殊性，且又涉及较多力学问题，本书只介绍了最基本的知识。

书中名词术语、力学性能指标及其符号和测定方法均按国家现行标准叙述和书写，但复合材料力学性能一章仍保留了复合材料科学的现有用法。

为了适应国家进一步改革开放的需要，书中附录还列出了有关国家部分材料力学性能试验标准编号和名称，供读者查阅参考。

参加 1995 年《金属力学性能》(第 2 版) 教材编写工作的老师除束德林（第一、三、七章，原安徽工学院）外，尚有刘会亭（第四、五章，原太原工业大学）、戴雅康（第二、六、八章，原大连铁道学院）、罗启富（第九章，原江苏理工大学），由浙江大学李志章教授主审。他们为金属力学性能教材建设做出了很大贡献，没有他们的参与和打下的基础，第 2 版和本书不可能问世。在此次重新编写过程中，罗启富教授对有关章节进行了审阅并提了宝贵意见；戴雅康教授除对有关章节提出修改建议外，还为国内外材料力学性能试验标准的收集与整理做了大量工作。编者在向他们表示深切谢意的同时，还向《金属力学性能》(第 1 版) 教材主审天津大学陈敏熊教授、编写者山东工业大学孙希泰教授致以由衷的感谢。

参加本书编写工作的老师有：合肥工业大学束德林（第一、二、四、五、六、八、九、十章）、陈九磅（第三、七章）、凤仪（第十一章）。陈九磅老师还负责了全书插图、名词符号、附录标准的整理等工作。全书由束德林任主编。

作者在编写本书时曾参考和引用了一些单位及作者的资料、研究成果和图片，在此谨致谢意。

由于编者学术水平和客观条件所限，书中疏漏之处在所难免，敬希读者批评指正。

束德林

于合肥

A——断后伸长率

A_{gt}——金属材料拉伸时最大力下的总延伸率

A_c、A_f、A_m——复合材料、纤维、基体的横截面积

a_c——临界裂纹长度

COD——裂纹尖端张开位移

da/dN——疲劳裂纹扩展速率

da/dt——应力腐蚀或氢致延滞断裂裂纹扩展速率

E——弹性模量

E_b——弯曲弹性模量

E_c——压缩弹性模量

$E_c(\tau)$——聚合物蠕变模量

E_{cL}、E_{cT}——复合材料纵向弹性模量、横向弹性模量

E_f、E_m——纤维和基体的弹性模量

$E_r(\tau)$——聚合物应力松弛模量

e——延伸率

ETTn——冲击吸收能量-温度曲线的上平台与下平台之差规定百分数 n（例如 50%）所对应的韧脆转变温度

F——试验力

FATTn——脆性断面率-温度曲线的上平台与下平台之差规定百分数 n（例如 50%）所对应的韧脆转变温度

f——弯曲挠度

G——切变模量

G_c、G_f、G_m——复合材料、纤维、基体的切变模量

G_I——裂纹扩展能量释放率或裂纹扩展力

G_{IC}——临界能量释放率或临界裂纹扩展力，线弹性条件下以能量形式表示的断裂韧度

HBW——布氏硬度

HR——洛氏硬度

HK——努氏硬度

HV——维氏硬度

HS——肖氏硬度

HL——里氏硬度

J、J_I——J 积分或裂纹尖端能量线积分

J_{IC}——I 型裂纹临界 J 积分、弹塑性状态下以能量形式表示的断裂韧度

K——冲击吸收能量

KU、KV——U 型缺口试样和 V 型缺口试样冲击吸收能量

K_f——疲劳缺口系数

K_t——理论应力集中系数

K_I——I 型裂纹应力（场）强度因子

K_{IC}——临界应力（场）强度因子，线弹性条件下以应力（场）强度因子表示的断裂韧度

K_{Iscc}——应力腐蚀临界应力（场）强度因子（应力腐蚀门槛值）

K_{IHEC}——氢致延滞断裂临界应力（场）强度因子（氢致延滞断裂门槛值）

NDT——无塑性（零塑性）转变温度，以低阶能开始上升的温度定义的韧脆转变温度

NSR——静拉伸缺口敏感度

n——应变硬化指数

q_f——疲劳缺口敏感度

R——应力；陶瓷材料急冷急热下抗热震断裂参数

R'——陶瓷材料缓慢加热和冷却下的抗热震断裂参数

R_{eH}——上屈服强度

R_{eL}——下屈服强度

R_p——规定塑性延伸强度

R_r——规定残余延伸强度

R_m——抗拉强度

R_t——规定总延伸强度

R_{eHc}——上压缩屈服强度

R_{eLc}——下压缩屈服强度

R_{mc}——抗压强度

r——应力比

S_0——试样原始截面积

T、t——温度

T_t——韧脆转变温度

U_e——弹性应变能

V——裂纹嘴张开位移；体积磨损量

V_c、V_f、V_m——复合材料、纤维、基体的体积分数

V_{fcr}、V_{fmin}——纤维临界体积分数和最小体积分数

W_e——弹性比功

Y——裂纹形状系数

Z——断面收缩率

α——应力状态软性系数

γ——条件切应变

γ_c、γ_f、γ_m——复合材料、纤维、基体的切应变

γ_p——裂纹扩展单位面积消耗塑性功

γ_s——裂纹表面能

ΔK_{th}——疲劳裂纹扩展门槛值

ΔK_I——应力（场）强度因子范围

δ——裂纹尖端张开位移；断后伸长率；伸长率

δ_c——裂纹尖端临界张开位移，在弹塑性状态下以变形量表示的断裂韧度

ε——条件应变或条件伸长率；冲蚀率

ε_{cL}、ε_{cT}——复合材料的纵向应变和横向应变

ε_f、ε_m——纤维、基体的应变

$\dot{\varepsilon}$——应变速率

ε_{zh}、ε_{zhB}——真应变、最大真实均匀塑性应变

ε_{zhf}——断裂真应变

μ——摩擦因数

ν——泊松比

ν_{LT}、ν_{TL}——纵泊松比、横泊松比

σ——条件正应力

σ_b——抗拉强度

σ_{bc}——抗压强度

σ_{bb}——抗弯强度

σ_{bn}——缺口抗拉强度

σ_c——裂纹体的名义断裂应力或实际断裂强度

σ_c、σ_f、σ_m——复合材料、纤维、基体的应力

σ_{cL}、σ_{cT}——复合材料的纵向应力、横向应力

σ_{cu}、σ_{fu}、σ_{mu}——复合材料、纤维、基体的强度

σ_m——理论断裂强度；平均应力

σ_r——规定残余伸长应力；剩余应力

σ_{re}——松弛应力

σ_s——屈服强度

σ_{scc}——不发生应力腐蚀的临界应力

$\sigma_{\delta/\tau}^t$——在规定温度 t 下和规定时间 τ 内，以规定蠕变总伸长率 δ 表示的蠕变极限

$\sigma_{\dot{\varepsilon}}^t$——在规定温度 t 下，以规定稳态蠕变速率 $\dot{\varepsilon}$ 表示的蠕变极限

σ_τ^t——在规定温度 t 下，达到规定持续时间 τ 而不发生断裂的持久强度极限

$\sigma_{r0.2}$——屈服强度

σ_{-1}——对称应力循环下的弯曲疲劳极限

σ_{-1N}——缺口试样在对称应力循环下的疲劳极限

σ_{zh}——真应力

σ_{zhb}——真实抗拉强度

σ_{zhf}——断裂真应力

τ——条件切应力

τ_s——扭转屈服强度

τ_c、τ_f、τ_m——复合材料、纤维、基体的切应力

τ_m——抗扭强度

τ_{eH}、τ_{eL}——扭转上屈服强度、扭转下屈服强度

目 录

第 3 版前言
第 2 版前言
第 1 版前言
本书主要符号

第一章 金属在单向静拉伸载荷下的力学性能 …… 1

第一节 拉伸力-伸长（延伸）曲线和应力-应变曲线 …… 2

第二节 弹性变形 …… 3
  一、弹性变形及其实质 …… 3
  二、胡克定律 …… 4
  三、弹性模量 …… 5
  四、弹性比功 …… 5
  五、滞弹性 …… 6
  六、包申格（Bauschinger）效应 …… 8

第三节 塑性变形 …… 9
  一、塑性变形方式及特点 …… 9
  二、屈服现象和屈服强度 …… 10
  三、影响屈服强度的因素 …… 14
  四、应变硬化（形变强化） …… 17
  五、缩颈现象和抗拉强度 …… 19
  六、塑性 …… 21
  七、屈强比 …… 23
  八、静力韧度（强塑积） …… 24

第四节 金属的断裂 …… 24
  一、断裂的类型 …… 24
  二、解理断裂 …… 28
  三、微孔聚集断裂 …… 32
  四、断裂强度 …… 34
  五、断裂理论的意义 …… 39

思考题与习题 …… 40

第二章 金属在其他静载荷下的力学性能 …… 42

第一节 应力状态软性系数 …… 43
第二节 压缩 …… 44
  一、压缩试验的特点 …… 44
  二、压缩试验 …… 44

第三节 弯曲 …… 45
  一、弯曲试验的特点 …… 45
  二、弯曲试验 …… 45

第四节 扭转 …… 46
  一、扭转试验的特点 …… 46
  二、扭转试验 …… 47

第五节 缺口试样静载荷试验 …… 48
  一、缺口效应 …… 48
  二、缺口试样静拉伸试验 …… 51
  三、缺口试样静弯曲试验 …… 52

第六节 硬度 …… 53
  一、金属硬度的意义及硬度试验的特点 …… 53
  二、硬度试验 …… 53

思考题与习题 …… 60

第三章 金属在冲击载荷下的力学性能 …… 61

第一节 冲击载荷下金属变形和断裂的特点 …… 62

第二节 冲击弯曲和冲击韧性 …… 62

第三节 低温脆性 …… 64
  一、低温脆性现象 …… 64
  二、韧脆转变温度 …… 65
  三、落锤试验和断裂分析图 …… 67

第四节 影响韧脆转变温度的冶金因素 …… 69
  一、晶体结构 …… 69
  二、化学成分 …… 69
  三、显微组织 …… 69

思考题与习题 …………………… 71

第四章　金属的断裂韧度 …………… 72
第一节　线弹性条件下的金属断裂韧度 ……………………… 73
一、裂纹扩展的基本形式 ……… 73
二、应力场强度因子 K_I 及断裂韧度 K_{IC} …………………… 74
三、裂纹扩展能量释放率 G_I 及断裂韧度 G_{IC} ………… 82
第二节　断裂韧度 K_{IC} 的测试 …… 84
一、试样的形状、尺寸及制备 … 84
二、测试方法 …………………… 85
三、试验结果的处理 …………… 86
第三节　影响断裂韧度 K_{IC} 的因素 … 87
一、断裂韧度 K_{IC} 与常规力学性能指标之间的关系 ……… 87
二、影响断裂韧度 K_{IC} 的因素 … 88
第四节　断裂韧度在金属材料中的应用举例 ………………… 91
一、高压容器承载能力的计算 … 91
二、高压壳体的热处理工艺选择 …………………………… 92
三、高强度钢容器水爆断裂失效分析 ……………………… 93
四、大型转轴断裂分析 ………… 93
五、评定钢铁材料的韧脆性 …… 94
第五节　弹塑性条件下金属断裂韧度的基本概念 …………… 96
一、J 积分及断裂韧度 J_{IC} …… 97
二、裂纹尖端张开位移 δ 及断裂韧度 δ_c ……………… 98
思考题与习题 …………………… 100

第五章　金属的疲劳 ………………… 102
第一节　金属疲劳现象及特点 …… 103
一、变动载荷和循环应力 ……… 103
二、疲劳现象及特点 …………… 104
三、疲劳宏观断口特征 ………… 105
第二节　疲劳曲线及基本疲劳力学性能 ………………………… 107
一、疲劳曲线和对称循环疲劳极限 ……………………… 107
二、疲劳图和不对称循环疲劳极限 ……………………… 109
三、抗疲劳过载能力 …………… 111
四、疲劳缺口敏感度 …………… 112
第三节　疲劳裂纹扩展速率及疲劳门槛值 …………………… 114
一、疲劳裂纹扩展曲线 ………… 114
二、疲劳裂纹扩展速率 ………… 115
三、疲劳裂纹扩展寿命的估算 … 120
第四节　疲劳过程及机理 ………… 121
一、疲劳裂纹萌生过程及机理 … 121
二、疲劳裂纹扩展过程及机理 … 123
第五节　影响疲劳强度的主要因素 …………………………… 125
一、表面状态的影响 …………… 126
二、残余应力及表面强化的影响 …………………………… 126
三、材料成分及组织的影响 …… 129
第六节　常见疲劳断裂 …………… 130
一、低周疲劳 …………………… 130
二、缺口机件疲劳寿命估算 …… 134
三、低周冲击疲劳 ……………… 135
四、热疲劳 ……………………… 137
第七节　疲劳短裂纹扩展简介 …… 138
思考题与习题 …………………… 139

第六章　金属的应力腐蚀和氢脆断裂 ………………………… 141
第一节　应力腐蚀 ………………… 142
一、应力腐蚀现象及其产生条件 …………………………… 142
二、应力腐蚀断裂机理及断口形貌特征 ………………… 143
三、应力腐蚀抗力指标 ………… 144
四、防止应力腐蚀的措施 ……… 147
第二节　氢脆 ……………………… 147

一、氢在金属中的存在形式……… 147
二、氢脆类型及其特征……… 148
三、钢的氢致延滞断裂机理……… 149
四、氢致延滞断裂与应力腐蚀的关系……… 150
五、防止氢脆的措施……… 151
思考题与习题……… 152

第七章　金属磨损和接触疲劳……… 153
第一节　磨损概念……… 154
　一、磨损……… 154
　二、耐磨性……… 155
第二节　磨损模型……… 155
　一、黏着磨损……… 155
　二、磨粒磨损……… 158
　三、冲蚀磨损……… 162
　四、腐蚀磨损……… 165
　五、微动磨损……… 166
第三节　磨损试验方法……… 167
第四节　金属接触疲劳……… 168
　一、接触疲劳现象与接触应力……… 168
　二、接触疲劳破坏机理……… 171
　三、接触疲劳试验方法……… 173
　四、影响接触疲劳寿命的因素……… 173
思考题与习题……… 175

第八章　金属高温力学性能……… 176
第一节　金属的蠕变现象……… 177
第二节　蠕变变形与蠕变断裂机理……… 178
　一、蠕变变形机理……… 178
　二、蠕变断裂机理……… 179
第三节　金属高温力学性能指标及其影响因素……… 180
　一、蠕变极限……… 180
　二、持久强度极限……… 181
　三、剩余应力……… 183
　四、影响金属高温力学性能的主要因素……… 184
思考题与习题……… 185

第九章　聚合物材料的力学性能……… 187
第一节　聚合物材料的结构……… 188
　一、高分子链的近程结构——构型……… 188
　二、高分子链的远程结构——构象……… 188
　三、聚合物聚集态结构——晶态、非晶态及取向……… 189
第二节　线型非晶态聚合物的变形……… 191
　一、非晶态聚合物在玻璃态下的变形……… 192
　二、非晶态聚合物在高弹态下的变形……… 193
　三、非晶态聚合物在黏流态下的变形……… 194
第三节　结晶态聚合物的变形……… 195
第四节　聚合物的黏弹性……… 196
　一、静态黏弹性——蠕变与应力松弛……… 196
　二、动态黏弹性——滞后和内耗……… 198
第五节　聚合物的强度与断裂……… 199
　一、强度与硬度……… 199
　二、银纹与断裂过程……… 200
　三、韧性与增韧……… 201
　四、摩擦与磨损……… 202
第六节　聚合物的疲劳强度……… 204
思考题与习题……… 206

第十章　陶瓷材料的力学性能……… 207
第一节　陶瓷材料的结构……… 208
　一、陶瓷材料的组成与结合键……… 208
　二、陶瓷材料的显微结构……… 208
第二节　陶瓷材料的变形与断裂……… 208
　一、陶瓷材料的弹性变形……… 208
　二、陶瓷材料的塑性变形……… 209
　三、陶瓷材料的断裂……… 209

第三节 陶瓷材料的强度……………… 210
　一、弯曲强度………………………… 211
　二、拉伸强度………………………… 212
　三、压缩强度………………………… 213
第四节 陶瓷材料的硬度与
　　　　耐磨性………………………… 213
　一、陶瓷材料的硬度………………… 213
　二、陶瓷材料的耐磨性……………… 214
第五节 陶瓷材料的断裂韧度与
　　　　增韧…………………………… 215
　一、陶瓷材料的断裂韧度…………… 215
　二、陶瓷材料的增韧………………… 217
第六节 陶瓷材料的疲劳………………… 218
　一、陶瓷材料的疲劳类型…………… 218
　二、陶瓷材料疲劳特性评价………… 220
第七节 陶瓷材料的抗热震性…………… 220
　一、抗热震断裂……………………… 220
　二、抗热震损伤……………………… 221
思考题与习题……………………………… 222

第十一章 复合材料的力学性能……… 223
第一节 复合材料的定义和性能
　　　　特点…………………………… 224
　一、复合材料的定义和分类………… 224
　二、复合材料的性能特点…………… 224
第二节 单向复合材料的力学
　　　　性能…………………………… 226
　一、单向复合材料的弹性性能……… 227
　二、单向复合材料的强度…………… 231

第三节 短纤维复合材料的力学
　　　　性能…………………………… 235
　一、基体与纤维间的应力传递……… 235
　二、短纤维复合材料的弹性
　　　模量…………………………… 237
　三、短纤维复合材料的强度………… 238
第四节 复合材料的断裂、冲击和
　　　　疲劳…………………………… 239
　一、复合材料的断裂………………… 239
　二、复合材料的韧性………………… 241
　三、复合材料的冲击性能…………… 242
　四、复合材料的疲劳性能…………… 244
思考题与习题……………………………… 247

附录………………………………………… 248
　附录A　与本书内容有关的材料
　　　　　力学性能试验方法
　　　　　标准及其适用范围…………… 248
　附录B　Φ^2 值表 ………………………… 251
　附录C　表面裂纹修正因子…………… 252
　附录D　金属材料室温拉伸试验方法
　　　　　国家标准力学性能指标
　　　　　名称和符号对照……………… 252
　附录E　不同条件下的试验力（GB/T
　　　　　231.1—2009《金属材料　布
　　　　　氏硬度试验 第1部分：
　　　　　试验方法》） ………………… 253

参考文献…………………………………… 254

第一章 金属在单向静拉伸载荷下的力学性能

单向静拉伸试验是工业上应用最广泛的金属力学性能试验方法之一。这种试验方法的特点是温度（一般为室温）、应力状态（单向拉伸）和加载速率（$1\sim10\mathrm{MPa\cdot s^{-1}}$）是确定的，并且常用标准的光滑圆柱试样进行试验。通过拉伸试验可以揭示金属材料在静载荷作用下常见的力学行为，即弹性变形、塑性变形和断裂；还可以测定金属材料的最基本力学性能指标，如屈服强度 R_{eL}、抗拉强度 R_m、断后伸长率 A 和断面收缩率 Z。本章将介绍这些性能指标的物理概念与实用意义，并讨论金属弹性变形、塑性变形及断裂的基本规律和原理，以便在此基础上探讨改善上述性能指标的途径和方向。

- 拉伸力-伸长（延伸）曲线和应力-应变曲线

- 弹性变形

- 塑性变形

- 金属的断裂

第一节 拉伸力-伸长（延伸）曲线和应力-应变曲线

拉伸力-伸长（延伸）曲线是拉伸试验中记录的力对伸长（延伸）的关系曲线。图 1-1 所示为人们熟知的退火低碳钢拉伸力-伸长（延伸）曲线。

图 1-1 中曲线的纵坐标为力 F，横坐标是绝对伸长 ΔL（延伸 ΔL_e）。由图可见，试样的伸长随着力的增加而增加。拉伸力在 F_e 以下阶段，试样在受力时发生变形，卸除拉伸力后变形能完全恢复，该区段为弹性变形阶段。当所加的拉伸力达到 F_a 后，试样开始发生塑性变形。最初，试样上局部区域产生不均匀屈服塑性变形，曲线上出现平台或锯齿，直至 c 点结束。继而，进入均匀塑性变形阶段。达到最大拉伸力 F_m（F_b）时，试样再次产生不均匀塑性变形，在局部区域产生缩颈。最后当拉伸力达到 F_k 时，试样断裂。

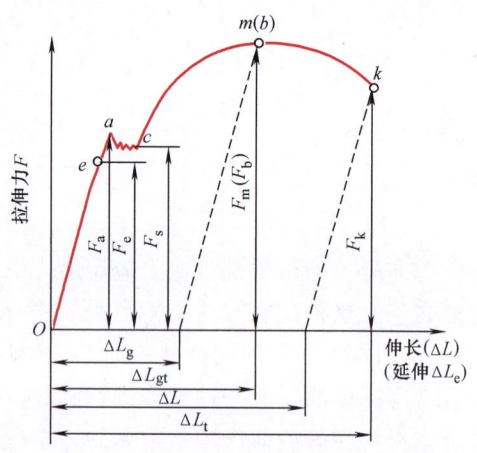

图 1-1　低碳钢拉伸力-伸长（延伸）曲线

由此可知，退火低碳钢在拉伸力作用下的变形过程可分为弹性变形、不均匀屈服塑性变形、均匀塑性变形、不均匀集中塑性变形和断裂几个阶段。正火、退火碳素结构钢和一般低合金结构钢，也都具有类似的拉伸力-伸长（延伸）曲线，只是力的大小和变形量不同而已。但是，并非所有的金属材料或同一材料在不同条件下都具有相同类型的拉伸力-伸长（延伸）曲线。例如，退火低碳钢在低温下拉伸，普通灰铸铁或淬火高碳钢在室温下拉伸，它们的拉伸力-伸长（延伸）曲线上只有弹性变形阶段。冷拔钢只有弹性变形和不均匀集中塑性变形阶段。面心立方金属在低温和高应变速率下拉伸时，其拉伸力-伸长（延伸）曲线上只看到弹性变形和不均匀屈服塑性变形两个阶段等。

将图 1-1 拉伸力-伸长（延伸）曲线的纵、横坐标分别用拉伸试样的原始截面积 S_0 和原始标距长度 L_0 去除，则得到应力-应变（应力-伸长率）曲线（图 1-2）。因均为以一相应常数相除，故曲线形状相似。这样的曲线称为工程（条件）应力-应变曲线（简称应力-应变曲线、σ-ε 曲线）。如将图 1-1 中横坐标延伸 ΔL_e 除以引伸计标距 L_e，纵坐标应力符号改为 R，则得到相同形状的应力-延伸率曲线，即 R-e 曲线。根据 σ-ε 曲线或 R-e 曲线便可建立金属材料在静拉伸条件下的力学性能指标。

伸长率和延伸率都表示拉伸试验时试样的应变，但两者定义不同。伸长率是试样原始标距的伸长与原始标距之比的百分率，而延伸率是用引伸计标距（L_e）表示的延伸（引伸计标距的伸长）百分率。这种定义上的不同并不表示两者有本质区别，因为两者意义相近，而且实践中完全可以通过测定延伸方法来测定伸长。有文献明确指出，延伸率用条件伸长率与真实伸长率两种方法表示（图 1-2 中符号 δ 即为条件伸长率⊖）。据此，拉伸图和应力-应

⊖ 也为原拉伸试验国家标准中断后伸长率 δ_5 和 δ_{10} 的符号。

变曲线横坐标可以同时适用两个含义相近的名称和符号，而曲线形状不变。

如果用真实应力 σ_{zh}（试样真实瞬间截面积除相应载荷）和真实应变 ε_{zh}（瞬时应变的总和）绘制曲线，则得到真实应力-应变曲线，如图 1-3 中的 $Om(b)k$ 曲线。自 $m(b)$ 点作曲线的切线与纵坐标相交得一交点，其纵坐标为条件应力 σ_m 或将要介绍的材料抗拉强度 σ_b。

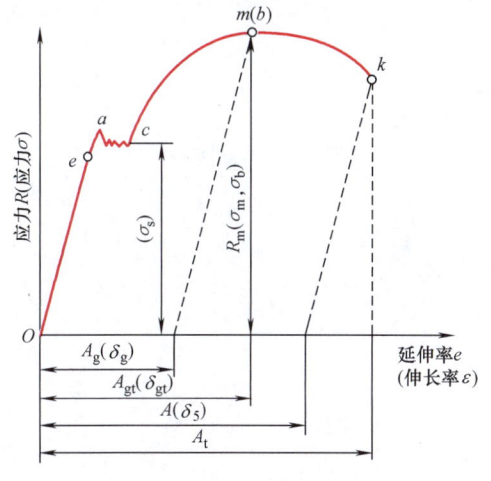 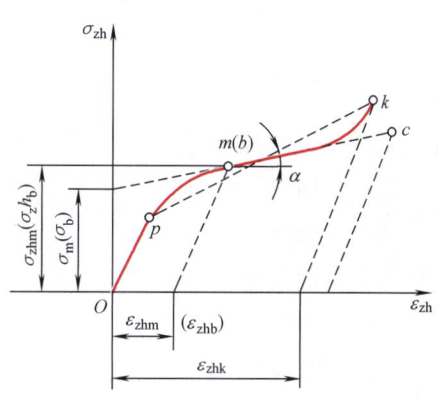

图 1-2　低碳钢应力-应变曲线　　　　　　图 1-3　真实应力-应变曲线

第二节　弹　性　变　形

一、弹性变形及其实质

金属弹性变形是<u>一种可逆性变形，是金属晶格中原子自平衡位置产生可逆位移的反映</u>。如图 1-4 所示，在没有外加载荷作用时，金属中的原子 N_1、N_2 在其平衡位置附近产生振动。相邻两个原子之间的作用力（曲线 3）由引力（曲线 1）与斥力（曲线 2）叠加而成。引力与斥力都是原子间距的函数。当两原子因受力而接近时，斥力开始缓慢增加，而后迅速增加；而引力则随原子间距减小增加缓慢。合力曲线 3 在原子平衡位置处为零。当原子间相互平衡力因受外力作用而受到破坏时，原子的位置必须做相应调整，即产生位移，以期外

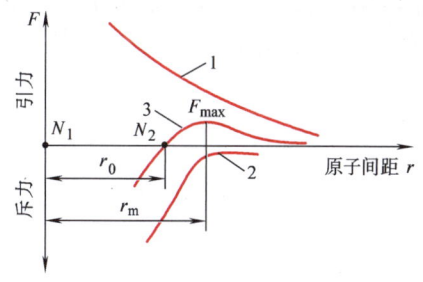

图 1-4　双原子模型

力、引力和斥力三者达到新的平衡。原子的位移总和在宏观上就表现为变形。外力去除后，原子依靠彼此之间的作用力又回到原来的平衡位置，位移消失，宏观上变形也就消失。这就是弹性变形的可逆性。

在弹性变形过程中，不论是在加载期还是卸载期内，<u>应力与应变之间都保持单值线性关系，即服从人们熟知的胡克定律</u>。

金属弹性变形量比较小，一般不超过 0.5%~1%。这是因为原子弹性位移量只有原子间距的几百分之一，所以弹性变形量总是小于 1%。

二、胡克定律

(一) 简单应力状态的胡克定律

1. 单向拉伸

$$\left.\begin{array}{l}\varepsilon_y = \dfrac{\sigma_y}{E} \\[4pt] \varepsilon_x = \varepsilon_z = -\nu\varepsilon_y = -\nu\dfrac{\sigma_y}{E}\end{array}\right\} \qquad (1\text{-}1)$$

式中　ε_y——纵向拉伸应变；
　　　ε_x、ε_z——横向收缩应变；
　　　E——弹性模量⊖；
　　　ν——泊松比；
　　　σ_y——拉应力。

2. 剪切和扭转

$$\tau = G\gamma \qquad (1\text{-}2)$$

式中　τ——切应力；
　　　G——切变模量；
　　　γ——切应变。

3. E、G 和 ν 的关系

$$G = \dfrac{E}{2(1+\nu)} \qquad (1\text{-}3)$$

(二) 广义胡克定律

实际上机件的受力状态都比较复杂，应力往往是两向或三向的。在复杂应力状态下，用广义胡克定律描述应力与应变的关系为

$$\left.\begin{array}{l}\varepsilon_1 = \dfrac{1}{E}[\sigma_1 - \nu(\sigma_2 + \sigma_3)] \\[4pt] \varepsilon_2 = \dfrac{1}{E}[\sigma_2 - \nu(\sigma_3 + \sigma_1)] \\[4pt] \varepsilon_3 = \dfrac{1}{E}[\sigma_3 - \nu(\sigma_1 + \sigma_2)]\end{array}\right\} \qquad (1\text{-}4)$$

式中　σ_1、σ_2、σ_3——主应力；
　　　ε_1、ε_2、ε_3——主应变。

如果主应力中有压应力时，其前方应冠以负号。求得的应变为正号时表示伸长，负号则表示缩短。

⊖ 我国有关标准中，列有两个名词：弹性模量和拉伸杨氏模量。它们描述材料在弹性范围内应力和应变之比，都用符号 E 表示，是材料的力学性能指标。但前者是一般性术语，后者特指在拉伸加载方式下，轴向拉伸应力与轴向拉伸应变之比。习惯上，两个名词常常混用，本书统一用弹性模量。

三、弹性模量

由式（1-1）可知，当应变为一个单位时，弹性模量即等于弹性应力，即**弹性模量是产生 100% 弹性变形所需的应力**。这个定义对金属而言是没有任何意义的，因为金属材料所能产生的弹性变形量是很小的。

一些金属材料在常温下的弹性模量见表 1-1。

表 1-1　几种金属材料在常温下的弹性模量

金属材料	$E/10^5$ MPa
铁	2.17
铜	1.25
铝	0.72
铁及低碳钢	2.0
铸铁	1.7~1.9
低合金钢	2.0~2.1
奥氏体不锈钢	1.9~2.0

工程上弹性模量被称为材料的刚度，表征金属材料对弹性变形的抗力，其值越大，则在相同应力下产生的弹性变形就越小。机器零件或构件的刚度与材料刚度不同，前者除与材料刚度有关外，还与其截面形状和尺寸以及载荷作用的方式有关。刚度是金属材料重要的力学性能指标之一，一些机件或构件在选材或设计时常要用到它。例如，桥式起重机梁应有足够的刚度，以免挠度偏大，在起吊重物时引起振动。精密机床和压力机等，对主轴、床身和工作台都有刚度要求，还要按刚度条件进行设计，以保证加工精度。内燃机、离心机和压气机等的主要构件（如曲轴）也要求有足够的刚度，以免工作时产生过大振动。

单晶体金属的弹性模量在不同晶体学方向上是不一样的，表现出弹性**各向异性**。多晶体金属的弹性模量为各晶粒弹性模量的统计平均值，呈现**伪各向同性**。

由于弹性变形是原子间距在外力作用下可逆变化的结果，应力与应变的关系实际上是原子间作用力与原子间距的关系，所以弹性模量与原子间作用力有关，与原子间距也有一定关系。原子间作用力取决于金属原子本性和晶格类型，故弹性模量也主要取决于金属原子本性和晶格类型。

合金化、热处理（显微组织）、冷塑性变形对弹性模量的影响较小，所以，**金属材料的弹性模量是一个对组织不敏感的力学性能指标**。温度、加载速率等外在因素对其影响也不大。

四、弹性比功

弹性比功又称弹性比能、应变比能，表示金属材料吸收弹性变形功的能力，是一个韧性指标。一般用金属开始塑性变形前单位体积吸收的最大弹性变形功表示。金属拉伸时的弹性比功用图 1-2 应力-应变曲线上弹性变形阶段下的面积表示，等于最大弹性应力和最大弹性应变乘积之半。

金属材料由弹性变形过渡到弹-塑性变形阶段时的最大应力,称为弹性极限强度。工程上很难准确测出弹性极限强度值,故国家标准中已将其删除。现在,弹簧钢热处理后力学性能技术要求,在国家标准中规定用下屈服强度(R_{eL})或规定塑性延伸强度(R_p)(图1-9b)表示。如此,弹性极限和下面将要介绍的屈服强度的概念是一致的,都表示材料对微量塑性变形的抗力,而且也都是对组织敏感的力学性能指标。

由于弹性应力与弹性应变之间存在胡克定律关系,所以,弹性比功⊖就取决于弹性极限强度和弹性模量,而弹性模量是组织不敏感性能。因此,对于一般金属材料,只有用提高弹性极限强度的方法才能提高弹性比功。

试样或实际机器零件的体积越大,则其中可吸收的弹性功越多,即可储备的弹性能越多。此点对于研究或理解大件的脆性断裂问题很有意义。

几种弹簧材料的弹性比功见表1-2。

表1-2 弹簧材料的弹性比功

材　料	弹性模量/MPa	弹性极限强度/MPa	弹性比功/MJ·m^{-3}
高碳弹簧钢	210000	965	0.228
65Mn	200000	1380*	4.761
55Si2Mn		1480*	5.476
50CrVA		1420*	5.041
不锈钢(冷轧)		1000*	2.5
铍青铜	120000	588	1.44
磷青铜	101000	450	1.0

注:带*号者为屈服强度值。

弹簧是典型的弹性零件,其重要作用是减振和储能驱动,还可控制运动和测力等。因此,弹簧材料应具有较高的弹性比功和良好的弹性。生产上弹簧钢含碳量较高,并加入Si、Mn、Cr、V等合金元素以强化铁素体基体和提高钢的淬透性,经淬火加中温回火获得回火托氏体组织(硬度为42~50HRC),以及冷变形强化等,可以有效地提高弹性极限强度,使弹性比功和弹性增加,满足各种钢制弹簧的技术性能要求。现在,由于交通运输设备的制造要满足减重节能的要求,弹簧设计许用应力已超过1250MPa,相应地要求弹簧钢应有较高的弹性极限强度,如将钢的回火温度适当降低,硬度可达52~57HRC,屈服强度高于2000MPa。仪表弹簧因要求无磁性,常用铍青铜或磷青铜等软弹簧材料制造。这类材料的弹性模量较低而弹性极限强度较高,故也有较高的弹性比功。

五、滞弹性

纯弹性体的弹性变形只与载荷大小有关,而与加载方向和加载时间无关。但对实际金属材料而言,其弹性变形不仅是应力的函数,而且还是时间的函数。

⊖ 计算公式为 $W_e = \dfrac{1}{2}\dfrac{R_{eL}^2}{E}$,$W_e$为弹性比功,$R_{eL}$为下屈服强度,$E$为弹性模量。

试验发现，当突然施加一低于弹性极限强度的应力 σ_0 于拉伸试样时，试样立即沿 OA 线（图1-5）产生瞬时应变 Oa，它只是材料总弹性应变 OH 中的一部分，而应变 aH 是在 σ_0 长期保持下逐渐产生的，其随时间的增长变化如图中 ab 线所示。这样就产生应变落后于应力的现象。快速卸载时也有类似现象。这种在弹性范围内快速加载或卸载后，随时间延长产生附加弹性应变的现象，称为滞弹性。滞弹性应变量与材料成分、组织有关，也与试验条件有关。材料组织越不均匀，滞弹性越明显。钢经淬火或塑性变形后，由于增加了组织不均匀性，故滞弹性倾向增大。

由于实际金属材料具有滞弹性，因此在弹性区内单向快速加载、卸载时，加载线与卸载线不重合，形成一封闭回线，即弹性滞后环（图1-6a）。如果施加交变载荷，且最大应力低于宏观弹性极限强度，加载速率比较大，则也得到弹性滞后环（图1-6b）。若交变载荷中最大应力超过宏观弹性极限强度，则得到塑性滞后环（图1-6c）。存在滞后环现象，说明加载时消耗于金属的变形功大于卸载时金属恢复变形放出的变形功，有一部分变形功被金属所吸收，其大小用滞后环面积度量。

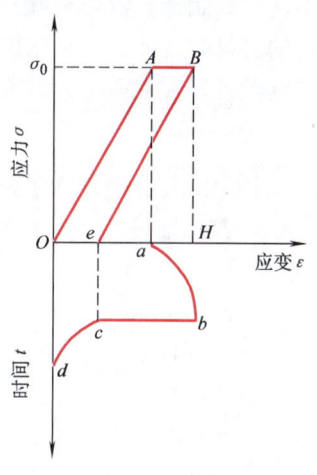

图1-5　滞弹性示意图

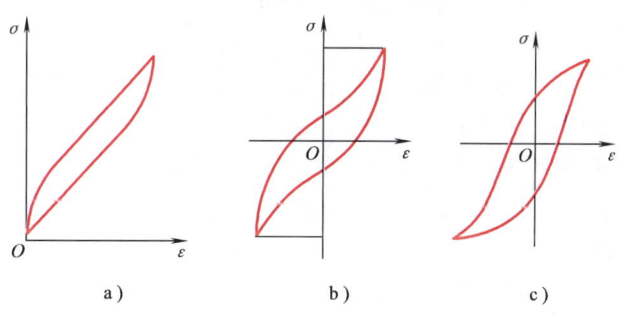

图1-6　滞后环的类型
a) 单向加载弹性滞后环　b) 交变加载弹性滞后环
c) 交变加载塑性滞后环

金属材料在交变载荷（振动）下吸收不可逆变形功的能力，称为金属的循环韧性，也叫金属的内耗。严格说来，循环韧性与内耗是有区别的：前者是指金属在塑性区内加载时吸收不可逆变形功的能力；后者是指金属在弹性区内加载时吸收不可逆变形功的能力。不过，这两个名词有时是混用的。

循环韧性也是金属材料的力学性能，因为它表示材料吸收不可逆变形功的能力，故又称为消振性。目前尚无统一评定循环韧性的指标。某些金属材料的比循环韧性值见表1-3。

灰铸铁因含有石墨而不易传递弹性机械振动，故具有很高的循环韧性。

生产上为了降低机械噪声，抑制高速机械的振动，防止共振导致疲劳断裂，对有些机件应选用循环韧性高的材料制造，以保证机器稳定运转。例如，机床床身、发动机缸体、底座选用灰铸铁制造,汽轮机叶片用 12Cr13 钢制造等。但对仪表和精密机械,在选用重要传感元件的材料时,要求材料的循环韧性(滞弹性)低,以保证仪表具有足够的精度和灵敏度。乐器(簧片、琴弦等)所用金属材料的循环韧性越小,其音质越佳。

表 1-3 一些金属材料的比循环韧性

材料	在不同应力水平下的比循环韧性		
	31.5MPa	46.23MPa	77.28MPa
碳钢 [$w(C)=0.1\%$]	2.28	2.78	4.16
镍铬淬火回火钢	0.38	0.49	0.70
12Cr13 不锈钢	8.0	8.0	8.0
18-8 不锈钢	0.76	1.16	3.8
灰铸铁	28.0	40.0	
黄铜	0.50	0.86	

六、包申格(Bauschinger)效应

金属材料经过预先加载产生少量塑性变形(残余应变为 1%~4%),卸载后再同向加载,规定残余延伸强度(图 1-10)(或屈服强度)增加;反向加载,规定残余延伸强度降低的现象,称为包申格效应。图 1-7 所示为 20 钢包申格效应的拉伸、压缩应力-应变曲线,压缩应力-应变曲线和拉伸曲线画在同一象限内。由图可见,室温下预先拉伸(应变 2%),屈服强度约为 380MPa;再反向压缩加载,压缩屈服强度仅为 100MPa 左右。有些钢和钛合金,因包申格效应可使屈服强度降低 15%~20%。α 黄铜、铝等有色金属和合金、球化高碳钢、低碳钢、管线钢、双相钢和奥氏体不锈钢等都有包申格效应。

如果预先经过拉伸、卸载后反向压缩,再卸载后拉伸循环加载,将如前所述在应力-应变曲线上形成塑性滞后环。

度量包申格效应的基本定量指标是包申格应变,它是指在给定应力下,正向加载与反向加载两应力-应变曲线之间的应变差(图 1-8)。在图 1-8 中,b 点为拉伸应力-应变曲线上给定的流变应力,c 点为压缩应力-应变曲线上给定的同样流变应力,$\beta = bc$ 即为包申格应变。

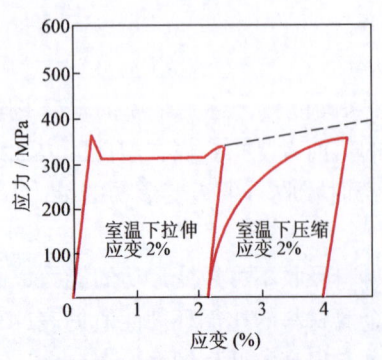

图 1-7 显示低碳钢包申格效应的
拉伸、压缩应力-应变曲线

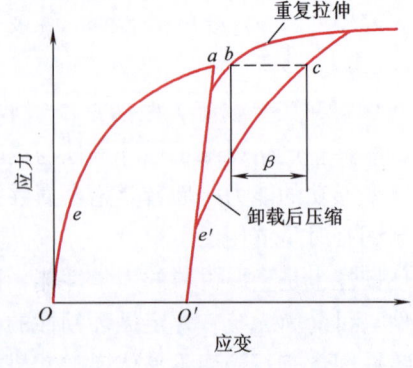

图 1-8 包申格应变

包申格效应与金属材料中位错运动所受的阻力变化有关。在金属预先受载产生少量塑性变形时，位错沿某滑移面运动，遇林位错而弯曲。结果在位错前方，林位错密度增加，形成位错缠结或胞状组织。这种位错结构在力学上是相当稳定的，因此，如果此时卸载并随后同向加载，位错线不能做显著运动，宏观上表现为规定残余延伸强度增加。但如卸载后施加反向力，位错被迫做反向运动，因为在反向路径上，像林位错这类障碍数量较少，而且也不一定恰好位于滑移位错运动的前方，故位错可以在较低应力下移动较大距离，即第二次反向加载，规定残余延伸强度降低。

如金属材料预先经受较大塑性变形，因位错增殖和难以重分布，则在随后反向加载时不显示包申格效应。

包申格效应对于承受疲劳载荷（见本书第五章）**作用的机件寿命是有影响的**。对于应变控制的疲劳（低周疲劳），β较大的材料，在恒定应变下循环一周，因形成的滞后环面积较小，故材料吸收的不可逆能量较少，疲劳寿命较高；反之，对于β较小的材料，因循环一周吸收的不可逆能量较多，故疲劳寿命较低。对于高周应力疲劳，包申格效应的影响恰与此相反：β大的材料，疲劳寿命低；β小的材料，疲劳寿命高。另外，工程上有些材料要通过成形工艺制造构件，也要考虑包申格效应，如大型输油气管线，希望所用的管线钢具有非常小的或几乎没有包申格效应，以免造成管子成形后规定残余延伸强度的损失。在有些情况下，人们也可以利用包申格效应，如薄板反向弯曲成形、拉拔的钢棒经过轧辊压制校直等。

消除包申格效应的方法是：预先进行较大的塑性变形，或在第二次反向受力前先使金属材料于回复或再结晶温度下退火，如钢在400～500℃退火，铜合金在250～270℃退火。

第三节　塑　性　变　形

一、塑性变形方式及特点

金属材料常见的塑性变形方式主要为滑移和孪生。

滑移是金属材料在切应力作用下位错沿滑移面和滑移方向运动而进行的切变过程。通常，滑移面是原子最密排的晶面，而滑移方向是原子最密排的方向。滑移面和滑移方向的组合称为滑移系。**滑移系越多，金属的塑性越好，但滑移系的数目不是决定金属塑性的唯一因素**。例如，fcc金属（如Cu、Al）的滑移系虽然与bcc金属（如α-Fe）的相同，但因前者晶格阻力低，位错容易运动，故塑性优于后者。

试验观察到，滑移面受温度、金属成分和预先塑性变形程度等因素的影响，而滑移方向则比较稳定。例如，温度升高时，bcc金属可能沿$\{112\}$及$\{123\}$滑移，这是由于高指数晶面上的位错源容易被激活所致；而轴比为1.587的钛（hcp）中含有氧和氮等杂质时，若氧的质量分数为0.1%，则（1010）为滑移面；当氧的质量分数为0.01%时，滑移面又改变为（0001）。由于hcp金属只有三个滑移系，所以其塑性较差，并且这类金属的塑性变形程度与外加应力的方向有很大关系。

孪生也是金属材料在切应力作用下的一种塑性变形方式。fcc、bcc和hcp三类金属材料都能以孪生方式产生塑性变形，但fcc金属只在很低的温度下才能产生孪生变形。bcc金属

如 α-Fe 及其合金，在冲击载荷或低温下也常发生孪生变形。hcp 金属及其合金滑移系少，并且在 c 轴方向没有滑移矢量，因而更易产生孪生变形。孪生本身提供的变形量很小，如 Cd 孪生变形只有 7.4% 的变形度，而滑移变形度则可达 300%。孪生变形可以调整滑移面的方向，使新的滑移系开动，间接对塑性变形有贡献。

孪生变形也是沿特定晶面和特定晶向进行的。

多晶体金属中，每一晶粒滑移变形的规律与单晶体金属相同。但由于多晶体金属存在着晶界，各晶粒的取向也不同，因而其塑性变形具有如下一些特点。

1. 各晶粒变形的不同时性和不均匀性

变形的不同时性和不均匀性常常是相互联系的。多晶体由于各晶粒取向不同，在受外力时，某些取向有利的晶粒先开始滑移变形，而那些取向不利的晶粒可能仍处于弹性变形状态，只有继续增加外力，才能使滑移从某些晶粒传播到另外一些晶粒，并不断传播下去，从而产生宏观可见的塑性变形。如果金属材料是多相合金，那么由于各相晶粒彼此之间力学性能的差异，以及各晶粒之间应力状态的不同（因各晶粒取向不同所致），那些位向有利或产生应力集中的晶粒必将首先产生塑性变形。显然，金属组织越不均匀，则起始塑性变形不同时性就越显著。

金属材料塑性变形的不同时性实际上反映了塑性变形的局部性，即塑性变形量的不均匀性。这种不均匀性不仅存在于各晶粒之间、基体金属晶粒与第二相晶粒之间，即使同一晶粒内部，各处的塑性变形量也往往不同。这是由于各晶粒取向及应力状态不同，基体与第二相各自的性质不同，以及第二相的形态、分布等不同而引起的。结果，当宏观上塑性变形量还不大的时候，个别晶粒或晶粒局部地区的塑性变形量可能已达到极限值。由于塑性耗竭，加上变形不均匀产生较大的内应力，就有可能在这些晶粒中形成裂纹，从而导致金属材料的早期断裂。

2. 各晶粒变形的相互协调性

多晶体金属作为一个连续的整体，不允许各个晶粒在任一滑移系中自由变形，否则必将造成晶界开裂，这就要求各晶粒之间能协调变形。为此，每个晶粒必须能同时沿几个滑移系进行滑移，即能进行多系滑移，或在滑移同时进行孪生变形。冯·米塞斯（Von Mises）指出，每个晶粒至少必须有 5 个独立的滑移系开动，才能确保产生任何方向不受约束的塑性变形，并维持体积不变。由于多晶体金属塑性变形需要进行多系滑移，因而多晶体金属的应变硬化速率比相同的单晶体金属要高，两者之差以 hcp 类金属最大，fcc 及 bcc 金属次之。但 hcp 金属滑移系少，变形不易协调，故其塑性极差。金属化合物的滑移系更少，变形更不易协调，性质更脆。

二、屈服现象和屈服强度

金属材料在拉伸试验时产生的屈服现象是其开始产生宏观塑性变形的一种标志。前文在介绍退火低碳钢的拉伸力-伸长（延伸）曲线时曾经指出，这类材料从弹性变形阶段向塑性变形阶段的过渡是明显的，表现在试验过程中，外力不增加（保持恒定）时试样仍能继续伸长，或外力增加到一定数值时突然下降。随后，在外力不增加或上下波动的情况下，试样继续伸长变形（图 1-9a），这便是屈服现象。

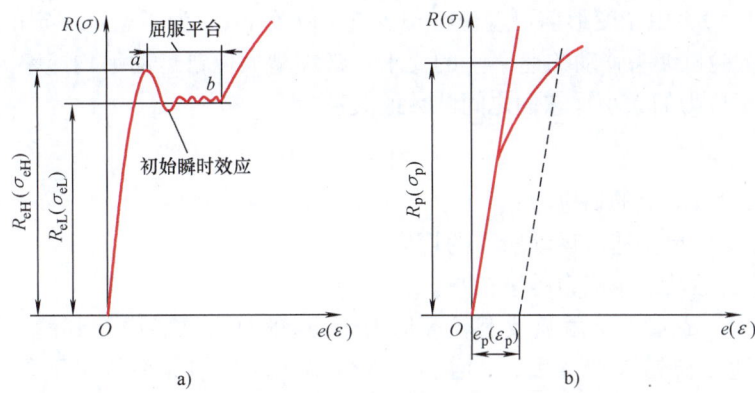

图 1-9　两类不同的拉伸应力-应变曲线
a) 不连续屈服（低碳钢；上屈服强度，下屈服强度）
b) 连续屈服（黄铜；规定塑性延伸强度）

金属材料拉伸呈现屈服现象时，在试验期间达到塑性变形发生而力不增加的应力点[⊖]，称为屈服强度；试样发生屈服而力首次下降前的最大应力称为<u>上屈服强度</u>，记为 R_{eH}（图 1-9a 曲线上的 a 点对应的应力）；在屈服期间不计初始瞬时效应（指在屈服过程中试验力第一次发生下降）时的最小应力称为<u>下屈服强度</u>，记为 R_{eL}（图 1-9a 曲线上 b 点对应的应力）。在屈服过程中产生的伸长称为屈服伸长。屈服伸长对应的水平线段或曲折线段称为屈服平台或屈服齿。屈服伸长变形是不均匀的，当外力从屈服阶段最大应力下降到最小应力时，在试样局部区域开始形成与拉伸轴约成 45°的所谓吕德斯（Lüders）带或屈服线，随后再沿试样长度方向逐渐扩展。当屈服线布满整个试样长度时，屈服伸长结束，试样开始进入均匀塑性变形阶段。

屈服现象在退火、正火的中、低碳钢和低合金钢中最为常见。

<u>研究指出，屈服现象与下述三个因素有关</u>：①材料变形前可动位错密度很小（或虽有大量位错但被钉扎住，如钢中的位错为杂质原子或第二相质点所钉扎）；②随塑性变形发生，位错能快速增殖；③位错运动速率与外加应力有强烈依存关系。

金属材料塑性变形的应变速率与可动位错密度、位错运动平均速率及柏氏矢量的模成正比，即

$$\dot{\varepsilon} = b\rho\bar{v} \tag{1-5}$$

式中　$\dot{\varepsilon}$——塑性变形应变速率；
　　　b——柏氏矢量的模；
　　　ρ——可动位错密度；

⊖ 本版书金属材料拉伸试验的强度和塑性名称和符号，全部按新标准书写。屈服点名称及符号 σ_s 在新标准中已删除。依据本书前言编者关于贯彻新标准的认识，因书中有论述金属力学性能之间的关系式，还有列入金属力学性能名称和符号的表格、插图，乃至文字仍然可见原标准中的拉伸力学性能名称和符号：屈服强度（σ_s、$\sigma_{r0.2}$）、抗拉强度（σ_b）、断后伸长率（δ）、断面收缩率（ψ）。量有限，请读者注意。

$\bar{v}$——位错运动平均速率。

根据式（1-5），由于变形前可动位错很少（ρ值较小），为了满足一定的塑性变形应变速率$\dot{\varepsilon}$（拉伸试验机夹头移动的速率）的要求，必须增大位错运动平均速率$\bar{v}$。但位错运动平均速率取决于应力的大小，它们之间的数值关系为

$$\bar{v} = \left(\frac{\tau}{\tau_0}\right)^{m'} \tag{1-6}$$

式中　τ——沿滑移面上的切应力；
　　　τ_0——位错以单位速率运动所需的切应力；
　　　m'——位错运动速率应力敏感指数。

按式（1-6），欲提高$\bar{v}$就需要有较高应力τ，这就是在试验中看到的上屈服强度。一旦塑性变形产生，位错大量增殖，ρ增加，则位错运动平均速率必然下降［式（1-5）］，相应的应力也就突然降低，从而产生了屈服现象。m'值越低，则为使位错运动平均速率变化所需的应力变化越大，屈服现象就越明显；反之，屈服现象就不明显。bcc 金属的 m' 值较低，小于 20，故具有明显屈服现象；而 fcc 金属 m' 值为 100~200，故屈服现象不明显。

由于屈服塑性变形是不均匀的，因而易使低碳钢冲压件表面产生皱褶现象。若将钢板先在1%~2%压下量（超过屈服伸长量）下预轧一次，消除屈服现象，成为无明显屈服强度的钢，而后再尽快进行冲压变形，可保证工件表面平整光洁。

显然，用应力表示的上屈服强度和下屈服强度就是表征材料对微量塑性变形的抗力，并且用下屈服强度 R_{eL} 作为材料屈服强度，因为正常试验条件下，测定 R_{eL} 的再现性较好。

试验时，从力-伸长曲线（或力-延伸曲线）上读取力首次下降前的最大值和不计初始瞬时效应时屈服阶段中的最小值，可得到上、下屈服强度的计算公式为

$$R_{eH} = \frac{F_{eH}}{S_0} \tag{1-7}$$

$$R_{eL} = \frac{F_{eL}}{S_0} \tag{1-8}$$

式中　F_{eH}——上屈服力；
　　　F_{eL}——下屈服力；
　　　S_0——试样标距部分原始截面积。

许多具有连续屈服特征（图1-9b）的金属材料，在拉伸试验时看不到屈服现象。对于这类材料，用规定微量塑性延伸应力表示材料的屈服强度。规定微量塑性延伸应力是人为规定拉伸试样引伸计标距部分产生一定的微量塑性延伸率（常用的如0.2%）时的应力。根据规定延伸率大小和测定方法不同，规定微量塑性延伸应力又分为三种指标：

(1) 规定塑性延伸强度（R_p）　规定塑性延伸强度是指试样在加载过程中，塑性延伸率等于规定的引伸计标距 L_e 百分率时对应的应力（图1-9b）。如 $R_{p0.2}$ 表示规定塑性延伸率为0.2%时的应力。

(2) 规定残余延伸强度（R_r）　规定残余延伸强度是指试样卸除应力后残余延伸率等于规定的原始标距 L_0 或引伸计标距 L_e 百分率时对应的应力（图1-10）。如 $R_{r0.2}$ 表示规定残余延伸率为0.2%时的应力。

图 1-9b 和图 1-10 中 e_p 和 e_r 分别表示塑性延伸率和残余延伸率，括号中的 ε_p 和 ε_r 则分别表示非比例伸长率和残余伸长率[⊖]。

（3）**规定总延伸强度**（R_t） 规定总延伸强度是指总延伸率等于规定的引伸计标距 L_e 百分率时的应力。常用规定总延伸率为 0.5%，$R_{t0.5}$ 表示规定总延伸率为 0.5% 时的应力。石油和天然气管线用钢板就将 $R_{t0.5}$ 定为屈服强度。工业用纯铜和灰铸铁等也常用 $R_{t0.5}$ 表示其屈服强度。

在使用 R_p、R_r、R_t 等应力符号时，其下角标应加以标注，说明规定塑性延伸率、规定残余延伸率及规定总延伸率的数值。

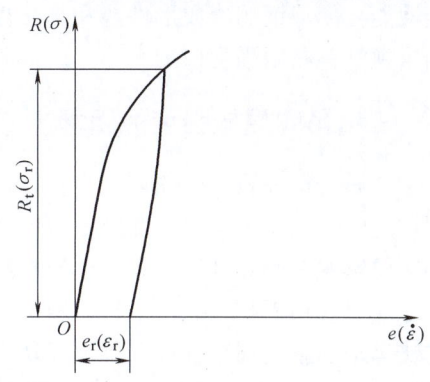

图 1-10　规定残余延伸强度

上述**力学性能指标 R_p、R_r、R_t 和 R_{eH}、R_{eL} 一样，都可以表征材料的屈服强度，其中 R_p、R_t 是在加载过程中测定的，试验效率比卸力法测 R_r 高，且易于实现测量自动化**。本书以后各章述及屈服强度有关具体问题时，不计测定方法，一般用 R_{eL}、$R_{p0.2}$（或 σ_s、$\sigma_{r0.2}$）表示材料的屈服强度。

屈服强度是金属材料重要的力学性能指标，是工程上从静强度角度选择韧性材料的基本依据，因为实际零件不可能在抗拉强度对应的那样大的均匀塑性变形条件下服役。因此，传统的强度设计方法规定，许用应力 $[\sigma] = \dfrac{\sigma_s}{n}$，$n$ 为安全系数，$n \geqslant 2$。**对于复杂的受载状况，单向拉伸试验测得的 σ_s 仍然是建立屈服判据的重要指标**。例如：

屈雷斯加（Tresca）最大切应力判据

$$\sigma_1 - \sigma_3 = \sigma_s$$

常用于主应力大小、顺序已知，材料强度满足 $\tau_s = 0.5\sigma_s$ 时，τ_s 为扭转屈服强度。

米塞斯（Mises）畸变能判据

$$(\sigma_1 - \sigma_2)^2 + (\sigma_2 - \sigma_3)^2 + (\sigma_3 - \sigma_1)^2 = 2\sigma_s^2$$

适用于 $\tau_s = 0.577\sigma_s$ 的材料。

式中　σ_1、σ_2、σ_3——主应力，$\sigma_1 > \sigma_2 > \sigma_3$。

可见，**屈服判据实际上就是机件开始塑性变形的强度设计准则**。按这些准则设计机件，人们自然希望选择屈服强度高的材料，以减轻机件的重量，减小机件的体积和尺寸。但追求过高的屈服强度，会增大屈服强度与抗拉强度的比值（屈强比），降低塑性，不利于某些应力集中部位的应力重新分布，极易引起脆性断裂。对于具体机件，应选择多大数值的屈服强度的材料为最佳，原则上应视机件的形状及其所受的应力状态、应变速率等而定。若机件截面形状变化较大、所受应力状态较硬、应变速率较高，则应选择屈服强度数值较低的材料，以防机件发生脆性断裂。

钢的屈服强度对工艺性能也有重要影响，降低屈服强度有利于材料冷成形加工和改善焊

⊖　$\sigma_{r0.2}$ 即是规定残余伸长率为 0.2% 的应力。

接性能。低碳钢的冷成形性能和焊接性能好，其屈服强度低就是重要原因。所以，工程上特别重视材料屈服强度值的大小。

三、影响屈服强度的因素

金属材料一般是多晶体合金，往往具有多相组织，因此，讨论影响屈服强度的因素，必须注意以下三点：①屈服变形是位错增殖和运动的结果，凡影响位错增殖和运动的各种因素必然要影响屈服强度；②实际金属材料的力学行为是由许多晶粒综合作用的结果，因此，要考虑晶界、相邻晶粒的约束、材料的化学成分以及第二相的影响；③各种外界因素通过影响位错运动而影响屈服强度。以下将从内、外两方面因素来进行分析。

（一）影响屈服强度的内在因素

1. 金属本性及晶格类型

一般多相合金的塑性变形主要沿基体相进行，这表明位错主要分布在基体相中，如果不考虑合金成分的影响，那么一个基体相就相当于纯金属单晶体。纯金属单晶体的屈服强度从理论上来说是使位错开始运动的临界切应力，其值由位错运动所受的各种阻力决定。这些阻力有晶格阻力、位错间交互作用产生的阻力等。不同的金属及晶格类型，位错运动所受的各种阻力并不相同。

晶格阻力即派纳力 τ_{p-n}，是在理想晶体中仅存在一个位错运动时所需克服的阻力。τ_{p-n} 与位错宽度及柏氏矢量有关，两者又都与晶体结构有关。

$$\tau_{p-n} = \frac{2G}{1-\nu} e^{-\frac{2\pi a}{b(1-\nu)}} = \frac{2G}{1-\nu} e^{-\frac{2\pi \omega}{b}} \tag{1-9}$$

式中　G——切变模量；
　　　ν——泊松比；
　　　a——滑移面的晶面间距；
　　　b——柏氏矢量的模；
　　　ω——位错宽度，$\omega = \frac{a}{1-\nu}$，为滑移面内原子位移大于 50% b 区域的宽度。

位错间交互作用产生的阻力有两种类型：一种是平行位错间交互作用产生的阻力；另一种是运动位错与林位错间交互作用产生的阻力。两者都正比于 Gb 而反比于位错间距离 L，即都可表示为

$$\tau = \frac{\alpha G b}{L} \tag{1-10}$$

式中　α——比例系数。

因为位错密度 ρ 与 $1/L^2$ 成正比，故式（1-10）又可写为

$$\tau = \alpha G b \rho^{\frac{1}{2}} \tag{1-11}$$

在平行位错情况下，ρ 为主滑移面中位错的密度；在林位错情况下，ρ 为林位错的密度。α 值与晶体本性、位错结构及分布有关。例如，fcc 金属，$\alpha \approx 0.2$；bcc 金属，$\alpha \approx 0.4$。

由式（1-11）可知，ρ 增加，τ 也增加，所以屈服强度也随之提高。

2. 晶粒大小和亚结构

晶粒大小的影响是晶界影响的反映，因为晶界是位错运动的障碍，在一个晶粒内部，必

须塞积足够数量的位错才能提供必要的应力，使相邻晶粒中的位错源开动并产生宏观可见的塑性变形。因而，减小晶粒尺寸将增加位错运动障碍的数目，减小晶粒内位错塞积群的长度，可使屈服强度提高（细晶强化）。许多金属与合金的屈服强度与晶粒大小的关系均符合霍尔-派奇（Hall-Petch）公式，即

$$\sigma_s = \sigma_i + k_y d^{-1/2} \tag{1-12}$$

式中　σ_i ——位错在基体金属中运动的总阻力（包括派纳力），也称摩擦阻力，取决于晶体结构和位错密度；

　　　k_y ——度量晶界对强化贡献大小的钉扎常数，或表示滑移带端部的应力集中系数；

　　　d ——晶粒平均直径。

式（1-12）中的 σ_i 和 k_y，在一定的试验温度和应变速率下均为材料常数。

对于铁素体为基的钢而言，晶粒大小在 0.3~400μm 之间都符合这一关系。奥氏体钢也适用这一关系，但其 k_y 值较铁素体的小 1/2，这是因为奥氏体中位错的钉扎作用较小所致。

因为 bcc 金属较 fcc 和 hcp 金属的 k_y 值都高，所以 bcc 金属细晶强化效果最好，而 fcc 和 hcp 金属则较差。

亚晶界的作用与晶界类似，也阻碍位错运动。试验发现，霍尔-派奇公式也完全适用于亚晶粒，但式（1-12）中的 k_y 值不同，将有亚晶的多晶材料与无亚晶的同一材料相比，其 k_y 值低 1/2~4/5，且 d 为亚晶粒的直径。另外，在亚晶界上产生屈服变形所需的应力对亚晶间的取向差不是很敏感。

3. 溶质元素

在纯金属中加入溶质原子（间隙型或置换型）形成固溶合金（或多相合金中的基体相），将显著提高屈服强度，此即为固溶强化。通常，间隙固溶体的强化效果大于置换固溶体（图1-11）。

在固溶合金中，由于溶质原子和溶剂原子直径不同，在溶质原子周围形成了晶格畸变应力场，该应力场和位错应力场产生交互作用，使位错运动受阻，从而使屈服强度提高。固溶强化的效果是溶质原子与位错交互作用能及溶质浓度的函数，因而它受单相固溶合金（或多相合金中的基体相）中溶质的量所限制。

4. 第二相

工程上的金属材料，特别是高强度合金，其显微组织一般是多相的。除了基体产生固溶强化外，第二相对屈服强度也有影响。第二相质点的强化效果与质点本身在屈服变形过程中能否变形有很大关系。据此可将第二相质点分为不可变形的（如钢中的碳化物与氮化物等）和可变形的（如时效铝合金中GP区的共格析出物 θ″ 相及粗大的碳化物等）两类。这些第二相质点都比较小，有的可用粉末冶金法获得（由此产生的强化称为弥散强化），有的则可用固溶处理和随后的沉淀析出获得（由此产生的强化称为沉淀强化）。

根据位错理论，位错线只能绕过不可变形的第二相质点，为此，必须克服弯曲位错的线

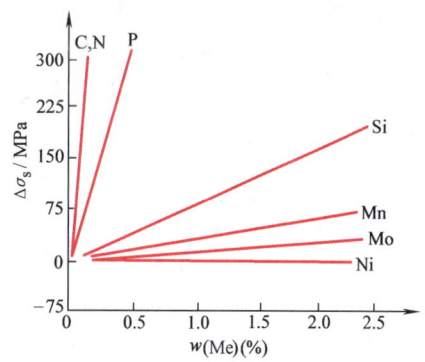

图1-11　低碳铁素体中固溶强化效果

张力。弯曲位错的线张力与相邻质点的间距有关，故含有不可变形第二相质点的金属材料，其屈服强度与流变应力就取决于第二相质点之间的间距。绕过质点的位错线在质点周围留下一个位错环。随着绕过质点的位错数量增加，留下的位错环增多，相当于质点的间距减小，流变应力就增大了。

对于可变形第二相质点，位错可以切过，使之同基体一起产生变形，由此也能提高屈服强度。这是由于质点与基体间晶格错排及位错切过第二相质点产生新的界面需要做功等原因造成的。这类质点的强化效果与粒子本身的性质及其与基体的结合情况有关。

第二相的强化效果还与其尺寸、形状和数量，以及第二相与基体的强度、塑性和应变硬化特性、两相之间的晶体学配合和界面能等因素有关。在第二相体积比相同的情况下，长形质点显著影响位错运动，因而具有此种组织的金属材料，其屈服强度就比具有球状的高，如在钢中 Fe_3C 体积比相同条件下，片状珠光体比球状珠光体屈服强度高就是如此。

实际上，金属材料的屈服强度是多种强化机理共同作用的结果，如经热处理的 40CrNiMo 钢，其屈服强度可达 1380MPa，就是固溶强化、晶界与亚晶共同作用的结果；而经热处理的 18Ni 马氏体时效钢的屈服强度可达 2000MPa，则是沉淀强化、晶界与亚晶强化的共同贡献。

综上所述，表征金属微量塑性变形抗力的屈服强度是一个对成分、组织极为敏感的力学性能指标，受许多材料内在因素的影响，改变合金成分或热处理工艺都可使屈服强度产生明显变化。

（二）影响屈服强度的外在因素

影响屈服强度的外在因素有温度、应变速率和应力状态。

一般，升高温度，金属材料的屈服强度降低；但是，因金属晶体结构不同，其变化趋势并不一样，如图 1-12 所示。

由图可见，bcc 金属的屈服强度具有强烈的温度效应，温度下降，屈服强度急剧升高，如 Fe 由室温降到 -196℃，屈服强度提高 4 倍；fcc 金属的屈服强度温度效应则较小，如 Ni 由室温下降到 -196℃，屈服强度只升高 0.4 倍；hcp 金属屈服强度的温度效应与 fcc 金属类似。前已指出，纯金属单晶体的屈服强度是由位错运动所受各种阻力决定的。在 bcc 金属中，τ_{p-n} 值较 fcc 金属高很多，τ_{p-n} 在屈服强度中占有较大比例，而 τ_{p-n} 属短程力，对温度十分敏感。因此，bcc 金属的屈服强度具有强烈的温度效应可能是 τ_{p-n} 起主要作用所致。

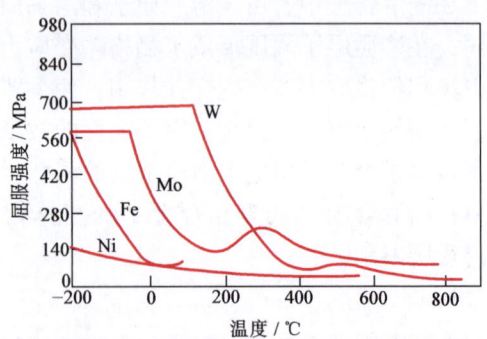

图 1-12　W、Mo、Fe、Ni 的屈服强度与温度的关系

绝大多数常用结构钢是 bcc 结构的 Fe-C 合金，因此，其屈服强度也有强烈的温度效应，这便是这类钢低温变脆的原因（详见第三章"低温脆性"）。

应变速率增大，金属材料的强度增加（图 1-13），且屈服强度随应变速率的变化比抗拉强度的变化要明显得多。这种因应变速率增加而产生的强度提高效应，称为应变速率硬化现象。

在应变量与温度一定时，流变应力与应变速率的关系为

$$\sigma_{\varepsilon,t} = C_1 (\dot{\varepsilon})^m \quad (1\text{-}13)$$

式中 $\sigma_{\varepsilon,t}$——应变量和温度一定时的流变应力；

C_1——在一定应力状态下为常数；

$\dot{\varepsilon}$——应变速率；

m——应变速率敏感指数。

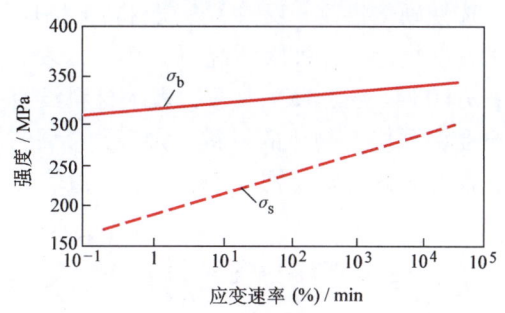

图 1-13 应变速率对低碳钢强度的影响

C_1 和 m 与试验温度及晶粒大小有关。$m=0$ 时，材料对应变速率不敏感；$m=1$ 时，流变应力与应变速率呈线性关系，这样的材料为黏性固体。金属材料的室温 m 值很低（$m<0.1$）；对于一般钢材，$m=0.2$；对于超塑性的金属，m 值则较高（$m>0.3$，通常为 0.5~0.7）。金属材料拉伸试验时能否产生缩颈与 m 值有关。m 值高者，缩颈难以形成；反之，缩颈就易于产生。

应力状态也影响屈服强度，切应力分量越大，越有利于塑性变形，屈服强度则越低，所以扭转比拉伸的屈服强度低，拉伸比弯曲的屈服强度低，但三向不等拉伸下的屈服强度为最高。必须指出，不同应力状态下材料屈服强度不同，并非是材料性质变化，而是材料在不同条件下表现的力学行为不同而已。

总之，金属材料的屈服强度既受各种内在因素影响，又因外在条件不同而变化，因而可以根据人们的要求予以改变，这在机件设计、选材、拟订加工工艺和使用时都必须考虑到。

四、应变硬化（形变强化）

在金属整个变形过程中，当外力超过屈服强度之后，塑性变形并不像屈服平台那样连续流变下去，而需要不断增加外力才能继续进行。这表明金属材料有一种阻止继续塑性变形的能力，这就是应变硬化性能。塑性应变是硬化的原因，而硬化则是塑性应变的结果。应变硬化是位错增殖、运动受阻所致。

准确全面描述材料的应变硬化行为，要使用真实应力-应变曲线。因为工程应力-应变曲线上的应力和应变是用试样标距部分原始截面积和原始标距长度来度量的，并不代表实际瞬时的应力和应变。当载荷超过曲线上最大值后，继续变形，应力下降，此与材料的实际硬化行为不符（图 1-14）。

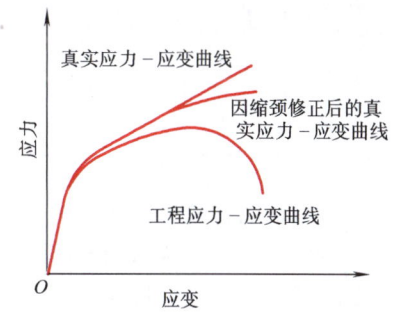

图 1-14 真实应力-应变曲线和工程应力-应变曲线比较

在拉伸真实应力-应变曲线上（图 1-3），$pm(b)$ 为均匀塑性变形阶段，此时，应力与应变之间符合 Hollomon 关系式

$$\sigma_{zh} = K\varepsilon_{zh}^n \quad (1\text{-}14)$$

式中 σ_{zh}——真实应力；

ε_{zh}——真实应变；

n——应变硬化指数；

K——硬化系数，也称强度系数，是真实应变等于 1.0 时的真实应力。

应变硬化指数 n 反映了金属材料抵抗均匀塑性变形的能力，是表征金属材料应变硬化行为的性能指标。在极限情况下，$n=1$，表示材料为完全理想的弹性体，σ_{zh} 与 ε_{zh} 成正比关系；$n=0$ 时，$\sigma_{zh}=K=$ 常数，表示材料没有应变硬化能力，如室温下产生再结晶的软金属及已受强烈应变硬化的材料。大多数金属材料的 n 值在 $0.1\sim0.5$ 之间，见表 1-4。由表可见，面心立方金属（铜及黄铜）的 n 值较大。铁素体钢中，低碳钢的 n 值较高。

表 1-4　几种金属材料在室温下的 n、K 值

材　料	状　态	n	K
碳钢 [$w(C)=0.05\%$]	退火	0.26	530.9
40CrNiMo 钢	退火	0.15	641.2
铜	退火	$0.3\sim0.35$	317.2
碳钢 [$w(C)=0.6\%$]	淬火，540℃回火	0.10	1572
碳钢 [$w(C)=0.6\%$]	淬火，704℃回火	0.19	1227.3
H70 黄铜	退火	$0.35\sim0.4$	896.3
碳钢 [$w(C)=0.4\%$]	调质	0.229	920.7
碳钢 [$w(C)=0.4\%$]	正火	0.221	1043.5

应变硬化指数 n 与层错能有关。当材料层错能较低时，不易交滑移，位错在障碍附近产生的应力集中水平要高于层错能高者的材料，这表明，层错能低的材料应变硬化程度大。表 1-5 列出了几种金属的层错能和 n 值。由表可见，n 值随层错能降低而增加，且滑移特征由波纹状变为平面状。

表 1-5　几种金属的层错能和 n 值

金　属	晶格类型	层错能/mJ·m^{-2}	n	滑移特征
18-8 不锈钢	fcc	<10	≈0.45	平面状
铜	fcc	≈90	≈0.30	平面状/波纹状
铝	fcc	≈250	≈0.15	波纹状
α-Fe	bcc	≈250	≈0.2	波纹状

n 值对金属材料的冷热变形也十分敏感。通常，退火态金属 n 值比较大，而在冷加工状态时则比较小，且随金属强度等级降低而增加。由试验得知，n 与材料的屈服强度 σ_s 大致成反比关系，即 $n\sigma_s=$ 常数。在某些合金中，n 也随溶质原子含量的增加而下降。材料的晶粒变粗，n 值提高。

应变硬化指数可用试验方法测定，也可用直线作图法求得。

对式（1-14）两边取对数，得

$$\lg\sigma_{zh}=\lg K+n\lg\varepsilon_{zh}$$

根据 $\lg\sigma_{zh}$-$\lg\varepsilon_{zh}$ 直线关系，只要在拉伸力-伸长曲线上确定几个点的 σ、ε 值，分别按下式换算成 σ_{zh}、ε_{zh}，$\sigma_{zh}=(1+\varepsilon)\sigma$，$\varepsilon_{zh}=\ln(1+\varepsilon)$，然后作 $\lg\sigma_{zh}$-$\lg\varepsilon_{zh}$ 曲线（图 1-15），直线的斜率即为所求的 n 值。

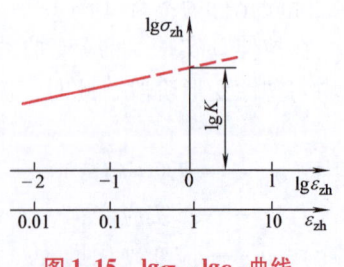

图 1-15　$\lg\sigma_{zh}$-$\lg\varepsilon_{zh}$ 曲线

将上述对数式微分，则

$$n = \frac{\mathrm{dlg}\sigma_{zh}}{\mathrm{dlg}\varepsilon_{zh}} = \frac{\mathrm{dln}\sigma_{zh}}{\mathrm{dln}\varepsilon_{zh}} = \frac{\varepsilon_{zh}}{\sigma_{zh}}\frac{\mathrm{d}\sigma_{zh}}{\mathrm{d}\varepsilon_{zh}}$$

所以
$$\frac{\mathrm{d}\sigma_{zh}}{\mathrm{d}\varepsilon_{zh}} = n\frac{\sigma_{zh}}{\varepsilon_{zh}} \qquad (1\text{-}15)$$

式（1-15）表明，应变硬化指数 n 与应变硬化速率并不相等。在 $\frac{\sigma_{zh}}{\varepsilon_{zh}}$ 比值相近的条件下，n 值大的 $\frac{\mathrm{d}\sigma_{zh}}{\mathrm{d}\varepsilon_{zh}}$ 也大，应力-应变曲线也越陡。但是 n 值小的材料，若 $\frac{\sigma_{zh}}{\varepsilon_{zh}}$ 比值大，同样可以有较高的应变硬化速率。

应变硬化指数 n（应变硬化）的工程意义是十分明显的。如金属材料的 n 值较大，则加工成的机件在服役时承受偶然过载的能力也就比较大，可以阻止机件某些薄弱部位继续塑性变形，从而保证机件安全服役。应变硬化指数 n 在数值上等于材料形成拉伸缩颈时的真实均匀应变量 ε_{zhB}。因此，n 对板材冷变形工艺有重要影响。n 大的材料，冲压性能好，因为应变硬化效应高，变形均匀，减少变薄和增大极限变形程度，不易产生裂纹。深冲级钢板成形性要求 $n > 0.20$。由表1-4、表1-5可见，18-8 奥氏体不锈钢和超低碳碳钢的 n 值均满足此要求，故广泛用于制造板材。n 值还对应变硬化效果有重要意义。n 值大者，应变硬化效果就很突出，如 18-8 不锈钢 n 值高，变形前强度值为 $R_{r0.2} = 196\mathrm{MPa}$，$R_m = 588\mathrm{MPa}$；经 40% 轧制后，$R_{r0.2} = 784 \sim 980\mathrm{MPa}$，提高 3~4 倍，$R_m = 1174\mathrm{MPa}$，提高一倍。不能热处理强化的金属材料都可以用应变硬化方法强化。在工件表面进行局部应变硬化，如喷丸、表面滚压等，处理后可有效地提高强度和疲劳强度。

五、缩颈现象和抗拉强度

（一）缩颈现象和意义

缩颈是韧性金属材料在拉伸试验时变形集中于局部区域的特殊现象，它是应变硬化（物理因素）与截面减小（几何因素）共同作用的结果。前文已述及，在金属试样拉伸力-伸长（延伸）曲线极大值 $m(b)$ 点之前，塑性变形是均匀的，因为材料应变硬化使试样承载能力增加，可以补偿因试样截面减小使其承载力的下降。在 $m(b)$ 点之后，由于应变硬化跟不上塑性变形的发展，使变形集中于试样局部区域产生缩颈。在 $m(b)$ 点之前，$\mathrm{d}F > 0$；在 $m(b)$ 点后，$\mathrm{d}F < 0$。$m(b)$ 点是最大力点，也是局部塑性变形开始点，也称拉伸失稳点或塑性失稳点。由于 $m(b)$ 点后试样的断裂是由此开始发生的，所以找出拉伸失稳的临界条件，即缩颈判据，对于机件设计无疑是有益的。

（二）缩颈判据

拉伸失稳或缩颈的判据应为 $\mathrm{d}F = 0$。在任一瞬间，拉伸力 F 为真实应力 σ_{zh} 与试样瞬时横截面积 S 之积，即 $F = \sigma_{zh}S$。对 F 全微分，并令其等于零，即

$$\mathrm{d}F = S\mathrm{d}\sigma_{zh} + \sigma_{zh}\mathrm{d}S = 0 \qquad (1\text{-}16)$$

所以
$$\frac{\mathrm{d}S}{S} = -\frac{\mathrm{d}\sigma_{zh}}{\sigma_{zh}}$$

在塑性变形过程中，因材料应变硬化，故 $\mathrm{d}\sigma_{zh}$ 恒大于 0；$\mathrm{d}S$ 因试样截面积减小则恒小

于0。所以，式（1-16）中第一项为正值，表示材料应变硬化使试样承载能力增加，第二项为负值，表示试样截面收缩使其承载能力下降。

根据塑性变形时体积不变条件，即 $dV = 0$

因
$$V = SL$$

故
$$SdL + LdS = 0$$

$$-\frac{dS}{S} = \frac{dL}{L} = d\varepsilon_{zh} = \frac{d\varepsilon}{1+\varepsilon} \tag{1-17}$$

联立解式（1-16）、式（1-17）得

$$\sigma_{zh} = \frac{d\sigma_{zh}}{d\varepsilon_{zh}} \tag{1-18}$$

或

$$\frac{d\sigma_{zh}}{d\varepsilon} = \frac{\sigma_{zh}}{1+\varepsilon} \tag{1-19}$$

式（1-18）即为缩颈判据。可知，当真实应力-应变曲线上某点的斜率（应变硬化速率）等于该点的真实应力（流变应力，即屈服后继续塑性变形并随之升高的抗力）时，缩颈产生（图1-16）。

在缩颈点（拉伸失稳点）处 Hollomon 关系成立，$\sigma_{zhb} = K\varepsilon_{zhB}^n$（$\sigma_{zhb}$ 为试样的真实抗拉强度），$d\sigma_{zhb} = Kn\varepsilon_{zhB}^{n-1}$。所以，$K\varepsilon_{zhB}^n = Kn\varepsilon_{zhB}^{n-1}$，得

$$\varepsilon_{zhB} = n \tag{1-20}$$

这表明，当金属材料的应变硬化指数等于最大真实均匀塑性应变量时，缩颈便会产生。

（三）缩颈颈部应力修正

缩颈一旦产生，拉伸试样原来所受的单向应力状态就被破坏，而在缩颈区出现三向应力状态，这是由于缩颈区中心部分拉伸变形的径向收缩受到约束所致。在三向应力状态下，材料塑性变形比较困难。为了继续塑性变形，就必须提高轴向应力，因而缩颈处的轴向真实应力高于单向受力下的轴向真实应力，并且随着颈部进一步变细，真实应力还要不断增加。颈部三向应力状态如图1-17所示。

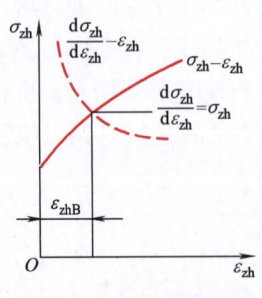

图1-16 缩颈判据图解

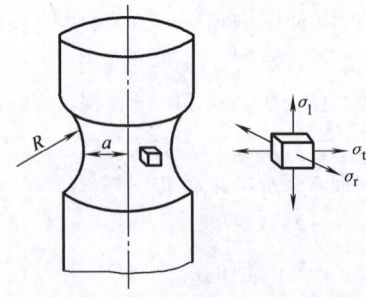

图1-17 颈部三向应力状态

为了补偿颈部径向应力、切向应力对轴向应力的影响，求得仍然是均匀轴向应力状态下的真实应力，以得到真正的真实应力-应变曲线，必须对颈部应力进行修正。为此，可利用 Bridgmen 关系式进行计算

$$\sigma'_{zh} = \frac{\sigma_{zh}}{\left(1+\frac{2R}{a}\right)\ln\left(1+\frac{a}{2R}\right)} \tag{1-21}$$

式中 σ'_{zh}——修正后的真实应力；

σ_{zh}——颈部轴向真实应力（等于拉伸力除以缩颈部最小横截面积）；

R——颈部轮廓线曲率半径；

a——颈部最小截面半径。

（四）抗拉强度

韧性金属试样拉断过程中相应最大力 F_m 的应力称为抗拉强度，计算公式为

$$R_m = \frac{F_m}{S_0} \tag{1-22}$$

式中 R_m——抗拉强度；

F_m——试样拉断过程中最大力；

S_0——试样原始横截面积。

R_m 只代表金属材料所能承受的最大拉伸应力，表征金属材料对最大均匀塑性变形的抗力。

抗拉强度的实际意义如下：

1) R_m 标志韧性金属材料的实际承载能力，但这种承载能力仅限于光滑试样单向拉伸的受载条件，而且韧性材料的 R_m 不能作为设计参数，因为 R_m 对应的应变远非实际使用中所要达到的。如果材料承受复杂的应力状态，则 R_m 就不代表材料的实际有用强度。由于 R_m 代表实际机件在静拉伸条件下的最大承载能力，且 R_m 易于测定，重现性好，所以 R_m 是工程上金属材料的重要力学性能指标之一，广泛用作产品规格说明或质量控制指标。

2) 对脆性金属材料而言，一旦拉伸力达到最大值，材料便迅速断裂了，所以 R_m 就是脆性材料的断裂强度，用于产品设计，其许用应力便以 R_m 为判据。

3) R_m 的高低取决于屈服强度和应变硬化指数。在屈服强度一定时，应变硬化指数越大，R_m 也越高。所以，如果知道材料的 R_{eL} 和 R_m 值，就可以间接知道应变硬化情况。比值 R_{eL}/R_m 对材料成形加工极为重要，较小的 R_{eL}/R_m 值几乎对所有冲压成形都是有利的，很多用于冲压的板材标准中对 R_{eL}/R_m 值都有一定要求。

4) 抗拉强度 R_m 与布氏硬度 HBW、疲劳极限 σ_{-1} 之间有一定经验关系。如对结构钢，$R_m \approx \frac{1}{3}$HBW；对淬火回火钢，当 $R_m < 1400$MPa 时，$\sigma_{-1} \approx \frac{1}{2}R_m$。

六、塑性

（一）塑性与塑性指标

塑性是指金属材料断裂前发生塑性变形（不可逆永久变形）的能力。金属材料断裂前所产生的塑性变形由均匀塑性变形和集中塑性变形两部分构成。试样拉伸至缩颈前的塑性变形是均匀塑性变形，缩颈后缩颈区的塑性变形是集中塑性变形。大多数拉伸时形成缩颈的韧性金属材料，其均匀塑性变形量比集中塑性变形量要小得多，一般均不超过集中塑性变形量的50%。许多钢材（尤其是高强度钢）均匀塑性变形量仅占集中塑性变形量的5%~10%，

铝和硬铝占18%~20%，黄铜占35%~45%。这就是说，拉伸缩颈形成后，塑性变形主要集中于试样缩颈附近。

金属材料常用的塑性指标为断后伸长率和断面收缩率。

断后伸长率是试样拉断后标距的残余伸长（$L_u - L_0$）与原始标距L_0之比的百分率，用符号A表示，即

$$A = \frac{L_u - L_0}{L_0} \times 100\% \tag{1-23}$$

式中　L_0——试样原始标距长度；
　　　L_u——试样断裂后的标距长度。

试验结果证明，$L_u - L_0 = \beta L_0 + \gamma \sqrt{S_0}$，故

$$A = \frac{L_u - L_0}{L_0} = \beta + \gamma \frac{\sqrt{S_0}}{L_0} \tag{1-24}$$

式中　β、γ——对同一金属材料制成的几何形状相似的试样为常数。

因此，为了使同一金属材料制成的不同尺寸拉伸试样得到相同的A值，要求$\frac{L_0}{\sqrt{S_0}} = K$（常数）。通常$K$取5.65或11.3（在特殊情况下，$K$也可取2.82、4.52或9.04），即对于圆柱形拉伸试样，相应的尺寸为$L_0 = 5d_0$或$L_0 = 10d_0$。这种拉伸试样称为比例试样，且前者为短比例试样，后者为长比例试样，所得到的断后伸长率分别以符号A和$A_{11.3}$表示。对于非比例试样符号A应附下角标，说明使用的原始标距，以毫米（mm）计，如A_{80mm}表示原始标距为80mm的断后伸长率。由于大多数韧性金属材料的集中塑性变形量大于均匀塑性变形量，因此，比例试样的尺寸越短，其断后伸长率越大，反映在A与$A_{11.3}$的关系上是$A > A_{11.3}$。试验结果显示，$A \approx (1.2 \sim 1.5)A_{11.3}$。必须指出，只有测定断后伸长率时，才要求应用比例拉伸试样，并给出试样的比例系数，其他性能指标则不要求。

除了用断后伸长率表示金属材料的塑性性能外，还可用最大力总延伸率表示材料的塑性。最大力总延伸率是指试样拉伸至最大力时原始标距的总延伸（弹性延伸加塑性延伸）与原始标距之比的百分率，符号为A_{gt}。这个定义说明，A_{gt}实际上是金属材料拉伸时产生的最大均匀塑性变形（工程应变）量。用它表示材料的塑性与塑性性能本身的含义并不一致，之所以引入该塑性指标，是因为A_{gt}与ε_{zhB}（真实应变）之间存在如下关系：$\varepsilon_{zhB} = \ln(1 + A_{gt})$。对于退火、正火态的低、中碳钢，在拉伸试验时，测出材料的A_{gt}，换算成ε_{zhB}，就可方便地按式（1-20）求出材料的应变硬化指数n。因此，A_{gt}对于评定冲压用板材的极限变形程度，如翻边系数、扩口系数、最小弯曲半径、胀形系数等很有用。试验表明，大多数材料的翻边变形程度与A_{gt}成正比。对于深拉深用钢板，一般要求有很高的A_{gt}值。

断面收缩率是试样拉断后，缩颈处横截面积的最大缩减量（$S_0 - S_u$）与原始横截面积S_0之比的百分率，用符号Z表示

$$Z = \frac{S_0 - S_u}{S_0} \times 100\% \tag{1-25}$$

式中　S_0——试样原始横截面积；
　　　S_u——缩颈处最小横截面积。

根据A与Z的相对大小，可以判断金属材料拉伸时是否形成缩颈：如果$Z > A$，金属拉

伸形成缩颈，且 Z 与 A 之差越大，缩颈越严重；如果 $A \geqslant Z$，则金属材料不形成缩颈。如高锰钢拉伸时不产生缩颈，其 $A \approx 55\%$，$Z \approx 35\%$；12CrNi3 钢淬火高温回火后，试样拉断时有很显著的缩颈，其 $A = 26\%$，$Z = 65\%$。

上述**塑性指标的具体选用原则**是，对于在单一拉伸条件下工作的长形零件，无论其是否产生缩颈，都用 A 或 A_{gt} 评定材料的塑性，因为产生缩颈时局部区域的塑性变形量对总伸长实际上没有什么影响。如果金属材料机件是非长形件，在拉伸时形成缩颈（包括因试样标距部分截面微小不均匀或结构不均匀导致过早形成的缩颈），则用 Z 作为塑性指标。因为 Z 反映了材料断裂前的最大塑性变形量，而此时 A 则不能显示材料的最大塑性。Z 是在复杂应力状态下形成的，冶金因素的变化对性能的影响在 Z 上更为突出，所以 Z 比 A 对组织变化更为敏感。

（二）塑性的意义

金属的塑性指标通常不能直接用于机件的设计，因为塑性与材料服役行为之间并无直接联系，但对静载下工作的机件，都要求材料具有一定塑性，以防止机件偶然过载时产生突然破坏。这是因为塑性变形有缓和应力集中的作用。对于有裂纹的机件，塑性可以松弛裂纹尖端的局部应力，有利于阻止裂纹扩展。从这些意义上说，塑性指标是安全力学性能指标。塑性对金属成形加工是很重要的，金属有了塑性才能通过轧制、挤压等冷热变形工序生产出合格产品来；为使机器装配、修复工序顺利完成，也需要材料有一定塑性；塑性还能反映冶金质量的优劣，故可用以评定材料质量。

金属材料的塑性常与其强度性能有关。当材料的断后伸长率与断面收缩率的数值较高时（A、$Z > 10\% \sim 20\%$），则材料的塑性越高，其强度一般较低。屈强比也与断后伸长率有关，通常，材料的塑性越高，屈强比越小。如高塑性的退火铝合金，$A = 15\% \sim 35\%$，$R_{r0.2}/R_m = 0.38 \sim 0.45$；人工时效的铝合金，$A < 5\%$，$R_{r0.2}/R_m = 0.77 \sim 0.96$。

七、屈强比

金属材料屈服强度与抗拉强度的比值 R_{eL}/R_m 或 $R_{r0.2}/R_m$，称为屈强比[⊖]。屈强比不是材料独立的拉伸力学性能指标，但由于它的重要实际意义，在某些工程领域，屈强比也是选材用材的一项性能指标。

屈强比值的大小，即屈服强度与抗拉强度的比值，反映材料均匀塑性变形的能力和应变硬化性能，对材料冷成形加工具有重要意义。

屈强比大，即屈服强度高、抗拉强度低，材料抗均匀塑性变形能力强，均匀塑性变形量小，塑性低。使用这样的材料加工的机件受载后易在应力集中部位产生低应力脆性断裂。在建筑工程领域，为了减轻地震地质灾害，我国规定热轧钢筋高强度建筑用钢的 $R_{eL}/R_m \leqslant 0.8$，使钢结构在地震时吸收较多地震能，避免建筑物严重损毁。大跨度结构用钢板也要求在保证抗拉强度和屈服强度足够的前提下，钢板应具有较低屈强比，以提高建筑结构的抗地震性能。石油天然气输送管道用宽厚钢板的强度要求不断提高，其 $R_{eL}/R_m \leqslant 0.90 \sim 0.95$，塑性逐步降低，但韧性要求同步增加。弹簧在弹性极限强度以下工作，应具有尽可能高的弹性

⊖ 在原国家标准中，屈强比符号用 σ_s/σ_b 表示。

极限强度（屈服强度）和屈强比，其 R_{eL}/R_m 高达 $0.80 \sim 0.92$，但若遇偶然过载，极易发生脆性断裂失效，所以也要注意提高弹簧钢的韧性。

屈强比小，即屈服强度低、抗拉强度高，表明材料均匀塑性变形量大，塑性好，材料容易冷成形。

屈强比对材料应变硬化性能的影响，表现为应变硬化指数 n 值随屈强比而变化：屈强比大，则 n 值小；反之，屈强比小，则 n 值大。应变硬化指数 n 与屈强比的关系为

$$n = 1 - \sqrt{R_{eL}/R_m} \tag{1-26}$$

八、静力韧度（强塑积）

韧度是度量材料韧性的力学性能指标，其中又分静力韧度、冲击韧度和断裂韧度。习惯上，韧性和韧度这两个名词常常混用。但韧性是金属材料的力学性能，它是指金属材料断裂前吸收塑性变形功和断裂功的能力，或指材料抵抗裂纹扩展的能力。金属材料在静拉伸时单位体积材料断裂前所吸收的功定义为静力韧度，它是强度和塑性的综合指标。测出材料真实应力-应变曲线下包围的面积，可以精确获得静力韧度值。但工程上用近似计算方法，如对韧性材料，静力韧度 U_T 为

$$U_T \approx R_m A \quad \text{或} \quad U_T \approx \frac{1}{2}(R_{eL} + R_m)A \tag{1-27}$$

静力韧度又称强塑积，式（1-27）也为强塑积的表达式或计算式。静力韧度或强塑积都是表征材料的韧性指标，对于在服役中有可能遇到偶然过载的机件（如链条、起重吊钩等），是必须考虑的重要指标。超轻钢汽车车身构件用钢板，要求材料强度高、塑性好、可成形、抗冲撞。石油天然气可膨胀管技术中的可膨胀管，也要求材料具有高强度、高塑性，即均应具有较大的强塑积值。低碳钢和传统高强度钢的强塑积值仅为 $10000 \sim 12000 \text{MPa} \cdot \%$；近年来已大量应用的相变诱发塑性钢（TRIP 钢）的强塑积值已达 $20000 \sim 25000 \text{MPa} \cdot \%$；而孪生诱发塑性钢（TWTP 钢）的强塑积值则高达 $50000 \text{MPa} \cdot \%$ 以上。高的强塑积值可以显著提高构件抗冲撞能力，也可以提高管件在井下的膨胀能力和抗挤毁能力。

第四节 金属的断裂

一、断裂的类型

磨损、腐蚀和断裂是机件的三种主要失效形式，其中以断裂的危害最大。在应力作用下（有时还兼有热及介质的共同作用），金属材料被分成两个或几个部分，称为完全断裂；内部存在裂纹，则为不完全断裂。研究金属材料完全断裂（简称断裂）的宏观和微观特征、断裂机理（在无裂纹存在时，裂纹是如何形成与扩展的）、断裂的力学条件及影响金属断裂的内外因素，对于设计工作者和材料工作者进行机件安全设计与选材，分析机件断裂失效事故都是十分必要的。

实践证明，大多数金属材料的断裂过程都包括裂纹形成与扩展两个阶段。对于不同的断裂类型，这两个阶段的机理与特征并不相同。为了便于讨论，本节先介绍断裂的类型。断裂类型根据断裂的分类方法不同而异，它们是依据一些各不相同的特征来分类的。

(一)韧性断裂与脆性断裂

韧性断裂[注]是金属材料断裂前产生明显宏观塑性变形的断裂,这种断裂有一个缓慢的撕裂过程,在裂纹扩展过程中不断地消耗能量。韧性断裂的断裂面一般平行于最大切应力并与主应力呈45°角。用肉眼或放大镜观察时,断口呈纤维状,灰暗色。纤维状是塑性变形过程中微裂纹不断扩展和相互连接造成的,而灰暗色则是纤维断口表面对光反射能力很弱所致。

中、低强度钢的光滑圆柱试样在室温下的静拉伸断裂是典型的韧性断裂,其**宏观断口呈杯锥形,由纤维区、放射区和剪切唇三个区域组成**(图1-18),**即所谓的断口特征三要素**。这种断口的形成过程如图1-19所示。

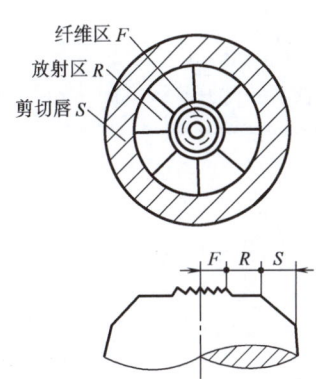

图1-18 拉伸断口三个区域的示意图

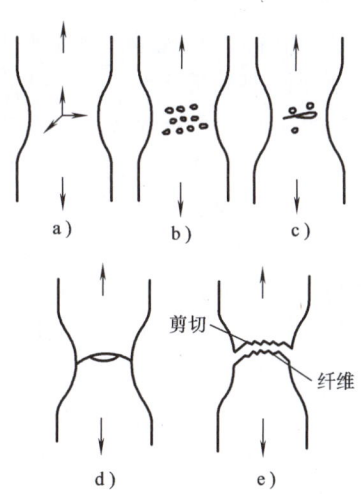

图1-19 杯锥状断口形成示意图
a)缩颈导致三向应力 b)微孔形成 c)微孔长大
d)微孔连接形成锯齿状 e)边缘剪切断裂

如前所述,当光滑圆柱拉伸试样受拉伸力作用,在试验力达到拉伸力-伸长曲线最高点时,便在试样局部区域产生缩颈,同时试样的应力状态也由单向变为三向,且中心轴向应力最大。在中心三向拉应力作用下,塑性变形难以进行,致使试样中心部分的夹杂物或第二相质点本身碎裂,或使夹杂物质点与基体界面脱离而形成微孔。微孔不断长大和聚合就形成显微裂纹。早期形成的显微裂纹,其端部产生较大塑性变形,且集中于极窄的高变形带内。这些剪切变形带从宏观上看大致与径向呈50°~60°角。新的微孔就在变形带内成核、长大和聚合,当其与裂纹连接时,裂纹便向前扩展了一段距离。这样的过程重复进行就形成锯齿形的纤维区。纤维区所在平面(即裂纹扩展的宏观平面)垂直于拉伸应力方向。

纤维区中裂纹扩展是很慢的,当其达到临界尺寸后就快速扩展而形成放射区。放射区是裂纹做快速低能量撕裂形成的。放射区有放射线花样特征。放射线平行于裂纹扩展方向而垂

[注] 这是工程上习惯用语,在学术界常用延性断裂。

直于裂纹前端（每一瞬间）的轮廓线，并逆指向裂纹源。撕裂时塑性变形量越大，则放射线越粗。对于几乎不产生塑性变形的极脆材料，放射线消失。温度降低或材料强度增加，由于塑性降低，放射线由粗变细乃至消失。

试样拉伸断裂的最后阶段形成杯状或锥状的剪切唇。剪切唇表面光滑，与拉伸轴呈45°，是典型的切断型断裂。

上述断口三区域的形态、大小和相对位置，因试样形状、尺寸和金属材料的性能以及试验温度、加载速率和受力状态不同而变化。一般说来，材料强度提高，塑性降低，则放射区比例增大；试样尺寸加大，放射区增大明显，而纤维区变化不大。

金属材料的韧性断裂不及脆性断裂危险，在生产实践中也较少出现（因为许多机件在其材料产生较大塑性变形后就已经失效了）。但是研究韧性断裂对于正确制订金属压力加工工艺（如挤压、拉深等）规范还是重要的，因为在这些加工工艺中材料要产生较大的塑性变形，并且不允许产生断裂。

脆性断裂是突然发生的断裂，断裂工作应力很低，往往低于材料的屈服强度。脆性断裂前基本上不发生塑性变形，没有明显征兆，因而危害性很大。 脆性断裂的断裂面一般与正应力垂直，断口平齐而光亮，常呈放射状或结晶状。板状矩形拉伸试样断口中的人字纹花样如图1-20所示。人字纹花样的放射方向也与裂纹扩展方向平行，但其尖顶指向裂纹源。实际多晶体金属断裂时主裂纹向前扩展，其前沿可能形成一些次生裂纹，这些裂纹向后扩展借低能量撕裂与主裂纹连接便形成人字纹。

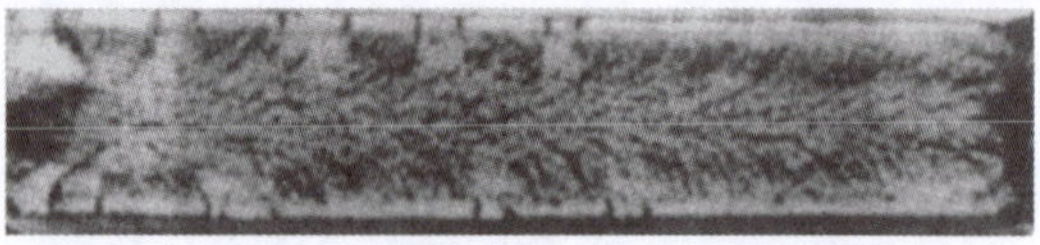

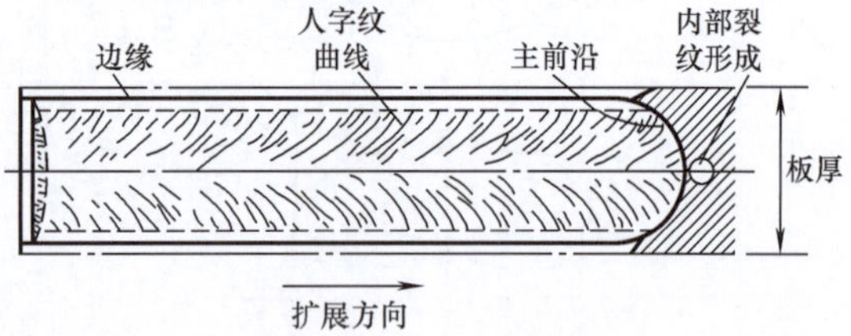

图1-20 人字纹花样
a) 实际工件断口 b) 示意图

通常，脆性断裂前也产生微量塑性变形。一般规定光滑拉伸试样的断面收缩率小于5%（反映微量的均匀塑性变形，因为脆性断裂没有缩颈形成）者为脆性断裂；反之，大于5%者为韧性断裂。由此可见，金属材料的韧性与脆性是根据一定条件下的塑性变形量来规定的。以后我们会看到，条件改变，材料的韧性与脆性行为也将随之变化。

（二）穿晶断裂与沿晶断裂

多晶体金属断裂时，裂纹扩展的路径可能是不同的。**穿晶断裂的裂纹穿过晶内，沿晶断裂的裂纹沿晶界扩展。**

从宏观上看，穿晶断裂可以是韧性断裂（如韧脆转变温度[⊖]以上的穿晶断裂），也可以是脆性断裂（低温下的穿晶解理断裂[⊖]）；而沿晶断裂则大多数是脆性断裂。沿晶断裂是由

⊖ 见第三章。
⊖ 见下述。

晶界上的一薄层连续或不连续脆性第二相、夹杂物，破坏了晶界的连续性所造成的，也可能是杂质元素向晶界偏聚引起的。应力腐蚀、氢脆、回火脆性、淬火裂纹、磨削裂纹等大都是沿晶断裂。

沿晶断裂的断口形貌呈冰糖状（图1-21），但若晶粒很细小，则肉眼无法辨认出冰糖状形貌，此时断口一般呈晶粒状，颜色较纤维状断口明亮，但比纯脆性断口要灰暗些，因为它们没有反光能力很强的小平面。

穿晶断裂和沿晶断裂有时可以混合发生。

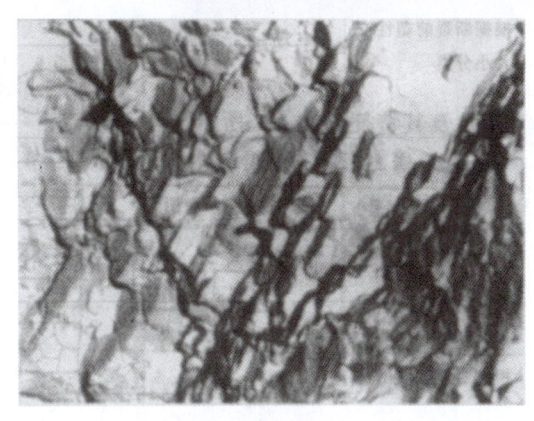

图1-21 冰糖状断口（SEM）

（三）纯剪切断裂、微孔聚集型断裂与解理断裂

(1) 剪切断裂　剪切断裂是金属材料在切应力作用下沿滑移面分离而造成的滑移面分离断裂，其中又分为纯剪切断裂（滑断）和微孔聚集型断裂。纯金属尤其是单晶体金属常产生纯剪切断裂，其断口呈锋利的楔形（单晶体金属）或刀尖形（多晶体金属的完全韧性断裂）。这是纯粹由滑移流变所造成的断裂。微孔聚集型断裂是通过微孔形核、长大聚合而导致材料分离的。由于实际材料中常同时形成许多微孔，通过微孔长大互相连接而最终导致断裂，故常用金属材料一般均产生这类性质的断裂，如低碳钢室温下的拉伸断裂。

(2) 解理断裂　解理断裂是金属材料在一定条件下（如低温），当外加正应力达到一定数值后，以极快速率沿一定晶体学平面产生的穿晶断裂，因与大理石断裂类似，故称此种晶体学平面为解理面。解理面一般是低指数晶面或表面能最低的晶面。典型金属单晶体的解理面见表1-6。

表1-6　典型金属单晶体的解理面

晶体结构	材　料	主要解理面	次要解理面
bcc	Fe, W, Mo	$\{001\}$	$\{112\}$
hcp	Zn, Cd, Mg	$\{0001\}$，$\{1\bar{1}00\}$	$\{11\bar{2}4\}$

通常，解理断裂总是脆性断裂，但有时在解理断裂前也显示一定的塑性变形，所以解理断裂与脆性断裂不是同义词，前者指断裂机理而言，后者则指断裂的宏观性态。

除了上述断裂分类方法外，还有按断裂面的取向或按作用力方式等分类方法。若断裂面取向垂直于最大正应力，即为正断型断裂；断裂面取向与最大切应力方向一致而与最大正应力方向约呈45°者，即为切断型断裂。前者如解理断裂或塑性变形受较大约束下的断裂，后者如塑性变形不受约束或约束较小情况的断裂，如拉伸断口上的剪切唇。

常用的断裂分类方法及其特征归纳见表1-7。

表 1-7 断裂分类及其特征

分类方法	名称	断裂示意图	特征
根据断裂前塑性变形大小分类	脆性断裂	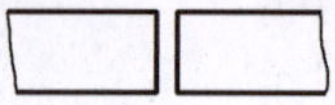	断裂前没有明显的塑性变形，断口形貌是光亮的结晶状
	韧性断裂		断裂前产生明显塑性变形，断口形貌是暗灰色纤维状
根据断裂面的取向分类	正断		断裂的宏观表面垂直于 σ_{max} 方向
	切断		断裂的宏观表面平行于 τ_{max} 方向
根据裂纹扩展的途径分类	穿晶断裂		裂纹穿过晶粒内部
	沿晶断裂		裂纹沿晶界扩展
根据断裂机理分类	解理断裂	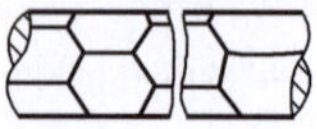	无明显塑性变形 沿解理面分离，穿晶断裂
	微孔聚集型断裂	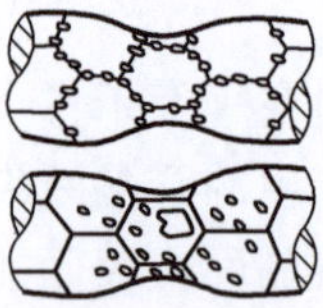	沿晶界微孔聚合，沿晶断裂 在晶内微孔聚合，穿晶断裂
	纯剪切断裂	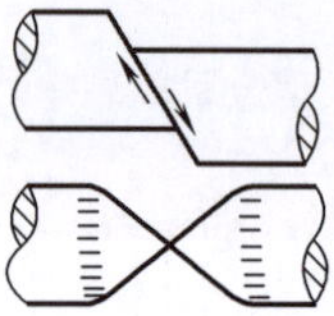	沿滑移面分离剪切断裂（单晶体） 通过缩颈导致最终断裂（多晶体、高纯金属）

由于解理断裂是典型的脆性断裂，而韧性断裂多数是微孔聚集型断裂，所以下面主要介绍这两类断裂的机理和断裂的力学条件，以及两类断裂的相互转化。

二、解理断裂

（一）解理裂纹的形成和扩展

观察解理断口发现，断口附近仍然有少量塑性变形。事实上，绝对脆性断裂是不存在的。可以想象，裂纹形成必然与塑性变形有关（这对单晶体金属和多晶体金属都是正确的），而金属材料的塑性变形是位错运动的反映，因此裂纹形成可能与位错运动有关，这就是裂纹形成的位错理论考虑问题的出发点。

1. 甄纳-斯特罗位错塞积理论

该理论是甄纳（G. Zener）1948 年首先提出的，其模型如图 1-22 所示。在滑移面上的切应力作用下，刃型位错在晶界前受阻并互相靠近形成位错塞积。当切应力达到某一临界值时，塞积头处的位错互相挤紧聚合而形成高为 nb、长为 r 的楔形裂纹（或孔洞形位错）。斯特罗（A. N. Stroh）指出，如果塞积头处的应力集中不能为塑性变形所松弛，则塞积头处的最大拉应力 σ_{fmax} 能够等于理论断裂强度而形成裂纹。

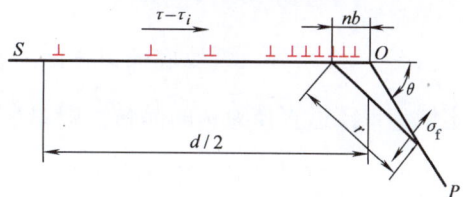

图 1-22 位错塞积形成裂纹

塞积头处的拉应力在与滑移面方向呈 $\theta = 70.5°$ 时达到最大值，且近似为

$$\sigma_{fmax} = (\tau - \tau_i)\left(\frac{d/2}{r}\right)^{\frac{1}{2}} \tag{1-28}$$

式中　$\tau - \tau_i$——滑移面上的有效切应力；
　　　d——晶粒直径，从位错源 S 到塞积头 O 的距离可视为 $d/2$；
　　　r——自位错塞积头到裂纹形成点的距离。

后面将推导出理想晶体沿解理面断裂的理论断裂强度为 $\sigma_m = \left(\frac{E\gamma_s}{a_0}\right)^{\frac{1}{2}}$，式中 γ_s 为表面能，a_0 为原子晶面间距，E 为弹性模量。

如此，形成裂纹的力学条件为

$$(\tau - \tau_i)\left(\frac{d}{2r}\right)^{\frac{1}{2}} \geqslant \left(\frac{E\gamma_s}{a_0}\right)^{\frac{1}{2}}$$

$$\tau_f = \tau_i + \sqrt{\frac{2Er\gamma_s}{da_0}} \tag{1-29}$$

式中　τ_f——形成裂纹所需的切应力。

若 r 与晶面间距 a_0 相当，且 $E = 2G(1+\nu)$，ν 为泊松比，则式(1-29)可写为

$$\tau_f = \tau_i + [4G\gamma_s(1+\nu)]^{\frac{1}{2}}d^{-\frac{1}{2}} \tag{1-30}$$

以上所述主要涉及解理裂纹的形成，并不意味着由此形成的裂纹将迅速扩展而导致金属材料完全断裂。实际解理断裂过程包括如下三个阶段：塑性变形形成裂纹；裂纹在同一晶粒内初期长大；裂纹越过晶界向相邻晶粒扩展（图 1-23）。这与多晶体金属的塑性变形过程十分相似。

柯垂尔（A. H. Cottrell）用能量分析法推导出解理裂纹扩展的临界条件为

$$\sigma nb = 2\gamma_s \tag{1-31}$$

式中　σ——外加正应力；
　　　n——塞积的位错数；
　　　b——位错柏氏矢量的模。

即为了产生解理断裂，裂纹扩展时外加正应力所做的功必须等于产生裂纹新表

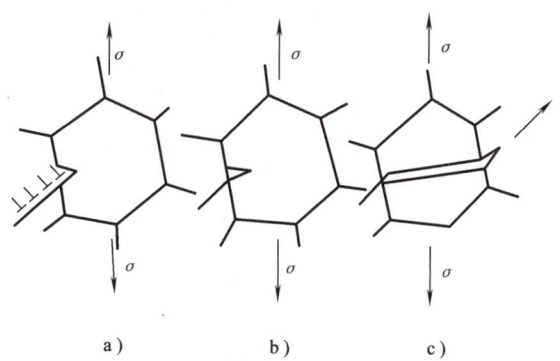

图 1-23 解理裂纹扩展过程示意图
a）形成　b）初期长大　c）越过晶界扩展

面的表面能。

由图 1-22 可知，裂纹底部边长即为切变位移 nb，它是有效切应力 $\tau - \tau_i$ 作用的结果。假定滑移带穿过直径为 d 的晶粒，则原来分布在滑移带上的弹性剪切位移为 $\frac{(\tau - \tau_i)}{G}d$，滑移带上的切应力因出现塑性位移 nb 而被松弛，故弹性剪切位移应等于塑性位移，即

$$\frac{(\tau - \tau_i)}{G}d = nb \tag{1-32}$$

将式（1-32）代入式（1-31），得

$$\sigma(\tau - \tau_i)d = 2\gamma_s G \tag{1-33}$$

由于屈服时（$\tau = \tau_s$）裂纹已经形成，而 τ_s 又与晶粒直径之间存在霍尔-派奇关系，即 $\tau_s - \tau_i = k_y d^{-\frac{1}{2}}$，代入式（1-33），得

$$\sigma_c = \frac{2G\gamma_s}{k_y \sqrt{d}} \tag{1-34}$$

σ_c 即表示长度相当于直径 d 的裂纹扩展所需的应力，或裂纹体的实际断裂强度。式（1-34）也就是屈服时产生解理断裂的判据，可见，晶粒直径 d 减小，σ_c 提高。

晶粒大小对断裂应力的影响已被许多金属材料的试验结果所证实：细化晶粒，断裂应力提高，材料的脆性减小。图 1-24 所示为晶粒大小对低碳钢屈服应力和断裂应力的影响。由图可见，晶粒尺寸小于某一临界值时，屈服应力低于断裂应力，屈服先于断裂产生；但晶粒尺寸大于该临界值时，屈服应力延长线与断裂应力线重合，断裂是脆性的。

对于有第二相质点的合金，d 实际上代表质点间距，d 越小，则材料的断裂应力越高。

2. 柯垂尔位错反应理论

该理论是柯垂尔为了解释晶内解理与 bcc 晶体中的解理而提出的。如图 1-25 所示，在 bcc 晶体中，有两个相交滑移面（$10\bar{1}$）和（101）与解理面（001）相交，三面之交线为 [010]。现沿（$10\bar{1}$）面有一群柏氏矢量为 $\frac{a}{2}[\bar{1}\bar{1}1]$ 的刃型位错，而沿（101）面有一群柏氏矢量为 $\frac{a}{2}[111]$ 的刃型位错，两者于 [010] 轴相遇，并产生下列反应

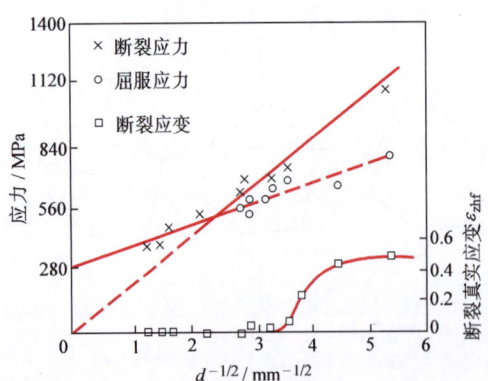

图 1-24　晶粒大小对低碳钢屈服应力和断裂应力的影响

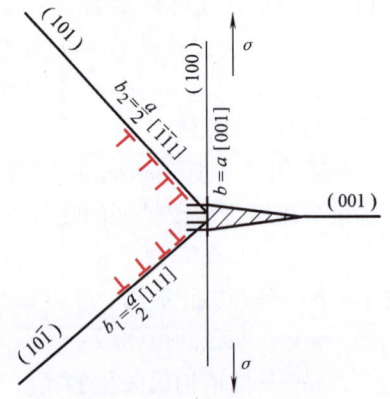

图 1-25　位错反应形成裂纹

$$\frac{a}{2}[1\bar{1}1] + \frac{a}{2}[111] \rightarrow a[001]$$

新形成的位错线在（001）面上，其柏氏矢量为 $a[001]$。因为（001）面不是 bcc 晶体的固有滑移面，故 $a[001]$ 为不动位错。结果两相交滑移面上的位错群就在该不动位错附近产生塞积。当塞积位错较多时，其多余半原子面如同楔子一样插入解理面中间形成宽度为 nb 的裂纹。

柯垂尔提出的位错反应是降低能量的过程，因而裂纹成核是自动进行的。fcc 金属虽有类似的位错反应，但不是降低能量的过程，故 fcc 金属不可能具有这样的裂纹成核机理。位错反应形成的解理裂纹，其扩展力学条件与位错塞积形成裂纹相同，见式（1-34）。

上述两种解理裂纹形成模型的共同之处在于：裂纹形核前均需有塑性变形；位错运动受阻，在一定条件下便会形成裂纹。实验证实，裂纹往往在晶界、亚晶界、孪晶交叉处出现，如 bcc 金属在低温和高应变速率下，常因孪晶与晶界或和其他孪晶相交导致较大位错塞积而形成解理裂纹。不过，通过孪生形成解理裂纹只有在晶粒较大时才产生。

（二）解理断裂的微观断口特征

1. 解理断裂

用电子显微镜观察解理断裂的微观断口形貌，可以看到一些特殊的花样。

解理断裂是沿特定界面发生的脆性穿晶断裂，其微观特征应该是极平坦的镜面。但是，实际的解理断裂断口是由许多大致相当于晶粒大小的解理面集合而成的。这种大致以晶粒大小为单位的解理面称为解理刻面。在解理刻面内部只从一个解理面发生解理破坏实际上是很少的。在多数情况下，裂纹要跨越若干相互平行的而且位于不同高度的解理面，从而在同一刻面内部出现了解理台阶和河流花样，后者实际上是解理台阶的一种标志。解理台阶、河流花样，还有舌状花样是解理断裂的基本微观特征。图 1-26 所示是河流花样的电子显微镜照片。

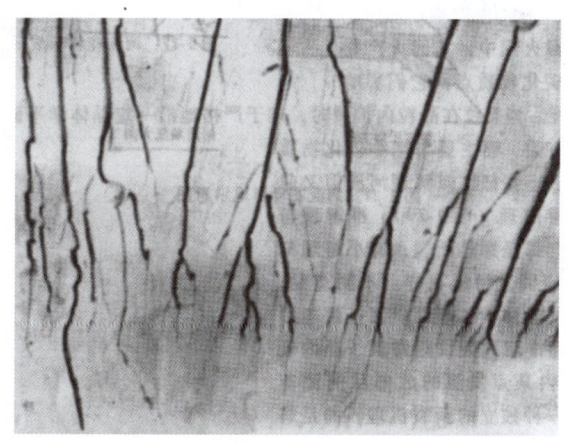

图 1-26　船用钢板解理断口上的河流花样（TEM）

解理裂纹与螺型位错相交是形成解理台阶的一种方式。设晶体内有一螺型位错，并设想解理裂纹为一刃型位错。当解理裂纹与螺型位错相遇后，便形成一个高度为 b 的台阶（图 1-27）。它们沿裂纹前端滑动而相互汇合，同号台阶相互汇合长大。当汇合台阶高度足够大时，便成为河流花样（图 1-28）。河流花样是判断是否为解理断裂的重要微观依据。"河流"的流向与裂纹扩展方向一致，所以可以根据"河流"流向确定在微观范围内解理裂纹的扩展方向，而按"河流"反方向去寻找断裂源。

解理断裂的另一微观特征是存在舌状花样（图 1-29），因其在电子显微镜下的形貌类似于人舌而得名。它是由于解理裂纹沿孪晶界扩展留下的舌头状凹坑或凸台，故在匹配断口上"舌头"为黑白对应的。

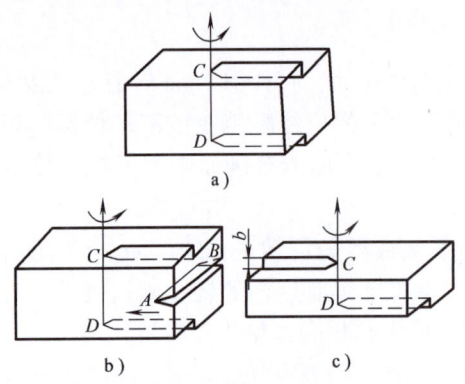

图 1-27 解理裂纹与螺型位错
相交形成解理台阶

a) CD 为螺型位错 b) AB 为解理裂纹，沿箭头方向扩展 c) 解理裂纹 AB 与螺型位错 CD 相遇后形成台阶

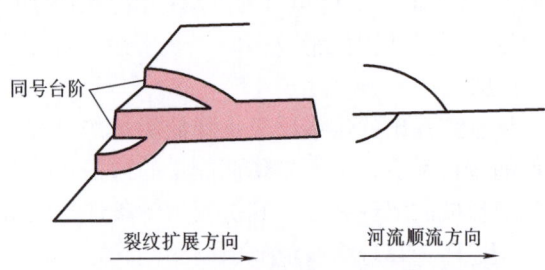

图 1-28 河流花样形成示意图

2. 准解理

在许多淬火回火钢中，其回火产物中有弥散细小的碳化物质点，它们影响裂纹的形成与扩展。当裂纹在晶粒内扩展时，难以严格地沿一定晶体学平面扩展。断裂路径不再与晶粒位向有关，而主要与细小碳化物质点有关。其微观形态特征，似解理河流但又非真正解理，故称为准解理（图 1-30）。**准解理与解理的共同点是**：都属于穿晶断裂；有小解理刻面；有台阶或撕裂棱及河流花样。不同点是准解理小刻面不是晶体学解理面。真正解理裂纹常源于晶界，而准解理裂纹则常源于晶内硬质点，形成从晶内某点发源的放射状河流花样。准解理不是一种独立的断裂机理，而是解理断裂的变种。

三、微孔聚集断裂

（一）微孔形核和长大

微孔聚集断裂过程包括微孔成核、长大、聚合，直至断裂。

微孔是通过第二相（或夹杂物）质点本身破裂，或第二相（或夹杂物）与基体界面脱离而成核的，它们是金属材料在断裂前塑性变形进行到一定程度时产生的。在第二相质点处微孔成核的原因是：位错引起的应力集中；或在高应变条件下因第

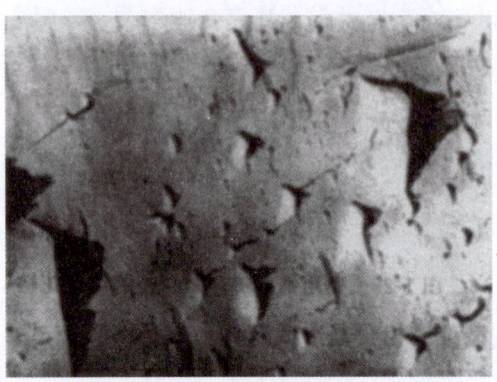

图 1-29 舌状花样（SEM）

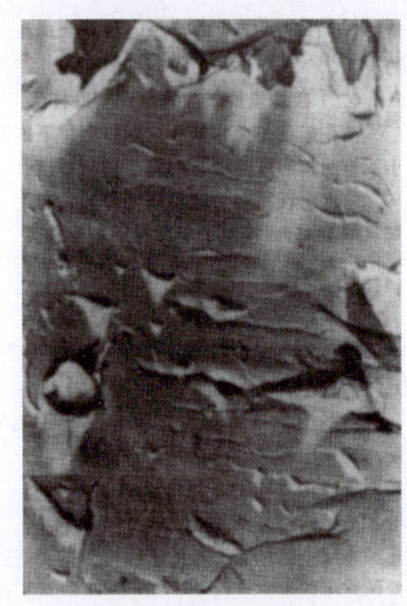

图 1-30 准解理断口
（SEM） ×4000

二相与基体塑性变形不协调而产生分离。

微孔成核长大位错模型如图 1-31 所示。位错线运动遇到第二相质点时，往往按绕过机制在其周围形成位错环（图 1-31a），这些位错环在外加应力作用下于第二相质点处堆积起来（图 1-31b）。当位错环移向质点与基体界面时，界面立即沿滑移面分离而形成微孔（图 1-31c）。由于微孔成核，后面的位错所受排斥力大大下降而被迅速推向微孔，并使位错源重新被激活起来，不断放出新位错。新的位错连续进入微孔，遂使微孔长大（图 1-31d）。

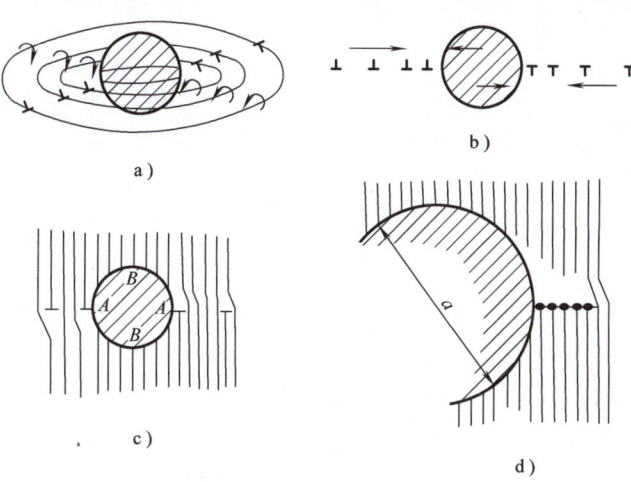

图 1-31　微孔形核长大模型

微孔长大的同时，几个相邻微孔之间的基体横截面积不断减小。因此，基体被微孔分割成无数个小单元，每一小单元可看成一个小拉伸试样。它们在外力作用下，可能借塑性流变方式产生缩颈（内缩颈）而断裂，使微孔连接（聚合）形成微裂纹。随后，因在裂纹尖端附近存在二向拉应力区和集中塑性变形区，在该区又形成新的微孔。新的微孔借内缩颈与裂纹连通，使裂纹向前推进一定长度，如此不断进行下去直至最终断裂。

古兰德（J. Gurland）和普拉特奥（J. Plateau）指出，微孔聚集韧性断裂裂纹形成所需的拉应力与第二相质点尺寸的平方根呈反比关系。试验证明，对于某些高强度淬火回火钢和球化的碳钢，在碳化物形状一定时，其抗拉强度 R_m 与碳化物大小之间也有类似关系。这说明，微孔形成是这类材料韧性断裂的控制阶段，并且赋予了抗拉强度以新的物理概念，即抗拉强度相当于微孔开始形成时的应力。

（二）微孔聚集断裂的微观断口特征

微孔形核长大和聚合在断口上留下的痕迹，就是在电子显微镜下观察到的大小不等的圆形或椭圆形韧窝。韧窝是微孔聚集断裂的基本特征。

韧窝形状视应力状态不同而异，有下列三类：等轴韧窝、拉长韧窝和撕裂韧窝（图 1-32），在电子显微镜下的形貌如图 1-33 所示。

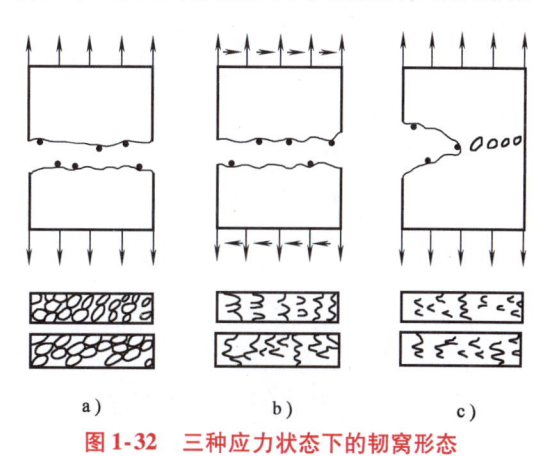

图 1-32　三种应力状态下的韧窝形态
a）等轴韧窝　b）拉长韧窝　c）撕裂韧窝

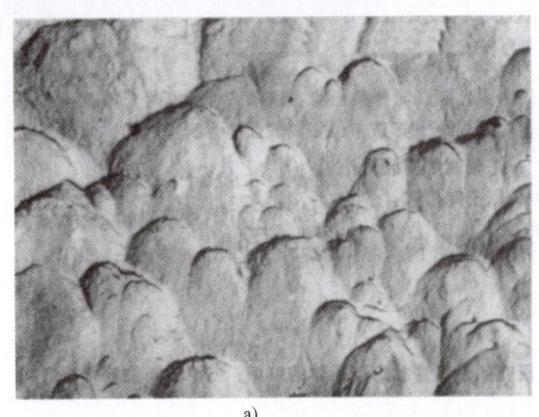 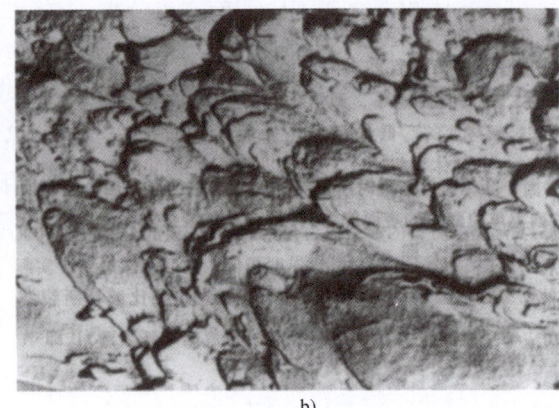

图 1-33 韧窝形貌（TEM） ×5000
a）等轴韧窝 b）拉长韧窝

韧窝的大小（直径和深度）取决于第二相质点的大小和密度、基体材料的塑性变形能力和应变硬化指数，以及外加应力的大小和状态等。第二相质点密度增大或其间距减小，则微孔尺寸减小。金属材料的塑性变形能力及其应变硬化指数大小直接影响着已长成一定尺寸的微孔的连接、聚合方式。应变硬化指数值越大的材料，越难以发生内缩颈，故微孔尺寸变小。应力大小和状态的改变，实际上是通过影响材料塑性变形能力而间接影响韧窝深度的。在高的静水压力之中，内缩颈易于产生，故韧窝深度增加；相反，在多向拉伸应力下或在缺口根部，韧窝则较浅。

必须指出，微孔聚集断裂一定有韧窝存在，但在微观形态上出现韧窝，其宏观上不一定就是韧性断裂。因为如前所述，宏观上为脆性断裂，在局部区域内也可能有塑性变形，从而显示出韧窝形态。

四、断裂强度

（一）理论断裂强度

金属材料之所以具有工业价值，是因为它们有较高的强度，同时又有一定的塑性。决定材料强度的最基本因素是原子间结合力，原子间结合力越高，则弹性模量、熔点就越高。人们曾经根据原子间结合力推导出晶体在切应力作用下，两原子面做相对刚性滑移时所需的理论切应力，即理论切变强度。结果表明，理论切变强度与切变模量差一定数量级。用同样的办法也可以推导出在外加正应力作用下，将晶体的两个原子面沿垂直于外力方向拉断所需的应力，即理论断裂强度。粗略计算表明，理论断裂强度与弹性模量也差一定数量级。

假设一完整晶体受拉应力作用后，原子间结合力与原子间位移的关系曲线如图 1-34 所示。曲线上的最大值 σ_m 即代表晶体在弹性状态下的最大结合力——理论断裂强度。作为一级近似，该曲线可用正弦曲线表示为

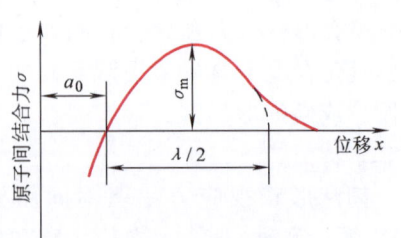

图 1-34 原子间结合力与原子间位移关系曲线

$$\sigma = \sigma_m \sin\frac{2\pi x}{\lambda} \qquad (1\text{-}35)$$

式中 λ——正弦曲线的波长；
x——原子间位移。

如果原子位移很小，则 $\sin\frac{2\pi x}{\lambda} \approx \frac{2\pi x}{\lambda}$，于是

$$\sigma = \sigma_m \frac{2\pi x}{\lambda} \qquad (1\text{-}36)$$

我们研究的是弹性状态下晶体的破坏。当原子间位移很小时，根据胡克定律

$$\sigma = E\varepsilon = \frac{Ex}{a_0} \qquad (1\text{-}37)$$

式中 ε——弹性应变；
a_0——原子间平衡距离。

合并式（1-36）和式（1-37），消去 x 得

$$\sigma_m = \frac{\lambda}{2\pi}\frac{E}{a_0} \qquad (1\text{-}38)$$

另一方面，晶体脆性断裂时所消耗的功用来供给形成两个新表面所需的表面能。设裂纹面上单位面积的表面能（即比表面能）为 γ_s，形成单位裂纹表面外力所做的功，应为 $\sigma\text{-}x$ 曲线下所包围的面积，即

$$U_0 = \int_0^{\lambda/2} \sigma_m \sin\frac{2\pi x}{\lambda} dx = \frac{\lambda \sigma_m}{\pi} \qquad (1\text{-}39)$$

这个功应等于表面能 γ_s 的两倍（断裂时形成两个新表面），即

$$\frac{\lambda \sigma_m}{\pi} = 2\gamma_s$$

或

$$\lambda = \frac{2\pi \gamma_s}{\sigma_m} \qquad (1\text{-}40)$$

将式（1-40）代入式（1-38），消去 λ 则得

$$\sigma_m = \left(\frac{E\gamma_s}{a_0}\right)^{\frac{1}{2}} \qquad (1\text{-}41)$$

这就是理想晶体脆性（解理）断裂的理论断裂强度。由式（1-41）可知，晶体弹性模量越大、表面能越大、原子间距越小，即结合越紧密，则理论断裂强度就越大。在 E、a_0 一定时，σ_m 与 γ_s 有关，解理面的 γ_s 低，所以 σ_m 小而易解理。

如果用 E、a_0 和 γ_s 的具体数值代入，则可以获得 σ_m 的实际值。如铁的 $E = 2 \times 10^5 \text{MPa}$，$a_0 = 2.5 \times 10^{-10} \text{m}$，$\gamma_s = 2\text{J/m}^2$，则 $\sigma_m = 4.0 \times 10^4 \text{MPa}$。若用 E 的百分数表示，则 $\sigma_m = E/5.5$。通常，$\sigma_m = E/10$。实际金属材料的断裂应力仅为理论 σ_m 值的 $1/10 \sim 1/1000$。与引进位错理论以解释实际金属的屈服强度低于理论切变强度相似，人们自然想到，实际金属材料中一定存在某种缺陷，使断裂强度显著下降。不过提出位错理论要比解释断裂强度的理论晚十余年。

（二）断裂强度的裂纹理论（格雷菲斯裂纹理论）

为了解释玻璃、陶瓷等脆性材料断裂强度的理论值与实际值的巨大差异，格雷菲斯

（A. A. Griffith）在1921年提出，实际材料中已经存在裂纹，当平均应力还很低时，局部应力集中已达到很高数值（达到 σ_m），从而使裂纹快速扩展并导致脆性断裂。他根据能量平衡原理计算出裂纹自动扩展时的应力值，即计算了裂纹体的强度。能量平衡原理指出，由于存在裂纹，系统弹性能降低，势必与因存在裂纹而增加的表面能相平衡。如果弹性能降低足以满足表面能增加的需要时，裂纹就会失稳扩展，引起脆性破坏。

设想有一单位厚度的无限宽薄板，对其施加一拉应力，而后使其固定以隔绝外界能源（图1-35）。用无限宽板是为了消除板的自由边界的约束。在垂直板表面的方向上可以自由位移，$\sigma_z = 0$，板处于平面应力状态。

板材每单位体积储存的弹性能为 $\sigma^2/(2E)$。因为是单位厚度，故 $\sigma^2/(2E)$ 实际上也代表单位面积的弹性能。如果在这个板的中心割开一个垂直于应力 σ、长度为 $2a$ 的裂纹，则原来弹性拉紧的平板就要释放弹性能。根据弹性理论计算，释放的弹性能为

$$U_e = \frac{\pi \sigma^2 a^2}{E} \tag{1-42}$$

因为这是系统释放的弹性能，其前端应冠以负号，即

$$U_e = -\frac{\pi \sigma^2 a^2}{E} \tag{1-43}$$

另外，裂纹形成时产生新表面需提供表面能，设裂纹的比表面能为 γ_s，则表面能为

$$W = 4a\gamma_s \tag{1-44}$$

于是，整个系统的总能量变化为

$$U_e + W = -\frac{\pi \sigma^2 a^2}{E} + 4a\gamma_s$$

由于 γ_s 及 σ 是恒定的，则系统总能量变化及每一项能量均与裂纹半长 a 有关（图1-36）。

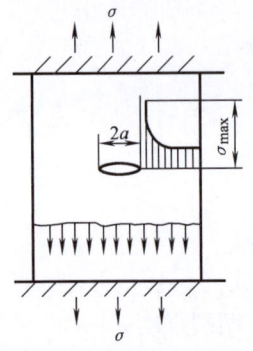

图1-35　格雷菲斯裂纹模型

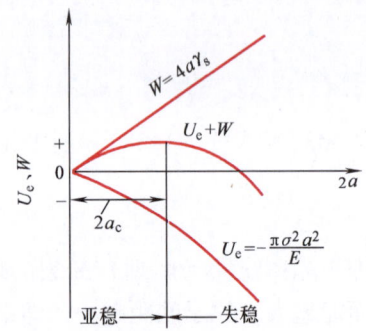

图1-36　裂纹扩展尺寸与能量变化关系

由图1-36可见，在总能量曲线的最高点处，系统总能量对裂纹半长 a 的一阶偏导数应等于0，即

$$\frac{\partial \left(-\frac{\pi \sigma^2 a^2}{E} + 4a\gamma_s \right)}{\partial a} = 0 \tag{1-45}$$

于是，裂纹失稳扩展的临界应力为

$$\sigma_c = \left(\frac{2E\gamma_s}{\pi a} \right)^{\frac{1}{2}} \tag{1-46}$$

这就是著名的格雷菲斯公式，σ_c 即为有裂纹物体的断裂强度（实际断裂强度）。它表明，在脆性材料中，裂纹扩展所需的应力 σ_c 反比于裂纹半长的平方根。如物体所受的外加应力 σ 达到 σ_c，则裂纹产生失稳扩展。如外加应力不变，裂纹在物体服役时不断长大，则当裂纹长大到下列尺寸 a_c 时，也达到失稳扩展的临界状态，即

$$a_c = \frac{2E\gamma_s}{\pi\sigma^2} \tag{1-47}$$

式（1-46）和式（1-47）适用于薄板情况。对于厚板，由于 $\sigma_z \neq 0$，厚板处于平面应变状态。此时因

$$U_e = -\left(\frac{\pi\sigma^2 a^2}{E}\right)(1-\nu^2)$$

故

$$\sigma_c = \left[\frac{2E\gamma_s}{\pi(1-\nu^2)a}\right]^{\frac{1}{2}} \tag{1-48}$$

$$a_c = \frac{2E\gamma_s}{\pi(1-\nu^2)\sigma^2} \tag{1-49}$$

式中　ν——泊松比。

式（1-47）和式（1-49）中的 a_c 为在一定应力水平下的裂纹失稳扩展的临界尺寸，具有临界尺寸的裂纹称为格雷菲斯裂纹。

式（1-46）~式（1-49）都是脆性断裂的断裂判据。

比较式（1-46）和式（1-48）可知，对于脆性材料，无论是薄板还是厚板，它们的实际断裂强度几乎相同，二者仅相差 $1/(1-\nu^2)$。

格雷菲斯理论是根据热力学原理得出断裂发生的必要条件，但这并不意味着事实上一定要断裂。裂纹自动扩展的充分条件是其尖端应力要等于或大于理论断裂强度 σ_m。设图 1-35 中裂纹尖端曲率半径为 ρ，根据弹性应力集中系数计算式，在此条件下裂纹尖端的最大应力为

$$\sigma_{max} = \sigma\left[1 + 2\left(\frac{a}{\rho}\right)^{\frac{1}{2}}\right] \approx 2\sigma\left(\frac{a}{\rho}\right)^{\frac{1}{2}} \tag{1-50}$$

式中　σ——名义拉应力。

由式（1-50）可知，σ_{max} 随名义拉应力增加而增大，当 σ_{max} 达到 σ_m 时，断裂开始（裂纹扩展）。此时，$\sigma_{max} = \sigma_m$，即

$$2\sigma\left(\frac{a}{\rho}\right)^{\frac{1}{2}} = \left(\frac{E\gamma_s}{a_0}\right)^{\frac{1}{2}}$$

由此，断裂时的名义断裂应力为

$$\sigma_c = \left(\frac{E\gamma_s\rho}{4aa_0}\right)^{\frac{1}{2}} \tag{1-51}$$

如果裂纹很尖，其尖端曲率半径小到原子面间距离 a_0 那样的尺寸，则式（1-51）成为

$$\sigma_c = \left(\frac{E\gamma_s}{4a}\right)^{\frac{1}{2}} \tag{1-52}$$

式（1-52）与格雷菲斯公式（1-46）基本相似，只是系数不同而已，前者的系数为 0.5，后者的系数为 0.8。由此可见，满足了格雷菲斯能量条件，同时也就满足了应力判据规定的充分条件。但如果裂纹尖端曲率半径远比原子面间距大，则两个条件不一定能同时得

到满足。

比较式（1-51）和式（1-46）可知，当 $\rho = 3a_0$ 时，两个公式数值相近，$3a_0$ 即代表格雷菲斯公式适用的弹性裂纹有效曲率半径的下限。如果 $\rho < 3a_0$，则用格雷菲斯公式计算脆断强度，但 ρ 不能趋于零，因为这样的裂纹实际上是不存在的。如果 $\rho > 3a_0$，则按式（1-51）计算脆断应力。

必须指出，格雷菲斯对长为 $2a$ 的中心穿透裂纹计算所得的断裂应力公式，对长为 a 的表面半椭圆裂纹也是适用的，对于后一种裂纹，式中的 a 就是裂纹长度。

格雷菲斯公式只适用于脆性固体，如玻璃、金刚石等，也就是只适用于那些裂纹尖端塑性变形可以忽略的情况。

对于工程金属材料，如钢等，裂纹尖端会产生一定的塑性变形，要消耗塑性变形功，其值远比表面能大（至少相差 1000 倍）。为了能应用格雷菲斯公式需要对之进行修正。

奥罗万（E. Orowan）和欧文（G. R. Irwin）调查了裂纹尖端塑性变形的性质后指出，格雷菲斯公式（1-46）中的表面能应由形成裂纹表面所需的表面能 γ_s 及产生塑性变形所需的塑性功 γ_p 构成。于是，格雷菲斯公式应代之以下列形式

$$\sigma_c = \left[\frac{2E(\gamma_s + \gamma_p)}{\pi a}\right]^{\frac{1}{2}} \tag{1-53}$$

式（1-53）称为格雷菲斯-奥罗万-欧文公式，式中 γ_p 为单位面积裂纹表面所消耗的塑性功，$(\gamma_s + \gamma_p)$ 称为有效表面能。因为 $(\gamma_s + \gamma_p)$ 远大于 γ_s，故式（1-53）可改写为

$$\sigma_c = \left(\frac{2E\gamma_p}{\pi a}\right)^{\frac{1}{2}} \tag{1-54}$$

格雷菲斯理论的前提是承认实际金属材料中已经存在裂纹，不涉及裂纹的来源问题。裂纹可能是原材料在冶炼中，或工件在铸、锻、焊、热处理等加工过程中产生的；也可能是材料在受载过程中因塑性变形诱发而产生的。无论何种来源的裂纹，其扩展的力学条件是一致的，这可从表 1-8 中看出来。为了比较起见，表中还列出了理论断裂强度的表达式。表中格雷菲斯公式或格雷菲斯-奥罗万-欧文公式适用于两种来源的裂纹，位错理论公式则适用于塑性变形诱发的裂纹。

表 1-8 裂纹扩展力学条件比较

模 型	裂纹扩展力学条件表达式	备 注
理想晶体解理	$\sigma_m = \left(\dfrac{E\gamma_s}{a_0}\right)^{\frac{1}{2}}$	
格雷菲斯理论	$\sigma_c = \left(\dfrac{2E\gamma_s}{\pi a}\right)^{\frac{1}{2}}$	格雷菲斯公式
	$\sigma_c = \left[\dfrac{2E(\gamma_s + \gamma_p)}{\pi a}\right]^{\frac{1}{2}}$	格雷菲斯-奥罗万-欧文公式
位错塞积或位错反应理论	$\sigma_c = \dfrac{2G\gamma_s}{k_y\sqrt{d}}$	

五、断裂理论的意义

由上所述，$\sigma_c = \dfrac{2G\gamma_s}{k_y\sqrt{d}}$ 是金属材料屈服时产生解理断裂的判据。既然是在屈服时产生的解理断裂，则 $\sigma_c = \sigma_s$，而 σ_s 和晶粒大小之间又存在霍尔-派奇关系，$\sigma_s = \sigma_i + k_y d^{-\frac{1}{2}}$，因此可以得到

$$(\sigma_i + k_y d^{-\frac{1}{2}}) = \frac{2G\gamma_s}{k_y d^{\frac{1}{2}}} \tag{1-55}$$

或

$$(\sigma_i d^{\frac{1}{2}} + k_y) k_y = 2G\gamma_s \tag{1-56}$$

式（1-56）显然也是屈服时产生解理断裂的判据。若等式左边项小于右边项，则裂纹虽能形成但不能扩展，此即存在非发展裂纹的情况；反之，若等式左边项大于右边项，则裂纹形成后就能自动扩展。

如果考虑到应力状态对断裂的影响，式（1-56）可写成

$$(\sigma_i d^{\frac{1}{2}} + k_y) k_y = 2G\gamma_s q \tag{1-57}$$

式中 q——应力状态系数。

由式（1-57）可知，**为了降低金属材料脆断倾向，应采用下述措施：提高 G、γ_s 及 q；降低 σ_i、d 与 k_y**。在这六个参量中，q 是外界条件（试验条件或服役条件），其他五个参量都与材料本质有关。如果考虑到位错在晶体中运动所受的摩擦阻力 σ_i 有一部分与温度有关，则式（1-57）实际上反映了内、外因素对金属材料韧脆性的影响，它们的变化必然会导致材料韧脆行为的转化。

G 为材料切变模量，不同的金属材料具有不同的 G 值。材料的 G 值越高，则脆断强度也越高。热处理、合金化或冷热变形对 G 值影响很小，故现在常用的强化方法很难通过改变 G 而使金属材料韧化。

金属材料的 γ_s 实际上由表面能和塑性变形功两部分构成，即为有效表面能，其中主要是塑性变形功。塑性变形功大小与材料的有效滑移系数目及裂纹尖端附近可动位错数目有关。这显然主要取决于材料本身，如 bcc 金属虽然有效滑移系数目多，但因位错受杂质原子钉扎，故可动位错数目少，易于脆性断裂；fcc 金属的有效滑移系和可动位错数目都比较多，易于塑性变形而不易于产生脆性断裂。某些环境因素如腐蚀介质侵入会降低表面能，使材料变脆。

q 为表示应力状态的系数，其值等于滑移面上切应力与正应力之比，故含义与本书第二章将要介绍的应力状态软性系数 α 相近，但彼此数值上不等。切应力是位错运动的推动力，同时它也决定了在障碍前位错塞积的数目，因此对塑性变形和裂纹的形成及扩展过程都有作用；正应力影响裂纹的扩展过程，拉应力促进裂纹的扩展。因而，任何减小切应力与正应力比值的应力状态都将增加金属材料的脆性。如单向拉伸时，$q \approx 1$；扭转时，$q \approx 2$；三向拉伸时，$q = 1/3$。故同一材料在拉伸时比在扭转时易显示其脆性。

晶粒大小反映滑移距离的大小，因而影响在障碍前位错塞积的数目。细化晶粒，裂纹不易形成，并且裂纹形成后也不易扩展，因为裂纹扩展时要多次改变方向，将消耗更多能量。因此，具有细晶粒组织的金属材料，其抗脆断性能优于具有粗晶粒组织的金属材料。

σ_i 与 τ_{p-n} 及位错运动所遇到的障碍有关。高的 σ_i 值易导致脆性断裂，因为材料屈服前能达到的应力值必定较大。我们知道，位错运动速率随应力提高而增加，因此，在 σ_i 较高时，位错加速运动，解理裂纹形核的机会也就随之增加。若因 σ_i 较高而使应力达到 σ_c，则裂纹必将快速扩展。

bcc 金属具有低温变脆现象，其原因之一就是 σ_i 随温度降低急剧升高。但 bcc 金属低温变脆还和形变方式有关。在低温下，孪生是塑性变形的主要方式。孪晶彼此相交或孪晶与晶界相交处常常是解理裂纹形核的地方，因而在相同条件下，裂纹好像是在具有孪晶组织的金属中进行，加之因温度较低，裂纹前沿地区难以进行塑性变形。这些都有利于裂纹扩展而显示较大脆性。

k_y 为钉扎常数，位错被钉扎越强，k_y 越大，越易出现脆性断裂。

合金元素对钢的韧脆性的影响比较复杂。凡加入合金元素引起单系滑移或孪生的、产生位错钉扎而增加 k_y 及减小表面能的都增大脆性。若在合金中形成粗大的第二相，也使脆性增大。但若合金元素使晶粒细化，获得弥散状态的第二相，则必将提高材料的韧性。

以上我们根据裂纹扩展的临界力学条件定性地讨论了影响金属材料韧性、脆性的内因和外因，指明了韧化金属材料的方向，同时也表明，所谓金属材料的脆性和韧性是金属材料在不同条件下表现的力学行为或力学状态，两者是相对的并可以互相转化。在一定条件下，金属材料表现为脆性还是韧性取决于裂纹扩展过程。如果裂纹（已存裂纹或塑性变形诱发的裂纹）扩展时，其前沿地区能产生显著塑性变形或受某种障碍所阻，使断裂判据中表面能项增大，则裂纹扩展便会停止下来，材料遂显示为韧性的；反之，若在裂纹扩展中始终能满足脆性断裂判据的要求，则材料便显示为脆性的。

思考题与习题

1. 解释下列名词：
  （1）弹性比功；（2）滞弹性；（3）循环韧性；（4）包申格效应；（5）解理刻面；（6）塑性、脆性和韧性；（7）解理台阶；（8）河流花样；（9）解理面；（10）穿晶断裂和沿晶断裂；（11）韧脆转变。
2. 说明下列力学性能指标的意义：
  （1）$E(G)$；（2）$\sigma_{r0.2}$、R_{eH}、R_{eL}、$R_{p0.2}$、$R_{t0.2}$、$R_{t0.5}$；（3）R_m；（4）n；（5）A、$A_{11.3}$、A_{50mm}、A_{gt}、Z。
3. 金属的弹性模量主要取决于什么因素？为什么说它是一个对组织不敏感的力学性能指标？
4. 今有 45、40Cr、35CrMo 钢和灰铸铁几种材料，你会选择哪种材料用作机床床身？为什么？
5. 试述多晶体金属产生明显屈服的条件，并解释 bcc 金属及其合金与 fcc 金属及其合金屈服行为不同的原因。
6. 试述退火低碳钢、中碳钢和高碳钢的屈服现象在拉伸力-伸长曲线图上的区别，并表述其产生原因。
7. 决定金属屈服强度的因素有哪些？
8. 试述 A、Z 两种塑性指标评定金属材料塑性的优缺点。
9. 试举出几种能显著强化金属而又不降低其塑性的方法。
10. 试述韧性断裂与脆性断裂的区别。为什么脆性断裂最危险？
11. 剪切断裂与解理断裂都是穿晶断裂，为什么断裂性质完全不同？
12. 在什么条件下易于出现沿晶断裂？怎样才能减小沿晶断裂倾向？
13. 何谓拉伸断口三要素？影响宏观拉伸断口性态的因素有哪些？

14. 板材宏观脆性断口的主要特征是什么？如何寻找断裂源？

15. 试证明，滑移面相交产生微裂纹的柯垂尔机理对 fcc 金属而言在能量上是不利的。

16. 通常纯铁的 $\gamma_s = 2J/m^2$，$E = 2 \times 10^5 MPa$，$a_0 = 2.5 \times 10^{-10} m$，试求其理论断裂强度 σ_m。（$\sigma_m = 4 \times 10^4 MPa$）

17. 论述格雷菲斯裂纹理论分析问题的思路，推导格雷菲斯方程，并指出该理论的局限性。

18. 若一薄板物体内部存在一条长 3mm 的裂纹，且 $a_0 = 3 \times 10^{-8} cm$，试求脆性断裂时的断裂应力。（设 $\sigma_m = 0.1 E = 2 \times 10^5 MPa$）（$\sigma_c = 504 MPa$）

19. 有一材料 $E = 2 \times 10^{11} N/m^2$，$\gamma_s = 8 N/m$。试计算在 $7 \times 10^7 N/m^2$ 的拉应力作用下，该材料中能扩展的裂纹的最小长度。（0.4mm）

20. 断裂强度 σ_c 与抗拉强度 R_m 有何区别？

21. 铁素体钢的断裂强度与屈服强度均与晶粒尺寸 $d^{-\frac{1}{2}}$ 成正比，怎样解释这一现象？

22. 裂纹扩展受哪些因素支配？

23. 试分析能量断裂判据与应力断裂判据之间的联系。

24. 有哪些因素决定韧性断口的宏观形貌？

25. 试根据方程 $(\sigma_i d^{\frac{1}{2}} + k_y) k_y = 2 G \gamma_s q$，讨论下述因素对金属材料韧脆转变的影响：

（1）材料成分；（2）杂质；（3）温度；（4）晶粒大小；（5）应力状态；（6）加载速率。

第二章 金属在其他静载荷下的力学性能

- 应力状态软性系数
- 压缩
- 弯曲
- 扭转
- 缺口试样静载荷试验
- 硬度

　　研究金属材料在常温静载荷下的力学性能时，除采用单向静拉伸试验方法外，有时还选用压缩、弯曲、扭转等试验方法。选用这些方法的目的是：①很多机件或工具在实际服役时常承受弯矩、扭矩或轴向压力的作用，或其上有螺纹、孔洞、台阶等引起应力集中的部位，有必要测定制造这类机件或工具的材料在相应承载条件下的力学性能指标，作为设计和选材的依据；②不同的加载方式在试样中将产生不同的应力状态。金属材料在不同应力状态下所表现的力学行为不完全相同，因此，选用不同应力状态的试验方法，便于研究材料相应力学性能的变化。本章将首先介绍应力状态软性系数的概念，然后介绍压缩、弯曲、扭转和缺口静拉伸等试验方法及其所测定的主要力学性能指标。

　　金属硬度试验方法在工业生产及科研中的应用极为广泛。常用的布氏硬度、洛氏硬度和维氏硬度等试验方法属于静载压入试验。本章将硬度试验也作为一种静载荷试验方法，一并介绍。

第一节　应力状态软性系数

塑性变形和断裂是金属材料在静载荷下失效的主要形式。它们是金属所承受的应力达到其相应的强度极限而产生的。当金属所受的最大切应力 τ_{max} 达到屈服强度 τ_s 时，产生屈服；当 τ_{max} 达到切断强度 τ_k 时，产生剪切型断裂；当最大正应力 σ_{max} 达到正断强度时，产生正断型断裂。但同一种金属材料，在一定承载条件下产生何种失效形式，除与其自身的强度大小有关外，还与承载条件下的应力状态有关。不同的应力状态，其最大正应力 σ_{max} 与最大切应力 τ_{max} 的相对大小是不一样的。因此，对金属的变形和断裂性质将产生不同的影响。为此，我们必须知道，在不同的静加载方式下试样中 τ_{max} 和 σ_{max} 的计算方法及其相对大小的表示方法。

材料力学中已述及，任何复杂应力状态都可用三个主应力 σ_1、σ_2 和 σ_3（$\sigma_1 > \sigma_2 > \sigma_3$）来表示。根据这三个主应力，可以按"最大切应力理论"计算最大切应力，即 $\tau_{max} = (\sigma_1 - \sigma_3)/2$；按"相当最大正应力理论"计算最大正应力，即 $\sigma_{max} = \sigma_1 - \nu(\sigma_2 + \sigma_3)$，$\nu$ 为泊松比。τ_{max} 与 σ_{max} 的比值表示它们的相对大小，称为应力状态软性系数，记为 α。对于金属材料，ν 取 0.25，则 α 值为

$$\alpha = \frac{\tau_{max}}{\sigma_{max}} = \frac{\sigma_1 - \sigma_3}{2\sigma_1 - 0.5(\sigma_2 + \sigma_3)} \tag{2-1}$$

例如，单向拉伸时的应力状态只有 σ_1，$\sigma_2 = \sigma_3 = 0$，代入式（2-1）后得 $\alpha = 0.5$。

常用的几种静加载方式的应力状态软性系数 α 值列于表 2-1。

α 值越大的试验方法，试样中最大切应力分量越大，表示应力状态越"软"，金属越易于产生塑性变形和韧性断裂。反之，α 值越小的试验方法，试样中最大正应力分量越大，应力状态越"硬"，金属越不易产生塑性变形而易于产生脆性断裂。通常，$\alpha > 1$ 的应力状态称为"软性"应力状态；$\alpha < 1$ 的应力状态称为"硬性"应力状态；$\alpha \approx 1$ 的应力状态称为"较软性"应力状态。注意，α 的绝对值并不能定量评定材料的塑性变形（或塑性）特性，仅用于比较不同试验方法应力状态的"硬"或"软"，以供选择试验方法之用。

表 2-1　不同加载方式的应力状态软性系数 α（$\nu = 0.25$）

加载方式	主应力			α
	σ_1	σ_2	σ_3	
三向不等拉伸	σ	$(8/9)\sigma$	$(8/9)\sigma$	0.1
单向拉伸	σ	0	0	0.5
扭转	σ	0	$-\sigma$	0.8
二向等压缩	0	$-\sigma$	$-\sigma$	1
单向压缩	0	0	$-\sigma$	2
三向不等压缩	$-\sigma$	$-(7/3)\sigma$	$-(7/3)\sigma$	4

注：表中三向不等拉伸和三向不等压缩中的 σ_2 和 σ_3 值是假定的。

由表 2-1 可见，单向静拉伸的应力状态较硬，故一般适用于那些塑性变形抗力与切断强度较低的所谓塑性材料试验。对于那些正断强度较低的所谓脆性材料（如淬火并低温回火

的高碳钢、灰铸铁及某些铸造合金），在这种加载方式下试验金属将产生脆性正断，显示不出它们在韧性状态下所表现的各种力学行为。此时，如在弯曲、扭转等应力状态较"软"的加载方式下试验，则可以揭示那些客观存在而在静拉伸下不能反映的塑性性能。反之，对于塑性较好的金属材料，则常采用三向不等拉伸的加载方法，使之在更"硬"的应力状态下显示其脆性倾向。

第二节 压 缩

一、压缩试验的特点

1）单向压缩试验的应力状态软性系数 $\alpha=2$，比拉伸、扭转、弯曲的应力状态都软，所以主要用于拉伸时呈脆性的金属材料力学性能测定，以显示这类材料在塑性状态下的力学行为（图2-1）。

2）拉伸时塑性很好的材料在压缩时只发生压缩变形而不会断裂（图2-2）。脆性金属材料在拉伸时产生垂直于载荷轴线的正断，塑性变形量几乎为零；而在压缩时除能产生一定的塑性变形外，常沿与轴线呈45°方向产生断裂，具有切断特征。

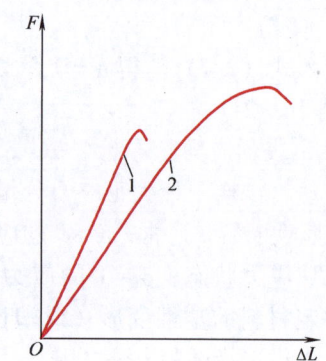

图 2-1 脆性金属材料在拉伸和
压缩载荷下的力学行为
1—拉伸力-伸长曲线　2—压缩力-变形曲线

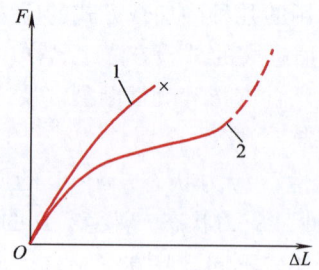

图 2-2 金属压缩力-变形
曲线（压缩曲线）
1—脆性材料　2—塑性材料

二、压缩试验

压缩试验用的试样其横截面为圆形或正方形，试样长度一般为横截面直径或边长的 2.5~3.5 倍。在有侧向约束装置以防试样屈曲的条件下，也可采用板状试样。

通过压缩试验主要测定脆性材料的抗压强度 R_{mc}。如果在试验时金属材料产生明显屈服现象，还可测定上压缩屈服强度 R_{eHc} 和下压缩屈服强度 R_{eLc}。

试样压至破坏过程中的最大应力称为抗压强度。从压缩曲线上确定最大压缩力 F_{mc}（或直接从试验机的测力度盘上读出最大力值），然后按下式计算

$$R_{mc} = \frac{F_{mc}}{S_0} \tag{2-2}$$

第三节 弯 曲

一、弯曲试验的特点

金属杆状试样承受弯矩作用后，其内部应力主要为正应力，与单向拉伸和压缩时产生的应力类同。但由于杆件截面上的应力分布不均匀，表面最大，中心为零，且应力方向发生变化，因此，金属在弯曲加载下所表现的力学行为与单纯拉应力或压应力作用下的不完全相同。例如，很多材料的拉伸弹性模量与压缩弹性模量不同，而弯曲弹性模量却是两者的复合结果。又如，在拉伸或压缩载荷下产生屈服现象的金属，在弯曲载荷下显示不出来。因此，对于承受弯曲载荷的机件如轴、板状弹簧等，常用弯曲试验测定其力学性能，以作为设计或选材的依据。

弯曲试验与拉伸试验相比还有以下特点：

1) 弯曲试验试样形状简单、操作方便。同时，弯曲试验不存在拉伸试验时的试样偏斜（力的作用线不能准确通过拉伸试样的轴线而产生附加弯曲应力）对试验结果的影响，并可用试样弯曲的挠度显示材料的塑性。因此，弯曲试验方法常用于测定铸铁、铸造合金、工具钢及硬质合金等脆性与低塑性材料的强度和显示塑性的差别。图 2-3 所示为热处理工艺对合金工具钢弯曲力学性能影响的试验结果，据此可确定最佳淬火温度范围。

2) 弯曲试样表面应力最大，可较灵敏地反映材料表面缺陷。因此，常用来比较和鉴别渗碳和表面淬火等化学热处理及表面热处理机件的质量和性能。

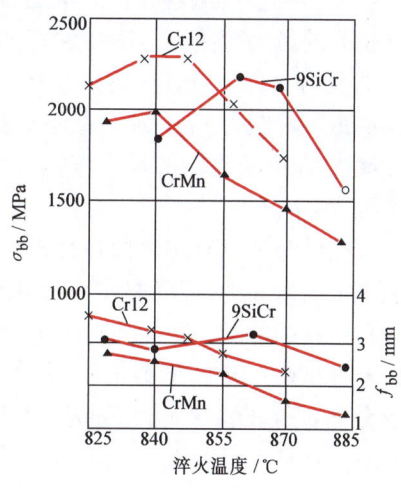

图 2-3 几种合金工具钢的淬火温度对抗弯强度及挠度的影响（150℃回火）

二、弯曲试验

弯曲试验时，将圆柱形或矩形试样放置在一定跨距 L_s 的支座上，进行三点弯曲（图 2-4a）或四点弯曲（图 2-4b）加载，通过记录弯曲力 F 和试样挠度 f 之间的关系曲线（图 2-5），确定金属在弯曲力作用下的力学性能。

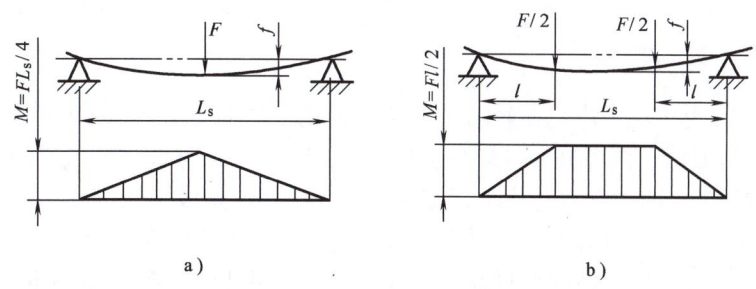

图 2-4 弯曲试验加载方式
a) 三点弯曲加载　b) 四点弯曲加载

试样在弹性范围内弯曲时，受拉侧表面的最大弯曲应力 σ 按下式计算

$$\sigma = \frac{M}{W} \tag{2-3}$$

式中　M——最大弯矩，三点弯曲时，$M = \frac{FL_s}{4}$，四点弯曲时 $M = \frac{Fl}{2}$；

　　　W——试样抗弯截面系数。直径为 d 的圆柱试样，$W = (\pi d^3)/32$；宽度为 b、高度为 h 的矩形试样，$W = (bh^2)/6$。

四点弯曲试验法的优点是：载荷在试样一定长度内产生纯弯曲，最大应力就产生在该一定区域上，所以弯曲性能不是试样的一个偶然截面的性能，而是反映较大体积的性能，结果比较可靠。

弯曲试验主要测定脆性或低塑性材料（如工具钢、铸铁、硬质合金、陶瓷等）的抗弯强度。试样弯曲至断裂前达到的最大弯曲力，按弹性弯曲应力公式计算的最大弯曲应力，称为抗弯强度。从图 2-5 所示的曲线上 B 点读取最大弯曲力 F_{bb}，或从试验机测力度盘上直接读出 F_{bb}，然后计算断裂前的最大弯矩，再按式（2-3）计算抗弯强度 σ_{bb}。

弯曲试验还可测定弯曲弹性模量、断裂挠度 f_{bb} 和断裂能量 U（弯曲力-挠度曲线下所包围的面积，标志材料断裂所消耗的能量或断裂功）等力学性能指标。

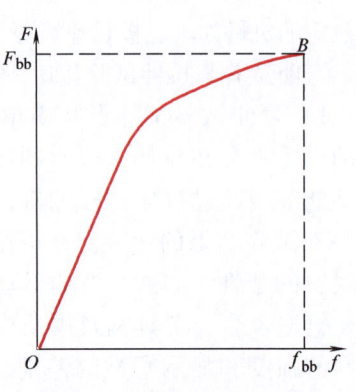

图 2-5　弯曲力-挠度曲线

弯曲试验所用圆形截面试样的直径 d 为 5～45mm，矩形截面试样的 $h \times b$ 为 5mm × 7.5mm（或 5mm × 5mm）至 30mm × 40mm（或 30mm × 30mm）。试样的跨距 L_s 为直径 d 或高度 h 的 16 倍。要求试样有一定的加工精度，但铸铁弯曲试样表面可不加工。

σ_{bb} 是灰铸铁的重要力学性能指标。灰铸铁的抗弯性能优于抗拉性能，其 σ_{bb} 为 280～650MPa，而 R_m 仅为 150～350MPa。球墨铸铁和可锻铸铁的 σ_{bb} 比灰铸铁的大得多，如珠光体球墨铸铁的 σ_{bb} 为 700～1200MPa，为 R_m 的 1.6～1.9 倍。

第四节　扭　转

一、扭转试验的特点

当圆柱试样承受扭矩 T 进行扭转时，试样表面的应力状态如图 2-6a 所示。在与试样轴线呈 45°的两个斜截面上作用最大与最小正应力 σ_1 及 σ_3，在与试样轴线平行和垂直的截面上作用最大切应力 τ。两种应力的比值近于 1。在弹性变形阶段，试样横截面上的切应力和切应变沿半径方向的分布是线性的（图 2-6b）。当表层产生塑性变形后，切应变的分布仍保持线性关系，但切应力则因塑性变形而有所降低，不再呈线性分布（图 2-6c）。

根据上述应力状态和应力分布，可以看出扭转试验具有如下特点：

1) 扭转的应力状态软性系数 $\alpha = 0.8$，比拉伸时的 α 大，易于显示金属的塑性行为。

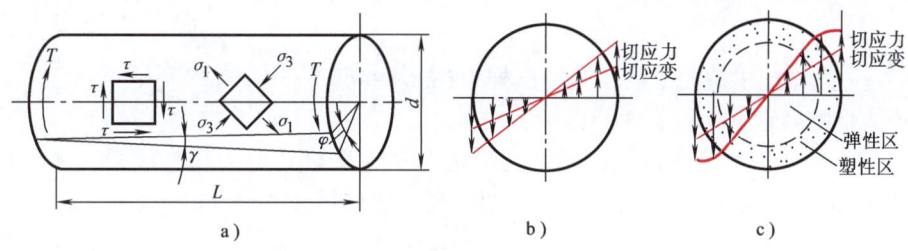

图 2-6 扭转试样中的应力与应变
a）试样表面应力状态 b）弹性变形阶段横截面上切应力与切应变分布
c）弹塑性变形阶段横截面上切应力与切应变分布

2）圆柱形试样扭转时，整个长度上塑性变形是均匀的，没有缩颈现象，所以能实现大塑性变形量下的试验。高温扭转试验（热扭转试验）可以用来研究金属在热加工条件下的流变性能与断裂性能，评定材料的热压力加工性，并为确定生产条件下的热压力加工工艺（如轧制、锻造、挤压）参数提供依据。

3）能较敏感地反映出金属表面缺陷及表面硬化层的性能。因此，可利用扭转试验，研究或检验工件热处理的表面质量和各种表面强化工艺的效果。

4）扭转时试样中的最大正应力与最大切应力在数值上大体相等，而生产上所使用的大部分金属材料的正断强度大于切断强度，所以，扭转试验是测定这些材料切断强度最可靠的方法。此外，根据扭转试样的宏观断口特征，还可明确区分金属材料最终断裂方式是正断还是切断。塑性材料的断裂面与试样轴线垂直，断口平整，有回旋状塑性变形痕迹（图2-7a），这是由切应力造成的切断；脆性材料的断裂面与试样轴线呈45°角，呈螺旋状（图2-7b），这是在正应力作用下产生的正断。图2-7c所示为木纹状断口，断裂面顺着试样轴线形成纵向剥层或裂纹。这是因为金属中存在较多的非金属夹杂物或偏析，并在轧制过程中使其沿轴向分布，降低了试样轴向切断强度造成的。因此，可以根据断口宏观特征，来判断承受扭矩而断裂的机件的性能。

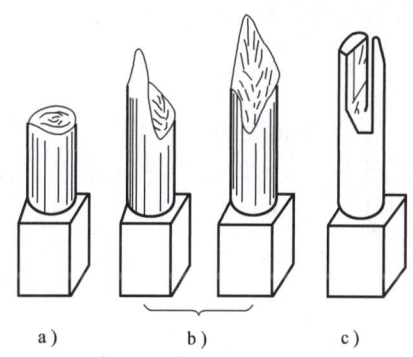

图 2-7 扭转试样的宏观断口
a）切断断口 b）正断断口 c）木纹状断口

二、扭转试验

扭转试验主要采用直径 $d_0 = 10\text{mm}$、标距长度 L_0 分别为 50mm 或 100mm 的圆柱形试样。试验时，对试样施加扭矩 T，随扭矩增加，试样标距 L_0 间的两个横截面不断产生相对转动，其相对扭角以 φ（单位为 rad）表示。金属扭转时的扭矩-扭角（T-φ）曲线（扭转曲线）如图 2-8 所示。试样在弹性范围内表面的切应力 τ 和切应变 γ 为

$$\tau = \frac{T}{W} \tag{2-4}$$

$$\gamma = \frac{\varphi d_0}{2L_0} \tag{2-5}$$

式中　W——试样抗扭截面系数，圆柱试样为$(\pi d_0^3)/16$。

扭转试验可测定下列主要性能指标：

（1）切变模量 G　在弹性范围内，切应力与切应变之比称为切变模量。测出扭矩增量 ΔT 和相应的扭角增量 $\Delta \varphi$，求出切应力、切应变，即可得

$$G = \frac{32\Delta T L_0}{\pi \Delta \varphi d_0^4} \tag{2-6}$$

（2）扭转屈服强度　具有明显拉伸物理屈服现象的金属材料，扭转试验时也同样有屈服现象。在扭转曲线或试验机扭矩度盘上读出首次下降前的最大扭矩为上屈服扭矩 T_{eH}，屈服阶段中不计初始瞬时效应的最小扭矩为下屈服扭矩 T_{eL}，按式（2-4）计算扭转上屈服强度 τ_{eH} 和扭转下屈服强度 τ_{eL}。

$$\left. \begin{aligned} \tau_{eH} &= \frac{T_{eH}}{W} \\ \tau_{eL} &= \frac{T_{eL}}{W} \end{aligned} \right\} \tag{2-7}$$

（3）抗扭强度 τ_m　试样在扭断前承受的最大扭矩（T_m），利用弹性扭转公式计算的切应力称为抗扭强度，即

$$\tau_m = \frac{T_m}{W} \tag{2-8}$$

T_m 可从扭转曲线上求出或从试验机扭矩度盘上读出。

图 2-9 所示为 20CrMnTi 钢渗碳层表面含碳量对抗扭强度的影响。由图可见，控制表面含碳量 $w(C)$ 为 $0.9\% \sim 1.1\%$，可获得最大的抗扭强度。这对指导生产是很有意义的。

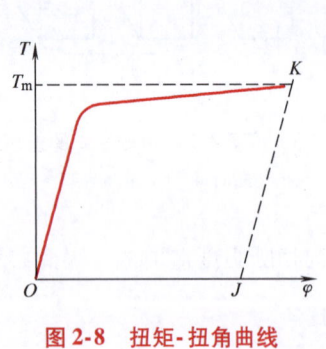

图 2-8　扭矩-扭角曲线

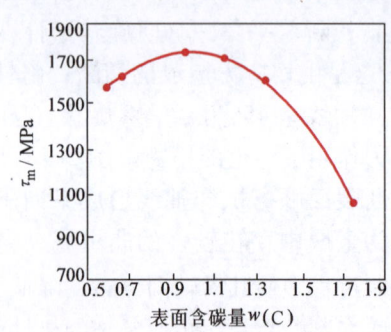

图 2-9　渗碳层表面含碳量对 20CrMnTi 钢抗扭强度的影响

第五节　缺口试样静载荷试验

一、缺口效应

前面介绍的拉伸、压缩、弯曲、扭转等静载荷试验方法，都是采用横截面均匀的光滑试

样，但实际生产中的机件，绝大多数都不是截面均匀而无变化的光滑体，往往存在截面的急剧变化，如键槽、油孔、轴肩、螺纹、退刀槽及焊缝等。这种截面变化的部位可视为"缺口"。由于缺口的存在，在静载荷作用下，缺口截面上的应力状态将发生变化，产生所谓"缺口效应"，从而影响金属材料的力学性能。

（一）缺口试样在弹性状态下的应力分布

设一薄板的边缘开有缺口，并承受拉应力 σ 作用。当板材处于弹性范围内时，其缺口截面上的应力分布如图 2-10 所示。由图可见，缺口截面上的应力分布是不均匀的。轴向应力 σ_y 在缺口根部最大。随着离开根部距离的增大，σ_y 不断下降，即在缺口根部产生应力集中。其最大应力取决于缺口几何参数（形状、深度、角度及根部曲率半径），以根部曲率半径影响最大，缺口越尖锐，应力越大。

缺口引起的应力集中程度通常用理论应力集中系数 K_t 表示。K_t 定义为缺口净截面上的最大应力 σ_{max} 与平均应力 σ 之比，即

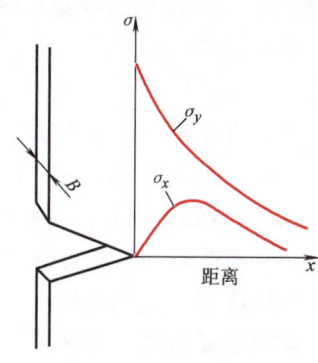

图 2-10 薄板缺口拉伸时弹性状态下的应力分布

$$K_t = \frac{\sigma_{max}}{\sigma} \tag{2-9}$$

K_t 值与材料性质无关，只取决于缺口几何形状，可从有关手册中查到。

由图 2-10 可见，开有缺口的薄板承受拉伸应力后，缺口根部内侧还出现了横向拉应力 σ_x。它是由于材料横向收缩引起的。可以设想，假如沿 x 方向将薄板等分成很多细小的纵向拉伸试样，每一小试样受拉伸后都能自由变形。根据小试样所处位置不同，它们所受的 σ_y 大小也不一样。越靠近缺口根部，σ_y 越大，相应的纵向应变 ε_y 也越大。每一小试样在产生纵向应变的同时，必然要产生横向收缩应变 ε_x，且 $\varepsilon_x = -\nu\varepsilon_y$（$\nu$ 为泊松比）。如果横向收缩能自由进行，则每个小试样将彼此分离开来。但是，实际上薄板是弹性连续介质，不允许各部分自由收缩变形。由于此种约束，各小试样在相邻界面上必然要产生横向拉应力 σ_x，以阻止横向收缩分离。因此，σ_x 的出现是金属变形连续性要求的结果。在缺口截面上 σ_x 的分布是先增后减，这是由于在缺口根部金属能自由收缩，所以根部的 $\sigma_x = 0$。自缺口根部向内部发展，收缩变形阻力增大，因此 σ_x 逐渐增加。当增大到一定数值后，随着 σ_y 的不断减小，σ_x 也随之下降。

对于薄板，在垂直于板面方向可以自由收缩变形，于是 $\sigma_z = 0$。这样，具有缺口的薄板受拉伸后，其中心部分是两向拉伸的平面应力状态。但在缺口根部（$x = 0$ 处），$\sigma_x = 0$，仍为单向拉伸应力状态。

如果在厚板上开有缺口，则受拉伸力作用后，在垂直于板厚方向的收缩变形受到约束，即 $\varepsilon_z = 0$，故 $\sigma_z \neq 0$，$\sigma_z = \nu(\sigma_x + \sigma_y)$。厚板缺口拉伸时弹性状态下的应力分布如图 2-11 所示。由图可见，在缺口根部为两向拉伸应力状态，缺

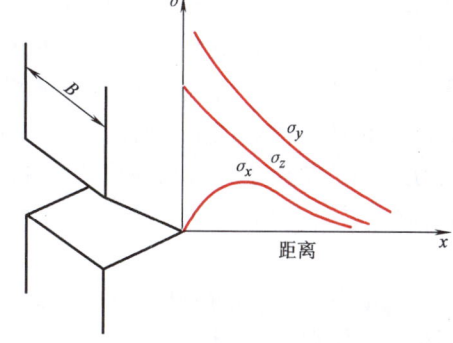

图 2-11 厚板缺口拉伸时弹性状态下的应力分布

内侧为三向拉伸的平面应变状态，且 $\sigma_y > \sigma_z > \sigma_x$。

由上述分析可知，缺口的第一个效应是引起应力集中，并改变了缺口前方的应力状态，使缺口试样或机件中所受的应力由原来的单向应力状态改变为两向或三向应力状态，也就是出现了 σ_x（平面应力状态）或 σ_x 与 σ_z（平面应变状态），这要视板厚或直径而定。

两向或三向不等拉伸的应力状态软性系数 $\alpha < 0.5$，使金属难以产生塑性变形。脆性材料或低塑性材料进行缺口试样拉伸时，很难通过缺口根部极为有限的塑性变形使应力重新分布，往往直接由弹性变形过渡到断裂。由于断裂是在试样缺口根部的最大纵向应力 σ_y 作用下产生的，因此其抗拉强度必然比光滑试样的低。

（二）缺口试样在塑性状态下的应力分布

对于塑性较好的金属材料，若缺口根部产生塑性变形，应力将重新分布，并随载荷的增大塑性区逐渐扩大，直至整个截面上都产生塑性变形。

现以厚板为例，讨论缺口截面上应力重新分布的过程。根据屈雷斯加判据，金属屈服的条件是 $\sigma_{max} = \sigma_y - \sigma_x = \sigma_s$（式中 σ_{max} 为在三向应力状态下换算的最大正应力）。在缺口根部，$\sigma_x = 0$，故 $\sigma_{max} = \sigma_y = \sigma_s$。因此，当外加载荷增加时，$\sigma_y$ 也随之增加，缺口根部将最先满足 $\sigma_{max} = \sigma_y = \sigma_s$ 的要求而首先屈服。一旦根部屈服，则 σ_y 便松弛而降低到材料的 σ_s 值。但在缺口内侧的截面上，由于 $\sigma_x \neq 0$，故要满足屈雷斯加判据要求，必须增大纵向应力 σ_y，即心部屈服要在 σ_y 不断增大的情况下才能产生。如果满足这一条件，则塑性变形将自表面向心部扩展。与此同时，σ_y、σ_z 随 σ_x 快速增大而增大 [因 $\sigma_y = \sigma_x + \sigma_s$，$\sigma_z = \nu(\sigma_x + \sigma_y)$，且塑性变形时，$\sigma_y$ 引起的横向收缩约比弹性变形时大一倍，需要较大的 σ_x 才能保持变形的连续性]，一直增大到塑性区与弹性区交界处为止（图2-12）。因此，当缺口内侧截面上局部区域产生塑性变形后，最大应力已不在缺口根部，而在其内侧一定距离 r_y 处。该处 σ_x 最大，所以 σ_y 及 σ_z 也最大。越过交界处，弹性区内的应力分布与前述弹性变形状态的应力分布稍有不同，σ_x 是连续下降的。显然，随着塑性变形逐步向内部转移，各应力峰值越来越大，它们的位置也逐步移向中心，可以预料，试样中心区 σ_y 最大。

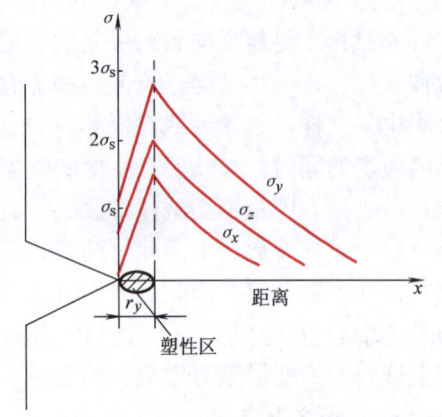

图2-12 缺口内侧截面上局部区域屈服后的应力分布

由此可见，在存在缺口的条件下由于出现了三向应力状态，并产生应力集中，试样的屈服应力比单向拉伸时高，产生了所谓"缺口强化"现象。"缺口强化"并不是金属内在性能发生变化，纯粹是由于三向拉伸应力约束了塑性变形所致。因此，不能把"缺口强化"看作是强化金属材料的手段。在有缺口时，塑性材料的抗拉强度也因塑性变形受约束而增高了。

虽然缺口提高了塑性材料的"强度"，但由于缺口约束塑性变形，故使塑性降低，增加材料的变脆倾向。

缺口使塑性材料强度增高，塑性降低，这是缺口的第二个效应。

综上所述，无论脆性材料或塑性材料，其机件上的缺口都因造成两向或三向应力状态和应力应变集中而产生变脆倾向，降低了使用的安全性。为了评定不同金属材料的缺口变脆倾向，必须采用缺口试样进行静载力学性能试验。一般采用的试验方法是缺口试样静拉伸和缺口试样静弯曲。

二、缺口试样静拉伸试验

缺口试样静拉伸试验分为轴向拉伸和偏斜拉伸两种。

缺口拉伸试样的形状及尺寸如图 2-13 所示。

金属材料的缺口敏感性指标用缺口试样的抗拉强度 σ_{bn} 与等截面尺寸光滑试样的抗拉强度 σ_b 的比值表示，称为 缺口敏感度，记为 NSR（Notch Sensitivity Ratio），即

$$NSR = \frac{\sigma_{bn}}{\sigma_b}$$

NSR 越大，材料缺口敏感性越小；NSR 越小，材料对缺口越敏感。脆性材料如铸铁、高碳钢的 NSR 总是小于 1，表明缺口根部尚未发生明显塑性变形时就已经断裂，对缺口很敏感。高强度材料的 NSR 一般也小于 1；塑性材料的 NSR 一般大于 1。

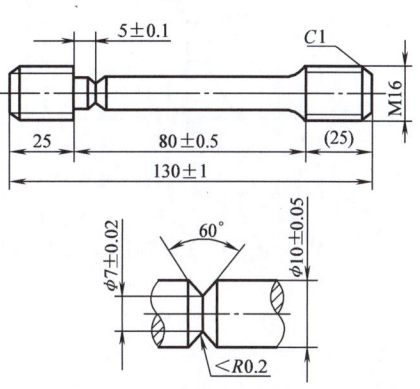

图 2-13　缺口拉伸试样

缺口静拉伸试验，广泛用于研究高强度钢（淬火低中温回火）的力学性能、钢和钛的氢脆，以及用于研究高温合金的缺口敏感性等。缺口敏感度指标 NSR 如同材料的塑性指标一样，也是安全性的力学性能指标。在选材时只能根据使用经验确定对 NSR 的要求，不能进行定量计算。

在进行缺口试样偏斜拉伸试验时，因试样同时承受拉伸和弯曲载荷复合作用，故其应力状态更"硬"，缺口截面上的应力分布更不均匀，因而更能显示材料对缺口的敏感性。这种试验方法很适合高强度螺栓之类零件的选材和热处理工艺的优化，因为螺栓带有缺口，并且在工作时难免有偏斜。

图 2-14 所示为缺口偏斜拉伸试验装置。与一般缺口拉伸不同，在试样与试验机夹头之间有一垫圈，垫圈的偏斜角 α 有 4°和 8°两种，相应的缺口抗拉强度以 σ_{bn}^{4} 和 σ_{bn}^{8} 表示。一般也用缺口试样的 σ_{bn}^{α} 与光滑试样的 σ_b 之比表示材料的缺口敏感度。

图 2-15 所示为 30CrMnSiA 钢的热处理工艺对缺口偏斜拉伸性能的影响。图中虚线表示光滑试样的 σ_b，实线为缺口偏斜拉伸试样的抗拉强度。偏斜角为 0°，即为缺口试样轴向拉伸，所得结果为 σ_{bn}，将其除以 σ_b 即为 NSR。试样经淬火后在 200℃ 和 500℃ 两种温度下回火，其缺口试样轴向拉伸试验的 NSR 都是 1.2 左右。但两者偏斜拉伸的结果却不相同。由图 2-15 可见，该钢经 200℃ 回火后，σ_{bn} 较高，但对偏斜十分敏感，表现为偏斜角增大，强度急剧下降；经 500℃ 回火后，σ_{bn} 仍高于 σ_b，但由于金属的塑性升高，使应力分布均匀化，故 σ_{bn} 对偏斜不敏感，数据分散性也很小。这个试验结果表明，对于 30CrMnSiA 钢制造的高强度螺栓，其热处理工艺以淬火 +500℃ 回火为佳。进一步试验证明，若对 30CrMnSiA 钢施以 860℃ 加热，370℃ 等温淬火，其偏斜 4°、8°的缺口强度均优于淬火 +500℃ 回火者。偏斜 8°时，两者相差一倍有余。

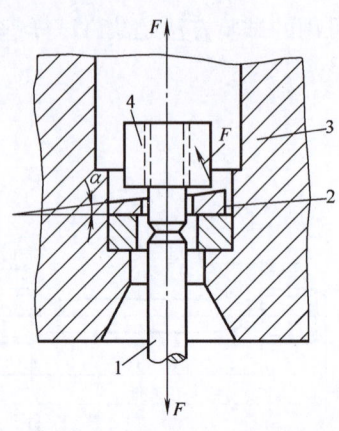

图 2-14 缺口偏斜拉伸试验装置
1—试样 2—垫圈 3—试验机夹头
4—试样螺纹夹头

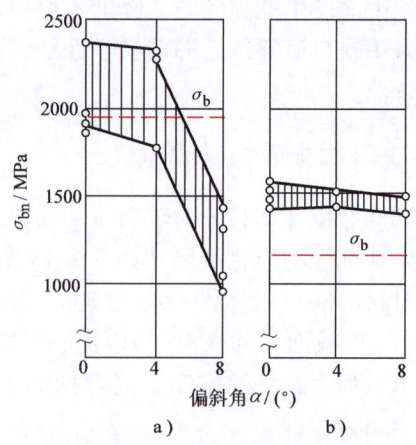

图 2-15 30CrMnSiA 钢的热处理工艺
对缺口偏斜拉伸性能的影响
a) 淬火+200℃回火 b) 淬火+500℃回火

三、缺口试样静弯曲试验

缺口静弯曲试验也可显示材料的缺口敏感性，用于评定或比较结构钢的缺口敏感度和裂纹敏感度。船用板材或压力容器制造选用低合金高强度钢时，规定用缺口试样静弯曲试验评定钢材冶金质量和热加工、热处理工艺是否符合检验标准。由于缺口和弯曲所引起的应力不均匀性叠加，使试样缺口弯曲的应力应变分布的不均匀性比缺口拉伸时更甚，但应力应变的多向性则减少。

缺口静弯曲试验可采用图 2-16 所示的试样及装置。也可采用尺寸为 10mm×10mm×55mm、缺口深度为 2mm、夹角为 60°的 V 型缺口试样。试验时记录弯曲曲线（试验力 F 与挠度 f 关系曲线），直至试样断裂。

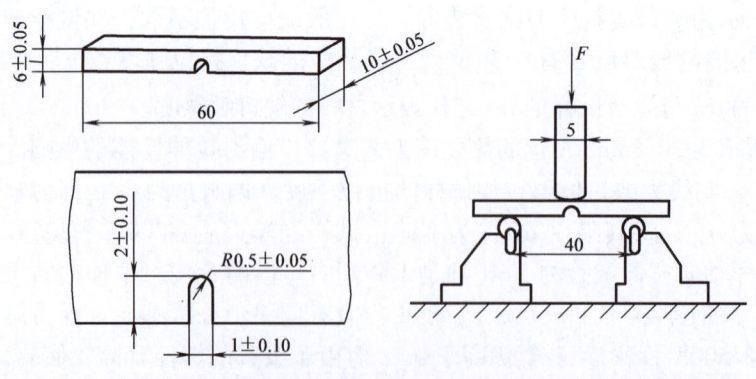

图 2-16 缺口静弯曲试验的试样及装置

图 2-17 所示为某种金属材料的缺口试样静弯曲曲线。试样在 F_{max} 时形成裂纹，在 F_1 时

裂纹扩展到临界尺寸随即失稳扩展而断裂。曲线所包围的面积分为弹性区Ⅰ、塑性区Ⅱ和断裂区Ⅲ。各区所占面积分别表示弹性变形功、塑性变形功和断裂功的大小。断裂功的大小取决于材料塑性。塑性好的材料裂纹扩展慢，断裂功增大，因此可用断裂功或 F_{max}/F_1 的比值来表示金属的缺口敏感度。断裂功大或 F_{max}/F_1 大，则缺口敏感性小；反之，则缺口敏感性大。若断裂功为零或 $F_{max}/F_1 = 1$，表明裂纹扩展极快，金属易产生突然脆性断裂，缺口敏感性最大。

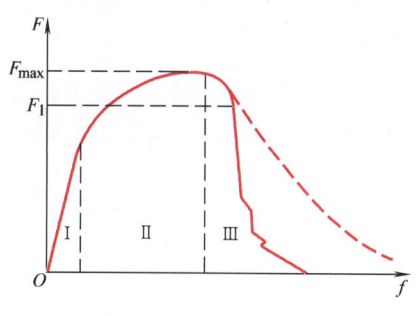

图 2-17　缺口试样静弯曲曲线

第六节　硬　　度

一、金属硬度的意义及硬度试验的特点

硬度试验方法很多，大体上分为弹性回跳法（如肖氏硬度等）、压入法（如布氏硬度、洛氏硬度、维氏硬度等）和划痕法（如莫氏硬度）等三类。

硬度是表征金属材料软硬程度的一种性能。 其物理意义随试验方法不同而不同。例如，**划痕法硬度值主要表征金属切断强度；回跳法硬度值主要表征金属弹性变形功的大小；压入法硬度值则表征金属塑性变形抗力及应变硬化能力。** 因此，"硬度"不是金属独立的力学性能。

压入硬度试验方法的应力状态软性系数 $\alpha > 2$。在这样的应力状态下，几乎所有的金属材料都能产生塑性变形。因此，这种试验方法不仅可测定塑性金属材料的硬度，也可测定淬火钢、硬质合金甚至陶瓷等脆性材料的硬度。

硬度试验一般仅在金属表面局部体积内产生很小的压痕，因而很多机件可在成品上试验，而无需专门加工试样。硬度试验也易于检查金属表面层的质量（如脱碳）、表面淬火和化学热处理后的表面性能等。

硬度试验由于设备简单，操作方便、迅速，同时又能敏感地反映出金属材料的化学成分和组织结构的差异，因而被广泛用于检查金属材料的性能、热加工工艺的质量或研究金属组织结构的变化。因此，硬度试验特别是压入法硬度试验在生产及科学研究中得到了广泛的应用。

二、硬度试验

（一）布氏硬度试验

布氏硬度试验的原理是用一定直径 $D(mm)$ 的硬质合金球为压头，施以一定的试验力 $F(N)$，将其压入试样表面（图 2-18a），经规定保持时间 $t(s)$ 后卸除试验力，试样表面将残留压痕（图 2-18b）。测量压痕平均直径 $d(mm)$，求得压痕球形面积 $A(mm^2)$。布氏硬度值（HBW）就是试验力 F 除以压痕球表面积 A 所得的商，F 以 N 为单位时，其计算公式为

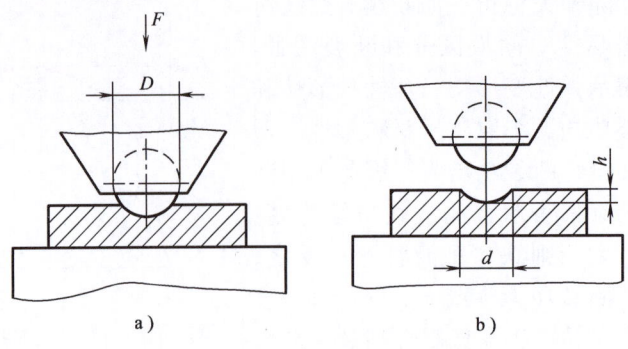

图 2-18 布氏硬度试验原理图
a）压头压入试样表面 b）试样表面残留压痕

$$\text{HBW} = \frac{0.102F}{A} = \frac{0.204F}{\pi D(D - \sqrt{D^2 - d^2})} \tag{2-10}$$

通常，布氏硬度值不标出单位。

对于材料相同而厚薄不同的试样，要测得相同的布氏硬度值；或对软硬不同的材料，要求测得的硬度具有可比性，在选配压头球直径 D 及试验力 F 时，应保证得到几何相似的压痕（即压痕的压入角 φ 保持不变），如图 2-19 所示。

为此，应使

$$\frac{F_1}{D_1^2} = \frac{F_2}{D_2^2} = \cdots = \frac{F}{D^2} = 常数$$

与此同时，压痕直径 d 应控制在 $(0.24 \sim 0.6)D$ 之间，以保证得到有效的硬度值。

布氏硬度试验用的压头球直径 D 有 10mm、5mm、2.5mm 和 1mm 四种，主要根据试样厚度选择，应使压痕深度 h 小于试样厚度的 1/8。当试样厚度足够时，应尽量选用 10mm 的压头球。

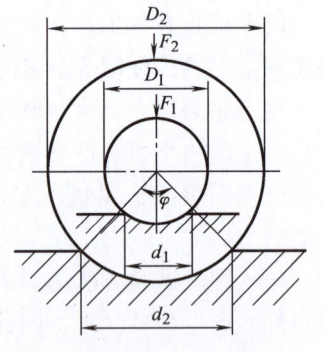

图 2-19 压痕相似原理图

布氏硬度试验的 $0.102F/D^2$[⊖] 的比值有 30、15、10、5、2.5 和 1 六种，其中 30、15、2.5 三种最常用。表 2-2 为根据材料和硬度值范围选择 $0.102F/D^2$ 的规定。

表 2-2 不同材料的试验力-压头球直径平方的比率

材料	布氏硬度 HBW	试验力-压头球直径平方的比率 $0.102F/D^2$
钢、镍合金、钛合金		30
铸铁[①]	<140	10
	≥140	30

⊖ 布氏硬度试验时，试验力单位 kgf 更换为 N（或 kN），F/D^2 前面应乘以 0.102，因为 1N = 0.102kgf。这样，F/D^2 实质上没有变化，已有的大量布氏硬度值数据仍然可以有效地加以利用。

(续)

材料	布氏硬度 HBW	试验力-压头球直径平方的比率 $0.102F/D^2$
铜及铜合金	<35	5
	35~200	10
	>200	30
轻金属及合金	<35	2.5
	35~80	5
		10
		15
	>80	10
		15
铅、锡		1

① 对于铸铁的试验，压头球直径一般为2.5mm、5mm和10mm。

当压头球直径 D 及 $0.102F/D^2$ 的比值选定后，试验力 $F(N)$ 也就随之确定了。

试验力保持时间为10~15s；对试验力要求保持时间较长的材料，试验力保持时间允许误差为±2s。

布氏硬度试验时一般采用直径较大的压头球，因而所得压痕面积较大。压痕面积大的一个优点是其硬度值能反映金属在较大范围内各组成相的平均性能，而不受个别组成相及微小不均匀性的影响。因此，布氏硬度试验特别适用于测定灰铸铁、轴承合金等具有粗大晶粒或组成相的金属材料的硬度。压痕较大的另一个优点是试验数据稳定，重复性强。

布氏硬度试验的缺点是对不同材料需更换不同直径的压头球和改变试验力，压痕直径的测量也较麻烦，因而用于自动检测时受到限制。当压痕直径较大时，不宜在成品上进行试验。

由于布氏硬度值与试验规范有关，故其表示方法应能反映规范的内容。**布氏硬度表示方法为：①硬度值；②符号 HBW；③球直径；④试验力；⑤试验力保持时间（10~15s 不标注）。其中后三项之间各用斜线隔开。**如 350HBW5/750 表示用直径 5mm 的硬质合金球在 7.355kN 试验力下保持 10~15s 测得的布氏硬度值为 350。又如 600HBW1/30/20 表示用直径 1mm 的硬质合金球在 294.2N 试验力下保持 20s 测得的布氏硬度值为 600。值得注意的是，表 2-2 中试验力的单位为牛(N)，而在布氏硬度表示方法中，试验力的单位是千克力(kgf)，两者的换算关系为 1kgf＝9.80665N。也可以由球直径(mm)和试验力(N)直接查表求出对应的布氏硬度符号(参见附录 E)。

（二）洛氏硬度试验

洛氏硬度试验以测量压痕深度表示材料的硬度值。

洛氏硬度试验所用的压头有两种：一种是圆锥角 $\alpha=120°$ 的金刚石圆锥体；另一种是一定直径的小淬火钢球或硬质合金球。

图 2-20 所示为用金刚石圆锥体测定硬度过程示意图。为保证压头与试样表面接触良好，试验时先加初始试验力 F_0，在试样表面得一压痕，深度为 h_0。此时，测量压痕深度的指针

在表盘上指零（图2-20a）。然后加上主试验力 F_1，压头压入深度为 h_1。表盘上指针以逆时针方向转动到相应刻度位置（图2-20b）。试样在 F_1 作用下产生的总变形 h_1 中包括弹性变形与塑性变形。当将 F_1 卸除后，总变形中的弹性变形恢复，压头回升一段距离 (h_1-h)（图2-20c）。这时试样表面残留的塑性变形深度 h 即为压痕深度，而指针顺时针方向转动停止时所指的数值就是洛氏硬度值。

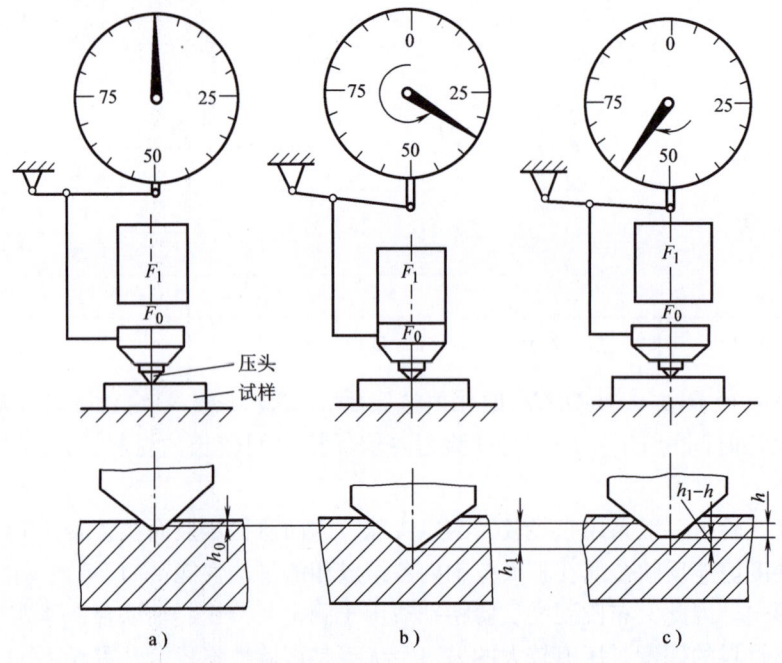

图 2-20　洛氏硬度试验过程示意图
a）加初始试验力 F_0　b）加主试验力 F_1　c）卸除主试验力

洛氏硬度值就是以压痕深度 h 来计算的。h 越大，硬度值越低；反之，则越高。为了照顾习惯上数值越大硬度越高的概念，一般用常数 k 减去 h 来计算硬度值，并规定每 0.002mm 为一个洛氏硬度单位。于是洛氏硬度值的计算式为

$$HR = \frac{k-h}{0.002} \qquad (2\text{-}11)$$

式中　HR——洛氏硬度值的符号。

当使用金刚石圆锥压头时，k 取 0.2mm；当使用淬火钢球或硬质合金球压头时，k 取 0.26mm。

实际使用的洛氏硬度计，其测量压痕深度的百分表表盘上的刻度，已按式（2-11）换算为相应的硬度值，因此试验时可根据指针的指示值直接读出硬度值。

为了能在一台硬度计上测定不同软、硬或厚、薄试样的硬度，可采用不同的压头和试验力组合成几种不同的洛氏硬度标尺。用不同标尺测定的洛氏硬度符号在 HR 后面加标尺字母表示。字母有 A、B、C…顺序至 H、K 九个，故洛氏硬度标尺有九种，常用的为 HRA、HRB 和 HRC 三种，其试验规范见表 2-3。

表2-3　常用洛氏硬度试验的标尺、试验规范及应用

标尺	硬度符号	压头类型	初始试验力 F_0/N	主试验力 F_1/N	总试验力 F/N	测量硬度范围	应用举例
A	HRA	金刚石圆锥	98.07	490.3	588.4	20~88	硬质合金、硬化薄钢板、表面薄层硬化钢
B	HRB	ϕ1.588mm 球⊖	98.07	882.6	980.7	20~100	低碳钢、铜合金、铁素体可锻铸铁
C	HRC	金刚石圆锥	98.07	1373	1471	20~70	淬火钢、高硬度铸件、珠光体可锻铸铁

由于洛氏硬度试验所用试验力较大，不能用来测定极薄试样、渗氮层及金属镀层等的硬度。为此，人们应用洛氏硬度试验的原理，提出了表面洛氏硬度试验方法，共有六种标尺，表2-4 即为各标尺的试验规范。

洛氏硬度表示方法是：硬度值、符号 HR、标尺字母。如 60HRC 表示用 C 标尺测得的洛氏硬度值为 60。

B 标尺洛氏硬度有两种材料的球压头，在硬度符号后面要加以明示：钢球用 S 表示；硬质合金球用 W 表示。如 60HRBW 表示用硬质合金球压头在 B 标尺上测得的洛氏硬度值为 60。注意，使用两种类型材料的球压头，硬度测试的结果不同。

表面洛氏硬度表示方法是：硬度值、符号 HR、总试验力、标尺。如 70HR30N 表示用总试验力 294.2N 的 30N 标尺测得的表面洛氏硬度值为 70。

表2-4　表面洛氏硬度试验的标尺、试验规范及应用

标尺	硬度符号	压头类型	初始试验力 F_0/N	主试验力 F_1/N	总试验力 F/N	测量硬度范围	应用举例
15N	HR15N	金刚石圆锥	29.42	117.7	147.1	70~94	渗氮钢、渗碳钢、极薄钢板、切削刃、零件边缘部分、表面镀层
30N	HR30N	金刚石圆锥	29.42	264.8	294.2	42~86	渗氮钢、渗碳钢、极薄钢板、切削刃、零件边缘部分、表面镀层
45N	HR45N	金刚石圆锥	29.42	411.9	441.3	20~77	渗氮钢、渗碳钢、极薄钢板、切削刃、零件边缘部分、表面镀层
15T	HR15T	ϕ1.588mm 球	29.42	117.7	147.1	67~93	低碳钢、铜合金、铝合金等薄板
30T	HR30T	ϕ1.588mm 球	29.42	264.8	294.2	29~82	低碳钢、铜合金、铝合金等薄板
45T	HR45T	ϕ1.588mm 球	29.42	411.9	441.3	1~72	低碳钢、铜合金、铝合金等薄板

洛氏硬度试验的优点是：操作简便、迅速，硬度值可直接读出；压痕较小，可在工件上进行试验；采用不同标尺可测定各种软硬不同的金属和厚薄不一的试样的硬度，因而广泛用于热处理质量检验。其缺点是：压痕较小，代表性差；若材料中有偏析及组织不均匀等缺陷，则所测硬度值重复性差，分散度大；此外，用不同标尺测得的硬度值彼此没有联系，不能直接比较。

⊖ 钢球或硬质合金球，表2-4 同。

(三) 维氏硬度试验

维氏硬度的试验原理与布氏硬度相同，也是根据压痕单位面积所承受的试验力计算硬度值。所不同的是维氏硬度试验的压头不是球体，而是两相对面间夹角 α 为 136°的金刚石四棱锥体，如图 2-21 所示。压头在试验力 $F(N)$ 作用下将试样表面压出一个四方锥形的压痕，经一定保持时间后卸除试验力，测量压痕对角线平均长度 $d [d = (d_1 + d_2)/2]$，用以计算压痕表面积 $A(mm^2)$。维氏硬度值（HV）为试验力 F 除以压痕表面积 A 所得的商，即

$$HV = \frac{0.102F}{A} = \frac{0.204F\sin(136°/2)}{d^2} = 0.1891\frac{F}{d^2}$$

(2-12)

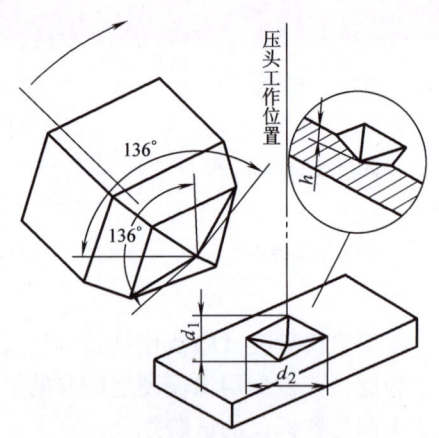

图 2-21 维氏硬度试验压头及压痕图

维氏硬度值也不标注单位。

维氏硬度试验之所以采用正四棱锥体压头，是为了当改变试验力时，压痕的几何形状总保持相似，而不致影响硬度值。

维氏硬度试验的试验力见表 2-5，常用的试验力范围为 49.03~980.7N。使用时应视零件厚度及材料的预期硬度，尽可能选取较大的试验力，以减小压痕尺寸的测量误差。

如果维氏硬度试验时选用的试验力较小，达到 0.098~0.9807N，则可测定金属箔、极薄的表面层的硬度以及合金中各种组成相的硬度。因为压痕尺寸较小，为了提高测量精度，需要配用显微放大装置。这就是显微维氏硬度试验（显微硬度），其试验力见表 2-5。

维氏硬度的表示方法是：硬度值、符号 HV、试验力、试验力保持时间（10~15s 不标注）。 如 640HV30 表示在试验力为 294.2N 下保持 10~15s 测得的维氏硬度值为 640，又如 300HV0.1 表示在试验力为 0.9807N 下保持 10~15s 测得的显微维氏硬度值为 300。注意硬度符号后试验力单位为千克力（kgf），表 2-5 中试验力的单位为牛（N）。此与布氏硬度表示方法相同。

表 2-5 维氏硬度试验力

维氏硬度试验		小负荷维氏硬度试验		显微维氏硬度试验	
硬度符号	试验力/N	硬度符号	试验力/N	硬度符号	试验力/N
HV5	49.03	HV0.2	1.961	HV0.01	0.09807
HV10	98.07	HV0.3	2.942	HV0.015	0.1471
HV20	196.1	HV0.5	4.903	HV0.02	0.1961
HV30	294.2	HV1	9.807	HV0.025	0.2452
HV50	490.3	HV2	19.61	HV0.05	0.4903
HV100	980.7	HV3	29.42	HV0.1	0.9807

注：1. 维氏硬度试验可使用大于 980.7N 的试验力。
　　2. 显微维氏硬度试验的试验力为推荐值。

维氏硬度试验的优点是不存在布氏硬度试验时要求试验力 F 与压头直径 D 之间所规定条件的约束，也不存在洛氏硬度试验时不同标尺的硬度值无法统一的弊端；维氏硬度试验时

不仅试验力可任意选取,而且压痕测量的精度较高,硬度值较为精确。唯一的缺点是硬度值需要通过测量压痕对角线长度后才能进行计算或查表,因此,工作效率比洛氏硬度法低得多。

(四) 其他硬度试验方法

1. 努氏硬度试验

金属努氏硬度试验也是一种显微硬度试验方法。它与显微维氏硬度相比有两点不同:一是压头形状不同,如图2-22所示。努氏硬度试验所使用的是两个对面角不等的四角棱锥金刚石压头(其对面角分别为172°30′和130°),因此,在试样上得到的是长、短对角线长度比(l/w)为7.11的棱形压痕;二是硬度值不是试验力除以压痕表面积的商值,而是除以压痕投影面积的商值。因此,测量出压痕长对角线的长度$l(\mu m)$,就可按式(2-13)计算努氏硬度值(HK)。

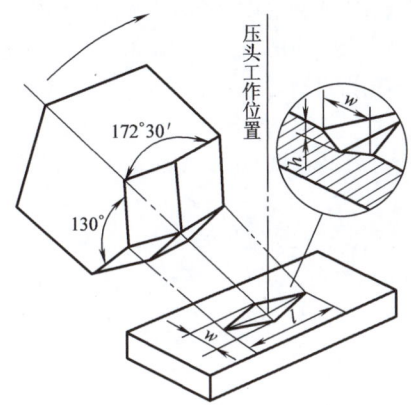

图2-22 努氏硬度试验压头与压痕图

$$HK = 0.102 \times 14.23 \frac{F}{l^2} = 1.451 \frac{F}{l^2} \tag{2-13}$$

式中 F——试验力,其值可在0.4903~19.61N范围内选取。

努氏硬度试验由于压痕细长,而且只测量长对角线的长度,因而精确度较高。对于表面淬硬层或渗层、镀层等薄层区域的硬度测定以及渗层截面上硬度分布的测定较为方便。

努氏硬度试验没有用的硬度计,通常是共用显微维氏硬度计,只需更换压头并改变硬度值计算方法即可。

2. 肖氏硬度试验和里氏硬度试验

肖氏硬度试验是一种动载荷试验法,其原理是将一定质量的带有金刚石圆头或钢球的重锤,从一定高度落于金属试样表面,根据重锤回跳的高度来表征金属硬度值大小,因而也称为回跳硬度。肖氏硬度的符号用HS表示。HS前方的数字为肖氏硬度值,HS后面的符号为硬度计类型。如25HSC表示用C型(目测型)肖氏硬度计测得的肖氏硬度值为25,51HSD表示用D型(指示型)肖氏硬度计测得的肖氏硬度值为51。

里氏硬度试验也是动载荷试验法,它是用规定质量的冲头(碳化钨球)在弹力作用下以一定速度冲击试样表面,用冲头的回弹速度表征金属的硬度值。里氏硬度的符号为HL。

肖氏硬度计和里氏硬度计均为手提式,使用方便,可在现场测量大型工件的硬度。如检验冷轧辊硬度。冷轧辊要求表面淬火,硬度为45~105HS。

肖氏硬度计和里氏硬度计虽使用方便，但受仪器、操作者影响较大，要经常校对，专人检测。

思考题与习题

1. 解释下列名词：
(1) 应力状态软性系数；(2) 缺口效应；(3) 缺口敏感度；(4) 布氏硬度；(5) 洛氏硬度；(6) 维氏硬度；(7) 努氏硬度；(8) 肖氏硬度；(9) 里氏硬度。

2. 说明下列力学性能指标的意义：
(1) R_{mc}；(2) σ_{bb}；(3) τ_{eH}，τ_{eL}；(4) τ_m；(5) σ_{bn}；(6) NSR；(7) HBW；(8) HRA；(9) HRB；(10) HRC；(11) HV；(12) HK；(13) HS；(14) HL。

3. 试综合比较单向拉伸、压缩、弯曲及扭转试验的特点和应用范围。

4. 试述脆性材料弯曲试验的特点及其应用。

5. 缺口试样拉伸时应力分布有何特点？

6. 试综合比较光滑试样轴向拉伸、缺口试样轴向拉伸和偏斜拉伸试验的特点。

7. 试说明布氏硬度、洛氏硬度与维氏硬度的试验原理，并比较布氏、洛氏与维氏硬度试验方法的优缺点。

8. 有如下零件和材料需测定硬度，试说明选用何种硬度试验方法为宜。
(1) 渗碳层的硬度分布；(2) 淬火钢；(3) 灰铸铁；(4) 鉴别钢中的隐晶马氏体与残留奥氏体；(5) 仪表小黄铜齿轮；(6) 龙门刨床导轨；(7) 渗氮层；(8) 高速工具钢刀具；(9) 退火态低碳钢；(10) 硬质合金。

第三章 金属在冲击载荷下的力学性能

- 冲击载荷下金属变形和断裂的特点
- 冲击弯曲和冲击韧性
- 低温脆性
- 影响韧脆转变温度的冶金因素

许多机器零件在服役时往往受冲击载荷的作用,如汽车行驶通过道路上的凹坑,飞机起飞和降落及金属压力加工(锻造、模锻)等。为了评定金属材料传递冲击载荷的能力,揭示金属材料在冲击载荷作用下的力学行为,就需要进行相应的力学性能试验。

冲击载荷与静载荷的主要区别在于加载速率不同。加载速率是指载荷施加于试样或机件时的速率,用单位时间内应力增加的数值表示。由于加载速率提高,形变速率也随之增加,因此可用形变速率间接地反映加载速率的变化。形变速率是单位时间内的变形量。变形量有绝对变形量与相对变形量两种表示方法,因此形变速率有绝对形变速率与相对形变速率之分,后者应用较为广泛。相对形变速率又称应变速率,用 $\dot{\varepsilon}$ 表示,$\dot{\varepsilon} = \dfrac{\mathrm{d}\varepsilon_{zh}}{\mathrm{d}\tau}$($\varepsilon_{zh}$ 为真应变)。可见,应变速率是单位时间内应变的变化量。

现代机器中,各种不同机件的应变速率范围为 $10^{-6} \sim 10^{6} \mathrm{s}^{-1}$。如静拉伸试验的应变速率为 $10^{-5} \sim 10^{-2} \mathrm{s}^{-1}$,冲击试验的应变速率为 $10^{2} \sim 10^{4} \mathrm{s}^{-1}$。实践表明,应变速率在 $10^{-4} \sim 10^{-2} \mathrm{s}^{-1}$ 内,金属力学性能没有明显变化,可按静载荷处理。当应变速率大于 $10^{-2} \mathrm{s}^{-1}$ 时,金属力学性能将发生显著变化,这就必须考虑由于应变速率增大而带来力学性能的一系列变化。

如同降低温度一样,提高应变速率将使金属材料的变脆倾向增大,因此冲击力学性能试验方法可以揭示金属材料在高应变速率下的脆断趋势。

本章除介绍金属材料在冲击载荷下力学行为的特点外,将着重讨论缺口试样冲击弯曲试验方法,以及金属材料的低温脆性。

第一节　冲击载荷下金属变形和断裂的特点

在冲击载荷下，由于载荷的能量性质使整个承载系统（包括机件）承受冲击能，因此，机件及与机件相连物体的刚度都直接影响冲击过程的持续时间，从而影响加速度和惯性力的大小。由于冲击过程持续时间很短而测不准确，难以按惯性力计算机件内的应力，所以，机件在冲击载荷下所受的应力，通常是假定冲击能全部转换成机件内的弹性能，再按能量守恒法计算。

众所周知，弹性变形是以声速在介质中传播的。在金属介质中声速是相当大的，如在钢中为4982m/s，普通摆锤冲击试验时绝对变形速度只有5~5.5m/s，这样，冲击弹性变形总能紧跟上冲击外力的变化，因而应变速率对金属材料的弹性行为及弹性模量没有影响。但是，应变速率对塑性变形、断裂及有关的力学性能却有显著的影响。

在冲击载荷下，几乎瞬时作用于位错上相当高的应力，结果位错运动速率增加［见式(1-6)］。位错运动速率增加将使派纳力（τ_{p-n}）增大，因为位错宽度及其能量与位错运动速率有关。运动速率越大，则能量越大、宽度越小，故派纳力越大［见式(1-9)］。结果滑移临界切应力增大，金属产生附加强化，即第一章中所述及的应变速率硬化现象。

由于冲击载荷下应力水平比较高，将使许多位错源同时开动，结果抑制了单晶体中的易滑移阶段的产生和发展。此外，冲击载荷还增加位错密度和滑移系数目，出现孪晶，减小位错运动自由行程平均长度，增加点缺陷浓度。上述诸点均使金属材料在冲击载荷作用下塑性变形难以充分进行。显微观察表明，在静载荷下，塑性变形比较均匀地分布在各个晶粒中；而在冲击载荷下，塑性变形则比较集中在某些局部区域，这反映了塑性变形是极不均匀的。这种不均匀的情况也限制了塑性变形的发展，导致屈服强度（和流变应力）、抗拉强度提高，且屈服强度提高得较多，抗拉强度提高得较少（图3-1）。

材料塑性和应变速率之间无单值依存关系。在大多数情况下，缺口试样冲击试验时的塑性比类似静载试验的要低。在高速变形下，某些金属可能显示较高塑性，如密排六方金属爆炸成形就是如此。

塑性和韧性随应变速率增加而变化的特征与断裂方式有关。如在一定加载规范和温度下，材料产生正断，则断裂应力变化不大，塑性随应变速率增加而减小。如果材料产生切断，则断裂应力随应变速率提高显著增加，塑性可能不变，也可能提高。

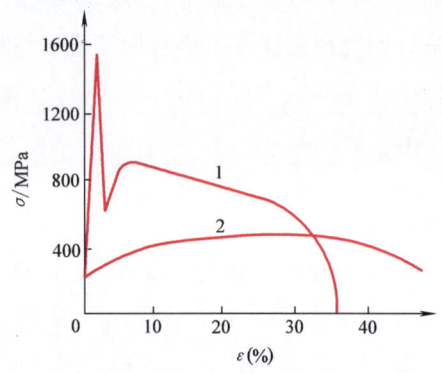

图3-1　纯铁的应力-应变曲线
1—冲击载荷　2—静载荷

第二节　冲击弯曲和冲击韧性

为了显示加载速率和缺口效应对金属材料韧性的影响，需要进行缺口试样冲击弯曲试验，测定材料的冲击韧性。冲击韧性是指材料在冲击载荷作用下吸收塑性变形功和断裂功的能力，常用标准试样的冲击吸收能量 K（原标准为冲击吸收功 A_K）表示。

夏比缺口试样冲击弯曲试验原理如图 3-2 所示。

试验是在摆锤式冲击试验机上进行的。将试样水平放在试验机支座上，缺口位于冲击相背方向。然后将具有一定质量 m 的摆锤举至一定高度 H_1，使其获得一定初始势能 mgH_1。释放摆锤冲断试样，摆锤的剩余能量为 mgH_2，则摆锤冲断试样失去的势能为 $mgH_1 - mgH_2$，此即为试样变形和断裂所消耗的能量，称为冲击吸收能量，以 K 表示，单位为 J。

夏比冲击弯曲试验标准试样是 U 型缺口或 V 型缺口，分别称为夏比（Charpy）U 型缺口试样和夏比 V 型缺口试样，如图 3-3、图 3-4 所示。图 3-3b 是摆锤刀刃及试样支座主要尺寸。用不同缺口试样测得的冲击吸收能量分别记为 KU 和 KV，并用下标数字 2 或 8 表示摆锤刀刃半径，如 KU_2、KV_2、KU_8、KV_8（在原标准中，缺口试样冲击吸收功符号为 $A_{KU}^{\ominus}$、A_{KV}。）。

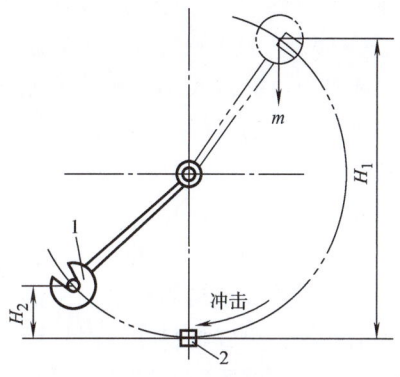

图 3-2 冲击试验原理
1—摆锤　2—试样

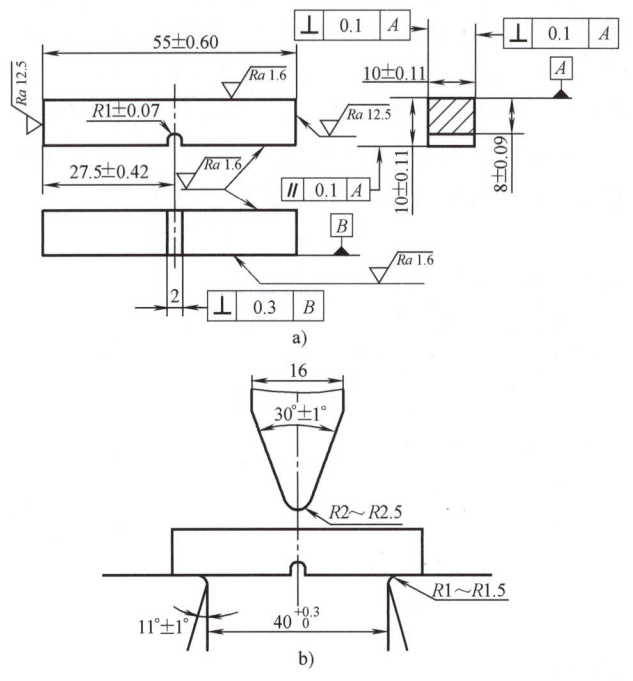

图 3-3 夏比 U 型缺口冲击试样及摆锤刀刃支座尺寸参数
a）夏比 U 型缺口冲击试样　b）试样支座及摆锤刀刃

⊖ A_{KU} 除以冲击试样缺口底部截面积所得之商，称为冲击韧度，也是度量材料冲击韧性的一种力学性能指标，用 a_{KU} 表示。国内一些材料性能数据仍在沿用这个指标的试验结果，但国家冲击弯曲试验标准中已经没有列入该指标。

测量球铁或工具钢等脆性材料的冲击吸收能量，常采用 10mm×10mm×55mm 的无缺口冲击试样。

冲击吸收能量 K 的大小并不能真正反映材料的韧脆程度，因为缺口试样冲击吸收的能量并非完全用于试样变形和破断，其中有一部分能量消耗于试样掷出、机身振动、空气阻力以及轴承与测量机构中的摩擦消耗等。金属材料在一般摆锤冲击试验机上试验时，这些能量是忽略不计的。但当摆锤轴线与缺口中心线不一致时，上述损耗比较大。所以，在不同试验机上测得的 K 值彼此可能相差 10%～30%。

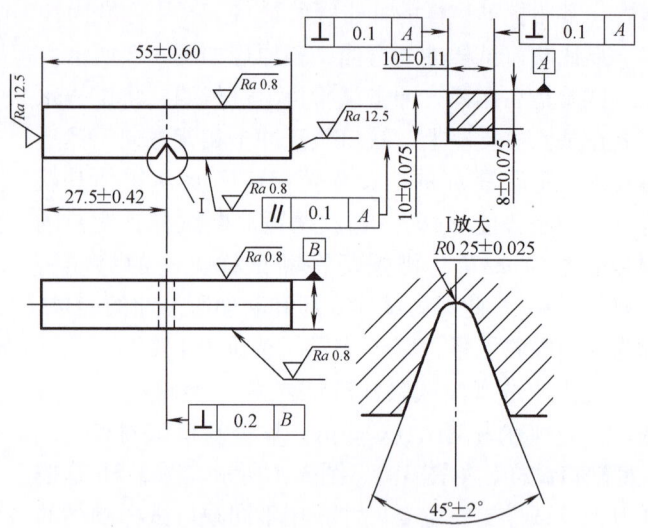

图3-4 夏比V型缺口冲击试样

应该指出：同一材料不仅在不同冲击试验机上测得的冲击吸收能量 K 值不同，即使在同一试验机上进行冲击弯曲试验，缺口形状和尺寸不同的试样、有缺口试样和无缺口试样、非标准试样和标准试样，测得的吸收能量值也不相同，不存在换算关系，不能对比。因此，查阅国内外材料性能数据，评定材料脆断倾向时，要注意冲击弯曲试验的条件。

虽然冲击吸收能量不能真正代表材料的韧脆程度，但由于它们对材料内部组织变化十分敏感，而且冲击弯曲试验方法简便易行，所以仍被广泛采用。冲击弯曲试验主要用途有以下两点：

1）控制原材料的冶金质量和热加工后的产品质量，即将 K 值作为质量控制指标使用。通过测量冲击吸收能量和对冲击试样进行断口分析，可揭示原材料中的夹渣、气泡、严重分层、偏析以及夹杂物超级等冶金缺陷；检查过热、过烧、回火脆性等锻造或热处理缺陷。

2）根据系列冲击试验（低温冲击试验）可得 K 值与温度的关系曲线，测定材料的韧脆转变温度。据此可以评定材料的低温脆性倾向，供选材时参考或用于抗脆断设计。设计时，要求机件的服役温度高于材料的韧脆转变温度。

第三节 低温脆性

一、低温脆性现象

体心立方晶体金属及合金或某些密排六方晶体金属及其合金，特别是工程上常用的中、低强度结构钢（铁素体-珠光体钢），在试验温度低于某一温度 T_t 时，会由韧性状态变为脆性状态，冲击吸收能量明显下降，断裂机理由微孔聚集型变为穿晶解理型，断口特征由纤维状变为结晶状，这就是低温脆性。转变温度 T_t 称为韧脆转变温度，也称为冷脆转变温度。面心立方金属及其合金一般没有低温脆性现象，但有实验证明，在 4.2～20K 的极低温度下，奥氏体钢及铝合金也有冷脆性。高强度的体心立方合金（如高强度钢及超高强度钢）

在很宽温度范围内，冲击吸收能量均较低，故韧脆转变不明显。

低温脆性对压力容器、桥梁和船舶结构以及在低温下服役的机件（高寒地区的石油、天然气输送管线等）是非常重要的。历史上就曾经发生过多起由低温脆性导致的断裂事故，造成了很大损失。

低温脆性是材料屈服强度随温度降低急剧增加（对体心立方金属，是派纳力起主要作用所致，参见第一章）的结果。图3-5中，屈服强度R_{eL}的变化即随温度下降而升高，但材料的解理断裂强度σ_c却随温度变化很小，因为热激活对裂纹扩展的力学条件$\left[\sigma_c = \left(\dfrac{2E\gamma_p}{\pi a}\right)^{\frac{1}{2}}\right]$没有显著作用，于是两条曲线相交于一点，交点对应的温度即为T_t。高于T_t时，$\sigma_c > \sigma_s$，材料受载后先屈服再断裂，为韧性断裂；低于T_t时，外加应力先达到σ_c，材料表现为脆性断裂。

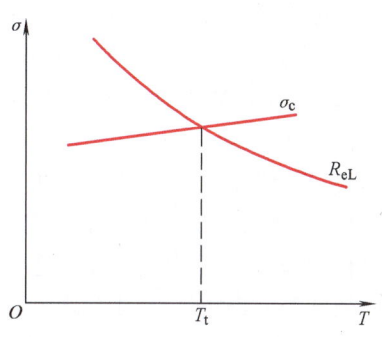

图3-5 R_{eL}和σ_c随温度变化示意图

由于材料化学成分的统计性，韧脆转变温度实际上不是一个温度而是一个温度区间。

体心立方金属的低温脆性还可能与迟屈服现象有关。迟屈服即对低碳钢施加一高速载荷到高于屈服强度，材料并不立即产生屈服，而需要经过一段孕育期（称为迟屈服时间）才开始塑性变形。在孕育期中只产生弹性变形，由于没有塑性变形消耗能量，故有利于裂纹的扩展，从而易表现为脆性破坏。

二、韧脆转变温度[⊖]

静拉伸试验、冲击弯曲试验都可显示材料低温脆性倾向，测定韧脆转变温度。当温度降低时，材料屈服强度急剧增加，而塑性（A、Z）和冲击吸收能量（K）急剧减小。材料屈服强度急剧升高的温度，或断后伸长率、断面收缩率、冲击吸收能量急剧减小的温度，就是韧脆转变温度T_t。拉伸试验测定的T_t偏低，且试验方法不方便，故通常还是用缺口试样冲击弯曲试验测定T_t。在低温下进行系列冲击弯曲试验，测出试样断裂消耗的能量，或断裂后塑性变形量、断口形貌（各区所占面积）随温度变化的关系曲线，根据这些曲线求T_t。这里只介绍根据能量准则和断口形貌准则定义T_t的方法（图3-6）。

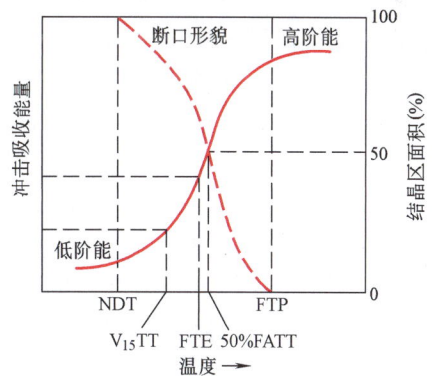

图3-6 各种韧脆转变温度准则

⊖ 已经认可，采用缺口试样低温拉伸试验，用缺口敏感度（N）也可以评定低温脆性，并得到韧脆转变温度。$N = \dfrac{\sigma_{bnT}}{\sigma_{r0.2T}}$，$\sigma_{bnT}$为缺口试样低温抗拉强度，$\sigma_{r0.2T}$为光滑试样低温屈服强度。$N = 1$时所对应的温度即为缺口体（或裂纹体）的韧脆转变温度。

1. 按能量法定义 T_t 的方法

1）当低于某一温度时，金属材料吸收的冲击能量基本不随温度而变化，形成一平台，该能量称为"**低阶能**"。以低阶能开始上升的温度定义为 T_t，并记为 NDT（Nil Ductility Temperature），称为无塑性或零塑性转变温度。这是无预先塑性变形断裂对应的温度，是最易确定 T_t 的准则。在 NDT 以下，断口由 100% 结晶区（解理区）组成。

2）当高于某一温度时，材料吸收的能量也基本不变，出现一个上平台，称为"**高阶能**"。以高阶能对应的温度为 T_t，记为 FTP（Fracture Transition Plastic）。高于 FTP 下的断裂，将得到 100% 纤维状断口（零解理断口）。这是一种最保守的定义 T_t 的方法。

3）以低阶能和高阶能平均值对应的温度定义 T_t，并记为 FTE（Fracture Transition Elastic）。

4）以 V 型缺口试样冲击试验测得的冲击能量等于 15ft·lbf（20.5J）对应的温度作为韧脆转变温度，记为 $V_{15}TT$。这个方法仅适用于低强度船用钢板选材的依据。

2. 按断口形貌定义 T_t 的方法

冲击试样冲断后，其断口形貌如图 3-7 所示。

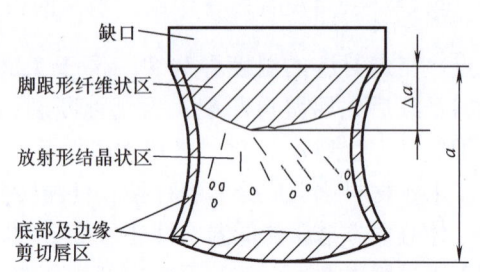

图 3-7 冲击断口形貌示意图

与拉伸试样一样，冲击试样断口也有纤维区、放射区（结晶区）与剪切唇几部分。有时在断口上还可看到有两个纤维区，放射区位于两个纤维区之间。出现两个纤维区的原因为试样冲击时，缺口一侧受拉伸作用，裂纹首先在缺口处形成，而后向厚度两侧及深度方向扩展。由于缺口处是平面应力状态，若试验材料具有一定塑性，则在裂纹扩展过程中便形成纤维区。当裂纹扩展到一定深度，出现平面应变状态，且裂纹达到格雷菲斯裂纹尺寸时，裂纹快速扩展而形成结晶区。到了压缩区之后，由于应力状态发生变化，裂纹扩展速率再次减小，于是又出现了纤维区。

试验证明，在不同试验温度下，纤维区、放射区与剪切唇三者之间的相对面积（或线尺寸）是不同的。温度下降，纤维区面积突然减少，结晶区面积突然增大（图 3-6），材料由韧变脆。通常取结晶区面积占整个断口面积 50% 时的温度为 T_t，并记为 50%FATT（Fracture Appearance Transition Temperature）或 $FATT_{50}$、T_{50}。

50%FATT 反映了裂纹扩展变化特征，可以定性地评定材料在裂纹扩展过程中吸收能量的能力。实验发现，50%FATT 与断裂韧度 K_{IC} 开始急速增加的温度有较好的对应关系，故得到广泛应用。但此种方法评定各区所占面积受人为因素影响，要求测试人员要有较丰富的经验。

韧脆转变温度 T_t（FTE、$FATT_{50}$、NDT 等）也是金属材料的韧性指标，因为它反映了温度对韧脆性的影响。 T_t 与 A、Z、K、NSR 一样，也是安全性指标，T_t 是从韧性角度选材的重要依据之一，可用于抗脆断设计，保证机件服役安全，但不能直接用来设计计算机件（或构件）的承载能力或截面尺寸。对于低温下服役的中低强度钢机件（或构件），依据材料的 T_t 值可以直接或间接地估计它们的最低使用温度。很明显，中低强度钢机件（或构件）的最低使用温度必须高于 T_t，两者之差越大越安全。为此，选用的材料应该具有一定的韧性温度储备，即应该具有一定的 Δ 值，$\Delta = T_0 - T_t$，Δ 为韧性温度储备，T_0 为材料使用温度。

通常，T_t 为负值，T_0 应高于 T_t，故 Δ 为正值，实际 Δ 值取 40～60℃ 已经足够。为了保证可靠性，对于受冲击载荷作用的重要机件，Δ 取 60℃；不受冲击载荷作用的非重要机件，Δ 取 20℃；中间者取 40℃。

必须注意，由于定义 T_t 的方法不同，同一材料所得的 T_t 必有差异；同一材料，使用同一定义方法，由于外界因素的改变（如试样尺寸、缺口尖锐度和加载速率等），T_t 也要变化。所以，在一定条件下，用试样测得的 T_t，因为和实际结构工况之间无直接联系，不能说明该材料制成的机件一定在该温度下脆断。

三、落锤试验和断裂分析图

1. 落锤试验

普通的冲击弯曲试样尺寸过小，不能反映实际构件中的应力状态，而且结果分散性大，不能满足一些特殊要求。为此，20 世纪 50 年代初，美国海军研究所派林尼（W. S. Pellini）等人提出了落锤试验方法，用于测定全厚钢板的 NDT，以作为评定材料的性能标准。试样厚度与实际使用板厚相同，其典型尺寸为 25mm×90mm×350mm、19mm×50mm×125mm 或 16mm×50mm×125mm。因试样较大，试验时需要较大冲击能量，故不能再用一般摆锤式冲击试验机，而必须用落锤击断。

落锤试验机由垂直导轨（支承重锤）、能自由落下的重锤和砧座等组成（图3-8）。重锤锤头是一个半径为 25mm 的钢制圆柱，硬度不小于 50HRC。重锤能升到不同高度，以获得 340～1650J 的能量。砧座上除了两端的支承块外，中心部分还有一挠度终止块，以限制试样产生过大的塑性变形。落锤具有的能量、支承块的跨距和挠度终止块的厚度应根

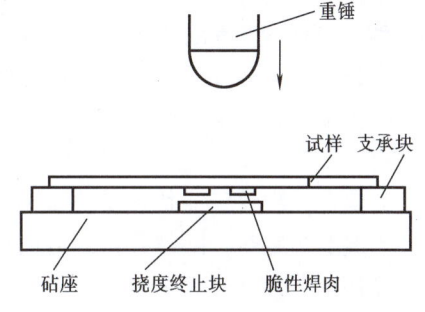

图3-8　落锤试验示意图

据材料的屈服强度及板厚选择。试样一面堆焊一层脆性合金（长 64mm、宽约 15mm、厚约 4mm），焊块中用薄片砂轮或手锯割开一个缺口，缺口方向与试验拉力方向垂直，其宽度 ≤1.5mm，深度为焊块厚度之半，用以诱发裂纹。

试样冷却到一定温度后放在砧座上，使有焊肉的轧制面向下处于受拉侧，然后落下重锤进行打击。随试样温度下降，其力学行为发生如下变化。

不裂 → 拉伸侧表面部分形成裂纹，但未发展到边缘 → 拉伸侧表面裂纹发展到一侧边或两侧边 → 试样断成两部分。

一般即取拉伸侧表面裂纹发展到一侧边或两侧边的最高温度为 NDT，即无塑性转变温度。

落锤试验方法简单，结果重现性好，我国已有试验标准。

落锤试验法的缺点是对脆性断裂不能给予定量评定。因为试验使用动载荷，其结果能否用于静载荷尚需研究。此外，板厚的影响也未考虑。

2. 断裂分析图

通过落锤试验求得的 NDT 可以建立断裂分析图（FAD）。断裂分析图（图3-9）是表示许用应力、缺陷（裂纹）和温度之间关系的综合图，它明确提供了低强度钢构件在温度、

应力和缺陷（裂纹）联合作用下脆性断裂开始和终止的条件。

FAD 的纵坐标为应力，横坐标为温度。图中左侧在 NDT 附近，为对压力容器断裂事故分析和有关实验得出的结果，不同尺寸的裂纹对应的断裂应力（σ_c）。由图可见，随裂纹长度增加，σ_c 下降；在裂纹很长时，σ_c 仅为 35～56MPa。外加应力低于该值，则不发生脆性破坏，故该应力为脆性破坏的最低应力。图 3-9 中各条曲线（包括虚线）是对应于不同尺寸裂纹的 σ_c-T 曲线：AC 线是小裂纹的 σ_c-T 曲线，位于材料的 σ_s 线以上；BC 线为长裂纹的 σ_c-T

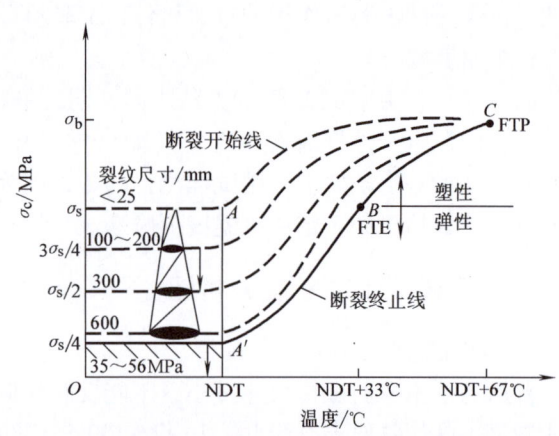

图 3-9　断裂分析图（FAD 图）

曲线，与材料的 σ_s 相交于 B 点，其对应的温度即为 FTE，C 点对应的坐标则为 σ_b 和 FTP。因为在 NDT 附近有一不发生脆性破坏的最低应力，于是可得到 A' 点。连接 A'、B、C 点得到 $A'BC$ 线，该曲线也称断裂终止线（CAT），表示不同应力水平线下脆性裂纹扩展的终止温度，即裂纹止裂转变温度，工作温度低于此温度，裂纹快速扩展，高于此温度，裂纹扩展受阻。CAT 可以通过试验测定。

由图 3-9 可见，在 NDT 以上，$A'BC$ 以左，σ_s 以下的区域中，根据不同尺寸裂纹及应力水平的组合，裂纹可能快速扩展而致脆性断裂，但裂纹也可能不发生脆性扩展。在此区域内，当温度一定时，随裂纹长度增加，断裂应力下降；而在相同应力水平下，小尺寸裂纹不发生脆性扩展和大裂纹扩展。

在 CAT 曲线以右，脆性裂纹不发生扩展。在 σ_s 以上，AC 线与 BC 线之间区域内，解理断裂之前先产生塑性变形。温度高于 FTP 时，不论裂纹尺寸如何，断裂全部为剪切型，且 $\sigma_c = \sigma_b$。

由于 NDT 与 FTE、FTP 之间有一定关系，因此，测出 NDT 便可以估算 FTE、FTP，从而能建立断裂分析图。

断裂分析图为低强度钢焊接构件防止脆断设计和选材提供了一个有效方法。设计中可根据实际机件的工作应力、允许的最大裂纹尺寸及要求的安全可靠程度（允许发生断裂形式）提出不同设计准则。

根据机件工作应力水平选材时，参见图 3-9，**常用设计准则有**：

1) 当工作应力小于 35～56MPa 时，选择机件最低工作温度大于 NDT 的材料。

2) 当要求工作应力 ≤ $1/2\sigma_s$ 时，则选择最低工作温度 T_{min} ≥ NDT+17℃的材料，压力容器多用此准则。

3) 当要求工作应力 ≤ σ_s 时，则选用最低工作温度 T_{min} ≥ NDT+33℃的材料，即按 FTE 温度选材，该准则适用于原子能反应堆压力容器。

4) 若规定机件工作应力低于材料抗拉强度，要求不产生脆性断裂，而是全塑性断裂。在塑性超载条件下，仍能保证最大限度的抗断能力。此时，就选用最低工作温度 T_{min} ≥ NDT+67℃的材料，即按 FTP 温度选材。潜艇及其他重要工作结构就选用此准则。

上述设计准则实际上就是按一定应力水平下的 CAT 温度选材。

在石油、天然气输送管道抗断设计中也常应用一定应力条件下的 CAT 作为韧性指标。

断裂分析图还可用来分析脆性断裂事故，帮助积累防止脆性断裂的有关经验；但它同样没有考虑加载速率和板厚的影响，因为断裂分析图是用 25mm 的低强度钢板建立起来的，在钢板厚度增加时，由于约束增加，厚钢板的 CAT 要随之升高。

第四节　影响韧脆转变温度的冶金因素

一、晶体结构

体心立方金属及其合金存在低温脆性。普通中、低强度钢的基体是体心立方点阵的铁素体，故这类钢都有明显的低温脆性。

二、化学成分

间隙溶质元素溶入铁素体基体中，偏聚于位错线附近，阻碍位错运动，致 σ_s 升高，钢的韧脆转变温度提高（图 3-10）。正火碳钢，含碳量增加，钢的韧脆转变温度升高，冲击吸收能量下降（图 3-11）。

钢中加入置换型溶质元素一般也会提高韧脆转变温度，但 Ni 和一定量 Mn 例外。Ni 可以减小低温时位错运动的摩擦阻力，还会增加层错能，故提高低温韧性。

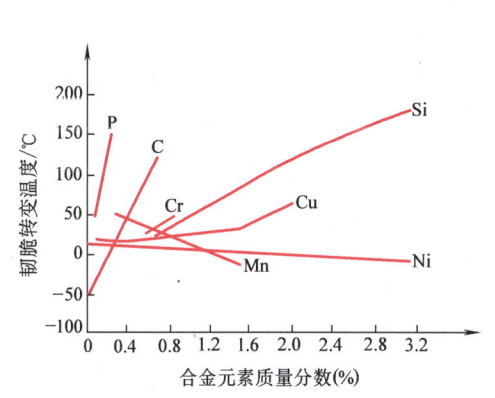

图 3-10　合金元素对韧脆转变温度的影响

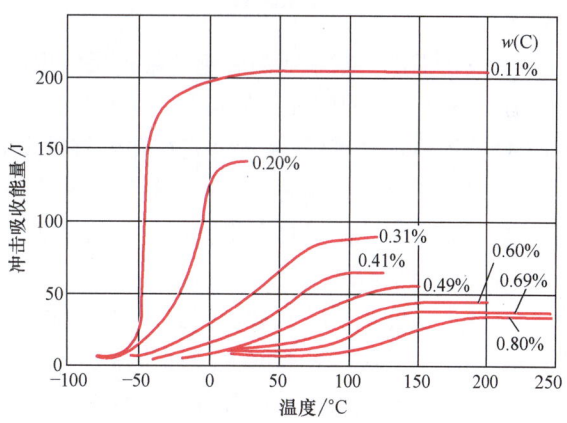

图 3-11　温度对不同含碳量正火碳钢冲击吸收能量的影响

杂质元素 S、P、As、Sn、Sb 等会降低钢的韧性。这是由于它们偏聚于晶界，降低晶界表面能，产生沿晶脆性断裂，同时降低脆断应力所致。

三、显微组织

（一）晶粒大小

细化晶粒使材料韧性增加。图 3-12 所示为铁素体晶粒直径与韧脆转变温度的关系，这

一线性关系可用下述派奇方程描述

$$\beta T_\mathrm{t} = \ln B - \ln C - \ln d^{-\frac{1}{2}} \tag{3-1}$$

式中　β、C——常数，β 与 σ_i 有关，C 为裂纹扩展阻力的度量；
　　　B——常数；
　　　d——铁素体晶粒直径。

式（3-1）也适用于低碳铁素体-珠光体钢、低合金高强度钢。研究发现，不仅铁素体晶粒大小和韧脆转变温度之间呈线性关系，而且马氏体板条束宽度、上贝氏体铁素体板条束、原始奥氏体晶粒尺寸与韧脆转变温度之间也呈线性关系。图 3-13 所示即为低碳马氏体钢中马氏体板条束宽度 d_p 与韧脆转变温度之间的关系。

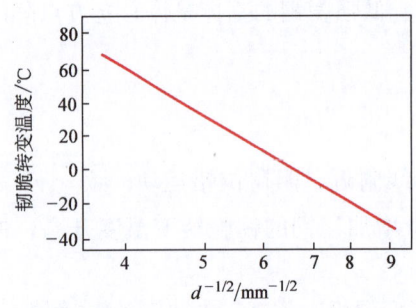 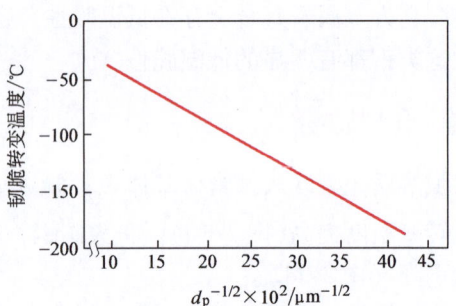

图 3-12　铁素体晶粒直径与韧脆转变温度的关系　　图 3-13　马氏体板条束宽度与韧脆转变温度之间的关系

有人还提出，减小亚晶和胞状结构尺寸也能提高材料的韧性。

式（3-1）和屈服强度的霍尔-派奇关系十分类似，因而晶粒大小和韧脆转变温度之间的线性关系不过是霍尔-派奇公式在评定材料韧脆转变方面的应用而已。

细化晶粒提高韧性的原因有：晶界是裂纹扩展的阻力；晶界前塞积的位错数减少，有利于降低应力集中；晶界总面积增加，使晶界上杂质浓度减少，避免产生沿晶脆性断裂。

（二）金相组织

在较低强度水平时（如经高温回火），强度相等而组织不同的钢，其冲击吸收能量和韧脆转变温度以马氏体高温回火（回火索氏体）最佳，贝氏体回火组织次之，片状珠光体组织最差（尤其有自由铁素体存在时，因为自由铁素体是珠光体钢中解理裂纹易于扩展的通道）。球化处理能改善钢的韧性。

在较高强度水平时，如中、高碳钢在较低等温温度下获得下贝氏体组织，则其冲击吸收能量和韧脆转变温度优于同强度的淬火并回火组织。

在相同强度水平下，典型上贝氏体的韧脆转变温度高于下贝氏体。例如在 Cr-Mo-B 贝氏体钢中，上贝氏体的 $\sigma_\mathrm{b} = 924\mathrm{MPa}$，韧脆转变温度为75℃；下贝氏体的 $\sigma_\mathrm{b} = 1000\mathrm{MPa}$，韧脆转变温度为20℃。但低碳钢低温上贝氏体（$\mathrm{B_I}$）的韧性却高于回火马氏体，这是由于在低温上贝氏体中渗碳体沿奥氏体晶界的析出受到抑制，减少了晶界裂纹所致。

在低碳合金钢中，经不完全等温处理获得贝氏体（低温上贝氏体或下贝氏体）和马氏体混合组织，其韧性比单一马氏体或单一贝氏体组织好。这是因为裂纹在混合组织内扩展要多次改变方向，消耗能量大，故钢的韧性较高。关于中碳合金钢马氏体-贝氏体混合组织的韧性，有人认为需视贝氏体和马氏体的形成顺序而定：若贝氏体先于马氏体形成，韧性可以改善；反之，韧性就不会改善。

在某些马氏体钢中存在奥氏体，可以抑制解理断裂，如在马氏体钢中含有稳定残留奥氏体，将显著改善钢的韧性。马氏体板条间的残留奥氏体膜也有类似作用。

钢中夹杂物、碳化物等第二相质点对钢的脆性有重要影响，影响的程度与第二相质点的大小、形状、分布、第二相性质及其与基体的结合力等性质有关。无论第二相分布于晶界上还是独立在基体中，当其尺寸增大时均使材料韧性下降，韧脆转变温度升高。

思考题与习题

1. 解释下列名词：
(1) 冲击吸收能量；(2) 低温脆性；(3) 韧脆转变温度；(4) 韧性温度储备。
2. 说明下列力学性能指标的意义：
(1) K、KV_2、KV_8 和 KU_2、KU_8；(2) $FATT_{50}$；(3) NDT；(4) FTE；(5) FTP；(6) CAT。
3. 现需检验以下材料的冲击韧性，哪些材料要开缺口？哪些材料不要开缺口？
W18Cr4V，Cr12MoV，3Cr2W8V，40CrNiMo，30CrMnSi，20CrMnTi，铸铁。
4. 试说明低温脆性的物理本质及其影响因素。
5. 试述焊接船舶比铆接船舶容易发生脆性破坏的原因。
6. 下列三组试验方法中，每一组中哪种试验方法测得的 T_k 较高？为什么？
(1) 拉伸和扭转；(2) 缺口静弯曲和缺口冲击弯曲；(3) 光滑试样拉伸和缺口试样拉伸。
7. 试从宏观上和微观上解释为什么有些材料有明显的韧脆转变温度，而另外一些材料则没有。
8. 简述根据韧脆转变温度分析机件脆断失效的优缺点。

第四章 金属的断裂韧度

- 线弹性条件下的金属断裂韧度
- 断裂韧度 K_{IC} 的测试
- 影响断裂韧度 K_{IC} 的因素
- 断裂韧度在金属材料中的应用举例
- 弹塑性条件下金属断裂韧度的基本概念

断裂是机件（包括构件）的一种最危险失效形式，尤其是脆性断裂，极易造成安全事故和经济损失。为了防止断裂失效，传统的力学强度理论是根据材料的屈服强度，用强度储备方法确定机件工作应力，即：$\sigma \leqslant \dfrac{\sigma_{r0.2}}{n}$，式中 σ 为工作应力，n 为安全系数。然后再考虑到机件的一些结构特点（存在缺口等）及环境温度的影响，根据材料使用经验，对塑性（A、Z）、韧度（KU_2、KV_2、T_t）及缺口敏感度（NSR）等安全性指标提出附加要求。据此设计的机件，按理不会发生塑性变形和断裂，是安全可靠的。但是，实际情况并非总是这样，高强度、超高强度钢的机件，中低强度钢的大型、重型机件（如火箭壳体、大型转子、船舶、桥梁、压力容器等）却经常在屈服应力以下发生低应力脆性断裂。

大量断裂事例分析表明，上述机件的低应力脆断是由宏观裂纹（工艺裂纹或使用裂纹）扩展引起的。例如，1950 年，美国北极星导弹固体燃料发动机壳体在试发射时就发生了爆炸。壳体材料是超高强度钢 D6AC，屈服强度为 1400MPa，按传统力学安全设计，常规性能都符合设计要求。事后检查发现，壳体破坏是由一个深度为 0.1~1mm 的裂纹扩展引起的。由于裂纹破坏了材料的均匀连续性，改变了材料内部应力状态和应力分布，所以机件的结构性能就不再相似于无裂纹的试样性能，传统力学强度理论已不再适用。因此，需要研究新的强度理论和新的材料性能评定指标，以解决低应力脆断问题。

断裂力学正是在这种背景下发展起来的一门新型断裂强度科学。它是在承认机件存在宏观裂纹的前提下，研究裂纹体的断裂问题，建立了裂纹扩展的各种新的力学参量，并提出了裂纹体的断裂判据和材料断裂韧度。可以说，断裂力学就是研究裂纹体的断裂力学，具有重大科学意义和工程价值。

本章将从材料角度出发，在简要介绍断裂力学基本原理的基础上，着重讨论线弹性条件下金属断裂韧度的意义、测试原理和影响因素。

第一节 线弹性条件下的金属断裂韧度

大量断口分析表明,金属机件(或构件)的低应力脆断断口没有宏观塑性变形痕迹。由此可以认为,裂纹在断裂扩展时,其尖端附近总是处于弹性状态,应力和应变应该呈线性关系。因此,在研究低应力脆断的裂纹扩展问题时,可以应用弹性力学理论,从而构成了线弹性断裂力学。线弹性断裂力学分析裂纹体断裂问题有两种方法:一种是应力应变分析方法,考虑裂纹尖端附近的应力场强度,得到相应的断裂 K 判据;另一种是能量分析方法,考虑裂纹扩展时系统能量的变化,建立能量转化平衡方程,得到相应的断裂 G 判据。从这两种分析方法中,分别得到断裂韧度 K_{IC} 和 G_{IC},其中 K_{IC} 是最常用的断裂韧性指标,是本章重点讨论的内容。

一、裂纹扩展的基本形式

由于裂纹尖端附近的应力场强度与裂纹扩展类型有关,所以,首先讨论裂纹扩展的基本形式。

含裂纹的金属机件(或构件),根据外加应力与裂纹扩展面的取向关系,裂纹扩展有三种基本形式,如图 4-1 所示。

1. 张开型(Ⅰ型)裂纹扩展

如图 4-1a 所示,拉应力垂直作用于裂纹扩展面,裂纹沿作用力方向张开,沿裂纹面扩展。如轴的横向裂纹在轴向拉力或弯曲力作用下的扩展,容器纵向裂纹在内压力下的扩展。

2. 滑开型(Ⅱ型)裂纹扩展

如图 4-1b 所示,切应力平行作用于裂纹面,而且与裂纹线垂直,裂纹沿裂纹面平行滑开扩展。如花键根部裂纹沿切向力的扩展。

3. 撕开型(Ⅲ型)裂纹扩展

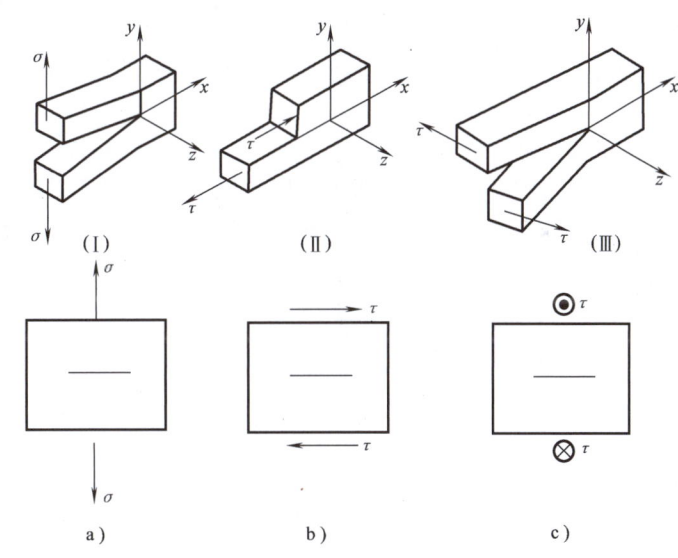

图 4-1 裂纹扩展的基本形式
a) 张开型(Ⅰ型) b) 滑开型(Ⅱ型) c) 撕开型(Ⅲ型)

如图 4-1c 所示,切应力平行作用于裂纹面,而且与裂纹线平行,裂纹沿裂纹面撕开扩展。如轴的纵、横裂纹在扭矩作用下的扩展。

实际裂纹的扩展并不局限于这三种形式,往往是它们的组合,如Ⅰ-Ⅱ、Ⅰ-Ⅲ、Ⅱ-Ⅲ型复合形式。在这些不同的裂纹扩展形式中,以Ⅰ型裂纹扩展最危险,容易引起脆性断裂。因此,在研究裂纹体的脆性断裂问题时,总是以这种裂纹为对象。

二、应力场强度因子 K_{I} 及断裂韧度 K_{IC}

前面分析缺口试样的拉伸和弯曲时曾指出：缺口根部区会出现两向或三向拉应力，使应力状态变硬，增加材料的脆性。可以想象，对于Ⅰ型裂纹试样，在拉伸或弯曲时，其裂纹尖端附近更是处于复杂的应力状态，最典型的是平面应力和平面应变两种应力状态。前者出现在薄板中，后者则在厚板中出现。

（一）裂纹尖端附近应力场

由于裂纹扩展是从其尖端开始向前进行的，所以应该分析裂纹尖端的应力、应变状态，建立裂纹扩展的力学条件。欧文（G. R. Irwin）等人对Ⅰ型裂纹尖端附近的应力、应变进行了分析，建立了应力场、位移场的数学解析式。

如图 4-2 所示假设有一无限大板，其中有 $2a$ 长的Ⅰ型裂纹，在无限远处作用有均匀拉应力 σ，应用弹性力学可以分析裂纹尖端附近的应力场、位移场。如用极坐标表示，则各点 (r, θ) 的应力分量、位移分量可以近似表达如下：

(1) 应力分量

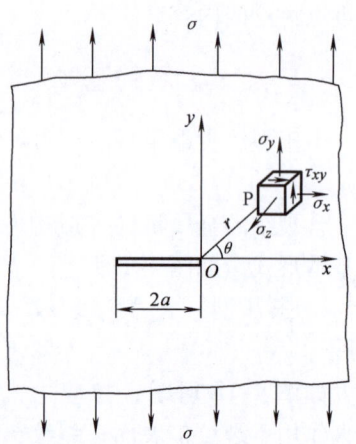

图 4-2 具有Ⅰ型穿透裂纹无限大板的应力分析

$$\left.\begin{array}{l}\sigma_x = \dfrac{K_{\mathrm{I}}}{\sqrt{2\pi r}}\cos\dfrac{\theta}{2}\left(1 - \sin\dfrac{\theta}{2}\sin\dfrac{3\theta}{2}\right) \\[2mm] \sigma_y = \dfrac{K_{\mathrm{I}}}{\sqrt{2\pi r}}\cos\dfrac{\theta}{2}\left(1 + \sin\dfrac{\theta}{2}\sin\dfrac{3\theta}{2}\right) \\[2mm] \sigma_z = \nu(\sigma_x + \sigma_y) \quad \text{（平面应变）} \\[2mm] \sigma_z = 0 \quad \text{（平面应力）} \\[2mm] \tau_{xy} = \dfrac{K_{\mathrm{I}}}{\sqrt{2\pi r}}\sin\dfrac{\theta}{2}\cos\dfrac{\theta}{2}\cos\dfrac{3\theta}{2}\end{array}\right\} \quad (4\text{-}1)$$

(2) 位移分量（平面应变状态）

$$\left.\begin{array}{l}u = \dfrac{1+\nu}{E}K_{\mathrm{I}}\sqrt{\dfrac{2r}{\pi}}\cos\dfrac{\theta}{2}\left(1 - 2\nu + \sin^2\dfrac{\theta}{2}\right) \\[2mm] v = \dfrac{1+\nu}{E}K_{\mathrm{I}}\sqrt{\dfrac{2r}{\pi}}\sin\dfrac{\theta}{2}\left[2(1-\nu) - \cos^2\dfrac{\theta}{2}\right]\end{array}\right\} \quad (4\text{-}2)$$

式中 ν——泊松比；

E——弹性模量；

u、v——x 和 y 方向的位移分量。

式 (4-1) 和式 (4-2) 都是近似表达式，越接近裂纹尖端，其精度越高。所以，它们最适用于 $r \ll a$ 的情况。

由式 (4-1) 可知，在裂纹延长线上，$\theta = 0$，则

$$\left.\begin{array}{l}\sigma_y = \sigma_x = \dfrac{K_{\mathrm{I}}}{\sqrt{2\pi r}} \\[2mm] \tau_{xy} = 0\end{array}\right\} \quad (4\text{-}3)$$

可见，在 x 轴上裂纹尖端区的切应力分量为零，拉应力分量最大，裂纹最易沿 x 轴方向扩展。

（二）应力场强度因子 K_I

式（4-1）表明，裂纹尖端区域各点的应力分量除了决定其位置（r，θ）外，尚与强度因子 K_I 有关。对于某一确定的点，其应力分量就由 K_I 决定。因此，K_I 的大小直接影响应力场的大小：K_I 越大，则应力场各应力分量也越大。这样，K_I 就可以表示应力场的强弱程度，故称为应力场强度因子。下脚标注"I"表示 I 型裂纹。同理，K_{II}、K_{III} 分别表示 II 型和 III 型裂纹的应力场强度因子。

由式（4-1）还可看出，当 $r \to 0$ 时，各应力分量都以 $r^{-1/2}$ 的速率趋近于无限大，表明裂纹尖端处应力是奇点，应力场具有 $r^{-1/2}$ 阶奇异性。正是存在奇异性，故使 K_I 具有场参量的特性。

常见的几种裂纹的 K_I 表达式见表4-1。综合表中的公式，可得 I 型裂纹应力场强度因子的一般表达式为

$$K_I = Y\sigma\sqrt{a} \tag{4-4}$$

式中　Y——裂纹形状系数，量纲为1。Y 值与裂纹几何形状及加载方式有关。一般取 $Y = 1 \sim 2$。

由式（4-4）可知，K_I 是一个取决于 σ 和 a 的复合力学参量。不同的 σ 与 a 的组合，可以获得相同的 K_I。a 不变时，σ 增大可使 K_I 增大；σ 不变时，a 增大也可使 K_I 增大；σ 和 a 同时增大时，也可使 K_I 增大。

表4-1　几种裂纹的 K_I 表达式

裂 纹 类 型	K_I 表达式		
无限大板穿透裂纹	$K_I = \sigma\sqrt{\pi a}$		
有限宽板穿透裂纹　$K_I = \sigma\sqrt{\pi a}f\left(\dfrac{a}{b}\right)$		a/b	$f(a/b)$
		0.074	1.00
		0.207	1.03
		0.275	1.05
		0.337	1.09
		0.410	1.13
		0.466	1.18
		0.535	1.25
		0.592	1.33

（续）

裂 纹 类 型	K_I 表达式		
有限宽板单边直裂纹 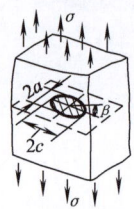	$K_I = \sigma\sqrt{\pi a}f\left(\dfrac{a}{b}\right)$ 当 $b \gg a$ 时, $K_I = 1.12\sigma\sqrt{\pi a}$	a/b 0.1 0.2 0.3 0.4 0.5 0.6 0.7 0.8 0.9 1.0	$f(a/b)$ 1.15 1.20 1.29 1.37 1.51 1.68 1.89 2.14 2.46 2.89
受弯单边裂纹梁 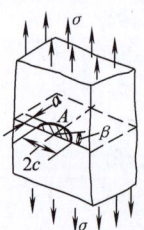	$K_I = \dfrac{6M}{(b-a)^{3/2}}f\left(\dfrac{a}{b}\right)$	a/b 0.05 0.1 0.2 0.3 0.4 0.5 0.6 >0.6	$f(a/b)$ 0.36 0.49 0.60 0.66 0.69 0.72 0.73 0.73
无限大物体内部有椭圆片裂纹,远处受均匀拉伸	在裂纹边缘上任一点的 K_I 为 $K_I = \dfrac{\sigma\sqrt{\pi a}}{\Phi}\left(\sin^2\beta + \dfrac{a^2}{c^2}\cos^2\beta\right)^{1/4}$ Φ 是第二类椭圆积分: $\Phi = \displaystyle\int_0^{\pi/2}\left(\cos^2\beta + \dfrac{a^2}{c^2}\sin^2\beta\right)^{1/2}d\beta$		
无限大物体表面有半椭圆裂纹,远处受均匀拉伸	A 点的 K_I 为 $K_I = \dfrac{1.1\sigma\sqrt{\pi a}}{\Phi}$ $\Phi = \displaystyle\int_0^{\pi/2}\left(\cos^2\beta + \dfrac{a^2}{c^2}\sin^2\beta\right)^{1/2}d\beta$		

K_I 的量纲为 [应力]×[长度]$^{1/2}$，其单位为 MPa·$\sqrt{m}$ 或 MN·m$^{-3/2}$。

同理，对于 II、III 型裂纹，其应力场强度因子的表达式为

$$K_{II} = Y\tau\sqrt{a}$$
$$K_{III} = Y\tau\sqrt{a}$$

（三）断裂韧度 K_{IC} 和断裂 K 判据

既然 K_I 是决定应力场强弱的一个复合力学参量，就可将它看作是推动裂纹扩展的动力，以建立裂纹失稳扩展的力学判据和断裂韧度。

当 σ 和 a 单独或共同增大时，K_I 和裂纹尖端各应力分量也随之增大。当 K_I 增大达到临界值时，也就是在裂纹尖端足够大的范围内应力达到了材料的断裂强度，裂纹便失稳扩展而导致材料断裂。这个临界或失稳状态的 K_I 值记作 K_{IC} 或 K_C，称为断裂韧度。K_{IC} 为平面应变下的断裂韧度，表示在平面应变条件下材料抵抗裂纹失稳扩展的能力。K_C 为平面应力断裂韧度，表示在平面应力条件下材料抵抗裂纹失稳扩展的能力。它们都是 I 型裂纹的材料断裂韧性指标。但 K_C 值与试样厚度有关。当试样厚度增加，使裂纹尖端达到平面应变状态时，断裂韧度趋于一稳定的最低值，即为 K_{IC}，它与试样厚度无关，而是真正的材料常数。在临界状态下所对应的平均应力，称为断裂应力或裂纹体断裂强度，记作 σ_c；对应的裂纹尺寸称为临界裂纹尺寸，记作 a_c。三者的关系为

$$K_{IC} = Y\sigma_c\sqrt{a_c} \tag{4-5}$$

可见，材料的 K_{IC} 越高，则裂纹体的断裂应力或临界裂纹尺寸就越大，表明材料难以断裂。因此，K_{IC} 表示材料抵抗断裂的能力。

应该指出，K_I 和 K_{IC} 是两个不同的概念。两者的区别和 σ 与 σ_s 的区别相似。我们知道金属材料在拉伸试验时，当应力 σ 增大到临界值 σ_s 时，材料发生屈服，这个临界应力值 σ_s 称为屈服强度。同样，当应力场强度因子 K_I 增大到临界值 K_{IC} 时，材料发生断裂，这个临界值 K_{IC} 称为断裂韧度。因此，K_I 和 σ 对应，都是力学参量，只和载荷及试样尺寸有关，而和材料无关；而 K_{IC} 和 σ_s 对应，都是力学性能指标，只和材料成分、组织结构有关，而和载荷及试样尺寸无关。

K_C 或 K_{IC} 的量纲及单位和 K_I 相同，常用的单位为 MPa·$\sqrt{m}$ 或 MN·m$^{-3/2}$。

根据应力场强度因子和断裂韧度的相对大小，可以建立裂纹失稳扩展脆性断裂的断裂 K 判据，由于平面应变断裂最危险，通常就以 K_{IC} 为标准建立，即

$$K_I \geq K_{IC}$$

或

$$Y\sigma\sqrt{a} \geq K_{IC} \tag{4-6}$$

裂纹体在受力时，只要满足上述条件，就会发生脆性断裂。反之，即使存在裂纹，若 $K_I < K_{IC}$ 或 $Y\sigma\sqrt{a} < K_{IC}$，也不会断裂，这种情况称为破损安全。

断裂判据式（4-6）是工程上很有用的关系式，它将材料断裂韧度同机件（或构件）的工作应力及裂纹尺寸的关系定量地联系起来了，因此可以直接用于设计计算，如用以估算裂纹体的最大承载能力 σ、允许的裂纹尺寸 a，以及用于正确选择机件材料、优化工艺等。

同理，II、III 型裂纹的断裂韧度为 K_{IIC}、K_{IIIC}，断裂判据为

$$K_{\text{II}} \geq K_{\text{IIC}}, \quad K_{\text{III}} \geq K_{\text{IIIC}}$$

(四) 裂纹尖端塑性区及 K_{I} 的修正

从理论上讲，按 K_{I} 建立的脆性断裂判据 $K_{\text{I}} \geq K_{\text{IC}}$，只适用于线弹性体，即只适用于弹性状态下的断裂分析。其实，金属材料在裂纹扩展前，其尖端附近总要先出现一个或大或小的塑性变形区（塑性区或屈服区），这和缺口前方存在塑性区很相似。因此，在塑性区内的应力应变之间就不再是线性关系，上述 K_{I} 表达式则不适用。但是，试验表明，如果塑性区尺寸较裂纹尺寸 a 及净截面尺寸为小时（小一个数量级以上），即在所谓小范围屈服下，只要对 K_{I} 进行适当的修正，裂纹尖端附近的应力应变场的强弱程度仍可用修正的 K_{I} 来描述。为了求得 K_{I} 的修正方法，需要了解塑性区的形状和尺寸及等效裂纹的概念。

1. 塑性区的形状和尺寸

为确定裂纹尖端塑性区的形状和尺寸，就要建立符合塑性变形临界条件（屈服判据）的函数表达式 $r = f(\theta)$。该式对应的图形即代表塑性区边界形状，而其边界值即为塑性区的尺寸。

由材料力学可知，通过一点的主应力 σ_1、σ_2、σ_3 和 x、y、z 方向的各应力分量的关系为

$$\left. \begin{aligned} \sigma_1 &= \frac{\sigma_x + \sigma_y}{2} + \sqrt{\left(\frac{\sigma_x - \sigma_y}{2}\right)^2 + \tau_{xy}^2} \\ \sigma_2 &= \frac{\sigma_x + \sigma_y}{2} - \sqrt{\left(\frac{\sigma_x - \sigma_y}{2}\right)^2 + \tau_{xy}^2} \\ \sigma_3 &= \nu(\sigma_1 + \sigma_2) \end{aligned} \right\} \quad (4\text{-}7)$$

将式(4-1)的应力分量代入式(4-7)，求得裂纹尖端附近任一点 $P(r,\theta)$ 的主应力

$$\left. \begin{aligned} \sigma_1 &= \frac{K_{\text{I}}}{\sqrt{2\pi r}} \cos\frac{\theta}{2}\left(1 + \sin\frac{\theta}{2}\right) \\ \sigma_2 &= \frac{K_{\text{I}}}{\sqrt{2\pi r}} \cos\frac{\theta}{2}\left(1 - \sin\frac{\theta}{2}\right) \\ \sigma_3 &= 0 \quad \text{（平面应力）} \\ \sigma_3 &= \frac{2\nu K_{\text{I}}}{\sqrt{2\pi r}} \cos\frac{\theta}{2} \text{（平面应变）} \end{aligned} \right\} \quad (4\text{-}8)$$

将式(4-8)代入米塞斯屈服判据（参见第一章），整理合并得

$$\left. \begin{aligned} r &= \frac{1}{2\pi}\left(\frac{K_{\text{I}}}{\sigma_s}\right)^2 \left[\cos^2\frac{\theta}{2}\left(1 + 3\sin^2\frac{\theta}{2}\right)\right] \quad \text{（平面应力）} \\ r &= \frac{1}{2\pi}\left(\frac{K_{\text{I}}}{\sigma_s}\right)^2 \left\{\cos^2\frac{\theta}{2}\left[(1 - 2\nu)^2 + 3\sin^2\frac{\theta}{2}\right]\right\} \quad \text{（平面应变）} \end{aligned} \right\} \quad (4\text{-}9)$$

式中 σ_s——材料的屈服强度。

式 (4-9) 为塑性区边界曲线方程，其图形如图 4-3 所示。由图可见，不管是平面应力或平面应变的塑性区，都是沿 x 方向的尺寸最小，消耗的塑性变形功也最小，所以裂纹就容易沿 x 方向扩展。这和式 (4-3) 的结论是一致的。为了说明塑性区对裂纹在 x 方向扩展的

影响，就将沿 x 方向的塑性区尺寸定义为塑性区宽度。其值可令 $\theta = 0$，由式（4-9）求得

$$\left. \begin{array}{l} r_0 = \dfrac{1}{2\pi}\left(\dfrac{K_I}{\sigma_s}\right)^2 \quad \text{（平面应力）} \\[2mm] r_0 = \dfrac{(1-2\nu)^2}{2\pi}\left(\dfrac{K_I}{\sigma_s}\right)^2 \quad \text{（平面应变）} \end{array} \right\} \tag{4-10}$$

若将式（4-8）代入屈雷斯加屈服判据，所得 x 轴上塑性区宽度与式（4-10）相同，但描述塑性区形状的方程式不同。若取 $\nu = 0.3$，则由式（4-10）可以看出，平面应变的塑性区宽度比平面应力的小得多，前者仅为后者的 1/6。因此，平面应变是一种最硬的应力状态，其塑性区最小。

如图 4-4 所示，上述估算仅指在 x 轴上裂纹尖端的应力分量 $\sigma_y \geq \sigma_{ys}$ 的一段距离（即图 4-4 中的 AB），而没有考虑图中影线部分面积内应力松弛的影响。这种应力松弛可以使塑性区进一步扩大，由 r_0 扩大至 R_0。图中 σ_{ys} 是在 y 方向发生屈服时的应力，称为 y 向有效屈服应力。在平面应力状态下，$\sigma_{ys} = \sigma_s$；在平面应变状态下，$\sigma_{ys} \approx 2.5\sigma_s$。

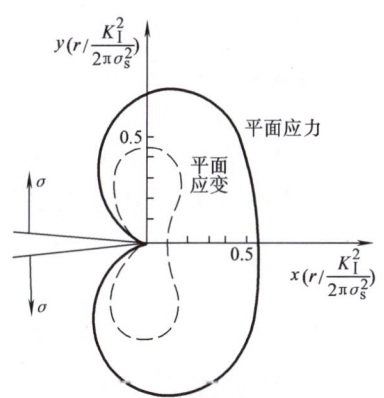

图 4-3　裂纹尖端附近塑性区的形状和尺寸　　**图 4-4　应力松弛对塑性区尺寸的影响**

为求 R_0，现从能量角度考虑，图中影线部分面积应该等于矩形面积 $BDEC$，或者是影线面积 + 矩形面积 $ABDO$ 等于矩形面积 $ACEO$，即

$$\int_0^{r_0} \dfrac{K_I}{\sqrt{2\pi r}} \mathrm{d}r = \sigma_{ys} R_0$$

积分得

$$K_I \sqrt{\dfrac{2r_0}{\pi}} = \sigma_{ys} R_0$$

将式（4-10）中平面应力的 r_0 值代入，并注意 $\sigma_{ys} = \sigma_s$，得

$$K_I \sqrt{\dfrac{2}{\pi}} \sqrt{\dfrac{K_I^2}{2\pi\sigma_s^2}} = \sigma_s R_0$$

故

$$R_0 = \dfrac{1}{\pi}\left(\dfrac{K_I}{\sigma_s}\right)^2 = 2r_0 \tag{4-11}$$

可见，考虑应力松弛之后，平面应力塑性区宽度正好是 r_0 的两倍。

厚板在平面应变条件下，其塑性区是一个哑铃形的立体形状（图 4-5），中心是平面应

变状态,两个表面都处于平面应力状态,所以 y 向有效屈服应力 σ_{ys} 小于 $2.5\sigma_s$。欧文建议为 $\sigma_{ys} = \sqrt{2\sqrt{2}}\sigma_s$。这样,式(4-10)中平面应变实际塑性区的宽度应为

$$r_0 = \frac{1}{4\sqrt{2}\pi}\left(\frac{K_I}{\sigma_s}\right)^2 \quad (4-12)$$

同样可以计算在应力松弛影响下,平面应变塑性区宽度为

$$R_0 = \frac{1}{2\sqrt{2}\pi}\left(\frac{K_I}{\sigma_s}\right)^2 \quad (4-13)$$

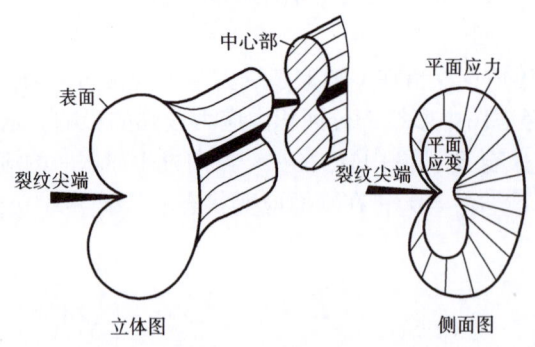

图4-5 实际试样塑性区的形状和大小

可见,在平面应变条件下,考虑了应力松弛的影响,其塑性区宽度 R_0 也是原 r_0 的两倍。

表4-2为塑性区宽度计算公式的总结。

表4-2 裂纹尖端塑性区宽度计算公式

应力状态	未考虑应力松弛影响		考虑应力松弛影响	
	一般条件	临界条件	一般条件	临界条件
平面应力	$r_0 = \frac{1}{2\pi}\left(\frac{K_I}{\sigma_s}\right)^2$	$r_0 = \frac{1}{2\pi}\left(\frac{K_{IC}}{\sigma_s}\right)^2$	$R_0 = \frac{1}{\pi}\left(\frac{K_I}{\sigma_s}\right)^2$	$R_0 = \frac{1}{\pi}\left(\frac{K_{IC}}{\sigma_s}\right)^2$
平面应变	$r_0 = \frac{1}{4\sqrt{2}\pi}\left(\frac{K_I}{\sigma_s}\right)^2$	$r_0 = \frac{1}{4\sqrt{2}\pi}\left(\frac{K_{IC}}{\sigma_s}\right)^2$	$R_0 = \frac{1}{2\sqrt{2}\pi}\left(\frac{K_I}{\sigma_s}\right)^2$	$R_0 = \frac{1}{2\sqrt{2}\pi}\left(\frac{K_{IC}}{\sigma_s}\right)^2$

由表4-2可见,不论是平面应力或平面应变,塑性区宽度总是与 $(K_{IC}/\sigma_s)^2$ 成正比。材料的 K_{IC} 越高和 σ_s 越低,其塑性区宽度就越大。因此,在测定材料的 K_{IC} 时,为了使裂纹尖端处于小范围屈服,需参照 $(K_{IC}/\sigma_s)^2$ 值进行试样设计。

2. 有效裂纹及 K_I 的修正

由于裂纹尖端塑性区的存在,将会降低裂纹体的刚度,相当于裂纹长度的增加,因而影响应力场及 K_I 的计算,所以要对 K_I 进行修正。最简单而实用的方法是在计算 K_I 时,采用虚拟有效裂纹代替实际裂纹。如图4-6所示,裂纹 a 前方区域在未屈服前,其 σ_y 的分布曲线为 ADB。屈服并应力松弛后的 σ_y 分布曲线为 $CDEF$,塑性区宽度为 R_0。如果将裂纹延长为 $a + r_y$,即裂纹顶点由 O 虚移至 O',称 $a + r_y$ 为有效裂纹长度,则在它的尖端 O' 外的弹性

应力 σ_y 分布曲线为 GEH，基本上和因塑性区存在的实际应力分布曲线 CDEF 中的弹性应力部分 EF 相重合。这就是用有效裂纹代替原有裂纹和塑性区松弛联合作用的原理。这样，线弹性理论仍然有效。计算应力场强度因子时应为

$$K_I = Y\sigma\sqrt{a + r_y} \qquad (4\text{-}14)$$

计算表明，有效裂纹的塑性区修正值 r_y，正好是应力松弛后塑性区的半宽，即

$$r_y = \frac{1}{2\pi}\left(\frac{K_I}{\sigma_s}\right)^2 \approx 0.16\left(\frac{K_I}{\sigma_s}\right)^2 \quad (\text{平面应力})$$

$$r_y = \frac{1}{4\sqrt{2\pi}}\left(\frac{K_I}{\sigma_s}\right)^2 \approx 0.056\left(\frac{K_I}{\sigma_s}\right)^2 \quad (\text{平面应变})$$

$$(4\text{-}15)$$

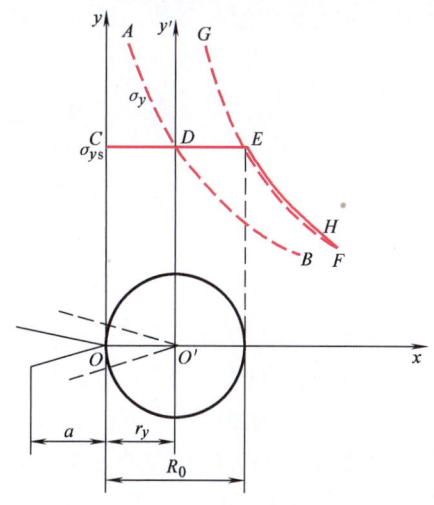

图 4-6　用有效裂纹修正 K_I

因此，根据不同的应力状态只要将式（4-15）代入式（4-14），即可求得修正后的 K_I 值为

$$K_I = \frac{Y\sigma\sqrt{a}}{\sqrt{1 - 0.16Y^2(\sigma/\sigma_s)^2}} \quad (\text{平面应力})$$

$$K_I = \frac{Y\sigma\sqrt{a}}{\sqrt{1 - 0.056Y^2(\sigma/\sigma_s)^2}} \quad (\text{平面应变})$$

$$(4\text{-}16)$$

例如，对于无限板的中心穿透裂纹，考虑塑性区影响时，将 $Y = \sqrt{\pi}$ 代入式（4-16），即得 K_I 的修正公式为

$$K_I = \frac{\sigma\sqrt{\pi a}}{\sqrt{1 - 0.5(\sigma/\sigma_s)^2}} \quad (\text{平面应力})$$

$$K_I = \frac{\sigma\sqrt{\pi a}}{\sqrt{1 - 0.177(\sigma/\sigma_s)^2}} \quad (\text{平面应变})$$

$$(4\text{-}17)$$

对于大件表面半椭圆裂纹

$$Y = \frac{1.1\sqrt{\pi}}{\Phi}$$

代入式（4-16），可得 K_I 的修正值公式

$$K_I = \frac{1.1\sigma\sqrt{\pi a}}{\sqrt{\Phi^2 - 0.608(\sigma/\sigma_s)^2}} \quad (\text{平面应力})$$

$$K_I = \frac{1.1\sigma\sqrt{\pi a}}{\sqrt{\Phi^2 - 0.212(\sigma/\sigma_s)^2}} \quad (\text{平面应变})$$

$$(4\text{-}18)$$

令 $Q = \Phi^2 - 0.212(\sigma/\sigma_s)^2$，则平面应变的 K_I 修正值又可写为

$$K_I = 1.1\sigma\sqrt{\frac{\pi a}{Q}} \qquad (4\text{-}19)$$

Q 值称为裂纹形状参数，或称为塑性修正值。

式（4-19）又可改写为

$$K_I = \frac{\Phi}{\sqrt{Q}} 1.1\sigma \frac{\sqrt{\pi a}}{\Phi} = M_p \times 1.1\sigma \frac{\sqrt{\pi a}}{\Phi} \tag{4-20}$$

$$M_p = \frac{\Phi}{\sqrt{Q}} = \frac{\Phi}{\sqrt{\Phi^2 - 0.212(\sigma/\sigma_s)^2}} > 1$$

因为式（4-20）中 $1.1\sigma\sqrt{\pi a}/\Phi$ 是不考虑塑性区影响的应力场强度因子，如果考虑塑性区的影响，则应力场强度因子 K_I 将增大 M_p 倍，故 M_p 称为塑性区修正因子。

Φ 和 Q 值可自附录 B、C 的表格查得。

在计算应力场强度因子 K_I 时，应注意在什么情况下需要修正。由式（4-16）可知 K_I 的修正项是公式的分母项，若 σ/σ_s 越接近于零，则修正项越接近于 1，不存在塑性区的影响；若 σ/σ_s 越大，并接近于 1，则塑性区的影响最大，其修正值也越大。一般 $\sigma/\sigma_s \geq 0.7$ 时，其 K_I 变化就比较明显，需要进行修正。

三、裂纹扩展能量释放率 G_I 及断裂韧度 G_{IC}

本书第一章曾从能量转化关系研究过裂纹扩展的力学条件，本节将从能量转化角度讨论断裂能量判据，并进一步理解断裂韧度的物理意义。

（一）裂纹扩展时的能量转化关系

在绝热条件下，设有一裂纹体在外力作用下裂纹扩展，外力做功为 ∂W。这个功一方面用于系统弹性应变能的变化 ∂U_e；另一方面因裂纹扩展 ∂A 面积，用于消耗塑性功 $\gamma_p \partial A$ 和表面能 $2\gamma_s \partial A$。因此，裂纹扩展时的能量转化关系为

$$\partial W = \partial U_e + (\gamma_p + 2\gamma_s)\partial A$$
$$\partial W - \partial U_e = (\gamma_p + 2\gamma_s)\partial A - (\partial U_e - \partial W) = (\gamma_p + 2\gamma_s)\partial A \tag{4-21}$$

式（4-21）等号右端是裂纹扩展 ∂A 面积所需要的能量，是裂纹扩展的阻力；等号左端是裂纹扩展 ∂A 面积系统所提供的能量，是裂纹扩展的动力。

（二）裂纹扩展能量释放率 G_I

根据工程力学，系统势能等于系统的应变能减外力功，或等于系统的应变能加外力势能，即 $U = U_e - W$，U 为系统的势能。因此，式（4-21）左端是系统势能变化的负值，表示裂纹扩展时，系统势能是下降的。

通常，把裂纹扩展单位面积时系统释放势能的数值称为裂纹扩展能量释放率，简称为能量释放率或能量率，并用 G 表示。对于 I 型裂纹为 G_I。于是

$$G_I = -\frac{\partial U}{\partial A} \tag{4-22}$$

G_I 的量纲为 [能量]×[面积]$^{-1}$，常用单位为 $MJ \cdot m^{-2}$。

如果裂纹体的厚度为 B，裂纹长度为 a，则式（4-22）可写成

$$G_I = -\frac{1}{B}\frac{\partial U}{\partial a} \tag{4-23}$$

当 $B = 1$ 时，式（4-23）变为

$$G_{\mathrm{I}} = -\frac{\partial U}{\partial a} \qquad (4\text{-}24)$$

此时，G_{I} 为裂纹扩展单位长度时系统势能的释放率。因为从物理意义上讲，G_{I} 是使裂纹扩展单位长度的原动力，所以又称 G_{I} 为裂纹扩展力，表示裂纹扩展单位长度所需的力。这个力和位错运动所受的力一样，也是组态力。在这种情况下，G_{I} 的单位为 $\mathrm{MN \cdot m^{-1}}$。

既然裂纹扩展的动力为 G_{I}，而 G_{I} 为系统势能 U 的释放率，那么在确定 G_{I} 时就必须知道 U 的表达式。

由于裂纹可以在恒载荷 F 或恒位移 δ 条件下扩展，在弹性条件下可以证明，在恒载荷条件下系统势能 U 等于弹性应变能 U_{e} 的负值；而在恒位移条件下，系统势能 U 就等于弹性应变能 U_{e}。因此，上述两种条件下的 G_{I} 表达式为

$$\left. \begin{array}{l} G_{\mathrm{I}} = \dfrac{1}{B}\left(\dfrac{\partial U_{\mathrm{e}}}{\partial a}\right)_{F} \qquad (\text{恒载荷}) \\[2mm] G_{\mathrm{I}} = -\dfrac{1}{B}\left(\dfrac{\partial U_{\mathrm{e}}}{\partial a}\right)_{\delta} \qquad (\text{恒位移}) \end{array} \right\} \qquad (4\text{-}25)$$

在第一章讨论格雷菲斯裂纹体强度时，其模型属于恒位移条件，裂纹长度为 $2a$，且 $B=1$，在平面应力条件下，弹性应变能 $U_{\mathrm{e}} = \dfrac{-\pi\sigma^2 a^2}{E}$；在平面应变条件下，弹性应变能 $U_{\mathrm{e}} = \dfrac{-(1-\nu^2)(\pi\sigma^2 a^2)}{E}$。由式（4-25）可得

$$\left. \begin{array}{l} G_{\mathrm{I}} = -\left[\dfrac{\partial U_{\mathrm{e}}}{\partial(2a)}\right]_{\delta} = -\dfrac{\partial}{\partial(2a)}\left(\dfrac{-\pi\sigma^2 a^2}{E}\right) = \dfrac{\pi\sigma^2 a}{E} \qquad (\text{平面应力}) \\[2mm] G_{\mathrm{I}} = \dfrac{(1-\nu^2)\pi\sigma^2 a}{E} \qquad (\text{平面应变}) \end{array} \right\} \qquad (4\text{-}26)$$

可见，G_{I} 和 K_{I} 相似，也是应力 σ 和裂纹尺寸 a 的复合参量，只是它们的表达式和单位不同而已。

(三) 断裂韧度 G_{IC} 和断裂 G 判据

由于 G_{I} 是以能量释放率表示的复合力学参量，是裂纹扩展的动力，因此，也可由 G_{I} 建立裂纹失稳扩展的力学条件。由式（4-26）可知，σ 和 a 单独或共同增大，都会使 G_{I} 增大。当 G_{I} 增大到某一临界值时，G_{I} 能克服裂纹失稳扩展的阻力，则裂纹失稳扩展断裂。将 G_{I} 的临界值记作 G_{IC}，也称断裂韧度（平面应变断裂韧度），表示材料阻止裂纹失稳扩展时单位面积所消耗的能量，其单位与 G_{I} 相同。在 G_{IC} 下对应的平均应力为断裂应力 σ_{c}；对应的裂纹尺寸为临界裂纹尺寸 a_{c}。它们之间的关系由式（4-26）得

$$G_{\mathrm{IC}} = \dfrac{(1-\nu^2)\pi\sigma_{\mathrm{c}}^2 a_{\mathrm{c}}}{E} \qquad (4\text{-}27)$$

这样，就将断裂韧度 G_{IC} 同断裂应力 σ_{c} 及临界裂纹尺寸 a_{c} 的关系定量地联系起来了。

同样，在平面应力条件下的断裂韧度为 G_{C}。

根据 G_{I} 和 G_{IC} 的相对大小关系，也可建立裂纹失稳扩展的力学条件，即断裂 G 判据

$$G_{\mathrm{I}} \geqslant G_{\mathrm{IC}} \qquad (4\text{-}28)$$

与 K_I 和 K_{IC} 的区别一样，G_{IC} 是材料的性能指标，只和材料成分、组织结构有关；而 G_I 则是力学参量，主要取决于应力和裂纹尺寸。

（四）G_{IC} 和 K_{IC} 的关系

尽管 G_I 和 K_I 的表达式不同，但它们都是应力和裂纹尺寸的复合力学参量，其间互有联系，如具有穿透裂纹的无限大板，其 K_I 和 G_I 可分别表示为

$$K_I = \sigma\sqrt{\pi a}$$

$$G_I = \frac{1-\nu^2}{E}\sigma^2 \pi a$$

比较两式，可得平面应变条件下 G_I 和 K_I 的关系

$$G_I = \frac{1-\nu^2}{E}K_I^2$$

$$G_{IC} = \frac{1-\nu^2}{E}K_{IC}^2 \tag{4-29}$$

由于 G_I 与 K_I 之间存在上述关系，所以 K_I 不仅可以度量裂纹尖端区应力场强度，而且也可度量裂纹扩展时系统势能的释放率。从有穿透裂纹无限大板情况下得出的 G_I 与 K_I 的关系，对于其他情况仍然成立。由此，在线弹性范围内，由能量分析建立的脆性断裂判据和由应力分析建立的脆性断裂判据是等效的。

第二节　断裂韧度 K_{IC} 的测试

一、试样的形状、尺寸及制备

国家标准中规定了四种试样：标准三点弯曲试样、紧凑拉伸试样、C 形拉伸试样和圆形紧凑拉伸试样。常用的三点弯曲和紧凑拉伸两种试样如图 4-7 所示。三点弯曲试样较为简单，故使用较多。

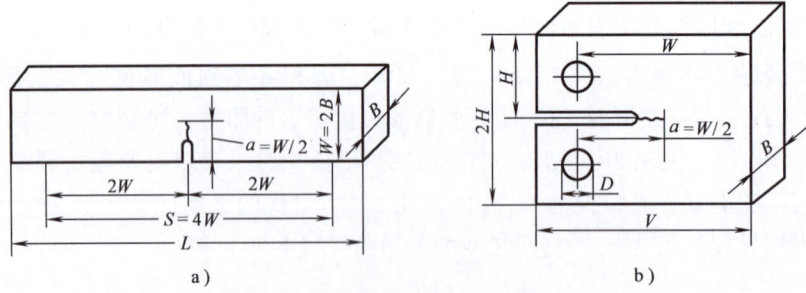

图 4-7　两种典型的断裂韧度试样
a）三点弯曲试样　b）紧凑拉伸试样

由于 K_{IC} 是材料在平面应变和小范围屈服条件下的 K_I 临界值，因此，测定 K_{IC} 时用的试样尺寸，必须保证裂纹尖端附近处于平面应变和小范围屈服状态。平面应变状态主要表现在试样厚度要足够；小范围屈服是线弹性断裂力学的要求，表现在试样的裂纹长度（含缺口深度）应有规定。

为此，标准中规定试样厚度 B、裂纹长度 a 及韧带宽度（$W-a$）尺寸如下

$$\left. \begin{array}{l} B \geqslant 2.5\left(\dfrac{K_{\mathrm{IC}}}{\sigma_y}\right)^2 \\[2mm] a \geqslant 2.5\left(\dfrac{K_{\mathrm{IC}}}{\sigma_y}\right)^2 \\[2mm] W-a \geqslant 2.5\left(\dfrac{K_{\mathrm{IC}}}{\sigma_y}\right)^2 \end{array} \right\} \quad (4\text{-}30)$$

式中　σ_y——有效屈服强度，用 σ_s 或 $\sigma_{r0.2}$ 代之。

由于这些尺寸比塑性区宽度 R_0 [$R_0 \approx 0.11\left(\dfrac{K_{\mathrm{IC}}}{\sigma_y}\right)^2$，参见表 4-2] 大一个数量级，因而可以保证裂纹尖端附近是平面应变和小范围屈服状态。

由式（4-30）可知，在确定试样尺寸时，应先知道材料的屈服强度和 K_{IC} 的估计值，才能定出试样的最小厚度 B。然后，再按图 4-7 中试样各尺寸的比例关系，确定试样宽度 W 和长度 L，$L > 4.2W$。若材料的 K_{IC} 值无法估算，还可根据材料的 σ_y/E 值来确定 B 的大小，见表 4-3。

表 4-3　根据 σ_y/E 确定试样最小厚度 B

σ_y/E	B/mm	σ_y/E	B/mm
0.0050 ~ 0.0057	75	0.0071 ~ 0.0075	32
0.0057 ~ 0.0062	63	0.0075 ~ 0.0080	25
0.0062 ~ 0.0065	50	0.0080 ~ 0.0085	20
0.0065 ~ 0.0068	44	0.0085 ~ 0.0100	12.5
0.0068 ~ 0.0071	38	≥0.0100	6.5

试样材料、加工和热处理方法也要和实际工件尽量相同。试样加工后需开缺口和预制裂纹，试样缺口一般用钼丝线切割加工，预制裂纹可在高频疲劳试验机上进行，疲劳裂纹长度应不小于 $0.025W$，a/W 应控制在 $0.45 \sim 0.55$ 范围内，$K_{\max} \leqslant 0.7 K_{\mathrm{IC}}$。

试样上预制尖锐裂纹，这是格雷菲斯理论要求材料中已存有裂纹（与裂纹形成原因无关）决定的。裂纹尖端曲率半径对测试结果有很大影响。曲率半径大，断裂应力增加 [参见式（1-54）]，K_{IC} 测试结果也偏高。

二、测试方法

三点弯曲试样的试验装置如图 4-8 所示。在试验机压头上装有载荷传感器 5，以测量载荷 F 的大小。在试样缺口两侧跨接夹式引伸仪 2，以测量裂纹嘴张开位移 V。载荷信号及裂纹嘴张开位移信号经动态应变仪 6 放大后，传到 X-Y 函数记录仪 7 中。在加载过程中，X-Y 函数记录仪可连续描绘出 F-V 曲线。根据 F-V 曲线可间接确定条件裂纹失稳扩展载荷 F_Q。

由于材料性能及试样尺寸不同，F-V 曲线有三种类型，如图 4-9 所示。当材料较脆或试样尺寸足够大时，其 F-V 曲线为Ⅲ型；当材料韧性较好或试样尺寸较小时，其 F-V 曲线为

Ⅰ型；当材料韧性或试样尺寸居中时，其 $F\text{-}V$ 曲线为Ⅱ型。从 $F\text{-}V$ 曲线确定 F_Q 的方法是：先从原点 O 作一相对直线 OA 部分斜率减少5%的割线，以确定裂纹扩展2%时相应的载荷 F_5。F_5 是割线与 $F\text{-}V$ 曲线交点的纵坐标值。如果在 F_5 以前没有比 F_5 大的高峰载荷，则 $F_Q = F_5$（图4-9 曲线Ⅰ）。如果在 F_5 以前有一个高峰载荷，则取此高峰载荷为 F_Q（图4-9 曲线Ⅱ和Ⅲ）。

试样压断后，用工具显微镜测量试样断口的裂纹长度 a。由于裂纹前缘呈弧形，规定测量 $B/4$、$B/2$、$3B/4$ 三处的裂纹长度 a_2、a_3 及 a_4，取其平均值作为裂纹长度 a（图4-10）。

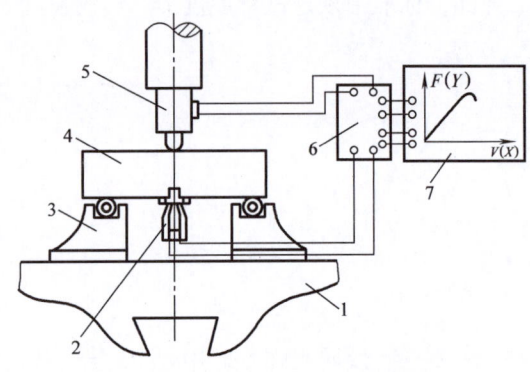

图 4-8 三点弯曲试验装置示意图

1—试验机活动横梁　2—夹式引伸仪　3—支座
4—试样　5—载荷传感器　6—动态应变仪
7—$X\text{-}Y$ 函数记录仪

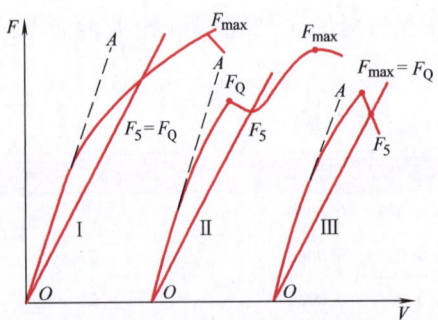

图 4-9　$F\text{-}V$ 曲线的三种类型

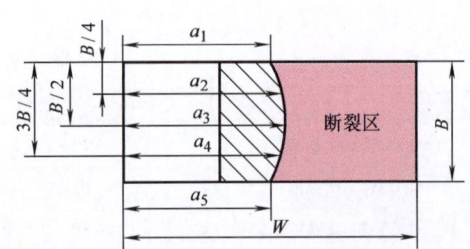

图 4-10　断口裂纹长度 a 的测量

三、试验结果的处理

三点弯曲试样加载时，裂纹尖端的应力场强度因子 K_I 的表达式为

$$K_I = \frac{FS}{BW^{3/2}} Y_1\left(\frac{a}{W}\right) \tag{4-31}$$

式中 $Y_1(a/W)$ 为与 a/W 有关的函数；$S = 4W$。求出 a/W 之值后，即可查表或由下式求得 $Y_1(a/W)$ 值

$$Y_1\left(\frac{a}{W}\right) = \frac{3(a/W)^{1/2}[1.99 - (a/W)(1 - a/W) \times (2.15 - 3.93a/W + 2.7a^2/W^2)]}{2(1 + 2a/W)(1 - a/W)^{3/2}}$$

将条件裂纹失稳扩展载荷 F_Q 及裂纹长度 a 代入式（4-31），即可求出条件 K_Q。

当 K_Q 满足下列两个条件时

$$\left.\begin{array}{ll}(1) & F_{max}/F_Q \leq 1.10 \\ (2) & B \geq 2.5(K_Q/\sigma_y)^2\end{array}\right\} \tag{4-32}$$

则 $K_Q = K_{IC}$。否则，应加大试样尺寸重做试验，新试样尺寸至少应为原试样的 1.5 倍，直到满足式（4-32）条件为止。

几种钢铁材料在室温下的K_{IC}值见表4-4。

表4-4 几种钢铁材料的室温K_{IC}值

材 料	热处理状态	$\sigma_{r0.2}$/MPa	K_{IC}/MPa·m$^{1/2}$	主要用途
40	860℃正火	294	71～72	轴类
45	正火		101	轴类
40CrNiMo	860℃淬油,200℃回火	1579	42	
	860℃淬油,380℃回火	1383	63	
	860℃淬油,430℃回火	1334	90	
14MnMoNbB	920℃淬火,620℃空冷	834	152～166	压力容器
14SiMnCrNiMoV	920℃淬火,610℃回火	834	83～88	高压气瓶
07Cr17Ni7Al		1435	76.9	飞机蒙皮
06Cr15Ni7Mo2Al		1415	49.5	飞机蒙皮
52100①		2070	～14.3	轴承
20Cr13	1050℃淬油,250℃回火	1450	62.4	

① 美国轴承钢牌号。

第三节 影响断裂韧度K_{IC}的因素

一、断裂韧度K_{IC}与常规力学性能指标之间的关系

(一)断裂韧度K_{IC}与强度、塑性之间的关系

试验表明,断裂韧度K_{IC}和强度的关系,总的规律是断裂韧度随强度升高而降低(图4-11)。

断裂韧度K_{IC}与常规力学性能及组织结构的联系,因断裂性质不同而异。

对于穿晶解理断裂,裂纹形成并能扩展要满足一定力学条件,即拉应力要达到σ_c。而且拉应力必须作用有一定范围(或特征距离),才可能使裂纹越过晶界扩展,从而实现解理开裂。多数人认为,特征距离约为两个晶粒尺寸以上(参见图1-22)。据此,Ritchie等人用高含氮量的低碳钢研究了K_{IC}与σ_c的关系,得出

$$K_{IC} \propto [(\sigma_c)^{(1+n)/2}/(\sigma_y)^{(1-n)/2}]X_c^{1/2} \quad (4-33)$$

式中 σ_c——解理断裂应力;
σ_y——屈服强度;
n——应变硬化指数;

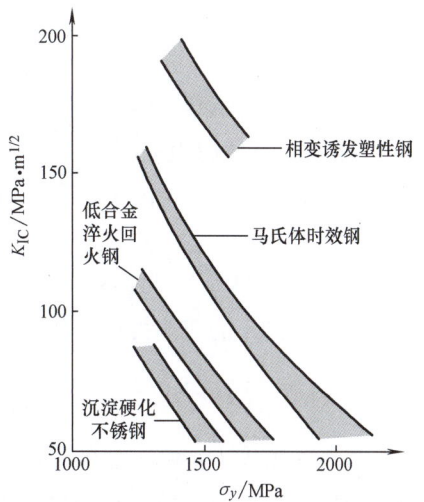

图4-11 各类高强度钢断裂韧度和屈服强度的关系

X_c——特征距离，对低碳钢，X_c 为 2~3 个晶粒尺寸。

对于韧性断裂，在一特征距离 X_c 的范围内，当其中应变达到某一临界应变值 ε_f^* 时就发生断裂，其关系式为

$$K_{IC} \propto (E\sigma_y \varepsilon_f^* X_c)^{1/2} \tag{4-34}$$

式中　E——拉伸弹性模量；

　　　σ_y——屈服强度；

　　　ε_f^*——临界断裂应变；

　　　X_c——特征距离，第二相质点间的平均距离。

由式（4-33）、式（4-34）可知，无论是解理断裂或韧性断裂，K_{IC} 都是强度和塑性的综合性能，而 X_c 则是结构参量。

（二）断裂韧度 K_{IC} 与冲击吸收能量 KV_2 之间的关系

在建立 K_{IC} 与 KV_2 之间的关系时，首先要注意，K_{IC} 与 KV_2 的物理意义不同：前者是裂纹失稳扩展的临界应力强度因子；后者是断裂时吸收的能量。还要注意温度和应变速率等外界因素对材料韧脆转变的影响。由于裂纹和缺口曲率半径不同，以及加载速率不同，所以 K_{IC} 和 KV_2 的温度变化曲线不一样，由 K_{IC} 确定的韧脆转变温度比 KV_2 的高（图4-12）。因此，只有在 $T<T_{t_2}$ 和 $T>T_{t_0}$ 的温度范围内，两条曲线平行时才能建立两者的相对关系。

茹尔夫（S. T. Rolfe）对一些中、高强度钢（$\sigma_{r0.2}$=770~1680MPa，K_{IC}=93~266MPa·m$^{1/2}$，KV_2=22~120J）进行试验，发现 $(K_{IC}/\sigma_{r0.2})^2$ 与 $(KV_2/\sigma_{r0.2})$ 呈线性关系，总结出下列经验公式

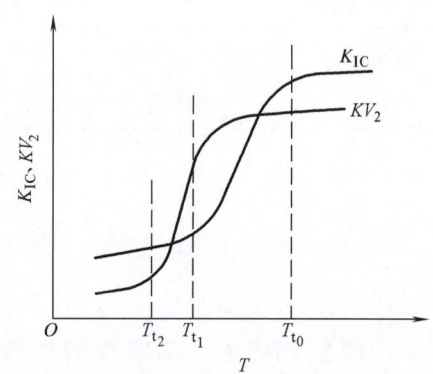

图 4-12　K_{IC} 和 KV_2 随温度 T 变化曲线示意图

$$\left(\frac{K_{IC}}{\sigma_y}\right)^2 = \frac{5}{\sigma_y}\left(KV_2 - \frac{\sigma_y}{20}\right) \quad (英制单位) \tag{4-35}$$

式中　KV_2——夏氏试样冲击吸收能量；

　　　σ_y——有效屈服强度。

若转化为国际制单位（MPa·m$^{1/2}$），则为如下关系：

$$K_{IC} = 0.79[\sigma_{r0.2}(KV_2 - 0.01\sigma_{r0.2})^{1/2}] \tag{4-36}$$

式（4-36）只是在一定条件下的试验结果，缺乏可靠的理论根据，其适用范围和准确性有限，因此尚不能普遍推广使用。

二、影响断裂韧度 K_{IC} 的因素

金属断裂韧度 K_{IC} 和其他常规力学性能指标一样，也受材料化学成分、组织结构等内在因素及温度、应变速率等外界条件的影响。

（一）材料成分、组织对 K_{IC} 的影响

工程上最常用的金属材料是钢铁，其相组成为基体相和第二相。裂纹扩展主要在基体相

中进行，但受第二相的影响。不同的基体相和第二相的组织结构将影响裂纹扩展的途径、方式和速率，从而影响 K_{IC}。

1. 化学成分的影响

从已有资料来看，化学成分对 K_{IC} 的影响规律基本上和对 KV_2 的影响相似。其大致规律是：细化晶粒的合金元素因提高强度和塑性使 K_{IC} 提高；强烈固溶强化的合金元素因降低塑性使 K_{IC} 明显降低，并且随合金元素含量的提高，K_{IC} 降低越甚；形成金属化合物并呈第二相析出的合金元素，因降低塑性有利于裂纹的扩展，也使 K_{IC} 降低。

2. 基体相结构和晶粒大小的影响

钢的基体相一般为面心立方和体心立方两种铁的固溶体。从滑移塑性变形和解理断裂的角度来看，面心立方固溶体容易产生滑移塑性变形而不产生解理断裂，并且 n 值较高，所以其 K_{IC} 较高。因此，奥氏体钢的 K_{IC} 较铁素体钢、马氏钢的高。如相变诱发塑性钢就具有这个特点，在高强度下其断裂韧度可以达到 $150MPa \cdot m^{1/2}$。如果奥氏体在裂纹尖端应力场作用下发生马氏体相变，则因消耗附加能量会使 K_{IC} 进一步提高。

基体晶粒大小也是影响 K_{IC} 的一个重要因素。一般来说，晶粒越细小，n 和 σ_c 就越高，则 K_{IC} 也越高。例如，40CrNiMo 钢的奥氏体晶粒度从 5~6 级细化到 12~13 级，可使 K_{IC} 由 $44.5MPa \cdot m^{1/2}$ 增至 $84MPa \cdot m^{1/2}$。但是，在某些情况下，粗晶粒的 K_{IC} 反而较高。如 40CrNiMo 钢经 1200℃ 超高温淬火后，晶粒度可达 0~1 级，K_{IC} 为 $56MPa \cdot m^{1/2}$；而 870℃ 正常淬火后晶粒度较细为 7~8 级，但 K_{IC} 仅为 $36MPa \cdot m^{1/2}$。实际上，粗晶化提高 40CrNiMo 钢 K_{IC} 的试验结果，并非简单的晶粒大小作用所致，可能还和形成板条马氏体及残留奥氏体薄膜的有利影响有关。该钢材经两种不同热处理工艺处理后，塑性和冲击吸收能量的变化却与 K_{IC} 的变化正好相反。

3. 杂质及第二相的影响

钢中的非金属夹杂物和第二相在裂纹尖端的应力场中，若本身脆裂或在相界面开裂而形成微孔，微孔和主裂纹连接使裂纹扩展，从而使 K_{IC} 降低。当材料的 σ_s、E 相同时，随着夹杂物体积分数 φ_V 的增加，其 K_{IC} 下降。这是因为分散的脆性相数量越多，其平均间距越小所致（图4-13）。因此，减少材料中的夹杂物数量，提高材料的纯净度，如应用真空冶炼技术等，可使 K_{IC} 提高。

第二相和夹杂物的形状及其在钢中的分布形式对 K_{IC} 也有影响，如钢中的碳化物呈球状时，其 K_{IC} 就比呈片状的高；碳化物沿晶界呈网状分布时，裂纹易于在此扩展，导致沿晶断裂，而使 K_{IC} 降低。

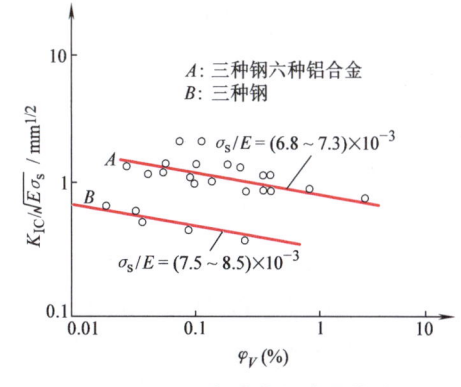

图 4-13　K_{IC} 与夹杂物含量的关系

钢中某些微量杂质元素（如锑、锡、磷、砷等）容易偏聚于奥氏体晶界，降低晶间结合力，使裂纹沿晶界扩展并断裂，使 K_{IC} 降低。如一些合金结构钢的调质回火脆性就是这种情况。

4. 显微组织的影响

板条马氏体是位错型亚结构，具有较高的强度和塑性，裂纹扩展阻力较大，常呈韧性断裂，因而 K_{IC} 较高；针状马氏体是孪晶型亚结构，硬而脆，裂纹扩展阻力小，呈准解理或解理断裂，因而 K_{IC} 很低。回火索氏体的基体具有较高的塑性，第二相是粒状碳化物，分布间距较大，裂纹扩展阻力较大，因而 K_{IC} 较高；回火马氏体基体相塑性差，第二相质点小且弥散分布，裂纹扩展阻力较小，因而 K_{IC} 较低；回火托氏体的 K_{IC} 居于上述两者之间。图4-14所示是40CrNiMo钢的 K_{IC} 与回火温度的关系曲线，可以说明这种影响规律。

在亚共析钢中，无碳贝氏体常因热加工工艺不当而形成魏氏组织，使 K_{IC} 下降。上贝氏体因在铁素体片层间分布有断续碳化物，裂纹扩展阻力较小，K_{IC} 较低。如将35CrMo钢的上贝氏体组织与等强度的回火索氏体组织相比，其 K_{IC} 下降45%左右。下贝氏体因在过饱和铁素体中分布有弥散细小的碳化物，裂纹扩展阻力较大，与板条马氏体相近似，K_{IC} 较高。调质钢下贝氏体组织与同硬度的回火马氏体组织相比，其 K_{IC} 较高，如图4-15所示。

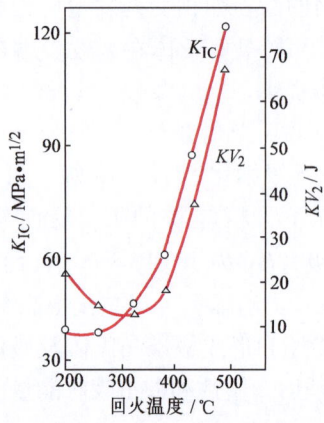

图4-14 回火温度对40CrNiMo钢断裂韧度 K_{IC} 的影响

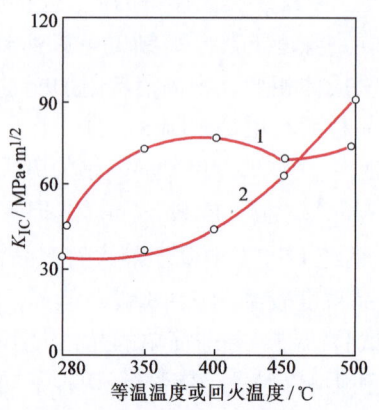

图4-15 45Cr钢等温淬火与淬火回火的断裂韧度比较
1—等温淬火 2—淬火回火

残留奥氏体是一种韧性第二相，分布于马氏体中，可以松弛裂纹尖端的应力峰，增大裂纹扩展的阻力，提高 K_{IC} 值。如某种沉淀硬化不锈钢通过不同的淬火工艺，可获得不同含量的残留奥氏体，当其含量为15%时 K_{IC} 可提高2~3倍。低碳马氏体的 K_{IC} 较高，其原因除了位错型亚结构外，马氏体板条束间的残留奥氏体薄膜也起很大作用。

（二）影响 K_{IC} 的外界因素

1. 温度

一般大多数结构钢的 K_{IC} 都随温度降低而下降。但是，不同强度等级的钢，在温度降低时 K_{IC} 的变化趋势不同。中、低强度钢都有明显的韧脆转变现象，在韧脆转变温度以上，材料主要是微孔聚集型的韧性断裂，K_{IC} 较高；而在韧脆转变温度以下，材料主要是解理型脆性断裂，K_{IC} 很低（参见图4-12）。随材料强度增加，K_{IC} 随温度的变化逐渐趋于缓和，其断裂机理不再发生变化。

2. 应变速率

应变速率 $\dot{\varepsilon}$ 具有与温度相似的效应。增加应变速率相当于降低温度的作用，也可使 K_{IC} 下降。一般认为，$\dot{\varepsilon}$ 每增加一个数量级，K_{IC} 约降低10%。但是，当 $\dot{\varepsilon}$ 很大时，形变热量来不及传导,造成绝热状态,导致局部升温,K_{IC}又复回升,如图4-16所示。

断裂韧度表征金属材料抵抗裂纹失稳扩展的能力。裂纹失稳扩展需要消耗能量,其中主要是塑性变形功(见本书第一章第四节金属的断裂)。塑性变形功与应力状态、材料强度和塑性,以及裂纹尖端塑性区尺寸有关:材料强度高、塑性好,塑性变形功大,材料的断裂韧度就高;在强度值相近时,提高塑性,增加塑性区尺寸,塑性变形功也增加。实践中,在保证材料强度要求的前提下,提高材料塑性(特别是微观塑性,微观塑性改善,有利于增加塑性区尺寸,降低裂纹体中裂纹扩展速率)是金属材料(超高强度钢和高强度钢)增韧的努力方向。根据影响断裂韧度的因素可以看到:采用真空冶炼技术,降低钢中非金属夹杂物;控制微量有害元素偏聚于晶界;用压力加工和热处理技术控制晶粒大小;优化热处理工艺,改变基体组织和第二相质点的尺寸及分布等,对防止脆性解理断裂或沿晶断裂,提高高强度材料断裂韧度(韧性)都是有效的方法,其中有些方法还同时提高材料强度,即有强韧化的效果。

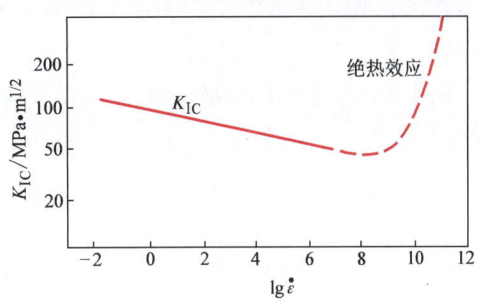

图4-16 钢的K_{IC}随应变速率的变化曲线

第四节 断裂韧度在金属材料中的应用举例

断裂韧度K_{IC}是金属材料阻止裂纹失稳扩展的材料韧度,在低应力脆断机件中,与应力大小及裂纹尺寸存在定量关系。据此即可对含裂纹机件进行安全设计、选用材料及工艺和制定探伤裂纹标准等;在金属材料方面的应用,主要是评定材料脆性倾向、正确选择材料、合理选用加工工艺和断裂失效分析等。

一、高压容器承载能力的计算

有一大型圆筒式容器由高强度钢焊接而成,如图4-17所示,钢板厚度$t = 5$mm,圆筒内径$D = 1500$mm;所用材料的$\sigma_{r0.2} = 1800$MPa,$K_{IC} = 62$MPa·m$^{1/2}$,焊接后发现焊缝中有纵向半椭圆裂纹,尺寸为$2c = 6$mm,$a = 0.9$mm。试问该容器能否在$p = 6$MPa的压力下正常工作。

根据材料力学可以确定该裂纹所受的垂直拉应力σ为

$$\sigma = \frac{pD}{2t}$$

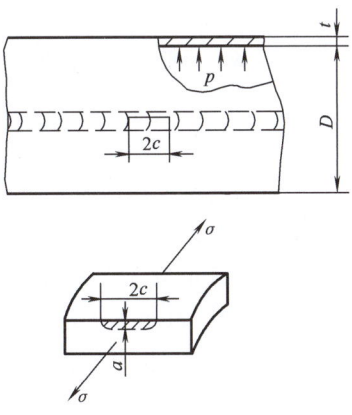

图4-17 压力容器表面裂纹和危险应力

将有关数值代入上式得

$$\sigma = \frac{6 \times 1.5}{2 \times 0.005}\text{MPa} = 900\text{MPa}$$

在该 σ 作用下能否引起表面半椭圆裂纹失稳扩展，需要和失稳扩展时的断裂应力 σ_c 进行比较。

由于 $\sigma/\sigma_{r0.2} = 900/1800 = 0.5$，所以不需对该裂纹的 K_I 进行修正，可直接由式（4-6）推导出 σ_c 为

$$\sigma_c = \frac{1}{Y}\frac{K_{IC}}{\sqrt{a}}$$

对于表面半椭圆裂纹，$Y = (1.1\sqrt{\pi}/\Phi)$。当 $a/c = 0.9/3 = 0.3$ 时，查附录 B 得 $\Phi = 1.10$，所以 $Y = \sqrt{\pi}$。将有关数值代入上式后，得

$$\sigma_c = \frac{1}{\sqrt{\pi}}\frac{62}{\sqrt{0.0009}}\text{MPa} = 1166\text{MPa}$$

显然，$\sigma_c > \sigma$，不会发生爆破，可以正常工作。此题也可通过用计算 K_I 或 a_c，用 K_I 同 K_{IC} 比较，或 a 和 a_c 比较的办法来解决，可以得到相同的结论。

二、高压壳体的热处理工艺选择

有一高压壳体承受很高的工作压力，其周向工作拉应力 $\sigma = 1400\text{MPa}$，采用超高强度钢制造，探伤时有漏检小裂纹，为纵向表面半椭圆裂纹（$a = 1\text{mm}, a/c = 0.6$）。现对材料进行两种不同工艺热处理：一种是淬火高温回火的 A 工艺，其性能 $\sigma_{r0.2} = 1700\text{MPa}$，$K_{IC} = 78\text{MPa}\cdot\text{m}^{1/2}$；另一种是淬火中低温回火的 B 工艺，其性能 $\sigma_{r0.2} = 2100\text{MPa}$，$K_{IC} = 47\text{MPa}\cdot\text{m}^{1/2}$。从断裂力学角度看，为保证安全应选用哪种工艺为妥？

本题可用 K 判据来解决。为此，需要先求得两种工艺处理的材料在含有相同裂纹时的断裂应力 σ_{cA} 和 σ_{cB}，再和其工作应力对比判定。

对于 A 工艺的材料：由于 $\sigma/\sigma_s = 1400/1700 = 0.82$，所以必须考虑塑性区修正问题。因系表面半椭圆裂纹，根据式（4-18），并以 K_{IC} 代 K_I，计算得到断裂应力 σ_c。

$$\sigma_c = \frac{\Phi K_{IC}}{\sqrt{3.8a + 0.212(K_{IC}/\sigma_{r0.2})^2}}$$

因为 $a/c = 0.6$，查附录 B 得 $\Phi = 1.28$。将有关数值代入上式后得

$$\sigma_{cA} = \frac{1.28 \times 78}{\sqrt{3.8 \times 0.001 + 0.212 \times (78/1700)^2}}\text{MPa} = 1532\text{MPa}$$

这就是 A 工艺的材料在该裂纹下的断裂应力。与其工作应力 $\sigma = 1400\text{MPa}$ 相比，$\sigma < \sigma_{cA}$，因而不会破裂，是安全的，说明该热处理工艺的材料是合格的。

对于 B 工艺的材料，由于 $\sigma/\sigma_s = 1400/2100 = 0.67$，不必考虑塑性区的修正。由式（4-6）计算断裂应力 σ_c，将有关数值代入上式后得

$$\sigma_{cB} = \frac{1}{Y}\frac{K_{IC}}{\sqrt{a}} = \frac{\Phi}{1.1\sqrt{\pi}}\frac{K_{IC}}{\sqrt{a}} = \frac{1.28 \times 47}{1.1\sqrt{\pi}\times\sqrt{0.001}}\text{MPa} = 976\text{MPa}$$

这就是 B 工艺的材料在同样裂纹下的断裂应力。与工作应力 $\sigma = 1400\text{MPa}$ 相比，$\sigma > \sigma_{cB}$，因而会产生脆性断裂，是不安全的，说明该热处理工艺的材料是不能选用的。

本题用计算 K_I 或 a_c，并与 K_{IC} 或 a_c 比较的方法，也可得出相同结论。

由以上计算可知，从断裂力学观点来看，选用 A 工艺的材料制造高压壳体比较合适，

而选用 B 工艺的材料是不妥当的。这和用传统力学强度储备法分析的结论正好相反。

三、高强度钢容器水爆断裂失效分析

有一筒式容器由高强度钢 45CrNiMoV 制成，厚度 $t=2.6$mm，筒径 $D=300$mm。材料经调质热处理后，力学性能 $\sigma_{r0.2}=1510$MPa，$\sigma_b=1720$MPa，$A=8.2\%$，$K_{IC}=68$MPa·m$^{1/2}$。在水压 $p=22.5$MPa 试验时发生爆破，断口如图 4-18 所示，图 4-18a 所示是爆破断裂全貌，图 4-18b 所示是断口裂源的电子显微镜放大断口形貌。试用断口分析和断裂力学分析该容器的水爆断裂。

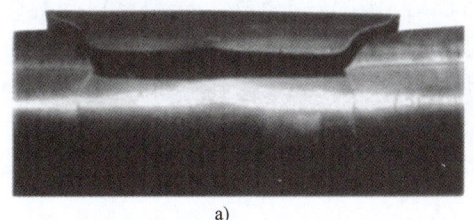
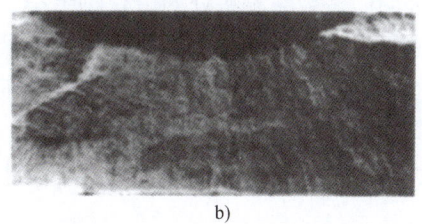

图 4-18 容器水压爆裂断口
a) 容器水压爆裂全貌　b) 裂源断口电子显微镜形貌

断口分析结果表明爆破为脆性断裂，断口主要为正断断口，两边有撕裂断裂，中段断口上面有一个小表面半椭圆裂纹。电子显微镜分析断口形貌为沿晶断口，表明为热处理淬火裂纹。裂纹深度 $a=0.74$mm，长度 $2c=5.4$mm。这是原始裂纹，是引发裂纹扩展及容器水压爆破的裂纹源。

根据材料力学确定水压试验时容器周向拉应力，即该裂纹所受的垂直拉应力为

$$\sigma = pD/(2t) = (22.5\times0.3)/(2\times0.0026)\text{MPa} = 1298\text{MPa}$$

再根据断裂 K 判据估算容器因淬火裂纹存在的脆断应力 σ_c，因水压周向拉应力和屈服强度之比为 0.86，需要对 K_I 进行修正。可将淬火裂纹看作临界裂纹，按表面半椭圆裂纹处理。当 $a/c=0.74/2.7=0.274$ 时，查附录 B 得 $\Phi^2=1.165$。参照前例考虑塑性区修正断裂应力计算公式，计算得 $\sigma_c=1289$MPa。

将以上两种应力进行比较，容器水压应力 σ 略高于脆断应力 σ_c，因而就发生脆性爆破。此题也可以先计算 K_I 或 a_c，用 K_I 同 K_{IC} 比较，或用 a 和 a_c 比较的办法来解决，可以得到相同的结论。

四、大型转轴断裂分析

某冶金厂大型氧气顶吹转炉的转动机构主轴，在工作时经 61 次摇炉炼钢后发生低应力脆断。其断口示意图如图 4-19 所示，为疲劳断口，周围是疲劳区，中间是脆断区。该轴材料为 40Cr 钢，调质处理常规力学性能合格，$\sigma_{r0.2}=600$MPa，$\sigma_b=860$MPa，$KU_2=38$J，$A=8\%$。试用断口分析和断裂力学分析其断裂原因。

断口宏观分析表明，该轴为疲劳断裂，疲劳源在圆角应力集中处。在一定循环应力作用下，初始裂纹进行亚稳扩展，形成深度达 185mm 的疲劳扩展区，相当于一个 $a_c=185$mm 表面环状裂纹。断口中心区域为放射状脆性断口，是疲劳裂纹的最后一次失稳扩展的结果。金

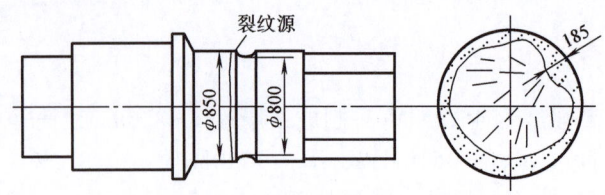

图 4-19 大型转炉转轴断口示意图

相分析表明，疲劳裂纹源处的硫化物夹杂级别较高，达 3~3.5 级，是材料局部薄弱区。在应力集中影响下，该处最先过早形成疲劳裂纹。这个裂纹源在 61 次摇炉炼钢过程中，实际经受 5×10^4 次应力循环作用，使疲劳裂纹向内扩展了 185mm，达到脆断的临界裂纹尺寸 a_c，从而发生疲劳应力下的低应力脆断。

现用断裂力学对上述情况进行定量分析。由式（4-6）得临界裂纹尺寸的计算公式为

$$a_c = \frac{1}{Y^2}\left(\frac{K_{IC}}{\sigma_c}\right)^2$$

根据轴的受力分析和计算，垂直于裂纹面的最大轴向外加应力 $\sigma_{外} = 25\text{MPa}$，其值很低。但因大件在热加工过程中产生了较大残余应力，经测定裂纹前缘残余拉应力 $\sigma_{内} = 120\text{MPa}$，于是作用到裂纹面上的实际垂直拉应力为

$$\sigma = \sigma_{外} + \sigma_{内} = 25\text{MPa} + 120\text{MPa} = 145\text{MPa}$$

根据材料的 $\sigma_{r0.2}$ 值，查得 $K_{IC} = 120\text{MPa} \cdot \text{m}^{1/2}$。由于 $a/c \to 0$，故该裂纹是一个浅长的表面半椭圆裂纹，其 $Y \approx 1.95$。将上述数值代入临界裂纹尺寸的计算公式，计算临界裂纹尺寸 a_c

$$a_c = \frac{120^2}{1.95^2 \times 145^2}\text{m} = 0.180\text{m} = 180\text{mm}$$

这就是按断裂力学算得的转轴低应力脆断的临界裂纹尺寸，和实际断口分析的 185mm 相比，比较吻合，说明分析正确。

由此可见，对于中、低强度钢，尽管其临界裂纹尺寸很大，但对于大型机件来说，这样大的裂纹（如疲劳裂纹）仍然可以容纳得下，因而会产生低应力脆断，而且断裂应力很低，远低于材料的屈服强度。

五、评定钢铁材料的韧脆性

裂纹材料的韧脆性可用断裂韧度的大小表示。但是就具体机件来说，在一定工作应力下，用临界裂纹尺寸 a_c 更能明确表示材料在这种机件服役时的脆断倾向。a_c 越小，低应力脆断倾向越大；a_c 越大，低应力脆断倾向越小。一般，在机件中常见的裂纹是表面半椭圆裂纹，从安全角度考虑取 $Y \approx 2$。如果再忽略塑性区的影响，则由式（4-6）可得

$$a_c = 0.25(K_{IC}/\sigma)^2$$

这样，根据机件的工作应力 σ 和材料的断裂韧度 K_{IC}，即可求得裂纹的临界尺寸 a_c，以其大小评定材料的韧脆性。

1. 超高强度钢的脆断倾向

这类钢强度很高，$\sigma_{r0.2} \geqslant 1400$MPa，主要用于宇航工业。典型的材料有 D6AC、18Ni、40CrNiMo 等。为满足远射程要求，火箭壳体工作应力可高达 1000MPa 以上。为此，需要发展超高强度钢，但这类材料的断裂韧度往往较低。如 18Ni 马氏体时效钢，当 $\sigma_{r0.2}=1700$MPa 时，其 $K_{IC}=78$MPa·m$^{1/2}$，若壳体的工作应力 $\sigma=1250$MPa，由上式得

$$a_c = 0.25 \times (78/1250)^2 \text{m} = 0.001\text{m} = 1\text{mm}$$

可见，这类钢的高压壳体中只要有 1mm 深的表面裂纹，就会引起壳体爆破。这样小的裂纹在壳体焊接时很容易产生，而且用无损探伤也极易漏检，所以脆断概率很大。因此在选用这类材料时，在保证不产生塑性失稳，即屈服强度适当高于工作应力的前提下，尽量选用 K_{IC} 较高而 $\sigma_{r0.2}$ 较低的材料，以防止脆性破坏。这便是这类材料的选用原则。

2. 中、低强度钢的脆断倾向

这类钢的强度不高（$\sigma_{r0.2} \leqslant 700$MPa），但使用范围很广。一般 bcc 类型的中、低碳结构钢，在正火或调质状态下多属这类强度等级。

这类钢具有明显的韧脆转变现象，且转变温度较高，有的甚至在室温附近。在冲击载荷作用下，其转变温度可升高到室温以上。在韧性高阶能区，K_{IC} 很高，可达 150MPa·m$^{1/2}$ 左右；而在低温脆性区，K_{IC} 很低，只有 30~45MPa·m$^{1/2}$，甚至更低。在韧脆转变温度以上使用这类钢时，出于对刚度和疲劳的考虑，机件设计的工作应力往往很低，$\sigma=(1/2 \sim 1/3)\sigma_{r0.2}$。若取 $\sigma_{r0.2}=600$MPa，则 $\sigma=(600/3)$MPa$=200$MPa。设材料的 $K_{IC}=150$MPa·m$^{1/2}$，得 $a_c = 0.25 \times (150/200)^2m=0.14m=140$mm。这样大的裂纹尺寸，往往超过中小型机件本身的截面尺寸，无法容纳到机件中去，所以对中小型机件来说不存在脆断问题。但在韧脆转变温度以下，因 $K_{IC}=30 \sim 45$MPa·m$^{1/2}$，在同样的工作应力下，其临界裂纹尺寸为 $a_c=0.25 \times [(30 \sim 45)/200]^2m=0.006 \sim 0.013m=6 \sim 13$mm，这样小的裂纹在中小截面机件中是可以存在的，所以往往发生低温脆断。

上述分析表明，这类钢以韧脆转变温度为界，在韧脆转变温度以上，中小型机件不存在脆断问题，但在此温度以下，则会发生脆断。所以，常用韧脆转变温度来进行安全设计和选用材料，方法简便易行。不过要注意韧脆转变温度的测定有缺口试样冲击弯曲法和 K_{IC} 法之分，使用时要具体分析。

3. 高强度钢的脆断倾向

这类钢的强度较高，$\sigma_{r0.2}=800 \sim 1200$MPa，韧度也适当，具有较好的强度韧度配合，所以用于制造中小截面机件，一般强度较高脆断倾向又不大，是值得推广的结构钢种。但是，怎样使钢达到这一强度等级呢？应从强度和韧度两方面综合衡量，不能为了提高强度而过于损伤韧度，增大脆断倾向。例如，提高钢的含碳量或降低回火温度，虽可提高强度，但却增大了解理断裂和回火脆性倾向，严重降低钢的韧度。所以采用这些方法要慎重。相反，如果将钢的含碳量降低至 0.2%~0.3%（质量分数），并用合金化方法增大钢的淬透性，冶炼成低碳多元合金结构钢，则经淬火及低温回火后可获得低碳马氏体组织；或者用中碳钢经等温淬火后获得下贝氏体组织。这些组织都可使钢具有较好强度和韧度的综合性能，因而是比较合理的工艺方法。

4. 球墨铸铁的脆断倾向

球墨铸铁是一种加工工艺简单、价格低廉的材料，常用来代替某些结构钢制造机器零件。但是，球墨铸铁是一种脆性材料，和 45 钢调质状态相比，其强度相当而韧度很差。如 45 钢的 a_{KU}[⊖]$\geqslant 80\mathrm{J/cm^2}$，$K_{IC} \approx 90\mathrm{MPa \cdot m^{1/2}}$；而球墨铸铁的 $a_{KU} \to 0$，无缺口试样的冲击韧度约为 $16\mathrm{J/cm^2}$，$K_{IC} \approx 20 \sim 40\mathrm{MPa \cdot m^{1/2}}$。

如果单从韧度值考虑，球墨铸铁用于制造重要机件是不恰当的。但是若从机件具体脆断倾向来看，只要机件的截面尺寸不大，工作应力很低，对韧度要求不高时，选用球墨铸铁也是可行的。例如，用球墨铸铁制造曲轴、连杆和机床主轴时，由于这些机件的工作应力设计得很低（为 $10 \sim 50\mathrm{MPa}$），如取 $K_{IC} = 25\mathrm{MPa \cdot m^{1/2}}$，$\sigma = 50\mathrm{MPa}$，则临界裂纹尺寸为

$$a_c = 0.25 \times (25/50)^2 \mathrm{m} = 0.063\mathrm{m} = 63\mathrm{mm}$$

这样大的临界裂纹尺寸已经超过了一般中小型机件的截面尺寸，因此，不存在一次加载的脆性断裂问题。但是，如果这些机件在制造工艺中产生了较高的残余拉应力，其值往往可达 100MPa 以上，由此计算的临界裂纹尺寸 a_c 就会大大减小，因而很可能产生低应力脆断。因此在制造球墨铸铁机件时，除保证铸造质量外还要求严格去应力退火，降低或消除残余拉应力，防止脆断事故发生。

第五节 弹塑性条件下金属断裂韧度的基本概念

弹塑性断裂力学要解决两个方面的任务。一个任务是工程上广泛使用的中、低强度钢 σ_s 低，K_{IC} 又高，对中小型机件而言，其裂纹尖端塑性区尺寸较大，接近甚至超过裂纹尺寸，已属于大范围屈服；有时塑性区尺寸甚至布满整个韧带宽度 $(W-a)$ [参见式(4-30)]，导致裂纹扩展前韧带已整体屈服，如压力容器接管区、焊接件拐角处，这些由于应力集中和残余应力较高而屈服的高应变区，就属于这种情况。此时，较小裂纹也会扩展而断裂。对这类弹塑性裂纹扩展的断裂，用应力强度因子修正已经无效，而要借助弹塑性断裂力学来解决。

另一个任务是如何实测中、低强度钢的平面应变断裂韧度 K_{IC}。对于中、低强度钢制造的大截面零件（如汽轮机叶轮、转子、船体等），虽然裂纹尖端塑性区较大，但是零件尺寸也较大，故相对塑性区尺寸比较小，仍可用 K_{IC} 进行断裂分析。但若要测定材料的 K_{IC}，试样尺寸必须很大才能满足平面应变状态，而且也难以在一般试验机上试验。因此，需要发展弹塑性断裂力学，用小试样测定材料在弹塑性条件下的断裂韧度，再换算成 K_{IC} 值。

弹塑性断裂力学常用的研究方法有 J 积分法和 COD 法。前者是由 G_I 延伸而来的一种断裂能量判据；后者是由 K_I 延伸而来的断裂应变判据。本节将介绍两种断裂韧度的基本概念，关于它们的测试方法，读者可查阅国家标准 GB/T 21143—2014《金属材料 准静态断裂韧度的统一试验方法》。[⊖]

[⊖] 见第三章第二节下注。

[⊖] 本标准规定的 $J_{0.2BL}$ 相当于原国家标准中的 J_{IC}；本标准规定的 $\delta_{0.2BL}$ 相当于原国家标准中的 δ_i；本标准对 δ_i 另有定义，应与原国家标准定义的 δ_i 严格区分。

一、J 积分及断裂韧度 J_{IC}

J 积分有两种定义或表达式：一是线积分；二是形变功差率。

前已述及，$G_I = -\dfrac{\partial U}{\partial A} = -\dfrac{\partial U}{B \partial a}$，当 $B = 1$ 时，$G_I = -\dfrac{\partial U}{\partial a}$。赖斯（J. R. Rice 1968）对受载裂纹体的裂纹周围（图4-20）的系统势能 U 进行了线积分，得到了如下等式

$$G_I = -\frac{\partial U}{\partial a} = \int_\Gamma \left(\omega \mathrm{d}y - \frac{\partial \boldsymbol{u}}{\partial x} \boldsymbol{T} \mathrm{d}s \right) \qquad (4\text{-}37)$$

式中 Γ 为积分路线，由裂纹下表面任一点绕裂纹尖端地区逆时针走向裂纹上表面任一点止构成；ω 为 Γ 所包围体积内的应变能密度（$\omega = \int \sigma_{ij} \mathrm{d}\varepsilon_{ij}$）；$\boldsymbol{u}$ 为位移矢量；$\boldsymbol{T}$ 为应力矢量；$\mathrm{d}s$ 为沿 Γ 的弧长增量；x、y 为垂直裂纹前缘的直角坐标。

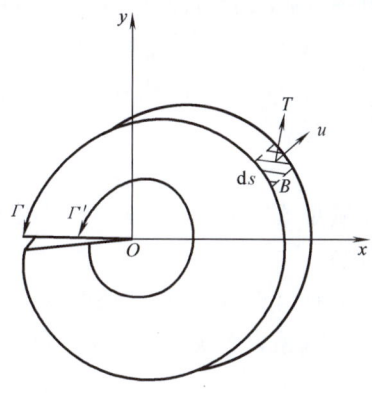

图 4-20　J 积分的定义

式（4-37）就是在线弹性条件下 G_I 的线积分表达式。在弹塑性条件下，如果将应变能密度 ω 改成弹塑性应变能密度，也存在式（4-37）等号右端的线积分，赖斯即称其为 J 积分，即

$$J = \int_\Gamma \left(\omega \mathrm{d}y - \frac{\partial \boldsymbol{u}}{\partial x} \boldsymbol{T} \mathrm{d}s \right) \qquad (4\text{-}38)$$

在线弹性条件下，$J_I = G_I$，J_I 为 I 型裂纹线积分。

赖斯还证明，在小应变条件下，J 积分和路线 Γ 无关（即沿路线 Γ 或路线 Γ'，J 积分值是不变的）。因此，我们可以把 Γ 取得很小，小到仅包围裂纹尖端。此时，因裂纹表面 $\boldsymbol{T} = 0$，所以，J 积分值反映了裂纹尖端区的应变能，即应力应变集中程度。

在证明 J 积分与路线 Γ 无关时，要求应力与应变之间有一一对应关系（如此，ω 才有确定的物理意义）。对于弹性材料，这个关系是确定存在的；而对于弹塑性材料，由于塑性变形是不可逆的，只有在单调加载、不发生卸载时，应力与应变之间才有一定的对应关系，才存在 J 积分与路线无关。

J 积分也可以用能量率的形式表达。

在线弹性条件下，$J_I = G_I = -\dfrac{1}{B} \times \left(\dfrac{\partial U}{\partial a}\right)$，$J_I$ 与 G_I 完全等同。同样可以证明，在弹塑性小应变条件下，J_I 也可以用此式表示，但其物理概念与 G_I 不同。在线弹性条件下，$-\dfrac{\partial U}{\partial a}$ 表示含有裂纹尺寸为 a 的试样，扩展为 $a + \Delta a$ 后系统势能的释放率。而在弹塑性条件下，因为不允许卸载，裂纹扩展就意味着卸载，所以，$-\dfrac{\partial U}{\partial a}$ 是表示裂纹尺寸分别为 a 和 $(a + \Delta a)$ 的两个等同试样，在加载过程中的势能差值 ΔU 与裂纹长度差值 Δa 的比率，即所谓的形变功差率（图 4-21）。正是这样，通常 J 积分不能处理裂纹的连续扩展问题，其临界值对应点只

是开裂点，而不一定是最后失稳断裂点。

在平面应变条件下，J 积分的临界值 J_{IC} 也称断裂韧度，但它是表示材料抵抗裂纹开始扩展的能力，其单位与 G_{IC} 相同，也是 MPa·m(MN·m^{-1}) 或 MJ·m^{-2}。

根据 J_I 和 J_{IC} 的相互关系，可以建立断裂 J 判据

$$J_I \geq J_{IC} \tag{4-39}$$

只要满足式（4-39），机件（或构件）就会开裂。

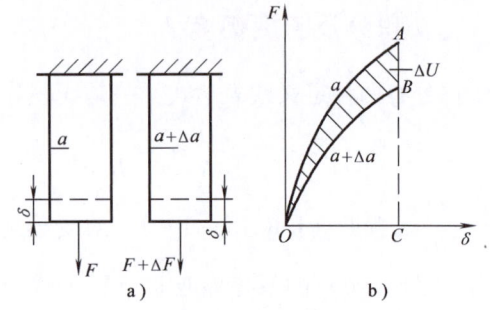

图 4-21 J 积分的形变功差率的意义
a）试样 b）载荷-位移曲线

当我们测出 J_{IC} 后，还可以借助式（4-40）间接换算出 K_{IC} 以代替大试样的 K_{IC}，然后再按 K 判据去解决工程中中、低强度钢大型件的断裂问题。能够满足式（4-40）的 J_{IC} 试样一般 $B \geq 1.0 \left(\dfrac{K_{IC}}{\sigma_s} \right)^2$，比测定中低强度钢 K_{IC} 所需试样尺寸小得多。通常，测量 J_{IC} 试样为正方截面（$B = W$）。

$$K_{IC} = \sqrt{\frac{E}{1-\nu^2}} \sqrt{J_{IC}} \tag{4-40}$$

表 4-5 为 K_{IC} 的换算值与实测值的比较，可见两者基本一致。

表 4-5 用 J_{IC} 换算出的 K_{IC} 与实测的 K_{IC} 比较

材料	状态	小试样断裂韧度		实测 K_{IC}/MPa·m$^{1/2}$
		J_{IC}/J·m^{-2} ×10^4	换算成 K_{IC}/MPa·m$^{1/2}$	
45 钢	余热淬火 600℃回火	4.25~4.65	96~100	97~105
30CrMoA		3.5~4.1	88~94	84~97
14MnMoNbB	900℃淬火 620℃回火	11.0~11.4	155~158	156~167

二、裂纹尖端张开位移 δ 及断裂韧度 δ_c

本节一开始就言及，中、低强度钢机件，由于材料的 σ_s 低和 K_{IC} 高，其裂纹尖端塑性应变区较大，裂纹扩展是在大范围屈服，甚至达到全面屈服后才断裂的。既然这类弹塑性断裂前应变较大，因此可以以应变为参量，建立断裂应变判据。但是，由于裂纹尖端的实际应变量较小，难以精确测定，于是提出用裂纹尖端张开位移来间接表示应变量的大小。如图 4-22 所示，设一中、低强度钢无限大板中有 I 型穿透裂纹，在平均应力 σ 作用下裂纹两端出现塑性区 ρ。裂纹尖端因塑性钝化不增加其长度 $2a$，但却沿 σ 方向张开，其张开位移 δ 即称为 COD（Crack Opening Displacement）。

在大范围屈服条件下，达格代尔（Dugdale）建立了带状屈服模型（即 D-M 模型），导出了 COD 的表达式。

如图 4-23 所示，设理想塑性材料的无限大薄板中有长为 $2a$ 的 I 型穿透裂纹（这是平面

应力问题），在远处作用有平均应力 σ，裂纹尖端的塑性区 ρ 呈尖劈形。假定沿 x 轴将塑性区割开，使裂纹长度由 $2a$ 变为 $2c$。但在割面上、下方代之以压应力 σ_s，以阻止裂纹张开。于是该模型就变为在 (a, c) 和 $(-a, -c)$ 区间作用有压应力 σ_s，在无限远处作用有均匀拉应力 σ 的线弹性问题。通过计算得到 A、B 两点的裂纹张开位移，即 COD 的表达式为

$$\delta = \frac{8\sigma_s a}{\pi E} \ln \sec\left(\frac{\pi \sigma}{2\sigma_s}\right) \tag{4-41}$$

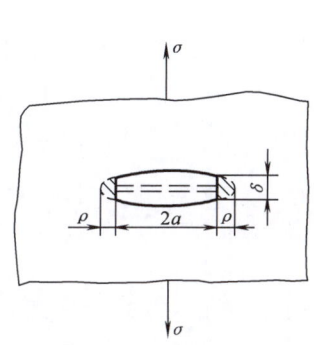

图 4-22　裂纹张开位移

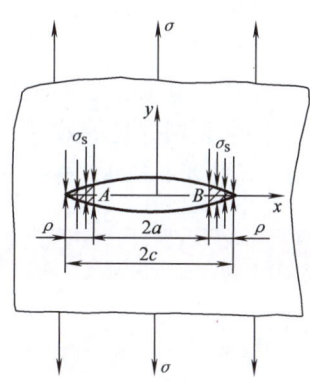

图 4-23　带状屈服模型

将式（4-41）用级数展开，则得

$$\delta = \frac{8\sigma_s a}{\pi E}\left[\frac{1}{2}\left(\frac{\pi\sigma}{2\sigma_s}\right)^2 + \frac{1}{12}\left(\frac{\pi\sigma}{2\sigma_s}\right)^4 + \frac{1}{45}\left(\frac{\pi\sigma}{2\sigma_s}\right)^6 + \cdots\right]$$

当 σ 较小时（$\sigma \ll \sigma_s$），$\left(\dfrac{\pi\sigma}{2\sigma_s}\right)$ 高次方项很小可以忽略，只取第一项得

$$\delta = \frac{\pi \sigma^2 a}{E \sigma_s} \tag{4-42}$$

在临界条件下

$$\delta_c = \frac{\pi \sigma_c^2 a_c}{E \sigma_s} \tag{4-43}$$

δ_c 也是材料的断裂韧度，但它是表示材料阻止裂纹开始扩展的能力。因为大量试验表明，只有选择开裂点作为临界点所测出的 δ_c 才是与试样几何尺寸无关的材料性能，并可以根据 δ 和 δ_c 的相对大小关系，建立断裂 δ 判据

$$\delta \geq \delta_c \tag{4-44}$$

δ 和 δ_c 的量纲为[长度]，单位为 mm。一般钢材的 δ_c 大约为零点几到几毫米。

δ 判据和 J 判据一样，都是裂纹开始扩展的断裂判据，而不是裂纹失稳扩展的断裂判据。

根据式（4-44），如果已知材料的 δ_c、σ_s 和 E，并已知构件中的裂纹尺寸 a 后，就可算出含裂纹薄壁构件的开裂应力 σ_c；或已知 δ_c、σ_s、E 和外加应力 σ，确定允许存在的裂纹长度 a_c。

式（4-42）、式（4-43）是在小范围屈服条件下获得的。在此种情况下，δ_c 与其他断裂韧度指标之间还可以联系起来。如在平面应力条件下

$$\delta_c = \frac{\pi \sigma_c^2 a_c}{E\sigma_s} = \frac{K_C^2}{E\sigma_s} = \frac{G_C}{\sigma_s} \tag{4-45}$$

在平面应变条件下，由于裂纹尖端区金属材料的硬化作用，以及裂纹尖端区存在三向应力状态，式（4-45）变为

$$\delta_c = \frac{(1-\nu^2)}{nE\sigma_s}K_{IC}^2 = \frac{G_{IC}}{n\sigma_s} \tag{4-46}$$

式中的 n 为关系因子，且 $1 \leq n \leq 1.5 \sim 2.0$，当裂纹尖端为平面应力状态时，$n=1$；平面应变状态时，$n=2$。

由此可见，在小范围屈服条件下，断裂韧度 δ_c 可以和 $K_C(K_{IC})$、$G_C(G_{IC})$ 互相换算，而且用它们建立的断裂判据是等效的。但在大范围屈服（$\sigma \leq 0.6\sigma_s$）条件下，仍然要使用式（4-41）计算 δ（及 δ_c）。如果材料发生了整体屈服（$\sigma = \sigma_s$），则 D-M 模型不能应用。

思考题与习题

1. 解释下列名词：
(1) 低应力脆断；(2) 张开型（Ⅰ型）裂纹；(3) 应力场和应变场；(4) 应力场强度因子 K_I；(5) 小范围屈服；(6) 塑性区；(7) 有效屈服应力；(8) 有效裂纹长度；(9) 裂纹扩展 K 判据；(10) 裂纹扩展能量释放率 G_I；(11) 裂纹扩展 G 判据；(12) J 积分；(13) 裂纹扩展 J 判据；(14) COD；(15) COD 判据；(16) 韧带。
2. 说明下列断裂韧度指标的意义及其相互关系：
(1) K_{IC} 和 K_C；(2) G_{IC}；(3) J_{IC}；(4) δ_c。
3. 试述低应力脆断的原因及防止方法。
4. 为什么研究裂纹扩展的力学条件时不用应力判据而用其他判据？
5. 试述应力场强度因子的意义及典型裂纹 K_I 的表达式。
6. 试述 K 判据的意义及用途。
7. 试述裂纹尖端塑性区产生的原因及其影响因素。
8. 试述塑性区对 K_I 的影响及 K_I 的修正方法和结果。
9. 试用 Griffith 模型推导 G_I 和 G 判据。
10. 简述 J 积分的意义及其表达式。
11. 简述 COD 的意义及其表达式。
12. 试述 K_{IC} 的测试原理及其对试样的基本要求。
13. 试述 K_{IC} 与材料强度、塑性之间的关系。
14. 试述 K_{IC} 和 KV_2 的异同及其相互之间的关系。
15. 试述影响 K_{IC} 的冶金因素。
16. 有一大型板件，材料的 $\sigma_{r0.2} = 1200$MPa，$K_{IC} = 115$MPa·m$^{1/2}$，无损检测发现有 20mm 长的横向穿透裂纹，若在平均轴向拉应力 900MPa 下工作，试计算 K_I 及塑性区宽度 R_0，并判断该件是否安全。
17. 有一材料用以制造大型平板，其 $K_{IC} = 50$MPa·m$^{1/2}$，$\sigma_{r0.2} = 1000$MPa：
1）若作用于平板上轴向工作应力为 250MPa，问板发生灾难性破坏前允许的最大裂纹尺寸是多少？（假定是中心穿透裂纹）

2）在断裂点时,裂纹前缘塑性区尺寸是多少?

3）若板厚为 2.5cm,这是有效平面应变状态吗?

4）若板厚增加到 10cm,在 1）的情况下,试计算临界裂纹尺寸的变化。

18. 有一轴件平均轴向工作应力为 150MPa,使用中发生横向疲劳脆性正断,断口分析表明有 25mm 深的表面半椭圆疲劳区,根据裂纹 $\dfrac{a}{c}$ 可以确定 $\Phi=1$,测试材料的 $\sigma_{r0.2}=720$MPa,试估算材料的断裂韧度 K_{IC}。

19. 有一构件制造时,出现表面半椭圆裂纹,若 $a=1$mm,在工作应力 $\sigma=1000$MPa 下工作,应该选什么材料的 $\sigma_{r0.2}$ 与 K_{IC} 配合比较合适?构件材料经不同热处理后,其 $\sigma_{r0.2}$ 和 K_{IC} 的变化列于下表:

$\sigma_{r0.2}$/MPa	1100	1200	1300	1400	1500
K_{IC}/MPa·m$^{\frac{1}{2}}$	110	95	75	60	55

第五章 金属的疲劳

- 金属疲劳现象及特点
- 疲劳曲线及基本疲劳力学性能
- 疲劳裂纹扩展速率及疲劳门槛值
- 疲劳过程及机理
- 影响疲劳强度的主要因素
- 常见疲劳断裂
- 疲劳短裂纹扩展简介

工程中很多机件和构件都是在变动载荷下工作的，如曲轴、连杆、齿轮、弹簧、辊子、叶片及桥梁等，其失效形式主要是疲劳断裂。据统计，疲劳破坏在整个失效件中约占80%，极易造成人身事故和经济损失，危害性极大。因此，工程技术界对其极为重视，从力学、设计、材料及工艺方面开展疲劳研究，寻求有效对策，至今已有百余年的历史，取得了很大进展，成为材料强度科学领域中的一个重要组成部分。

本章从材料科学角度研究金属疲劳的一般规律、疲劳破坏过程及机理、疲劳力学性能及其影响因素等，以便为疲劳强度设计和选用材料、改进工艺提供基础知识。

第一节　金属疲劳现象及特点

一、变动载荷和循环应力

1. 变动载荷

变动载荷是引起疲劳破坏的外力，它是指载荷大小，甚至方向均随时间变化的载荷，其在单位面积上的平均值为变动应力。变动应力可分为规则周期变动应力（也称循环应力）和无规则随机变动应力两种。这些应力可用应力-时间曲线表示，如图5-1所示。

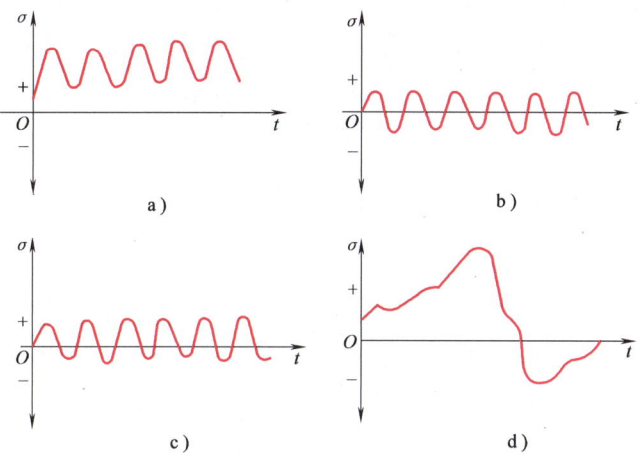

图 5-1　变动应力示意图
a) 应力大小变化　b)、c) 应力大小及方向都变化
d) 应力大小及方向无规则变化

生产中机件正常工作时，其变动应力多为循环应力，而且实验室也容易模拟，所以研究较多。

2. 循环应力

循环应力的波形有正弦波、矩形波和三角形波等，其中常见者为正弦波，如图5-2所示。循环应力可用下列几个参量来表示：

1) 最大应力 σ_{max}。
2) 最小应力 σ_{min}。
3) 平均应力 σ_m

$$\sigma_m = \frac{1}{2}(\sigma_{max} + \sigma_{min})$$

4) 应力幅 σ_a

$$\sigma_a = \frac{1}{2}(\sigma_{max} - \sigma_{min})$$

5) 应力比 r

$$r = \frac{\sigma_{min}}{\sigma_{max}}$$

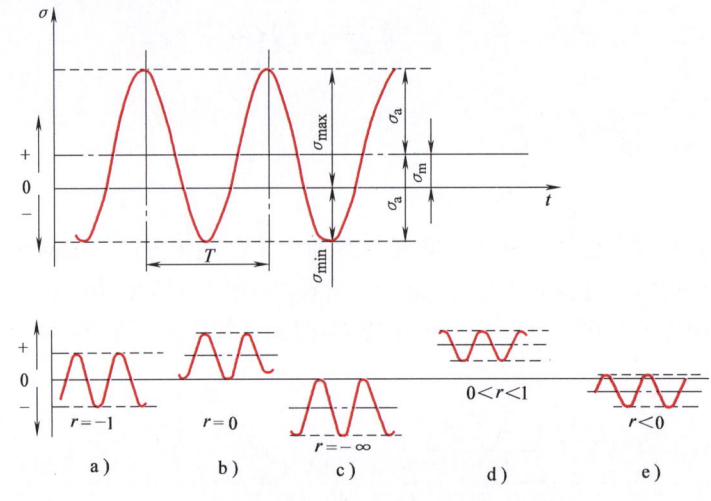

图 5-2 循环应力的类型
a)、e) 交变应力 b)、c)、d) 重复循环应力

常见的循环应力有以下几种。

(1) **对称交变应力** 如图 5-2a 所示，$\sigma_m = 0$，$r = -1$。大多数旋转轴类零件的循环应力就是这种情况，如火车轴的弯曲对称交变应力、曲轴的扭转交变应力等。

(2) **脉动应力** 如图 5-2b 所示，$\sigma_m = \sigma_a > 0$，$r = 0$，如齿轮齿根的循环弯曲应力；轴承应力则为循环脉动压应力，$\sigma_m = \sigma_a < 0$，$r = -\infty$（图 5-2c）。

(3) **波动应力** 如图 5-2d 所示，$\sigma_m > \sigma_a$，$0 < r < 1$，如发动机缸盖螺栓的循环应力。

(4) **不对称交变应力** 如图 5-2e 所示，$-1 < r < 0$，如发动机连杆的循环应力。

在实际生产中的变动应力往往是无规则随机变动的，如汽车、拖拉机和飞机的零件在运行工作时因道路或云层的变化，其变动应力即呈随机变化。

二、疲劳现象及特点

1. 分类

金属机件或构件在变动应力和应变长期作用下，由于累积损伤而引起的断裂现象称为疲劳。

疲劳可以按不同方法进行分类：按照应力状态不同，可分为弯曲疲劳、扭转疲劳、拉压疲劳及复合疲劳；按照环境和接触情况不同，可分为大气疲劳、腐蚀疲劳、高温疲劳、热疲劳、接触疲劳等；按照断裂寿命和应力高低不同，可分为高周疲劳和低周疲劳，这是最基本的分类方法。高周疲劳的断裂寿命较长，$N_f > 10^5$ 周次，断裂应力水平较低，$\sigma < \sigma_s$，也称低应力疲劳，一般常见的疲劳多属于这类疲劳。低周疲劳的断裂寿命较短，$N_f = 10^2 \sim 10^5$ 周次，断裂应力水平较高，$\sigma \geqslant \sigma_s$，往往有塑性应变发生，也称高应力疲劳或应变疲劳。

2. 特点

疲劳断裂与静载荷或一次冲击加载断裂相比，具有以下特点：

1) 疲劳是低应力循环延时断裂，即具有寿命的断裂。其断裂应力水平往往低于材料抗拉强度，甚至屈服强度。断裂寿命随应力不同而变化，应力高寿命短，应力低寿命长。当应力低于某一临界值时，寿命可达无限长。

2）疲劳是脆性断裂。由于一般疲劳的应力水平比屈服强度低，所以不论是韧性材料还是脆性材料，在疲劳断裂前均不会发生塑性变形及有形变预兆，它是在长期累积损伤过程中，经裂纹萌生和缓慢亚稳扩展到临界尺寸 a_c 时才突然发生的。因此，疲劳是一种潜在的突发性脆性断裂。

3）疲劳对缺陷（缺口、裂纹及组织缺陷）十分敏感。由于疲劳破坏是从局部开始的，所以它对缺陷具有高度的选择性。缺口和裂纹因应力集中增大对材料的损伤作用；组织缺陷（夹杂、疏松、白点、脱碳等）降低材料的局部强度，三者都加快疲劳破坏的开始和发展。

三、疲劳宏观断口特征

疲劳断裂和其他断裂一样，其断口也保留了整个断裂过程的所有痕迹，记载着很多断裂信息，具有明显的形貌特征。这些特征受材料性质、应力状态、应力大小及环境等因素的影响，因此疲劳断口分析是研究疲劳过程和分析疲劳断裂原因的重要方法之一。

图5-3 18Mn 钢件疲劳宏观断口

如图5-3所示，**典型疲劳断口具有三个形貌不同的区域——疲劳源、疲劳区及瞬断区。**

（1）疲劳源 疲劳源是疲劳裂纹萌生的策源地，在断口上，疲劳源一般在机件表面，常和缺口、裂纹、刀痕、蚀坑等缺陷相连，因为这里的应力集中会引发疲劳裂纹。但是当材料内部存在严重冶金缺陷（夹杂、缩孔、偏析、白点等）或内裂纹时，因局部强度降低也会在机件内部产生疲劳源。从断口形貌来看，疲劳源区的光亮度最大，因为这里在整个裂纹亚稳扩展过程中断面不断摩擦挤压，故显示光亮平滑，而且因加工硬化表面硬度也有所提高。在一个疲劳断口中，疲劳源可以有一个或几个不等，主要与机件的应力状态及应力大小有关。当断口中同时存在几个疲劳源时，可以根据源区的光亮度、相邻疲劳区的大小和贝纹线的密度去确定它们的产生顺序。源区光亮度越大，相邻疲劳区越大，贝纹线越多越密者，其疲劳源就越先产生；反之，则疲劳源就越后产生。

（2）疲劳区 疲劳区是疲劳裂纹亚稳扩展所形成的断口区域，该区是判断疲劳断裂的重要特征证据。疲劳区的宏观特征是：断口比较光滑并分布有贝纹线（或海滩花样）。断口光滑是疲劳源区域的延续，但其程度随裂纹向前扩展逐渐减弱。贝纹线是疲劳区的最大特征，一般认为它是由载荷变动引起的，如机器运转时的开动和停歇，偶然过载引起的载荷变动，使裂纹前沿线留下了弧状台阶痕迹。所以，这种贝纹特征总是出现在实际机件的疲劳断口中，而在实验室的试样疲劳断口中，因变动载荷较平稳，很难看到明显的贝纹线。有些脆性材料如铸铁、铸钢、高强度钢等，它们的疲劳断口上也看不到贝纹线。每个疲劳区的贝纹线好像一簇以疲劳源为圆心的平行弧线，其凹侧指向疲劳源，凸侧指向裂纹扩展方向，或是相反的情况。这取决于裂纹扩展时裂纹前沿线各点的前进速度（见表5-1）。

表5-1　各类疲劳断口形貌示意图

应力状态	高名义应力			低名义应力		
	无应力集中	中应力集中	大应力集中	无应力集中	中应力集中	高应力集中
波动拉伸或对称拉压						
脉动弯曲						
平面对称弯曲						
旋转弯曲						
扭转						

（3）瞬断区　瞬断区是裂纹最后失稳快速扩展所形成的断口区域。在疲劳裂纹亚稳扩展阶段，随着应力不断循环，裂纹尺寸不断长大，当裂纹长大到临界尺寸 a_c 时，因裂纹尖端的应力场强度因子 K_I 达到材料断裂韧度 K_{IC}（K_C）（或是裂纹尖端的应力集中达到材料的断裂强度）时，则裂纹就失稳快速扩展，导致机件最后瞬时断裂。其断口比疲劳区粗糙，宏观特征同静载的裂纹件的断口一样，随材料性质而变；脆性材料为结晶状断口；若为韧性材料，则在中间平面应变区为放射状或人字纹断口，在边缘平面应力区为剪切唇。

瞬断区位置一般应在疲劳源的对侧，但对于旋转弯曲来说，低名义应力的光滑机件，其瞬断区的位置逆旋转方向偏转一定角度，这是因为疲劳裂纹逆旋转方向扩展快的结果。但是，当名义应力较高时，因疲劳源有多个，裂纹从表面同时向内扩展，其瞬断区就移向中心位置（见表5-1）。

瞬断区的大小和机件名义应力及材料性质有关，若名义应力较高或材料韧性较差，则瞬断区就较大;反之,则瞬断区就较小。

若机件受扭转循环载荷作用,因其最大正应力和轴向呈45°角分布,最大切应力垂直轴向或平行轴向分布,故正断型扭转疲劳断口和轴向呈45°角,而且容易出现锯齿状或星形状花样,如花键轴的断口。切应力引起的切断型扭转疲劳断口,断面垂直或平行于轴线。在扭转疲劳断口中,一般看不到贝纹线。

第二节 疲劳曲线及基本疲劳力学性能

在传统机械设计中,疲劳应力判据是疲劳设计的基本理论,其中作为材料基本疲劳力学性能指标的有疲劳极限(疲劳强度)、抗过载能力及疲劳缺口敏感度等。长期以来,各国科学技术工作者在研究它们与材料及工艺间的关系中,积累了大量数据和规律,促进了疲劳设计工作。因此,认识、应用和改进这些疲劳性能,对选用材料、优化工艺及改进设计都是很重要的。

一、疲劳曲线和对称循环疲劳极限

(一)疲劳曲线和疲劳极限

疲劳曲线是疲劳应力与疲劳寿命的关系曲线,即 S-N 曲线,它是确定疲劳极限、建立疲劳应力判据的基础。1860年,维勒(Wöhler)在解决火车车轴断裂时,首先提出疲劳曲线和疲劳极限的概念,所以后人也称该曲线为维勒曲线。

典型的金属材料疲劳曲线如图5-4所示。图中纵坐标为循环应力的最大应力 σ_{max} 或应力幅 σ_a;横坐标为断裂循环周次 N,常用对数值表示。可以看出,S-N 曲线由高应力段和低应力段组成。前者寿命短;后者寿命长,且随应力水平下降断裂循环周次增加。对于一般具有应变时效的金属材料,如碳钢、合金结构钢、球墨铸铁等,当循环应力水平降低到某一临界值时,低应力段变为水平线段,表明试样可

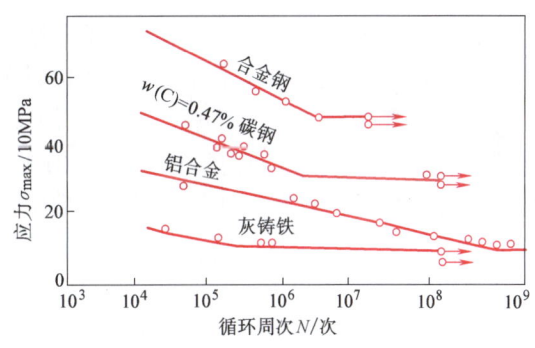

图5-4 几种材料的疲劳曲线

以经无限次应力循环也不发生疲劳断裂,故将对应的应力称为疲劳极限,记为 σ_{-1}(对称循环,$r = -1$)。但是,实际测试时不可能做到无限次应力循环。试验表明,这类材料如果应力循环 10^7 周次不断裂,则可认定承受无限次应力循环也不会断裂。所以常用 10^7 周次作为测定疲劳极限的基数,记为 N_0。从这个意义上说,无限寿命疲劳极限是有"条件"的。另一类金属材料,如铝合金、钛合金、不锈钢和高强度钢等,它们的 S-N 曲线没有水平部分,只是随应力降低,循环周次不断增大。此时,只能根据材料的使用要求规定某一循环周次下不发生断裂的应力作为条件疲劳极限(或称有限寿命疲劳极限),如高强度钢规定为 $N = 10^8$ 周次;铝合金和不锈钢也是 $N = 10^8$ 周次;而钛合金则取 $N = 10^7$ 周次。

如此,疲劳断裂应力判据为:

对称应力循环下 $\sigma \geq \sigma_{-1}$

非对称应力循环下 $\sigma \geq \sigma_r$ （r 为应力比）

（二）疲劳曲线的测定

通常疲劳曲线是用旋转弯曲疲劳试验测定的，其四点弯曲试验机原理如图 5-5 所示。这种试验机结构简单，操作方便，能够实现对称循环和恒应力幅的要求，因此应用比较广泛。

试验时，用升降法测定条件疲劳极限（或疲劳极限 σ_{-1}）；用成组试验法测定高应力部分，然后将上述两试验数据整理，并拟合成疲劳曲线。

用升降法测定疲劳极限 σ_{-1} 时，有效试样数一般在 13 根以上。试验一般取 3～5 级应力水平。每级应力增量一般为 σ_{-1} 的 3%～5%。第一根试样应力水平应略高于

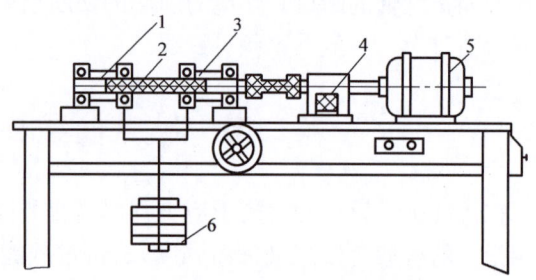

图 5-5 旋转弯曲疲劳试验机示意图
1、3—带有滚珠轴承的支座 2—试样
4—计数器 5—电动机 6—载荷

σ_{-1}，若无法预计 σ_{-1}，则对一般材料取 $(0.45 \sim 0.50)\sigma_b$，高强度钢取 $(0.30 \sim 0.40)\sigma_b$。第二根试样的应力水平根据第一根试样试验结果（破坏或通过，即试样经 10^7 周次循环断裂或不断裂）而定。若第一根试样断裂，则对第二根试样施加的应力应降低 3%～5%；反之，第二根试样的应力则较前升高 3%～5%。其余试样的应力值均依此法办理，直至完成全部试验。首次出现一对结果相反以前的数据，若在以后数据的应力波动范围之内，则可作为有效数据加以利用，否则就应舍去。图 5-6 为升降法示意图。图中 3、4 两点为首次出现结果相反的两点，1、2 两点的结果不在以后应力波动范围内，故应舍去。

最后按公式计算 σ_{-1}（$r = -1$，$N = 10^7$ 周次）。

S-N 曲线的高应力（有限寿命）部分用成组试验法测定，即取 3～4 级较高应力水平，在每级应力水平下，测定 5 根左右试样的数据，然后进行数据处理，计算中值（存活率为 50%）疲劳寿命。

将升降法测得的 σ_{-1} 作为 S-N 曲线的最低应力水平点，与成组试验法的测定结果拟合成直线或曲线，即得存活率为 50% 的中值 S-N 曲线（图 5-7）。通常即以中值 S-N 曲线评定材料和工艺优劣。

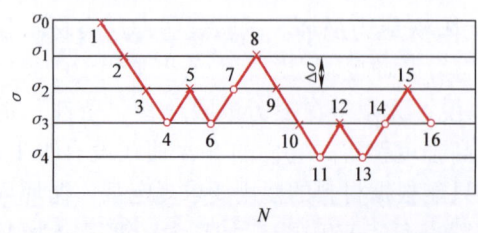

图 5-6 升降法示意图
$\Delta\sigma$—应力增量 ×—试样断裂 ○—试样通过

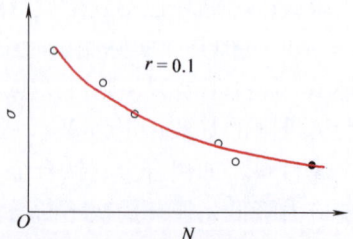

图 5-7 某种铝合金的疲劳曲线
○—成组法测得的试验点
●—升降法测得的试验点

(三) 不同应力状态下的疲劳极限

同一材料在不同应力状态下测得的疲劳极限不相同，但是它们之间存在一定的联系。根据试验确定，对称弯曲疲劳极限与对称拉压、扭转疲劳极限之间存在下列关系：

$$\left.\begin{aligned}钢 \quad & \sigma_{-1p}=0.85\sigma_{-1} \\ 铸铁 \quad & \sigma_{-1p}=0.65\sigma_{-1} \\ & \tau_{-1}=0.8\sigma_{-1} \\ 铜及轻合金 \quad & \tau_{-1}=0.55\sigma_{-1}\end{aligned}\right\} \qquad (5-1)$$

式中 σ_{-1p}——对称拉压疲劳极限；

τ_{-1}——对称扭转疲劳极限；

σ_{-1}——对称弯曲疲劳极限。

通常，手册中给出的疲劳极限是 σ_{-1}，若需要拉压疲劳或扭转疲劳极限时，最好做该应力状态的疲劳试验，但在许多情况下可以根据上述经验公式估算。

(四) 疲劳极限与静强度间的关系

试验表明，金属材料的抗拉强度越大，其疲劳极限也越大。对于中、低强度钢，疲劳极限与抗拉强度之间大体呈线性关系（图 5-8）。当 σ_b 较低时，可近似地写成 $\sigma_{-1}=0.5\sigma_b$。但当抗拉强度较高时，这种关系就要发生偏离，例如，高强度钢的 $\dfrac{\sigma_{-1}}{\sigma_b}$ 一般只能达到 0.40～0.45。其原因是强度较高时，因材料塑性和断裂韧性下降，裂纹易于形成和扩展所致。屈强比 $\dfrac{\sigma_s}{\sigma_b}$ 对光滑试样的疲劳极限也有一定影响，所以建议用下面的经验公式计算对称循环下的疲劳极限：

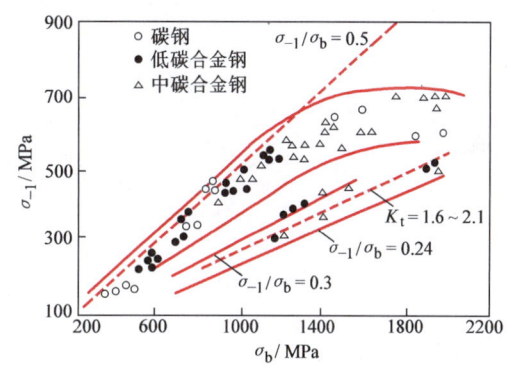

图 5-8 钢的疲劳极限 σ_{-1} 与抗拉强度 σ_b 的关系

结构钢 $\qquad \sigma_{-1p}=0.23(\sigma_s+\sigma_b)$

$\qquad\qquad \sigma_{-1}=0.27(\sigma_s+\sigma_b)$

铸铁 $\qquad \sigma_{-1p}=0.4\sigma_b$

$\qquad\qquad \sigma_{-1}=0.45\sigma_b$

铝合金 $\qquad \sigma_{-1p}=\dfrac{1}{6}\sigma_b+7.5\text{MPa}$

$\qquad\qquad \sigma_{-1}=\dfrac{1}{6}\sigma_b-7.5\text{MPa}$

青铜 $\qquad \sigma_{-1}=0.21\sigma_b$

二、疲劳图和不对称循环疲劳极限

很多机件或构件是在不对称循环载荷下工作的，因此还需知道材料的不对称循环疲劳极限，以适应这类机件的设计和选材的需要。通常是用工程作图法，由疲劳图求得各种不对称循环的疲劳极限。

疲劳图是各种循环疲劳极限的集合图，也是疲劳曲线的另一种表达形式。由图 5-9 可见，由最大循环应力 σ_{max} 表示的疲劳极限 σ_r 是随应力比 r（或平均应力 σ_m）的增大而升高的。因此，可根据平均应力对疲劳极限 σ_r（σ_{max} 或 σ_a）的影响规律建立疲劳图。根据不同的作图方法有两种疲劳图。

1. σ_a-σ_m 疲劳图

这种图的纵坐标以 σ_a 表示，横坐标以 σ_m 表示。然后，在不同应力比 r 条件下将 σ_{max} 表示的疲劳极限 σ_r 分解为 σ_a 和 σ_m，并在该坐标系中作 ABC 曲线，即为 σ_a-σ_m 疲劳图（图 5-10）。由图可见，A 点：$\sigma_m = 0$，$r = -1$，$\sigma_a = \sigma_{-1}$；C 点：$\sigma_m = \sigma_b$；$r = 1$，$\sigma_a = 0$；ABC 曲线其余各点的纵、横坐标各代表每一 r 下疲劳极限之 σ_a 和 σ_m，$\sigma_r = \sigma_a + \sigma_m$。

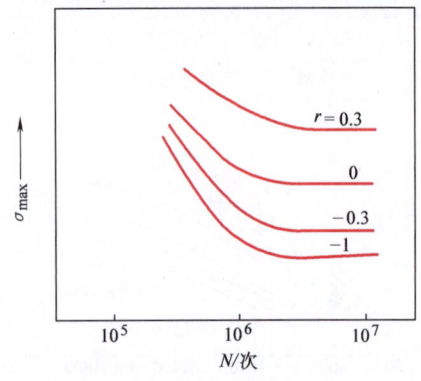

图 5-9 不同应力比的疲劳曲线

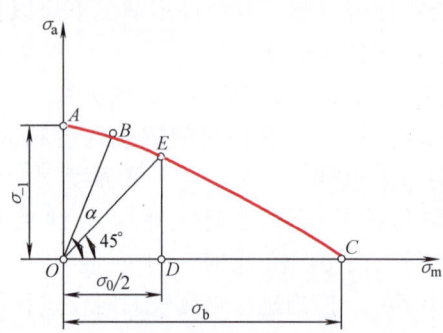

图 5-10 σ_a-σ_m 疲劳图

为了在疲劳图 ABC 曲线上建立疲劳极限和应力比 r 间的关系，可在 ABC 曲线上任取一点 B 和原点 O 连线，其几何关系为

$$\tan\alpha = \frac{\sigma_a}{\sigma_m} = \frac{\frac{1}{2}(\sigma_{max} - \sigma_{min})}{\frac{1}{2}(\sigma_{max} + \sigma_{min})} = \frac{1-r}{1+r} \tag{5-2}$$

因此，只要知道应力比 r，将其代入式（5-2），即可求得 $\tan\alpha$ 和 α，而后从坐标原点 O 引直线，令其与横坐标的夹角等于 α 值，该直线与曲线 ABC 相交的交点 B 便是所求的点，其纵、横坐标之和，即为相应 r 的疲劳极限 σ_{rB}，$\sigma_{rB} = \sigma_{aB} + \sigma_{mB}$。

例如，求脉动循环的疲劳极限 σ_0，将应力比 $r = 0$ 代入式（5-2）得，$\tan\alpha = \frac{1-0}{1+0} = 1$，$\alpha = 45°$，因此过原点 O 作 45° 角的直线与 ABC 曲线相交，交点 E 的纵、横坐标之和即为 σ_0，$\sigma_0 = \sigma_{aE} + \sigma_{mE}$。

ABC 曲线也可用数学解析式表示，常用的数学公式有：

Geber 公式
$$\sigma_a = \sigma_{-1}\left[1 - \left(\frac{\sigma_m}{\sigma_b}\right)^2\right] \tag{5-3}$$

Goodman 公式
$$\sigma_a = \sigma_{-1}\left(1 - \frac{\sigma_m}{\sigma_b}\right) \tag{5-4}$$

Soderberg 公式
$$\sigma_a = \sigma_{-1}\left(1 - \frac{\sigma_m}{\sigma_s}\right) \tag{5-5}$$

也可利用这些公式关系，根据材料的 σ_{-1} 和 $\sigma_b(\sigma_s)$，绘制 σ_a-σ_m 疲劳图。这样可以大大简化实验，应用也比较方便。很明显，由图 5-10 可见，若机件工作应力落在 ABC 曲线以内，则既不会产生疲劳断裂，也不会产生塑性变形失效。

2. $\sigma_{max}(\sigma_{min})$-$\sigma_m$ 疲劳图

这种图的纵坐标以 σ_{max} 或 σ_{min} 表示，横坐标以 σ_m 表示。然后将不同应力比 r 下的疲劳极限，分别以 $\sigma_{max}(\sigma_{min})$ 和 σ_m 表示于上述坐标系中，就形成这种疲劳图（图 5-11）。AHB 曲线就是在不同 r 下的疲劳极限 σ_{max}，很直观。显然，疲劳极限随平均应力增加（或 r 增加）而增大，但所含的应力幅 σ_a 则减小。在 B 点，平均应力 $\sigma_m = 0(r = -1)$，$\sigma_a = \sigma_{-1}$，疲劳极限 $\sigma_{rmax} = \sigma_{-1}$；在 A 点，$\sigma_m = \sigma_b$，$r = 1$，$\sigma_a = 0$，疲劳极限 $\sigma_{rmax} = \sigma_b$；在 AB 之间各点的 σ_{rmax} 即表示相应 r 下（$r = -1 \sim 1$）的疲劳极限。在 AHB 曲线上也可建立疲劳极限和应力比 r 的关系。取任一点 H 和原点 O 连线，得几何关系为

$$\tan\alpha = \frac{\sigma_{max}}{\sigma_m} = \frac{2\sigma_{max}}{\sigma_{max} + \sigma_{min}} = \frac{2}{1+r} \tag{5-6}$$

这样，只要知道应力比 r，就可代入式（5-6）求得 $\tan\alpha$ 和 α，而后从坐标原点 O 引一直线 OH，令其与横坐标的夹角为 α，则直线与曲线 AHB 的交点 H 的纵坐标即为疲劳极限。

必须注意，图 5-11 是脆性材料的 $\sigma_{max}(\sigma_{min})$-$\sigma_m$ 疲劳图。对于塑性材料，应该用屈服强度 $\sigma_{r0.2}$ 进行修正，如图 5-12 所示。如同图 5-10，当机件工作应力落在 BPARC 区域内，则机件既不会疲劳断裂，也不会产生塑性变形失效。

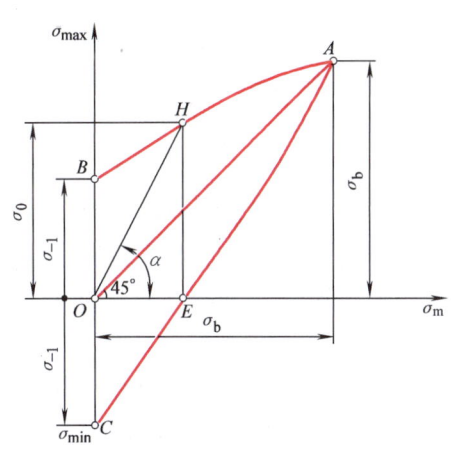

图 5-11　$\sigma_{max}(\sigma_{min})$-$\sigma_m$ 疲劳图

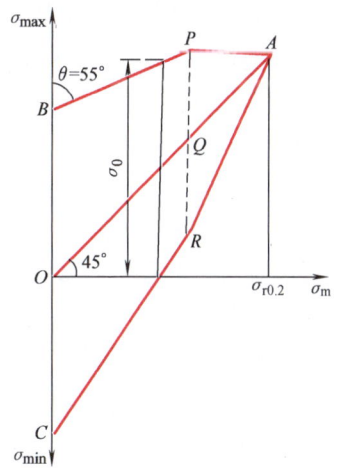

图 5-12　塑性材料的 $\sigma_{max}(\sigma_{min})$-$\sigma_m$ 疲劳图

三、抗疲劳过载能力

过去一直认为，承受交变载荷作用的机件，按 σ_{-1} 确定许用应力是安全的。但是，这里未考虑实际机件在服役过程中不可避免地要受到偶然的短时过载荷作用，如汽车与拖拉机的

紧急制动、突然起动等就是过载运行。机件在受到短时偶然过载作用后，又回到正常应力下服役，材料的疲劳极限会发生什么变化呢？为了保证机件安全，工程上必须考虑这一问题。

金属机件偶然经受短期过载，材料原来的 σ_{-1}（或疲劳寿命）可能没有变化，也可能有所降低，这要具体视材料所受过载应力及相应的累计过载周次而定。倘若金属在高于疲劳极限的应力水平下运转一定周次后，其疲劳极限或疲劳寿命减小，这就造成了过载损伤。对于一定的金属材料，引起过载损伤，需要有一定的过载应力与一定的应力循环周次相配合，即在每一过载应力下，只有过载运转超过某一周次后才会引起过载损伤。金属材料抵抗疲劳过载损伤的能力，用过载损伤界或过载损伤区表示（图5-13）。过载损伤界由实验确定。测出不同过载应力水平和相应的开始降低疲劳寿命的应力循环周次，得到不同的试验点，连接各点便得到过载损伤界。可见，过载应力越大，则开始发生过载损伤的循环次数越少。

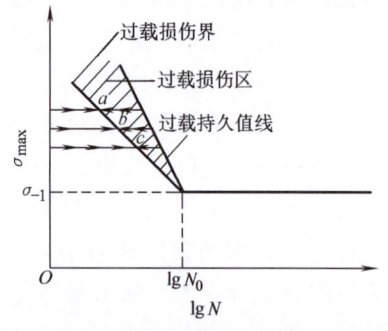

图 5-13 过载损伤界

过载损伤界与疲劳曲线高应力区直线段（该线段各应力水平下发生疲劳断裂的应力循环周次称为过载持久值）之间的影线区，称为过载损伤区。机件过载运转到这个区域里，都要不同程度地降低材料疲劳极限，而且离持久值线越近，降低越甚。

材料的过载损伤界（或过载持久值线）越陡直，损伤区越窄，则其抵抗疲劳过载的能力越强。例如，18-8 不锈钢的过载损伤界很陡直，而工业纯铁的则几乎是水平的。显然，前者对疲劳过载不太敏感，后者则十分敏感。工程上在设计可能受过载机件或选材时，有时宁可选 σ_{-1} 低，而疲劳损伤区窄的材料，以保证安全。

疲劳过载损伤可用金属内部的"非扩展裂纹"来解释。众所周知，疲劳极限是金属材料在交变载荷作用下能经受无限次应力循环而不断裂的应力。如果承认材料内部存在裂纹（包括既存裂纹或由交变载荷产生的裂纹），那么，所谓"能经受无限次应力循环而不断裂"，就意味着在该应力下运转裂纹是非扩展的。当过载运转到一定循环周次后，疲劳损伤累积形成的裂纹尺寸超过在疲劳极限应力下"非扩展裂纹"尺寸，则在以后的疲劳极限应力下再运转，此裂纹将继续扩展，使之在小于 N_0（10^7 周次）的循环次数下就发生疲劳，说明过载已造成了损伤。当在低过载下（应力循环周次又不足），累积损伤造成的裂纹长度小于在 σ_{-1} 应力下的"非扩展裂纹"尺寸时，裂纹就不会扩展，这时过载对材料不造成疲劳损伤。因此，过载损伤界就是在不同过载应力下，损伤累积造成的裂纹尺寸达到或超过 σ_{-1} 应力的"非扩展裂纹"尺寸的循环次数。

四、疲劳缺口敏感度

机件由于使用的需要，常常带有台阶、拐角、键槽、油孔、螺纹等。这些结构类似于缺口作用，会改变应力状态和造成应力集中。因此，了解缺口引起的应力集中对疲劳极限的影响也很重要。

金属材料在交变载荷作用下的缺口敏感性，常用疲劳缺口敏感度 q_f 来评定，即

$$q_f = \frac{K_f - 1}{K_t - 1} \tag{5-7}$$

式中 K_t——理论应力集中系数,可从有关手册中查到,$K_t > 1$;

K_f——疲劳缺口系数。

K_f 为光滑试样与缺口试样疲劳极限之比,即 $K_f = \dfrac{\sigma_{-1}}{\sigma_{-1N}}$。$K_f$ 值大于 1,具体的数值与缺口几何形状及材料等因素有关。

根据疲劳缺口敏感度评定材料时,可能出现两种极端情况:①$K_f = K_t$,即缺口试样疲劳过程中应力分布与弹性状态完全一样,没有发生应力重新分布,这时缺口降低疲劳极限最严重,$q_f = 1$,材料的疲劳缺口敏感性最大;②$K_f = 1$,即 $\sigma_{-1} = \sigma_{-1N}$,缺口不降低疲劳极限,说明疲劳过程中应力产生了很大的重新分布,应力集中效应完全被消除,$q_f = 0$,材料的疲劳缺口敏感性最小。由此可以看出,q_f 值能反映在疲劳过程中材料发生应力重新分布,降低应力集中的能力。由于一般材料 $\sigma_{-1N} < \sigma_{-1}$,即 $K_f > 1$,故通常 q_f 值在 0~1 范围内变化。

在实际金属材料中,结构钢 q_f 值一般为 0.6~0.8,粗晶粒钢的 q_f 值为 0.1~0.2,球墨铸铁的 q_f 值为 0.11~0.25,灰铸铁的 q_f 值为 0~0.05。

在高周疲劳时,大多数金属都对缺口十分敏感;但在低周疲劳时,它们却对缺口不太敏感。这是因为后者缺口根部一部分地区已处于塑性区内,发生应力松弛,使应力集中降低所致。

钢经热处理后获得的强度(或硬度)不同,q_f 值也不同。强度(或硬度)增加,q_f 值增大(图 5-14)。因此,淬火-回火钢比正火、退火钢对缺口要更敏感。

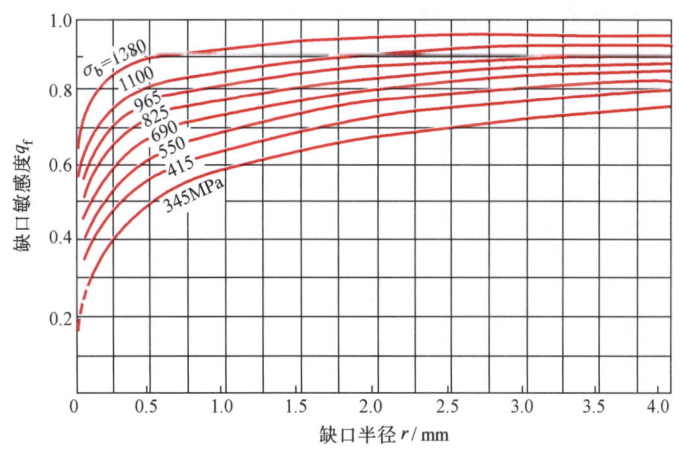

图 5-14 缺口半径和材料强度对缺口敏感度 q_f 的影响

试验证明,缺口形状对 q_f 值有一定影响。如图 5-14 所示,缺口根部曲率半径较小时,缺口越尖锐,q_f 值越低。这是因为 K_t 和 K_f 都随缺口尖锐度增加而提高,但 K_t 增高比 K_f 快(图 5-15)。当缺口曲率半径较大时,缺口尖锐度对 q_f 的影响明显减小,q_f 与缺口形状关系不大。可见,测定材料的疲劳缺口敏感度时,缺口曲率半径应选用比较大的数值。

由于缺口尖锐度增加时,K_t 增大比 K_f 快,所以工程上疲劳设计时一般用疲劳缺口系数

K_f，而不用静应力集中系数 K_t。这是因为疲劳极限因应力集中而降低的比例没有 K_t 大，如果按 K_t 进行疲劳设计就显得过于安全而造成机件笨重。

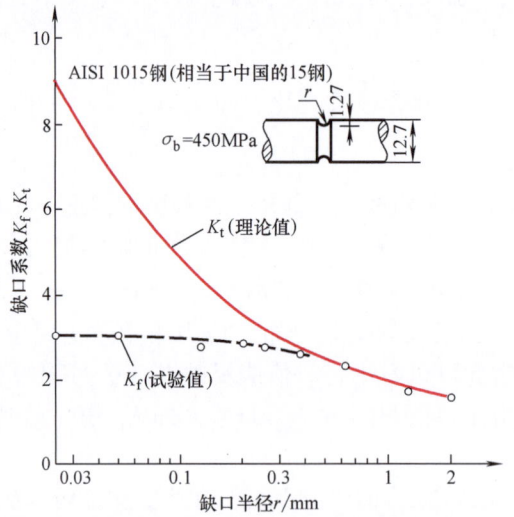

图 5-15　缺口半径对低碳钢疲劳缺口系数的影响

第三节　疲劳裂纹扩展速率及疲劳门槛值

从疲劳宏观断口分析可知，疲劳过程是由裂纹萌生、亚稳扩展及最后失稳扩展所组成的。其中裂纹亚稳扩展占有很大比例，是决定机件整个疲劳寿命的重要组成部分；对于含有原始裂纹或缺陷的实际机件来说，裂纹亚稳扩展更为重要。因此，研究疲劳裂纹的扩展规律、扩展速率及其影响因素，对延长疲劳寿命和预测实际机件疲劳剩余寿命均具有重要意义。

一、疲劳裂纹扩展曲线

在高频疲劳试验机上测定疲劳裂纹扩展曲线，一般常用三点弯曲单边缺口试样（SENB3）、中心裂纹拉伸试样（CCT）或紧凑拉伸试样（CT），先预制疲劳裂纹，随后在固定应力比 r 和应力范围 $\Delta\sigma$ 条件下循环加载。观察并记录裂纹长度 a 随 N 循环扩展增长的情况，便可作出疲劳裂纹扩展曲线（a-N 曲线，图 5-16）。由图 5-16 可见，在一定循环应力条件下，疲劳裂纹扩展时其长度 a 是不断增长的。曲线的斜率表示疲劳裂纹扩展速率 $\dfrac{da}{dN}$，即每循环一次，裂纹扩展的距离也是不断增加的。当加载循环周次达到 N_p 时，a 长大到临界裂纹尺寸 a_c，$\dfrac{da}{dN}$ 增大到无限大，裂纹失稳扩展，试样最后断裂。若改变应力，将 $\Delta\sigma_1$ 增加到 $\Delta\sigma_2$，则裂纹扩展加快，曲线位置向左上方移动，a_c 和 N_p 都相应减小。

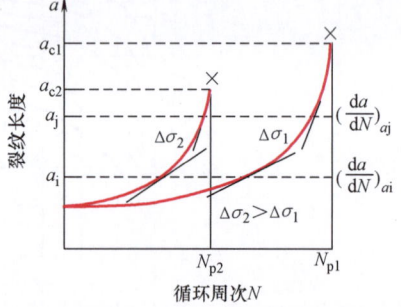

图 5-16　疲劳裂纹扩展曲线

二、疲劳裂纹扩展速率

（一）疲劳裂纹扩展速率曲线

图 5-16 表明，材料的疲劳裂纹扩展速率 $\dfrac{da}{dN}$ 不仅与应力水平有关，而且与当时的裂纹尺寸有关，将应力范围 $\Delta\sigma$ 和 a 复合为应力强度因子范围 ΔK，$\Delta K = K_{\max} - K_{\min} = Y\sigma_{\max}\sqrt{a} - Y\sigma_{\min}\sqrt{a} = Y\Delta\sigma\sqrt{a}$。如果认为疲劳裂纹扩展的每一微小过程类似是裂纹体小区域的断裂过程，则 ΔK 就是在裂纹尖端控制裂纹扩展的复合力学参量，从而可建立由 ΔK 起控制作用的 $\dfrac{da}{dN}$-ΔK 曲线，即疲劳裂纹扩展速率曲线（纵、横坐标均用对数表示，图 5-17）。曲线分为Ⅰ、Ⅱ、Ⅲ三个区段。在Ⅰ、Ⅲ区，ΔK 对 $\dfrac{da}{dN}$ 影响较大；在Ⅱ区，ΔK 与 $\dfrac{da}{dN}$ 之间呈幂函数关系。

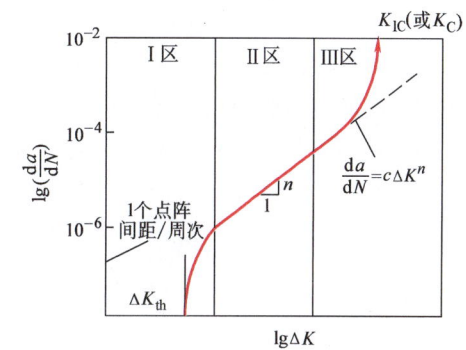

图 5-17　疲劳裂纹扩展速率曲线

Ⅰ区是疲劳裂纹初始扩展阶段，$\dfrac{da}{dN}$ 值很小，为 $10^{-8} \sim 10^{-6}$ mm/周次。从 ΔK_{th} 开始，随 ΔK 增加，$\dfrac{da}{dN}$ 快速提高，但因 ΔK 变化范围很小，所以 $\dfrac{da}{dN}$ 提高有限，所占扩展寿命不长。

Ⅱ区是疲劳裂纹扩展的主要阶段，占据亚稳扩展的绝大部分，是决定疲劳裂纹扩展寿命的主要组成部分。因此，Ⅱ区的 $\dfrac{da}{dN}$ 是估算裂纹体剩余寿命的依据。这一区段的 $\dfrac{da}{dN}$ 较大，为 $10^{-5} \sim 10^{-2}$ mm/周次，且 ΔK 变化范围大，扩展寿命长。

Ⅲ区是疲劳裂纹扩展的最后阶段，$\dfrac{da}{dN}$ 很大，并随 ΔK 增加而很快地增大，只需扩展很少周次即会导致材料失稳断裂。

（二）疲劳裂纹扩展门槛值

由图 5-17 可见，在Ⅰ区，当 $\Delta K \leqslant \Delta K_{\text{th}}$ 时，$\dfrac{da}{dN} = 0$，表示裂纹不扩展；只有当 $\Delta K > \Delta K_{\text{th}}$ 时，$\dfrac{da}{dN} > 0$，疲劳裂纹才开始扩展。因此，ΔK_{th} 是疲劳裂纹不扩展的 ΔK 临界值，称为**疲劳裂纹扩展门槛值**。ΔK_{th} 表示材料阻止疲劳裂纹开始扩展的性能，也是材料的力学性能指标，其值越大，阻止疲劳裂纹开始扩展的能力就越大，材料就越好。ΔK_{th} 的单位和 K 相同，也是 $\mathrm{MN \cdot m^{-3/2}}$ 或 $\mathrm{MPa \cdot m^{1/2}}$。

ΔK_{th} 与疲劳极限 σ_{-1} 有些相似，都是表示无限寿命的疲劳性能，也都受材料成分和组织、载荷条件及环境因素等影响；但 σ_{-1} 是光滑试样的无限寿命疲劳强度，用于传统的疲劳强度设计和校核；ΔK_{th} 是裂纹试样的无限寿命疲劳性能，适于裂纹件的设计和校核。

根据 ΔK_{th} 的定义可以建立裂纹件不疲劳断裂（无限寿命）的校核公式

$$\Delta K = Y\Delta\sigma\sqrt{a} \leqslant \Delta K_{th} \tag{5-8}$$

利用式（5-8），即可在 ΔK_{th}、a、$\Delta\sigma$ 三个参量中已知两个去求另一个。如已知裂纹件的裂纹尺寸 a 和材料的疲劳门槛值 ΔK_{th}，即可求得该件无限疲劳寿命的承载能力

$$\Delta\sigma \leqslant \frac{\Delta K_{th}}{Y\sqrt{a}} \tag{5-9}$$

式（5-9）中 $\Delta\sigma$ 为在疲劳门槛状态下按无裂纹计算的名义应力范围（通常其下标 th 省略），其意义和裂纹疲劳极限相当。

显然，这里的 $\Delta\sigma$ 小于光滑试样的疲劳极限 σ_{-1}。照此设计的机件很笨重，只适用于地面结构，而航空航天机件绝不可能采用。

若已知裂纹件的工作载荷 $\Delta\sigma$ 和材料的疲劳门槛值 ΔK_{th}，即可求得裂纹的允许尺寸

$$a < \frac{1}{Y^2}\left(\frac{\Delta K_{th}}{\Delta\sigma}\right)^2 \tag{5-10}$$

实际在测定材料 ΔK_{th} 时很难做到 $\frac{da}{dN}=0$ 的情况，因此实验时，常规定在平面应变条件下 $\frac{da}{dN}=10^{-6}\sim10^{-7}$ mm/周次，它所对应的 ΔK 作为 ΔK_{th}，称为工程（或条件）疲劳门槛值。

工程金属材料的 ΔK_{th} 值很小，为 $5\%\sim10\% K_{IC}$。例如钢，$\Delta K_{th}\leqslant 9$ MPa·m$^{1/2}$；铝合金，$\Delta K_{th}\leqslant 4$ MPa·m$^{1/2}$。表 5-2 为几种工程金属材料的 ΔK_{th} 测定值，可供参考。

表 5-2 几种工程金属材料的 ΔK_{th} 测定值（$r=0$）

材　料	ΔK_{th}/MPa·m$^{1/2}$	材　料	ΔK_{th}/MPa·m$^{1/2}$
低合金钢	6.6	纯铜	2.5
18-8 不锈钢	6.0	60/40 黄铜	3.5
纯铝	1.7	纯镍	7.9
4.5 铜铝合金	2.1	镍基合金	7.1

（三）Paris 公式

1961 年，Paris 根据大量试验数据，提出了在疲劳裂纹扩展速率曲线 II 区，$\frac{da}{dN}$ 与 ΔK 关系的经验公式为

$$\frac{da}{dN} = c(\Delta K)^n \tag{5-11}$$

式中　c、n——材料试验常数，与材料、应力比、环境等因素有关，但显微组织对 n 的影响不明显。根据 $\lg\frac{da}{dN}$-$\lg\Delta K$ 试验曲线的截距及斜率可求得 c、n 值。多数材料的 n 值在 $2\sim4$ 之间变化。

图 5-18 是三种组织钢的 $\frac{da}{dN}$-ΔK 曲线，它们的 Paris 公式分别为：

铁素体-珠光体钢　　$\dfrac{da}{dN}=6.9\times10^{-12}\Delta K^{3.0}$

奥氏体不锈钢　　　$\dfrac{\mathrm{d}a}{\mathrm{d}N} = 5.6 \times 10^{-12} \Delta K^{3.25}$

马氏体钢　　　　　$\dfrac{\mathrm{d}a}{\mathrm{d}N} = 1.35 \times 10^{-10} \Delta K^{2.25}$

由图 5-18 可见，上述三类组织钢的 $\dfrac{\mathrm{d}a}{\mathrm{d}N}$ 数据都集中在很窄的分散带内。因此，钢的强度水平和显微组织对 Ⅱ 区的疲劳裂纹扩展速率影响不大。

铝合金的 $\dfrac{\mathrm{d}a}{\mathrm{d}N}$ 分散度较大，$n = 2 \sim 7$；典型的航空用高强度铝合金，其 Paris 公式为 $\dfrac{\mathrm{d}a}{\mathrm{d}N} = 1.6 \times 10^{-1} (\Delta K)^3$。

以上诸式中 $\dfrac{\mathrm{d}a}{\mathrm{d}N}$ 的单位为 m/周次，ΔK 的单位是 $MPa \cdot m^{1/2}$。

Paris 公式可以描述各种材料和各种试验条件下的疲劳裂纹扩展规律，为疲劳机件的设计或失效分析提供了有效的寿命估算方法。但 Paris 公式一般只适用于低应力 $(\sigma_s > \sigma \geq \sigma_{-1})$、低扩展速率 $\left(\dfrac{\mathrm{d}a}{\mathrm{d}N} < 10^{-2} \mathrm{mm}/周次\right)$ 的范围及较长的疲劳寿命 $(N_f > 10^4$ 周次$)$，即所谓的高周疲劳场合。

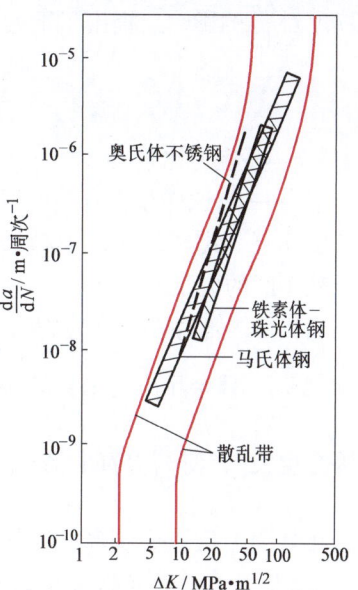

图 5-18　各种钢的疲劳裂纹扩展速率的分散带

（四）影响疲劳裂纹扩展速率的因素

1. 应力比 r（或平均应力 σ_m）的影响

平均应力 σ_m 可用应力比 r 和应力幅 σ_a 表示，$\sigma_m = (1 + r)\sigma_a/(1 - r)$，在 σ_a 一定的条件下 σ_m 随 r 增大而增高，因此平均应力和应力比的影响具有等效性。

由于压应力使裂纹闭合不会使裂纹扩展，所以研究 r 对 $\dfrac{\mathrm{d}a}{\mathrm{d}N}$ 的影响，都是在 $r > 0$ 的情况下进行的。

如图 5-19 所示，应力比影响裂纹扩展速率曲线的位置，随着 r 增加，曲线向左上方移动，使 $\dfrac{\mathrm{d}a}{\mathrm{d}N}$ 升高，而且在 Ⅰ、Ⅲ 区的影响比在 Ⅱ 区的大。在 Ⅰ 区，r 还降低 ΔK_{th}，其影响规律为

$$\Delta K_{th} = \Delta K_{th0} \left(\dfrac{1 - r}{1 + r}\right)^{1/2} \quad (r > 0) \quad (5\text{-}12)$$

式中　ΔK_{th0}——脉动循环（$r = 0$）下的疲劳门槛值。

1967 年，Forman 考虑了应力比和材料断

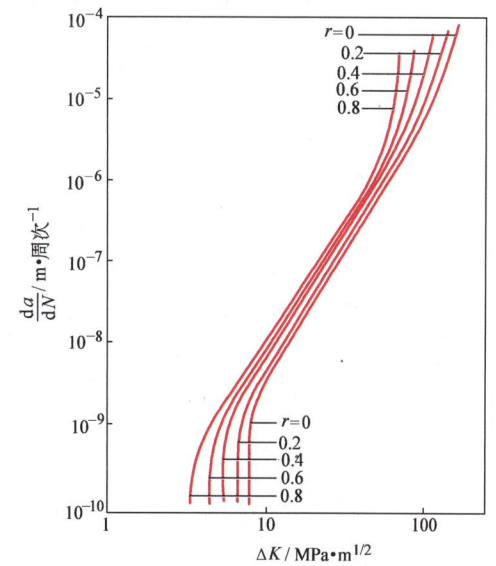

图 5-19　应力比 r 对疲劳裂纹扩展速率的影响

裂韧度对 $\frac{da}{dN}$ 的影响，提出了下列公式

$$\frac{da}{dN} = \frac{c\,(\Delta K)^n}{(1-r)\,K_C - \Delta K} \tag{5-13}$$

式中　r——应力比；

K_C——与试件厚度有关的材料断裂韧度。

实际上，式（5-13）是对 Paris 公式的修正，它可以描述裂纹在 Ⅱ、Ⅲ 区的扩展，但没有反映 Ⅰ 区的裂纹扩展情况。

当机件内部存在残余应力时，因与外加循环应力叠加将改变实际应力比，所以也会影响 $\frac{da}{dN}$ 和 ΔK_{th}。残余压应力因会减小 r，使 $\frac{da}{dN}$ 降低和 ΔK_{th} 升高，对疲劳寿命有利；而残余拉应力因会增大 r，使 $\frac{da}{dN}$ 升高和 ΔK_{th} 降低，对疲劳寿命不利。因此生产中总是用喷丸、滚压等表面强化处理工艺手段，除表面强化外，还使机件表面形成残余压应力，意在降低 $\frac{da}{dN}$，提高 ΔK_{th} 和延长疲劳寿命。试验表明，在对机件进行具体表面强化处理时，残余压应力层深 s 要足够厚。一般，s 比裂纹长度 a 大 2~4 倍（即 $s/a = 3 \sim 5$）时，效果较好。

2. 过载峰的影响

实际机件在工作时很难一直是恒载，往往会有偶然过载。前已述及，偶然过载进入过载损伤区内，将使材料受到损伤并降低疲劳寿命。但若过载适当，有时反而是有益的。试验表明，在恒载裂纹疲劳扩展期内，适当的过载峰会使裂纹扩展减慢或停滞一段时间，发生裂纹扩展过载停滞现象，并延长疲劳寿命。图 5-20 是过载峰对铝合金 2024-T3⊖ 疲劳裂纹扩展的影响情况。三次过载应力峰，都使裂纹扩展停滞了一段时间，随后扩展又恢复正常。

裂纹扩展发生过载停滞的原因，可用裂纹尖端过载塑性区的残余压应力影响来说明。如图 5-21 所示，在应力循环正半周时，过载拉应力产生较大的塑性区，当这个较大塑性区在

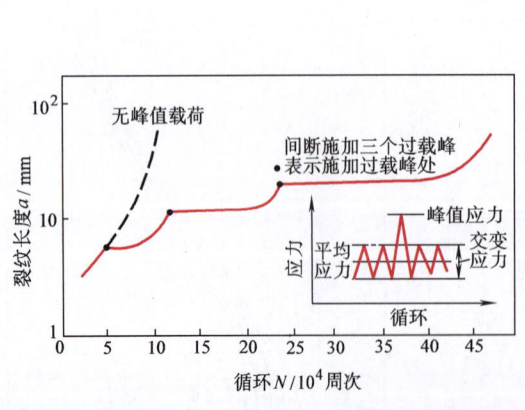

图 5-20　过载峰对铝合金 2024-T3 疲劳裂纹扩展的影响

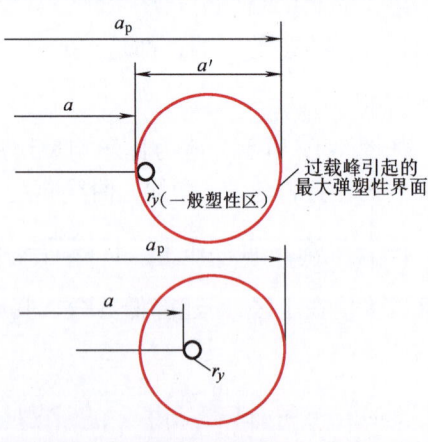

图 5-21　过载在裂纹尖端形成的塑性区

⊖ 美国铝合金牌号，T3 表示固溶处理、冷加工。

循环负半周时，因阻止周围弹性变形恢复而产生残余压应力。这个压应力叠加在裂纹上，使裂纹提前闭合，减小裂纹尖端的 ΔK，从而降低 $\dfrac{\mathrm{d}a}{\mathrm{d}N}$，这种影响一般称为 <u>裂纹闭合效应</u>。当疲劳裂纹扩展使裂纹尖端走出大塑性区后，由于应力恢复正常，疲劳裂纹扩展也恢复正常。研究 42CrMo 钢亚温淬火的疲劳性能结果表明，一定的软相铁素体分布于马氏体基体上，因增大裂纹的闭合效应，使疲劳裂纹扩展寿命明显提高。

3. 材料组织的影响

在疲劳裂纹扩展过程中，材料组织对 Ⅰ、Ⅲ 区的 $\dfrac{\mathrm{d}a}{\mathrm{d}N}$ 影响比较明显，而对 Ⅱ 区的 $\dfrac{\mathrm{d}a}{\mathrm{d}N}$ 影响不太明显。

一般来说，近门槛 Ⅰ 区的裂纹扩展对疲劳安全性更为重要，所以对该区的组织影响研究较多。

通常，晶粒越粗大，其 ΔK_{th} 值越高，$\dfrac{\mathrm{d}a}{\mathrm{d}N}$ 越低。此规律正好与晶粒对屈服强度的影响规律相反，因此在选用材料、控制材料晶粒度时，提高疲劳裂纹萌生抗力和提高疲劳裂纹扩展抗力存在截然不同的途径。实践中常采用折中方法，或抓主要矛盾的方法处理问题。

亚共析钢的 ΔK_{th} 与铁素体及珠光体的含量有关，因纯铁的 ΔK_{th} 比共析钢的高，所以钢的含碳量越低，铁素体含量越多时，其 ΔK_{th} 值就越高。

当钢的淬火组织中存在一定量的残余奥氏体和贝氏体等韧性组织时，可以提高钢的 ΔK_{th}，降低 $\dfrac{\mathrm{d}a}{\mathrm{d}N}$。对高强度钢等温淬火疲劳性能进行研究发现，钢中马氏体、贝氏体和残留奥氏体对 ΔK_{th} 的贡献大致比例是 M∶B∶A = 1∶4∶7。可见，在高强度基体上存在适量的软相奥氏体，可以抑制裂纹在 Ⅰ 区扩展，提高 ΔK_{th}。

喷丸强化也能提高 ΔK_{th}。尤其是高强度钢，在高应力比 r 条件下进行喷丸强化可以大幅度地提高 ΔK_{th}。钢的高温回火的组织韧性好，强度低，其 ΔK_{th} 较高；而低温回火的组织韧塑性差，强度高，其 ΔK_{th} 较低；中温回火的 ΔK_{th} 则介于上述二者之间。图 5-22 是 300M 钢（美国牌号）的疲劳裂纹扩展速率曲线，正好说明了这种规律。可以看出，回火对 Ⅰ、Ⅲ 区的影响比对 Ⅱ 区的大。在 Ⅰ 区，650℃ 高温回火的 ΔK_{th} 最高，$\dfrac{\mathrm{d}a}{\mathrm{d}N}$ 最低；300℃ 回火的 ΔK_{th} 最低，$\dfrac{\mathrm{d}a}{\mathrm{d}N}$ 最高；470℃ 回火的 ΔK_{th} 和 $\dfrac{\mathrm{d}a}{\mathrm{d}N}$ 居中。Ⅲ 区，在三种回火温度

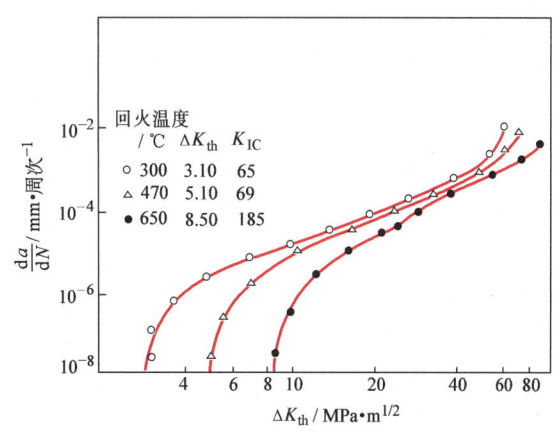

图 5-22 300M 钢不同热处理对 $\dfrac{\mathrm{d}a}{\mathrm{d}N}$ 及 ΔK_{th} 的影响

下，回火温度最低者，$\dfrac{\mathrm{d}a}{\mathrm{d}N}$ 最大。但在另外一些研究中，发现也有和此不太相同的规律，如

45Cr 钢经淬火后 400℃ 回火的 ΔK_{th} 最大；T12 钢淬火后 500℃ 回火的 ΔK_{th} 最大。可见，组织和性能对 ΔK_{th} 的影响不是简单的单调变化，而好像是组织、强度和韧性的最佳配合问题。

三、疲劳裂纹扩展寿命的估算

根据疲劳裂纹扩展速率表达式，用积分方法算出疲劳裂纹扩展寿命 N_p，也可以算出带裂纹或缺陷机件的剩余疲劳寿命。这在生产上是很有实用意义的。

对于机件疲劳剩余寿命的估算，一般先用无损检测的方法确定机件初始裂纹尺寸 a_0、形状位置和取向，从而确定 ΔK 的表达式 $\Delta K = Y\Delta\sigma\sqrt{a}$，再根据材料的断裂韧度 K_{IC} 及工作名义应力，确定临界裂纹尺寸 a_c，然后根据由试验确定的疲劳裂纹扩展速率表达式，最后用积分方法计算从 a_0 到 a_c 所需的循环周次，即疲劳剩余寿命 N_c。所以，从这个意义上说，这种寿命是机件有初始裂纹 a_0 后的疲劳裂纹扩展寿命，而且必要时还要考虑到机件服役的温度、环境介质、加载频率及过载等的影响。

在选择 $\dfrac{da}{dN}$ 表达式时，从简便角度出发，常选用 Paris 公式。若取 $\Delta K = Y\Delta\sigma\sqrt{a}$，则

$$\frac{da}{dN} = c(Y\Delta\sigma\sqrt{a})^n$$

所以

$$dN = \frac{da}{cY^n(\Delta\sigma)^n a^{n/2}} \tag{5-14}$$

当 $n \neq 2$ 时

$$N_c = \int_0^{N_c} dN = \int_{a_0}^{a_c} \frac{da}{cY^n(\Delta\sigma)^n a^{n/2}} = \frac{2}{(n-2)c(Y\Delta\sigma)^n}\left[\frac{1}{a_0^{(n-2)/2}} - \frac{1}{a_c^{(n-2)/2}}\right] \tag{5-15}$$

当 $n = 2$ 时

$$N_c = \frac{1}{c(Y\Delta\sigma)^2}[\ln a_c - \ln a_0] \tag{5-16}$$

例：某汽轮机转子的 $\sigma_{r0.2} = 672\text{MPa}$，$K_{IC} = 34.1\text{MPa}\cdot\text{m}^{1/2}$，$\dfrac{da}{dN} = 10^{-11} \times (\Delta K)^4$。工作时，因起动或停机在转子中心孔壁的最大合成惯性应力 $\sigma_0 = 352\text{MPa}$。经超声波无损检测，得知中心孔壁附近有 $2a_0 = 8\text{mm}$ 的圆片状埋藏裂纹，裂纹离孔壁距离 $h = 5.3\text{mm}$。如果此发电机平均每周起动和停机各一次，试估算转子在循环惯性力作用下的疲劳寿命。

1. 计算 K_I

第四章中式 (4-19) 是表面半椭圆裂纹尖端的应力场强度因子的表达式。实际表面裂纹不是理想的半椭圆形，但通常仍按式 (4-19) 计算 K_I 值。式 (4-19) 适用于裂纹长度与裂纹厚度比小于或等于 0.5 的表面浅裂纹。本题 $a/h = 0.75$ 超过了 0.5，故题中所指孔壁附近的圆片状埋藏裂纹为深裂纹，其应力场强度因子表达式为

$$K_I = M_e\sigma\sqrt{\frac{\pi a}{Q}} \tag{5-17}$$

式中　M_e——自由表面修正因子，其值与 a/c 及裂纹厚度比有关，可由本书末附录 B 中查得；

　　　Q——裂纹形状参数，可由书末附录 C 中表格查得或通过计算获得。

由于是埋藏圆片状裂纹 $a/(2c) = 0.5$，$a/h = 0.75$。查 M_e 曲线，得 $M_e = 1.1$。计算得 $Q = 2.41$，则

$$K_I = 1.1 \frac{\sigma\sqrt{\pi a}}{\sqrt{2.41}} = 1.1 \times \frac{352\sqrt{\pi a}}{\sqrt{2.41}}$$

2. 计算裂纹临界尺寸 a_c

由断裂判据或式（5-17）可得

$$K_{IC} = M_e \sigma_c \sqrt{\frac{\pi a_c}{Q}}$$

将 M_e、σ_c、a_c 及 Q 值代入得

$$K_{IC} = 1.1 \times \frac{352\sqrt{\pi a_c}}{\sqrt{2.41}}$$

$$a_c = \frac{34.1^2 \times 2.41}{(1.1 \times 352)^2 \pi} \text{mm} = 6.2 \text{mm}$$

3. 估算疲劳寿命

当 $K_{Imin} = 0$ 时

$$\frac{da}{dN} = 10^{-11}(\Delta K)^4 = 10^{-11}\left(M_e \sigma \sqrt{\frac{\pi a}{Q}}\right)^4$$

按式（5-15）得

$$N_c = \int_{a_0}^{a_c} \frac{da}{10^{-11}\left(M_e \sigma \sqrt{\frac{\pi a}{Q}}\right)^4}$$

$$= \int_{a_0}^{a_c} \frac{da}{10^{-11} \times \left(1.1 \times 352\sqrt{\frac{\pi a}{2.41}}\right)^4} = 2350 \text{ 周次}$$

因一年为 52 周，故疲劳寿命（允许运转时间）为

$$t = \frac{N_c}{52 \times 2} = \frac{2350}{104} \text{年} = 22.6 \text{ 年}$$

上述计算没有考虑锻件材质的不均匀性、介质、温度波动及工作应力对疲劳裂纹扩展的影响，因此其结果不精确。

第四节　疲劳过程及机理

疲劳过程包括疲劳裂纹萌生、裂纹亚稳扩展及最后失稳扩展三个阶段，其疲劳寿命 N_f 由疲劳裂纹萌生期 N_i 和裂纹亚稳扩展期 N_p 所组成。了解疲劳各阶段的物理过程，对认识疲劳本质，分析疲劳原因，采取强韧化对策，延长疲劳寿命都是很有意义的。

一、疲劳裂纹萌生过程及机理

宏观疲劳裂纹是由微观裂纹的形成、长大及连接而成的。关于疲劳裂纹萌生期，目前尚无统一的裂纹尺度标准，常将 0.05～0.1mm 的裂纹定为疲劳裂纹核，并由此定义疲劳裂纹

萌生期。

大量研究表明，疲劳微观裂纹都是由不均匀的局部滑移和显微开裂引起的，主要方式有表面滑移带开裂；第二相、夹杂物或其界面开裂；晶界或亚晶界开裂等。

（一）滑移带开裂产生裂纹

大量试验表明，金属在循环应力（$\sigma > \sigma_{-1}$）长期作用下，即使其应力低于屈服应力，也会发生循环滑移并形成循环滑移带。与静载荷时均匀滑移带相比，循环滑移是极不均匀的，总是集中分布于某些局部薄弱区域。用电解抛光的方法也很难将已产生的表面循环滑移带去除，即使能去除，当对试样重新循环加载时，则循环滑移带又会在原处再现，这种永留或再现的循环滑移带称为驻留滑移带，具有持久驻留性。它有力地说明，驻留滑移带是由材料某些薄弱地区产生的。驻留滑移带一般只在表面形成，其深度较浅。随着加载循环次数的增加，循环滑移带会不断地加宽，当加宽至一定程度时，由于位错的塞积和交割作用，便在驻留滑移带处形成微裂纹。

驻留滑移带在加宽过程中，还会出现挤出脊和侵入沟，于是此处就产生应力集中和空洞，经过一定循环后也会产生微裂纹。挤出和侵入的现象在很多实验中曾经观察到，而且看到了由它所形成的裂纹（图5-23）。关于挤出和侵入是怎样形成的这一问题，可以用柯垂尔（A. H. Cottrell）和赫尔（D. Hull）提出的一个交叉滑移模型来说明，如图5-24所示。在拉应力的半周期

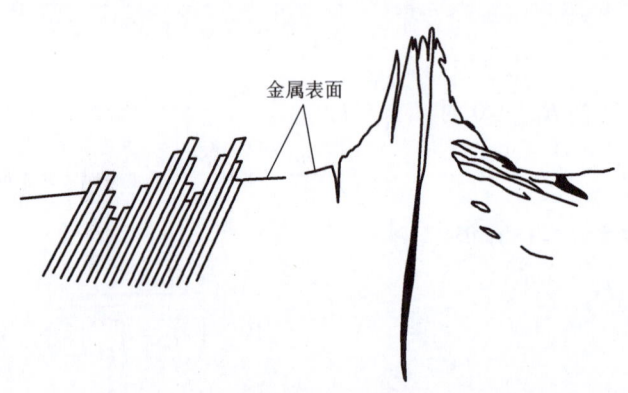

图5-23　金属表面"挤出""侵入"并形成裂纹

内，先在取向最有利的滑移面上位错源 S_1 被激活，当它增殖的位错滑动到表面时，便在 P 处留下一个滑移台阶，如图5-24a所示。在同一半周期内，随着拉应力增大，在另一个滑移面上的位错源 S_2 也被激活，当它增殖的位错滑动到表面时，在 Q 处留下一个滑移台阶；与此同时，后一个滑移面上位错运动使第一个滑移面错开，造成位错源 S_1 与滑移台阶 P 不再处于同一个平面内，如图5-24b所示。在压应力的半周期内，位错源 S_1 又被激活，位错向反方向滑动，在晶体表面留下一个反向滑移台阶 P'，于是 P 处形成一个侵入沟；与此同时，也造成位错源 S_2 与滑移台阶 Q 不再处于一个平面内，如图5-24c所示。同一半周期内，随着压应力增加，位错源 S_2 又被激活，位错沿相反方向运动，滑出表面后留下一个反向的滑移台阶 Q'，于是在此处形成一个挤出脊，如图5-24d所示；与此同时又将位错源 S_1 带回原位置，与滑移台阶 P 处于一个平面内。若应力如此不断循环下去，挤出脊高度和侵入沟深度将不断增加，而宽度不变。

这一模型从几何和能量上看是可能的，但它所产生的挤出脊和侵入沟是分别出现在两个滑移系统中，这与实际情况不大一致，因为实验中看到的挤出脊和侵入沟常常在同一滑移系统的相邻部位上（图5-23）。

从以上疲劳裂纹的形成机理来看，只要能提高材料的滑移抗力（如采用固溶强化、细晶强化等手段），均可以阻止疲劳裂纹萌生，提高疲劳强度。

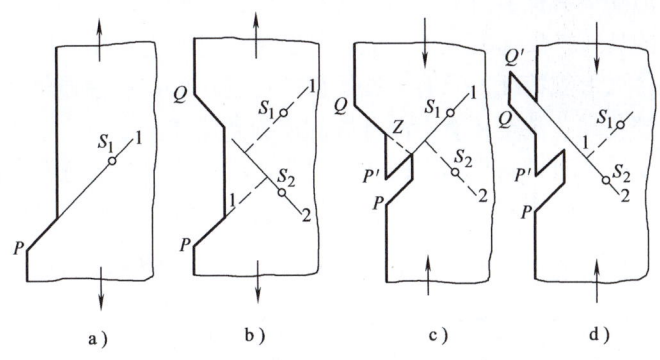

图 5-24　柯垂尔-赫尔模型

(二) 相界面开裂产生裂纹

在疲劳失效分析中，常常发现很多疲劳源都是由材料中的第二相或夹杂物引起的，因此便提出了第二相、夹杂物和基体界面开裂，或第二相、夹杂物本身开裂的疲劳裂纹萌生机理（参见本书第一章图 1-31）。

从第二相或夹杂物可引发疲劳裂纹的机理来看，只要能降低第二相或夹杂物的脆性，提高相界面强度，控制第二相或夹杂物的数量、形态、大小和分布，使之"少、圆、小、匀"，均可抑制或延缓疲劳裂纹在第二相或夹杂物附近萌生，提高疲劳强度。

(三) 晶界开裂产生裂纹

多晶体材料由于晶界的存在和相邻晶粒的不同取向性，位错在某一晶粒内运动时会受到晶界的阻碍作用，在晶界处发生位错塞积和应力集中现象。在应力不断循环下，晶界处的应力集中得不到松弛时，则应力峰越来越高，当超过晶界强度时就会在晶界处产生裂纹（参见本书第一章图 1-22）。

从晶界萌生裂纹来看，凡使晶界弱化和晶粒粗化的因素，如晶界有低熔点夹杂物等有害元素和成分偏析、回火脆性、晶界析氢及晶粒粗化等，均易产生晶界裂纹，降低疲劳强度；反之，凡使晶界强化、净化和细化晶粒的因素，均能抑制晶界裂纹形成，提高疲劳强度。

二、疲劳裂纹扩展过程及机理

疲劳微裂纹萌生后即进入裂纹扩展阶段。根据裂纹扩展方向，裂纹扩展可分为两个阶段，如图 5-25 所示。第一阶段是从表面个别侵入沟（或挤出脊）先形成微裂纹，随后，裂纹主要沿主滑移系方向（最大切应力方向），以纯剪切方式向内扩展。在扩展过程中，多数微裂纹成为不扩展裂纹，只有少数微裂纹会扩展 2~3 个晶粒范围。在此阶段，裂纹扩展速率很低，每一应力循环大约只有 $0.1\mu m$ 的扩展量。许多铁合金、铝合金、钛合金中都曾观察到裂

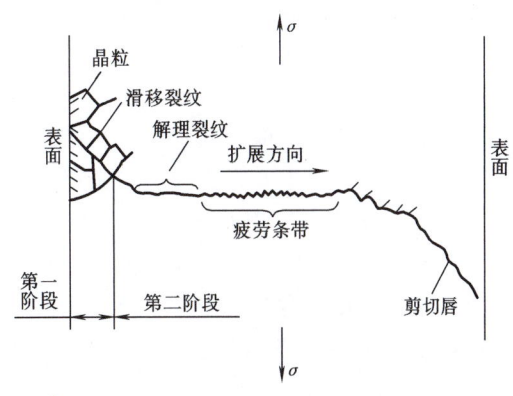

图 5-25　疲劳裂纹扩展的两个阶段

纹第一阶段扩展；但缺口试样，可能不出现裂纹扩展第一阶段。

由于第一阶段的裂纹扩展速率很低，而且其扩展总进程也很小，所以该阶段的断口很难分析，常常看不到什么形貌特征，只有一些擦伤的痕迹；但在一些强化材料中，有时可看到周期解理的或准解理花样，甚至还有沿晶开裂的冰糖状花样。

在第一阶段裂纹扩展时，由于晶界的不断阻碍作用，裂纹扩展逐渐转向垂直于拉应力的方向，进入第二阶段扩展。在室温及无腐蚀条件下疲劳裂纹扩展是穿晶的。这个阶段的大部分循环周期内，裂纹扩展速率为 $10^{-5} \sim 10^{-2}$ mm/次，正好与图 5-17 所示的 $\frac{da}{dN}$-ΔK 曲线的 II 区相对应，所以第二阶段应是疲劳裂纹亚稳扩展的主要部分。

电子显微镜断口分析表明，第二阶段的断口特征是具有略呈弯曲并相互平行的沟槽花样，称为**疲劳条带**（疲劳条纹、疲劳辉纹）。它是裂纹扩展时留下的微观痕迹，每一条带可以视作一次应力循环的扩展痕迹，裂纹的扩展方向与条带垂直。图 5-26 所示即为疲劳条带花样。

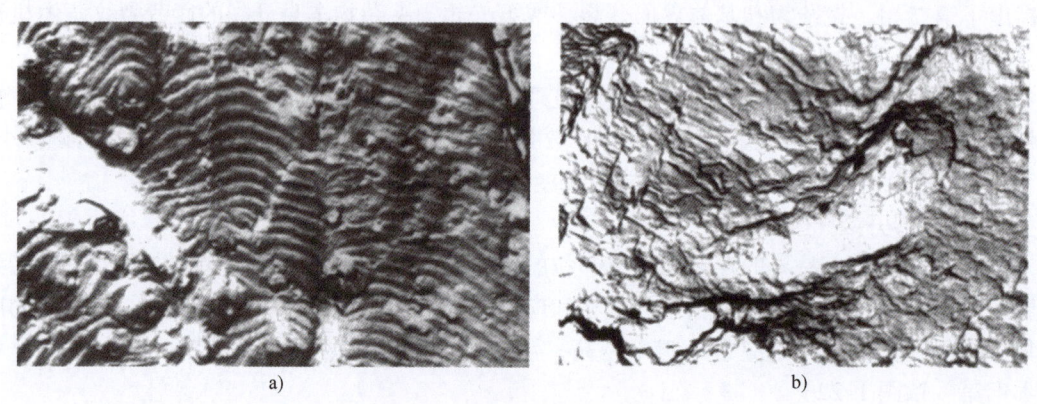

图 5-26 疲劳条带（SEM）
a) 韧性条带 ×10000　b) 脆性条带 ×6000

疲劳条带是疲劳断口最典型的微观特征，在失效分析中，常利用疲劳条带间宽与 ΔK 的关系来分析疲劳破坏。但是在实际观察不同材料的疲劳断口时，并不一定都能看到清晰的疲劳条带。一般滑移系多的面心立方金属，其疲劳条带比较明显，如 Al、Cu 合金和 18-8 不锈钢；而滑移系较少或组织状态比较复杂的钢铁材料，其疲劳条带往往短窄而紊乱，甚至还看不到。因此在分析电子显微镜断口时，利用疲劳条带分析疲劳裂纹扩展速率和疲劳寿命往往不一定可靠。**应该指出，这里所指的疲劳条带和前面提到的宏观疲劳断口的贝纹线并不是一回事，条带是疲劳断口的微观特征，贝纹线是疲劳断口的宏观特征，在相邻贝纹线之间可能有成千上万个疲劳条带**。在断口上二者可以同时出现，即宏观上既可以看到贝纹线，微观上又可看到疲劳条带；二者也可以不同时出现，即在宏观上有贝纹线而在微观上却看不到条带，或者宏观上看不到贝纹线而在微观上却能看到条带。这种不完全对应的现象在进行疲劳断口分析时是值得注意的，千万不可片面做结论。为了说明第二阶段疲劳裂纹扩展的物理过程，解释疲劳条带的形成原因，曾提出不少裂纹扩展模型，其中比较公认的是塑性钝化模型。

Laird 和 Smith 在研究铝、镍金属疲劳时提出，高塑性的 Al、Ni 材料在交变循环应力作用下，因裂纹尖端的塑性张开钝化和闭合锐化，会使裂纹向前延续扩展。具体扩展过程如图 5-27 所示，左侧图 a→e 曲线的实线段表示交变应力的变化，右侧为疲劳扩展第二阶段中疲劳裂纹的剖面示意图。图 5-27a 表示交变应力为零时，右侧裂纹呈闭合状态；图 5-27b 表示受拉应力时裂纹张开，裂纹尖端由于应力集中，沿 45°方向发生滑移；图 5-27c 表示拉应力达到最大值时，滑移区扩大，裂纹尖端变为半圆形，发生钝化，裂纹停止扩展。这种由于塑性变形使裂纹尖端的应力集中减小，滑移停止，裂纹不再扩展的过程称为"塑性钝化"。图 5-27c 中两个同向箭头表示滑移方向，两箭头之间距离表示滑移进行的宽度；图 5-27d 表示交变应力为压应力时，滑移沿相反方向进行，原裂纹与新扩展的裂纹表面被压近，裂纹

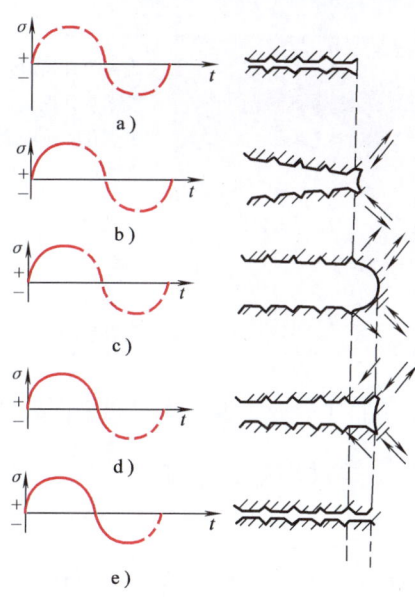

图 5-27 Laird 疲劳裂纹扩展模型

尖端被弯折成一对耳状切口，为沿 45°方向滑移准备了应力集中条件；图 5-27e 表示压应力达到最大值时，裂纹表面被压合，裂纹尖端又由钝变锐，形成一对尖角。由此可见，应力循环一周期，在断口上便留下一条疲劳条带，裂纹向前扩展一个条带的距离。如此反复进行，不断形成新的条带，疲劳裂纹也就不断向前扩展。因此，疲劳裂纹扩展的第二阶段就是在应力循环下，裂纹尖端钝锐反复交替变化的过程。在电子显微镜下，看到的疲劳断口上的疲劳条带就是这种疲劳裂纹扩展所留下的痕迹。

显然，这种模型对说明塑性材料的疲劳扩展过程、韧性疲劳条带的形成很成功。材料强度越低，裂纹扩展越快，疲劳条带越宽。

第五节 影响疲劳强度的主要因素

疲劳断裂一般是从机件表面应力集中处或材料缺陷处开始的，或者是从二者结合处发生的。因此，材料和机件的疲劳强度不仅与材料成分、组织结构及夹杂物有关，而且还受载荷条件、工作环境及表面处理条件的影响。影响疲劳强度的各种因素归纳于表 5-3 中。

表 5-3 影响材料及机件疲劳强度的因素

工作条件	载荷条件（应力状态，应力比，过、次载情况，平均应力） 载荷频率 环境温度 环境介质
表面状态及尺寸因素	尺寸效应 表面粗糙度 缺口效应

(续)

表面处理及残余内应力	表面喷丸及滚轧 表面热处理 表面化学热处理 表面涂层
材料因素	化学成分 组织结构 纤维方向 内部缺陷

本节将主要介绍表面因素和表面处理，以及材料成分和组织对高周疲劳 σ_{-1} 的影响。

一、表面状态的影响

（一）应力集中

机件表面的缺口应力集中，往往是引起疲劳破坏的主要原因。一般用 K_t 表示应力集中程度，用 K_f 和 q_f 说明应力集中对疲劳强度的影响程度。当材料 q_f 越大和疲劳缺口系数 K_f 越大时，越易在缺口处产生疲劳裂纹，疲劳强度越低。所以在解决这类问题时总是选用 q_f 较小的材料，或增大缺口根部圆弧半径，降低 K_t 和 K_f。

（二）表面粗糙度

在循环载荷作用下，金属的不均匀滑移主要集中在金属表面，疲劳裂纹也常常产生在表面上，所以机件的表面粗糙度对疲劳强度影响很大。表面的微观几何形状如刀痕、擦伤和磨裂等，都能像微小而锋利的缺口一样，引起应力集中，使疲劳极限降低。

表面粗糙度值越低，材料的疲劳极限越高；表面粗糙度值越高，疲劳极限越低。材料强度越高，表面粗糙度对疲劳极限的影响越显著。表面加工方法不同，所得到的表面粗糙度不同，因而，同一种材料的疲劳极限也不一样。图 5-28 说明了各种加工方法对弯曲疲劳极限影响的情况。可见，抗拉强度越高的材料，加工方法对其疲劳极限的影响越大，这是高强度材料疲劳极限应力集中敏感度大所致。因此，用高强度材料制造承受循环载荷作用的机件时，其表面必须经过更加仔细的加工，不允许有刀痕、擦伤或者大的缺陷；否则，会使疲劳极限显著降低。表面粗糙不仅降低疲劳极限，而且使疲劳曲线左移，即减少过载持久值，降低有限疲劳寿命。

表面脱碳、氧化等缺陷也都使疲劳强度降低。弹簧热处理后表面存在 0.1mm 的脱碳层，就明显影响疲劳强度；若出现全脱碳层，将使疲劳寿命降低 50%。

二、残余应力及表面强化的影响

残余应力可以与外加工作应力叠加，构

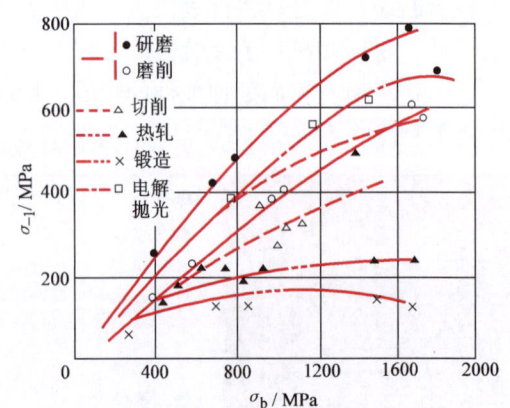

图 5-28 加工方法对弯曲疲劳极限的影响

成合成总应力：叠加残余压应力，总应力减小；叠加残余拉应力，总应力增大。因此，机件表面残余应力状态对疲劳强度（主要是低应力高周疲劳强度）有显著影响：残余压应力提高疲劳强度；残余拉应力则降低疲劳强度。

残余压应力的有利影响与外加应力的应力状态有关：机件承受弯曲疲劳时，残余压应力的效果比扭转疲劳大；承受拉压疲劳时，影响较小。这是不同应力状态下，机件表面层的应力梯度不同所致。

残余压应力显著提高缺口试样或机件的疲劳强度，这是因为残余压应力也可在缺口处集中，能更有效地降低缺口根部的拉应力峰值。

残余压应力提高疲劳强度的有利效果，还和残余压应力值的大小、残余压应力区的深度及分布，以及残余压应力在疲劳过程中是否会发生松弛等因素有关。

表面强化处理可在机件表面产生有利的残余压应力，同时还能提高机件表面的强度和硬度。这两方面的作用都能提高疲劳强度。图5-29即为表面强化提高疲劳极限的示意图。图5-29a用带箭头的实线示意地绘出试样弯曲疲劳试验时，外加载荷在试样截面上引起的应力分布，同时绘出了材料的疲劳极限。可见，在表面层相当深度内，应力高于材料的疲劳极限，因而该区域将会过早地产生疲劳裂纹。图5-29b用虚线示意地绘出外加载荷引起的应力，又用双点画线给出表面强化产生的残余应力，两类应力合成总应力用实线表示。实线折线为材料和强化层的疲劳极限。不难看出，由于表面层疲劳极限提高，以及表面残余压应力使表面层总应力降低，使表面层的总应力低于强化层的疲劳极限，因而不会发生疲劳断裂。

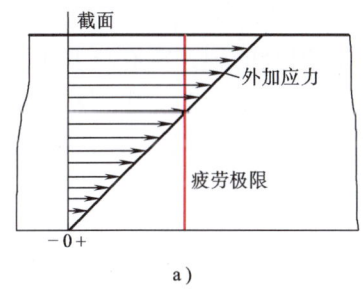 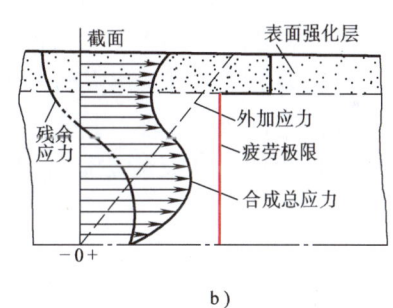

图5-29 表面强化提高疲劳极限示意图

a) $\dfrac{\text{表面层应力}}{\text{疲劳极限}} > 1$　b) $\dfrac{\text{表面层应力}}{\text{疲劳极限}} < 1$

表面强化方法，通常有表面喷丸、滚压、表面淬火及表面化学热处理等。

（1）表面喷丸及滚压　喷丸是用压缩空气将坚硬的小弹丸高速喷打向机件表面，使机件表面产生局部形变强化；同时因塑变层周围的弹性约束，又在塑变层内产生残余压应力。

喷丸时弹丸的直径为0.1~1mm不等，压应力层深度是弹丸直径的1/4~1/2，残余压应力的大小与喷丸的压力、速度及弹丸的直径有关，最大可达材料屈服强度的一半。喷丸时压应力层深度以大于表面缺陷尺寸较好。如图5-30所示，当40CrNiMo钢的喷丸层深度是表面裂纹长度的3~5倍时效果较好，因为此时不仅可以阻止裂纹萌生，而且还可以提高疲劳门

槛值 ΔK_{th}，降低裂纹扩展速率 $\dfrac{da}{dN}$。

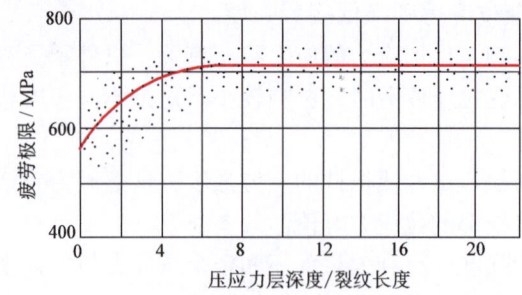

图 5-30 40CrNiMo 钢（σ_b = 1330MPa）喷丸残余压应力层深度与裂纹长度之比对疲劳极限的影响

喷丸强化的效果与被喷件的材料强度有关，材料强度越高，其喷丸效果越好。所以一般机件的喷丸总是在热处理强化之后进行，如弹簧和渗碳齿轮就是在淬火回火后进行喷丸，以获得最佳的喷丸强化效果。通常，喷丸可使疲劳强度提高 40%~50%，如 55Si2Mn 钢板状弹簧原疲劳强度为 484MPa，而喷丸后的疲劳强度为 921MPa，提高了 90%。50CrV 钢丝制汽车螺旋弹簧原压缩疲劳强度为 480MPa，经表面喷丸后增加到 738MPa，提高约 54%。如果弹簧在喷丸时再预加拉应力，即为应力喷丸，则可进一步提高喷丸效果。但喷丸不可过度，否则在机件表面会产生微裂纹，反而有害。

表面滚压和喷丸的作用相似，只是其压应力层深度较大，很适于大工件；而且表面粗糙度值低时，强化效果更好。一般形状复杂的零件可采用喷丸强化，而形状简单的回转型零件，如轴肩、齿轮齿根等，可采用表面滚压强化。压配合的轴颈常在压紧配合内边断裂，若采用滚压对轴颈进行强化处理，其疲劳极限 σ_{-1} 提高一倍左右。用滚压法制造的螺栓与切削法制造的螺栓相比，其疲劳寿命提高 1~5 倍。这些例子均显示了滚压强化的显著效果。

激光冲击强化，即激光冲击硬化与表面喷丸作用类似，故也称为激光喷丸技术（Laser Shocking Peening）。它是用功率密度很高（$10^8 \sim 10^{11} W/cm^2$）的激光束，在极短的脉冲时间内（$10^{-3} \sim 10^{-9} s$）辐照金属表面，使其很快汽化，形成等离子冲击波。当冲击波峰值压力超过材料屈服强度时，材料便发生塑性变形和形变强化，强度随之提高。激光作用结束后，受冲击区周围材料的影响，又在表面产生残余压应力。如此双重作用可以有效地提高疲劳裂纹扩展寿命。

文献报道，对 2A12 铝合金激光冲击前后疲劳试验结果表明，激光冲击强化使位错密度增加 21 倍，残余压应力为 49.43MPa。对相同铝合金铆接试件铆钉孔进行激光冲击强化处理，可以稳定提高铆接结构疲劳寿命约 80%。

(2) 表面热处理及化学热处理　表面淬火有火焰淬火、感应淬火和低淬透性钢的整体加热薄壳淬火等，表面化学热处理有渗碳、渗氮及碳氮共渗等。它们都是利用组织相变获得表面强化的工艺方法，也是常用的表面强化方法。它们除能使机件获得表硬心韧的综合力学性能外，还可以利用表面组织相变及组织应力、热应力变化，使机件表面层获得高强度和残余压应力，更有效地提高机件疲劳强度和疲劳寿命。

表面淬火和化学热处理的表层强化效果及残余压应力的大小，因工艺方法和强化层厚薄不同而异。硬度以渗氮的最高，渗碳的次之，感应淬火的再次之；强化层深度以表面淬火最深，渗碳的次之，渗氮的最薄。据此，为了得到最佳疲劳强度，应根据机件工作时的应力梯度选择合适的工艺方法。例如，渗氮层很薄，适用于应力梯度较大场合；表面淬火层较深，适用于应力梯度较小场合；渗碳方法居中。另外，表面淬火和渗碳的强化层深度不可过大，以免因残余压应力减小而降低疲劳强度。

表面淬火后再磨削会影响疲劳强度：磨削量大时，疲劳强度显著降低；磨削量小时，疲劳强度不降低。因此，在交变载荷作用下工作的机件，表面淬火后要尽量少磨削。

渗碳淬火钢的疲劳强度，不仅与渗碳层深度有关，还受淬火时的冷却速度和渗层组织等因素的影响。渗层中含有大量残留奥氏体，将使残余压应力急剧降低，甚至可能转变为残余拉应力。因此，当有大量残留奥氏体时，钢的疲劳强度降低。

三、材料成分及组织的影响

材料疲劳强度是用小试样测定的疲劳断裂强度，主要反映疲劳裂纹的萌生性能。从前面讲过的疲劳裂纹萌生的机理来看，它们与材料的组织结构密切相关，所以疲劳强度也是对材料组织结构敏感的力学性能。

（一）合金成分

合金成分是决定材料组织结构的基本要素。在各类结构工程材料中，结构钢的疲劳强度最高，所以应用十分广泛。这类钢中的碳是影响疲劳强度的重要元素，因为它既可间隙固溶强化基体，又可形成弥散碳化物进行弥散强化，提高材料的形变抗力，阻止循环滑移带的形成和开裂，从而阻止疲劳裂纹的萌生和提高疲劳强度。其他合金元素在钢中的作用，主要是通过提高钢的淬透性和改善钢的强韧性来影响疲劳强度的。固溶于奥氏体的合金元素能提高钢的淬透性，因而可以提高疲劳强度。

（二）显微组织

晶粒大小影响疲劳强度，有人对低碳钢和钛合金进行研究，发现晶粒大小对疲劳强度的影响也存在 Hall-Petch 关系

$$\sigma_{-1} = \sigma_i + kd^{-1/2} \tag{5-18}$$

式中　σ_i——位错在晶格中的运动摩擦阻力；

　　　k——材料常数；

　　　d——晶粒平均直径。

因此，用细化晶粒的方法，可以提高材料的疲劳强度。但是，也有人在中高强度低合金钢研究中发现，当晶粒度由 2 级细化至 8 级时，其疲劳极限 σ_{-1} 只提高 10% 左右，不太符合式 (5-18) 的关系，这可能与这类材料的复杂组织干扰有关。细化晶粒既阻止疲劳裂纹在晶界处萌生，又因晶界阻止疲劳裂纹的扩展，故能提高疲劳强度。

结构钢的热处理组织也影响疲劳强度。正火组织因碳化物为片状，其疲劳强度最低；淬火回火组织因碳化物为粒状，其疲劳强度比正火的高。图 5-31 所示是 45 钢淬火后不同温度回火的疲劳强度曲线。可以看出，回火马氏体的疲劳强度最高，回火托氏体的次之，回火索氏体的最低。可见若仅从疲劳强度出发，结构钢的热处理应以淬火和低温回火为好，而不必去追求高韧性的调质处理。等温淬火和淬火回火相比，在相同硬度条件下，前者具有较高的

疲劳强度。这是因为等温贝氏体是最好的强韧性复相组织。

淬火组织中若存在有未溶铁素体和未转变的残留奥氏体，或者是非马氏体组织，它们都是比马氏体软的组织，容易过早形成疲劳裂纹，因而会降低疲劳强度。试验表明：当钢中存在有10%的残留奥氏体时，可使σ_{-1}降低10%～15%；当钢中含有5%非马氏体组织时，可使σ_{-1}降低10%。

（三）非金属夹杂物及冶金缺陷

非金属夹杂物是钢在冶炼时形成的，它对疲劳强度有明显的影响。从疲劳裂纹沿第二相或夹杂物的形成机制来看，非金属夹杂物是萌生疲劳裂纹的发源地之一，也是降低疲劳强度的一个因素。试验表明，减少夹杂物的数量、减小夹杂物的尺寸都能有效地提高疲劳强度。所以，在近代冶金生产中采用真空冶炼和真空浇注，都能最大限度地减少和控制夹杂物，对保证材料疲劳强度很有利。此外，还可以通过改变夹杂物与基体之间的界面结合性质来改变疲劳强度，例如，用适当增加硫含量的办法，使塑性好的硫化物包围塑性极差的氧化物夹杂，以解决原氧化物界面的疲劳开裂问题，也能提高疲劳强度。

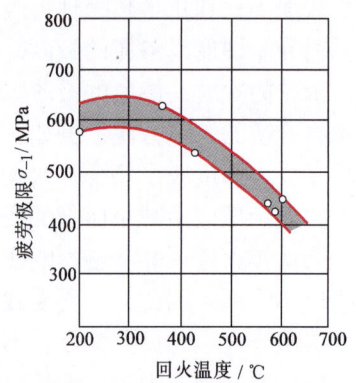

图5-31　45钢疲劳极限与回火温度的关系

钢材在冶炼和轧制生产中还有气孔、缩孔、偏析、白点、折叠等冶金缺陷，零件在铸造、锻造、焊接及热处理中也会有缩孔、裂纹、过烧及过热等缺陷。这些缺陷往往都是疲劳裂纹的发源地，严重地降低了机件的疲劳强度。钢材在轧制和锻造时，因夹杂物沿压延方向分布而形成流线，流线纵向的疲劳强度高，横向的疲劳强度低。

第六节　常见疲劳断裂

一、低周疲劳

研究飞机、舰船、桥梁、原子反应堆装置及建筑设备的断裂时发现，在较高应力和较少循环次数情况下也会发生疲劳断裂。例如，风暴席卷的海船壳体、常年阵风吹刮的桥梁、飞机发动机涡轮盘和压气机盘、飞机起落架、压力容器，以及一些热疲劳件等的破坏都属于此。金属在循环载荷作用下，疲劳寿命为$10^2 \sim 10^5$次的疲劳断裂称为低周疲劳。

低周疲劳时，机件或构件的名义应力低于材料的屈服强度，但在实际机件缺口根部因应力集中却能产生塑性变形，并且这个变形总是受到周围弹性体的约束，即缺口根部的变形是受控制的。所以，机件或构件受循环应力作用，而缺口根部则受循环塑性应变作用，疲劳裂纹总是在缺口根部形成。因此，这种疲劳也称为塑性疲劳或应变疲劳。

（一）低周疲劳的特点

1）低周疲劳时，因局部区域产生宏观塑性变形，故循环应力与应变之间不再呈直线关系，形成如图5-32所示的滞后回线。在图5-32中，开始加载时，曲线沿OAB进行，卸载时沿BC进行；反向加载时沿CD进行，从D点卸载时沿DE进行。再次拉伸时沿EB进行。

如此循环经过一定周次（通常不超过100周次）后，就达到图5-32所示的稳定状态滞后回线。图中 $\Delta\varepsilon_t$ 为总应变范围，$\Delta\varepsilon_p$ 为塑性应变范围，$\Delta\varepsilon_e$ 为弹性应变范围，$\Delta\varepsilon_t = \Delta\varepsilon_e + \Delta\varepsilon_p$。滞后回线的面积表征材料所接收的塑性变形功，其中一部分被材料以塑性变形方式吸收，一部分以热的方式耗散。回线面积越大，材料抵抗循环塑性变形的能力就越强。

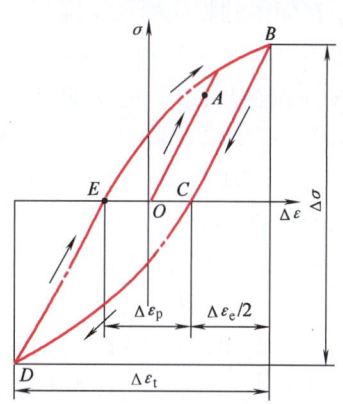

图 5-32　低周疲劳应力-应变滞后回线

2）低周疲劳试验时，或者控制总应变范围，或者控制塑性应变范围，在给定的 $\Delta\varepsilon_t$ 或 $\Delta\varepsilon_p$ 下测定疲劳寿命。试验结果处理不用 S-N 曲线，而要改用 $\Delta\varepsilon_t/2$-$2N_f$ 或 $\Delta\varepsilon_p/2$-$2N_f$ 曲线，以描述材料的低周疲劳规律。$\Delta\varepsilon_t/2$ 和 $\Delta\varepsilon_p/2$ 分别为总应变幅和塑性应变幅。

3）低周疲劳破坏有几个裂纹源，这是由于应力比较大，裂纹容易形核，其形核期较短，只占总寿命的10%。低周疲劳微观断口的疲劳条带较粗，间距也宽一些，并且常常不连续。在许多合金中，特别是在超高强度钢中可能不出现条带。在某些金属材料中，只有破坏的应力循环周次≥1000时才会出现疲劳条带。破坏的应力循环周次在90以下时，断口呈韧窝状；大于100次时，还会出现轮胎花样。

4）低周疲劳寿命取决于塑性应变幅，而高周疲劳寿命则取决于应力幅或应力场强度因子范围，但两者都是循环塑性变形累积损伤的结果。

（二）低周疲劳的金属循环硬化与循环软化

金属承受恒定应变范围循环加载时，循环开始的应力应变滞后回线是不封闭的，只有经过一定周次后才形成封闭滞后回线。金属材料由循环开始状态变成稳定状态的过程，与其在循环应变作用下的形变抗力变化有关。这种变化有两种情况，即循环硬化和循环软化。若金属材料在恒定应变范围循环作用下，随循环周次增加其应力（形变抗力）不断增加，即为循环硬化，如图5-33a所示；若在循环过程中，应力逐渐减小，则为循环软化（图5-33b）。不论是产生循环硬化的材料，还是产生循环软化的材料，它们的应力-应变滞后回线只有在应力循环周次达到一定值后才是闭合的，此时即达到循环稳定状态。对于每一个固定的应变

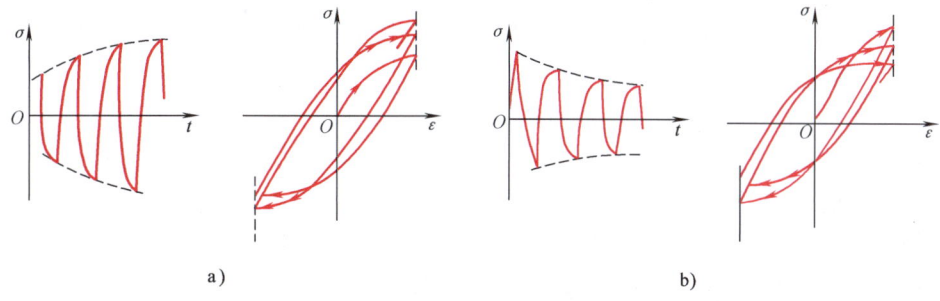

a)　　　　　　　　　　　　b)

图 5-33　低周疲劳初期的 σ-t 曲线与 σ-ε 曲线

a）循环硬化　b）循环软化

范围，都能得到相应的稳定滞后回线。将不同应变范围的稳定滞后回线的顶点连接起来，便得到一条如图 5-34 所示的循环应力-应变曲线。图中还用虚线画出 40CrNiMo 钢的单次拉伸应力-应变曲线。比较循环应力-应变曲线与单次应力-应变曲线，可以判断循环应变对材料性能的影响。因此，循环应力-应变曲线和下面将要介绍的应变-寿命曲线都是评定材料低周疲劳特性的曲线。例如，40CrNiMo 钢的循环应力-应变曲线低于它的单次应力-应变曲线，表明这种钢具有循环软化现象；反之，若材料的循环应力-应变曲线高于它的单次应力-应变曲线时，则表明该材料具有循环硬化现象。

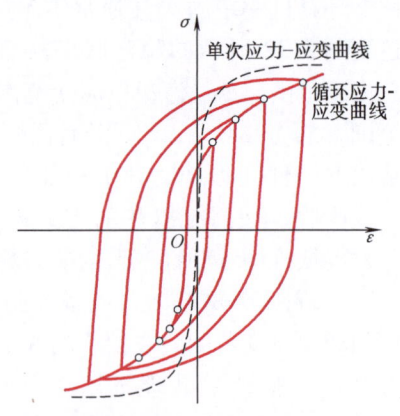

图 5-34 40CrNiMo 钢的循环应力-应变曲线

由此可见，循环应变会导致材料形变抗力发生变化，使材料的强度变得不稳定，特别是由循环软化材料制作的机件，在承受大应力循环使用过程中，将因循环软化产生过量的塑性变形而使机件破坏。因此，承受低周大应变的机件，应该选用循环稳定或循环硬化型材料。

金属材料产生循环硬化还是循环软化取决于材料的初始状态、结构特性以及应变幅和温度等。 退火状态的塑性材料往往表现为循环硬化，而加工硬化的材料则往往是循环软化。试验发现，循环应变对材料性能的影响与它的 σ_b/σ_s 比值有关。材料的 $\sigma_b/\sigma_s > 1.4$ 时，表现为循环硬化；而 $\sigma_b/\sigma_s < 1.2$ 时，则表现为循环软化；σ_b/σ_s 比值在 1.2～1.4 之间的材料，其倾向不定，但这类材料一般比较稳定，没有明显的循环硬化和软化现象。也可用应变硬化指数 n 来判断循环应变对材料性能的影响，当 $n < 0.1$ 时，材料表现为循环软化；当 $n > 0.1$ 时，材料表现为循环硬化或循环稳定。

循环硬化和循环软化现象与位错循环运动有关。 在一些退火软金属中，在恒应变幅的循环载荷下，由于位错往复运动和交互作用，产生了阻碍位错继续运动的阻力，从而产生循环硬化。在冷加工后的金属中，充满位错缠结和障碍，这些障碍在循环加载中被破坏；或在一些沉淀强化不稳定的合金中，由于沉淀结构在循环加载中被破坏均可导致循环软化。

(三) 低周疲劳的应变-寿命曲线

曼森（S. S. Manson）和柯芬（L. F. Coffin）等分析了低周疲劳的试验结果和规律，提出了低周疲劳寿命公式

$$\frac{\Delta\varepsilon_t}{2} = \frac{\Delta\varepsilon_e}{2} + \frac{\Delta\varepsilon_p}{2} = \frac{\sigma_f'}{E}(2N_f)^b + \varepsilon_f'(2N_f)^c \tag{5-19}$$

式中　σ_f'——疲劳强度系数，约等于材料静拉伸的真实断裂应力，$\sigma_f' \approx \sigma_{zhf}$；

b——疲劳强度指数，$b = -0.05 \sim -0.12$，通常取 $b = -0.1$；

ε_f'——疲劳塑性系数，约等于材料静拉伸时的真实断裂应变，$\varepsilon_f' \approx \varepsilon_{zhf}$，$\varepsilon_{zhf} = \ln\dfrac{1}{1-Z}$；

c——疲劳塑性指数，$c = -0.5 \sim -0.7$，通常取 $c = -0.6$；

E——弹性模量；

Z——断面收缩率;

$2N_\mathrm{f}$——总的应力反向次数,一个循环周次中应力反向两次。

在双对数坐标图上,式(5-19)等号右边两项是两条直线,分别代表弹性应变幅-寿命线和塑性应变幅-寿命线。其中表示塑性应变幅-寿命关系的公式 $\dfrac{\Delta\varepsilon_\mathrm{p}}{2}=\varepsilon_\mathrm{f}'(2N_\mathrm{f})^c$,通常称为曼森-柯芬公式。两条直线叠加,即得总应变幅-寿命曲线(图5-35)。两条直线斜率不同,故存在一个交点,交点对应的寿命称为**过渡寿命**$(2N_\mathrm{f})_\mathrm{t}$。在交点左侧,即低周疲劳范围内,塑性应变幅起主导作用,材料的疲劳寿命由塑性控制;在交点右侧,即高周疲劳范围内,弹性应变幅起主导作用,材料的疲劳寿命由强度决定。为此,在选择机件材料和决定工艺时,要区分机件服役条件是哪一类疲劳,如属于高周疲劳,应主要考虑材料的强度;如属于低周疲劳,则应在保持一定强度基础上尽量选用塑性好的材料。显然,**此处提出的以过渡寿命为界划分高周疲劳和低周疲劳,比以 $10^2\sim10^5$ 周次分界要严密、科学得多**。

过渡寿命也是材料的疲劳性能指标,在设计与选材方面具有重要意义,其值与材料性能有关。一般,提高材料强度,过渡寿命减小;提高材料塑性和韧性,过渡寿命增大。高强度材料过渡寿命可能少至10次,低强度材料则可能超过 10^5 次。钢的疲劳过渡寿命 $(2N_\mathrm{f})_\mathrm{t}$ 与布氏硬度 HBW(σ_b)关系如图5-36所示。图中显示,HBW(σ_b)增加,$(2N_\mathrm{f})_\mathrm{t}$ 线性降低。

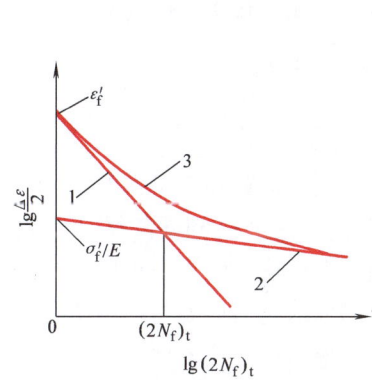

图 5-35 应变幅-疲劳寿命曲线
1—$\Delta\varepsilon_\mathrm{p}/2$-$2N_\mathrm{f}$ 曲线　2—$\Delta\varepsilon_\mathrm{e}/2$-$2N_\mathrm{f}$ 曲线
3—$\Delta\varepsilon_\mathrm{t}/2$-$2N_\mathrm{f}$ 曲线

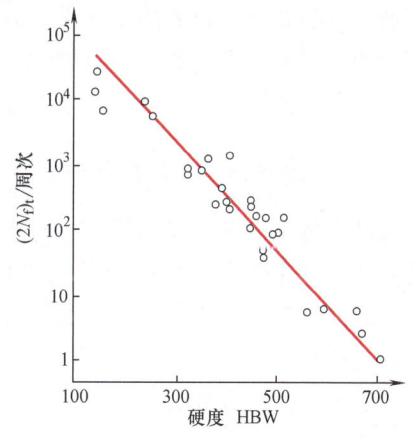

图 5-36 钢的疲劳过渡寿命与布氏硬度的关系

不同金属材料的 $\lg(\Delta\varepsilon/2)$-$\lg(2N_\mathrm{f})$ 曲线有一个共同的交点,交点对应的应变幅值约为 0.01,对应的寿命为1000周次左右(图5-37a)。若以裂纹形成寿命作为失效判据,则图中交点左侧,即在大应变幅循环作用下,塑性好的金属材料寿命长;交点右侧,即低应变幅循环时,高强度材料的寿命长。如此,交点所对应的周次,大致也就相当于图5-35中的过渡寿命。

图5-37b所示为不同金属材料在相同总应变幅循环加载下的滞后回线。由图可见,高强度材料回线高而窄,塑性材料回线低而宽,韧性材料的回线高度和宽度居中。因此,**塑性材料和韧性材料抵抗循环塑性变形的能力优于高强度材料**。

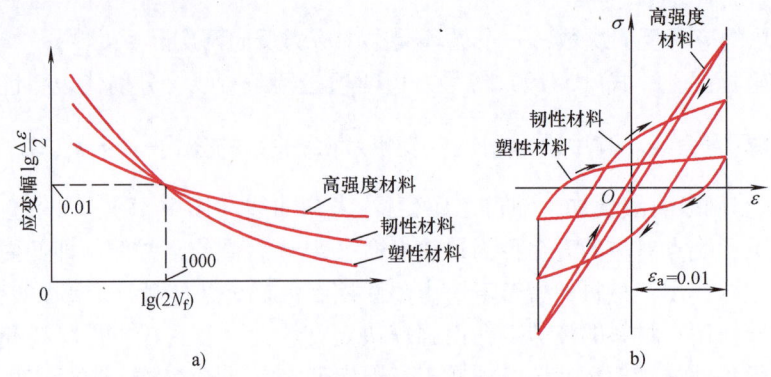

图 5-37　高强度金属材料、韧性金属材料和塑性金属材料应变幅-疲劳寿命曲线

为了应用更为方便，曼森通过对 29 种金属材料的试验研究发现，总应变幅 $\Delta\varepsilon_t/2$ 与疲劳断裂寿命 $2N_f$ 之间存在下列关系

$$\frac{\Delta\varepsilon_t}{2} = 3.5\left(\frac{\sigma_b}{E}\right)(2N_f)^{-0.12} + \varepsilon_{zhf}^{0.6}(2N_f)^{-0.6} \tag{5-20}$$

式中　σ_b——抗拉强度。

可见，只要知道材料的静拉伸性能 σ_b、E、ε_{zhf}（或 Z），就可求得材料光滑试样完全对称循环下的低周疲劳寿命曲线。这种预测低周疲劳寿命的方法，称为通用斜率法。

应当指出，各种表面强化手段，对提高低周疲劳寿命均无明显效果。

二、缺口机件疲劳寿命估算

光滑试样低周疲劳试验结果的另一个重要用途，就是用以估算缺口机件的疲劳寿命。

现做如下基本假设：如果光滑试样和缺口机件缺口根部区经受相同的循环应力应变历程，则形成同样累积损伤所需的加载循环周次应该相同。根据这一假设提出的估算缺口机件疲劳寿命的方法，称为局部应变法。它是将缺口根部区局部的应力应变与机件所受名义应力应变联系起来，以估算疲劳寿命的方法。这种方法分两个步骤：一是根据缺口机件所受名义应力确定缺口根部区局部的应力和应变；二是由局部应力和应变估算疲劳寿命。

第一步，要应用 Neuber 规则。该规则认为，在缺口根部区处于弹塑性状态时，理论应力集中系数 K_t 等于实际应力集中系数 K_σ 和实际应变集中系数 K_ε 的几何平均值，并且可以推广应用于低周疲劳，即

$$K_t = (K_\sigma K_\varepsilon)^{1/2} \tag{5-21}$$

式中，$K_\sigma = \dfrac{\Delta\sigma_实}{\Delta\sigma_名}$，$K_\varepsilon = \dfrac{\Delta\varepsilon_实}{\Delta\varepsilon_名}$；$\Delta\sigma_名$ 和 $\Delta\varepsilon_名$ 为缺口机件承受的名义应力范围和名义应变范围；$\Delta\sigma_实$ 和 $\Delta\varepsilon_实$ 为缺口根部区局部的实际应力范围和实际应变范围。代入式（5-21），得

$$K_t = \left(\frac{\Delta\sigma_实}{\Delta\sigma_名}\frac{\Delta\varepsilon_实}{\Delta\varepsilon_名}\right)^{1/2} \tag{5-22}$$

如果缺口根部区处于弹性状态，则式（5-22）可改写为

$$\Delta\sigma_实 \Delta\varepsilon_实 = (\Delta\sigma_名 K_t)^2/E \tag{5-23}$$

当名义应力范围 $\Delta\sigma_名$ 保持恒定时，则式（5-23）等号右边为常数，即该式为等轴双曲线方程。所以，由 Neuber 规则确定的局部应力范围和应变范围呈双曲线变化。

当材料给定时，材料就有确定的循环应力-应变曲线。由于缺口根部区的局部应力-应变必须与材料的循环应力-应变行为一致，所以两条曲线的交点决定的应力和应变就是机件缺口根部区的局部应力和应变（图5-38）。

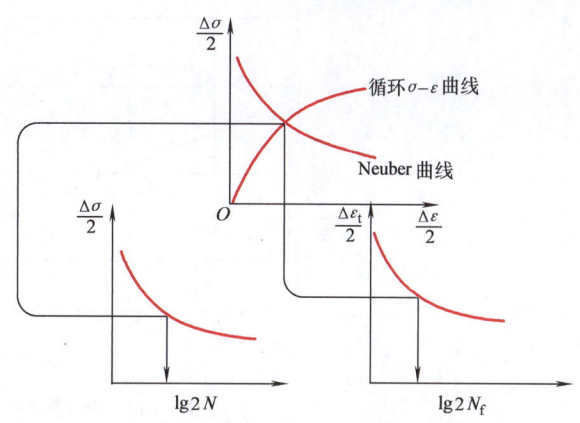

图 5-38　估算缺口机件疲劳寿命的步骤

第二步，根据所得的局部应变范围，从光滑试样测得的材料 $\Delta\varepsilon_t/2$-$2N_f$ 曲线上，就可以求得估算的缺口机件疲劳寿命（图5-38）。如果局部应变范围较低，也可以用 $\Delta\sigma/2$-$2N$ 曲线（S-N 曲线）估算疲劳寿命。

由 Neuber 规则预测一些材料的缺口疲劳行为，有一定的精确度，但它忽略了疲劳裂纹扩展阶段及残余应力的影响等，所以该规则估算的疲劳寿命是疲劳裂纹萌生寿命。

Topper 等在应用 Neuber 规则时，将疲劳缺口系数 K_f 代替理论应力集中系数 K_t，使规则成为 $K_f = (K_\sigma K_\varepsilon)^{1/2}$，可以有效地估算各种钢材缺口件的疲劳寿命。

三、低周冲击疲劳

冲击疲劳是机件在重复冲击载荷作用下的疲劳断裂，断裂周次 $N_f < 10^5$ 时为低周冲击疲劳。在航空、军械和锻压设备中的许多机件如飞机起落架、炮身、凿岩机活塞、锤杆、锻模等是在多次冲击载荷下工作的，它们是常因低周冲击疲劳而失效的典型例子。

研究材料在低周冲击疲劳条件下的力学性能有两种试验方法：一是落锤式多次冲击试验（多冲试验），加载方式以多冲弯曲或多冲拉伸应用较多，也有进行多冲压缩试验的；二是应用分离式霍普金森压杆试验技术进行的高应变速率冲击拉伸-压缩疲劳试验。

常见的多冲试验机有 PC—150 型等，一般冲击频率为 450 周次/min 和 600 周次/min，冲击能量可在一定范围内变化，试样形状和尺寸及加载方式根据研究目的也有所不同。试验时锤头以一定的能量重复冲击试样，直至某一周次下试样疲劳断裂或开裂（多次冲击压缩时）为止。将不同冲击能量下的断裂周次整理，绘制成多次冲击曲线，即冲击吸收能量 K-断裂周次 N 曲线，如图5-39、图5-40所示。

由图5-39、图5-40可见，K-$\lg N$ 多冲曲线和普通低周疲劳的 $\dfrac{\Delta\varepsilon_f}{2}$-$2N_f$ 曲线非常相似：随冲击能量减小，断裂周次增加。材料的低周冲击疲劳强度可用一定冲击能量下的断裂周次或用要求的断裂周次时的冲断能量表示。这种试验方法简单，但不能测出试样中的应力和应变。因此，实践中主要用于机件选材和优化工艺的相对比较，不能用于机件设计计算。

在图5-39中，35钢淬火后经500℃和200℃回火，获得不同强度和塑性配合，两种工艺的 K-$\lg N$ 曲线有一交点。在交点上方较高冲击能量下，塑性高的热处理状态寿命长；而在交点下方的较低冲击能量下，强度高的热处理状态寿命长。图5-40中的 K-$\lg N$ 曲线也有相同

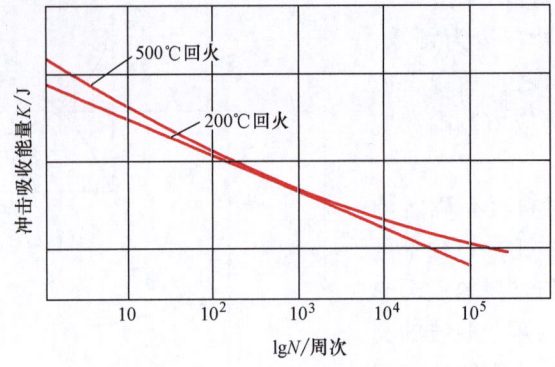

图 5-39　35 钢的多冲曲线

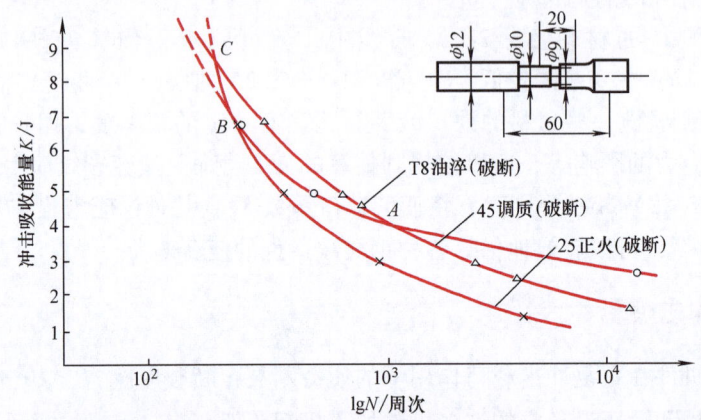

图 5-40　三种典型材料的多冲曲线

特点，只是因三种材料具有不同强度、塑性配合，图上出现了两个交点。

由多次冲击试验结果可知，金属材料的低周冲击疲劳强度是与强度和塑性有关的综合力学性能：在冲击能量高时，低周冲击疲劳强度主要取决于塑性；冲击能量低时，低周冲击疲劳强度则主要取决于强度。工程上，对于承受多次小能量冲击载荷作用的机件，在选材或制订工艺时应尽量考虑强度的作用，而不必过高追求塑性。

杨平生等在自行研制改进的分离式霍普金森压杆装置上，对低碳钢、不锈钢等多种金属材料，进行了高应变速率（400s^{-1}）低周冲击拉伸-压缩疲劳试验，获得了类似普通低周疲劳的应力-应变滞后回线和应变幅-寿命曲线（图 5-41、图 5-42、图 5-43）。

在图 5-41 中，低碳钢在高应变速率低周冲击疲劳条件下，其应力-应变滞后回线的高流变应力部分出现了平坦区，非连续平滑上升。而从

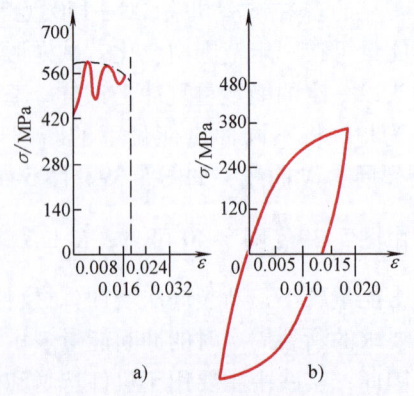

图 5-41　低碳钢 [$w(C)=0.1\%$] 的滞后回线
a) 高应变速率低周冲击疲劳
b) 普通低周疲劳

图 5-42、图 5-43 可见，提高应变速率对两种材料的 $\frac{\Delta\varepsilon_e}{2}$-$2N_f$ 曲线影响不大，但使 $\frac{\Delta\varepsilon_p}{2}$-$2N_f$ 曲线显著向左偏移，过渡寿命降低。低碳钢的过渡寿命降低幅度比不锈钢的大。前者由普通低周疲劳时的约 2×10^4 周次降低到高应变速率低周冲击疲劳时的约 600 周次，后者从约 4000 周次降低到约 1000 周次。另黄铜的过渡寿命从约 6×10^4 周次降低到 1.6×10^4 周次，硬铝的从 30 周次降低到 13 周次等。

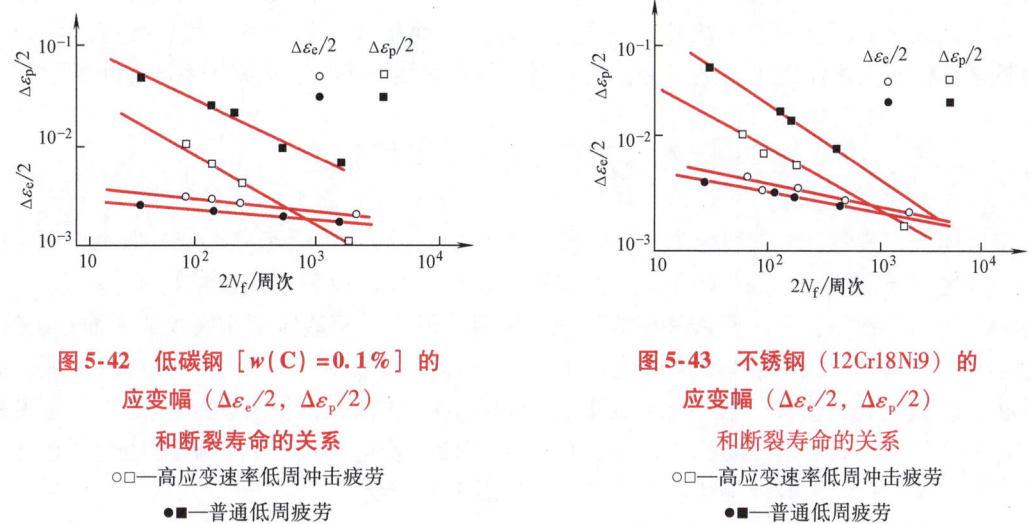

图 5-42 低碳钢 [$w(C)=0.1\%$] 的
应变幅（$\Delta\varepsilon_e/2$，$\Delta\varepsilon_p/2$）
和断裂寿命的关系
○□—高应变速率低周冲击疲劳
●■—普通低周疲劳

图 5-43 不锈钢（12Cr18Ni9）的
应变幅（$\Delta\varepsilon_e/2$，$\Delta\varepsilon_p/2$）
和断裂寿命的关系
○□—高应变速率低周冲击疲劳
●■—普通低周疲劳

金属材料在高应变速率低周冲击疲劳条件下所表现的力学行为，与普通低周疲劳的差异，是应变速率对材料循环塑性变形和断裂过程影响的反映，影响程度与材料的应变速率敏感性有关。

四、热疲劳

有些机件在服役过程中温度要发生反复变化，如热锻模、热轧辊及涡轮机叶片等。**机件在由温度循环变化时产生的循环热应力及热应变作用下发生的疲劳，称为热疲劳**。若温度循环和机械应力循环叠加所引起的疲劳，则称为热机械疲劳。产生热应力必须有两个条件，即温度变化和机械约束。温度变化使材料膨胀收缩，但因有约束而产生热应力。约束可以来自外部（如管道温度升高时，刚性支承约束管道膨胀），也可以来自材料的内部。所谓内部约束，是指机件截面内存在温度差，一部分材料约束另一部分材料，使之不能自由胀缩，于是也产生热应力。

温度差 Δt 引起的膨胀热应变为 $\alpha\Delta t$（α 为材料的线膨胀系数），如果该应变完全被约束，则产生热应力 $\Delta\sigma=-E\alpha\Delta t$（$E$ 为弹性模量）。当热应力超过材料高温下的弹性极限时，将发生局部塑性变形。经过一定循环次数后，热应变可引起疲劳裂纹。可见，热疲劳和热机械疲劳破坏也是塑性应变累积损伤的结果，基本上服从低周应变疲劳规律。例如，柯芬研究一些材料的热疲劳行为时，发现塑性应变范围 $\Delta\varepsilon_p$ 和寿命 N_f 之间也存在下列关系：

$$\Delta\varepsilon_p N_f^{1/2}=c, c=0.5\varepsilon_{zhf}=0.5\ln\frac{1}{1-Z} \tag{5-24}$$

式中 ε_{zhf}——温度循环平均温度下材料的静拉伸真实断裂应变；
Z——同一温度下材料的断面收缩率。

热疲劳裂纹是在表面热应变最大的区域形成的，也常从应力集中处萌生。裂纹源一般有几个，在热循环过程中，有些裂纹发展形成主裂纹。裂纹扩展方向垂直于表面，并向纵深扩展而导致断裂。

金属材料抗热疲劳性能，不但与材料的热传导、比热容等热学性质有关，而且还与弹性模量、屈服强度等力学性能，以及密度、几何因素等有关。一般，脆性材料导热性差，热应力又得不到应有的塑性松弛，故热疲劳危险性较大；而塑性好的材料，其热疲劳寿命则较高。铁素体钢比奥氏体钢更耐热疲劳，就是因为前者的热导率高、热膨胀系数较小所致。

第七节 疲劳短裂纹扩展简介

前已述及，疲劳裂纹扩展分为三个阶段（图5-17），裂纹扩展速率 da/dN 取决于裂纹尖端应力强度因子范围 ΔK。在疲劳裂纹扩展初始阶段，存在疲劳裂纹扩展门槛值 ΔK_{th}，当 $\Delta K < \Delta K_{th}$ 时，裂纹不扩展。实践和试验发现，疲劳短裂纹（穿透厚度小裂纹或表面小裂纹，一般小于 1~2mm）的扩展并不遵循这一规律。当 $\Delta K < \Delta K_{th}$ 时，短裂纹不仅可以扩展，而且其扩展速率比长裂纹（一般10mm 或更长）快得多。所以，预测含短裂纹机件（如飞机涡轮盘和叶片、高强度钢发动机零件等）的疲劳寿命，若仍沿用长裂纹扩展特性，必将造成危险的估计。长、短疲劳裂纹扩展速率曲线如图5-44所示。

由图5-44 可见，疲劳短裂纹扩展特性主要表现在近门槛区，具体有：

1) 疲劳短裂纹能在低于疲劳长裂纹门槛值 ΔK_{th} 的条件下扩展，即疲劳短裂纹的扩展门槛值低。

2) 在相同名义应力范围 $\Delta \sigma$ 作用下，短裂纹的扩展速率大于长裂纹的扩展速率。

3) 当名义应力范围 $\Delta \sigma$ 水平较低时，疲劳短裂纹常显示减速扩展特性；随着名义应力范围水平或名义应力强度因子范围 ΔK 增大，短裂纹扩展越过低谷后再加速扩展，或者最终停止扩展；当应力范围水平高时，减速扩展现象消失，并迅速与长裂纹扩展汇合。

短裂纹扩展出现减速和停止现象，表明短裂纹扩展也有门槛值。

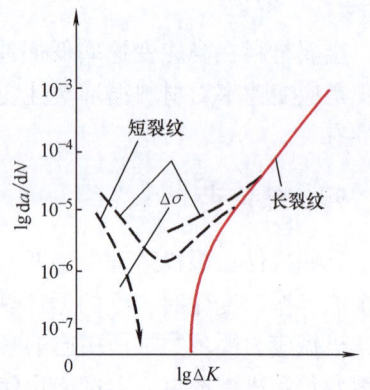

图5-44 长、短疲劳裂纹扩展速率曲线示意图

表征短裂纹扩展门槛值的参量是应力范围 $\Delta \sigma_{th}$，而表征长裂纹扩展门槛值的参量则是 ΔK_{th}。

Kitagawa 和 Takahashi 将多种低强度材料疲劳短裂纹扩展速率试验数据进行整理，得出两条曲线（简化为直线，图5-45），反映裂纹长度 a 对门槛应力 $\Delta \sigma_{th}$ 和门槛应力强度因子范围 ΔK_{th} 的影响。图中 a_0 为长、短裂纹分界点的临界裂纹尺寸。当 $a > a_0$ 时，即在长裂纹情况，裂纹扩展特性由门槛值 ΔK_{th} 判定（图5-45b）。ΔK_{th} 为常数，与裂纹尺寸无关。但当 $a < a_0$ 时，即在短裂纹情况下，门槛值已不再是常数，而是随裂纹长度减小而不断降低

（图 5-45b）。此时，短裂纹是否扩展要由疲劳门槛应力 $\Delta\sigma_{th}$ 判定（图 5-45a）。因为 $\Delta K_{th} = Y\Delta\sigma_{th}a^{1/2}$ ［参见式（5-9）］，所以，$\Delta\sigma_{th}$ 随裂纹长度 a 减小直线增加，直到与无缺陷光滑试样的疲劳极限 $\Delta\sigma_{-1}$ 相等。在 $\Delta\sigma_{th}$-a 图中，沿纵坐标轴选 $\Delta\sigma_{th} = \Delta\sigma_{-1}$ 点，自该点作平行于横坐标轴的直线，与 $\Delta K_{th} = Y\Delta\sigma_{th}a^{1/2}$ 线相交得交点。交点对应的裂纹尺寸也为 a_0。

$$a_0 = \frac{1}{\pi}\left(\frac{\Delta K_{th}}{\Delta\sigma_{-1}}\right)^2 \tag{5-25}$$

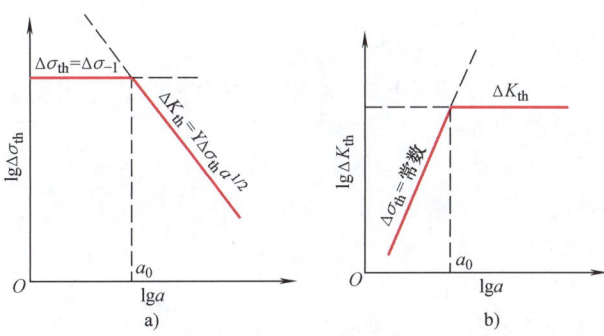

图 5-45　裂纹长度 a 对门槛应力 $\Delta\sigma_{th}$ 和 ΔK_{th} 的影响

a）对门槛应力 $\Delta\sigma_{th}$ 的影响　b）对 ΔK_{th} 的影响

低强度钢的 a_0 值较大，大致在几百个 μm，最多为 1mm 左右。高强度钢 ΔK_{th} 值低、$\Delta\sigma_{-1}$ 高，故 a_0 值较小，大致在几十个 μm 左右，最小值仅为 $6\mu m$，小于一个晶粒直径。

必须指出，只有在少数场合下，短裂纹扩展才是决定机件疲劳寿命的主要因素。因为大多数实际机件含有的缺陷，如焊接裂纹、铸件气孔等，其尺寸都大于或接近 1mm，即大于 a_0 值。这时裂纹扩展受长裂纹扩展控制，机件寿命由线弹性断裂力学预测，用 Paris 公式计算。

一些关键机件，其服役使用寿命要求接近疲劳极限确定的大部分寿命。这些关键机件，如无缺陷高强度钢发动机零件，材料内有夹杂物很少、表面经过仔细抛光。在这种情况下，表面缺陷或微米级擦伤都可能萌生为疲劳短裂纹。低强度材料的铝合金发动机缸体或铜合金热交换器，其最大缺陷（如表面粗糙度和小的铸造裂纹）可以是亚毫米级的，由此萌生疲劳短裂纹。另外，如油气输送管道上若含有 0.5mm 起始裂纹，其扩展行为也属疲劳短裂纹扩展。

疲劳短裂纹扩展寿命计算比较复杂，读者可查阅有关文献。

思考题与习题

1. 解释下列名词：
   (1) 应力范围 $\Delta\sigma$；(2) 应变范围 $\Delta\varepsilon$；(3) 应力幅 σ_a；(4) 应变幅 ($\Delta\varepsilon_t/2$，$\Delta\varepsilon_e/2$，$\Delta\varepsilon_p/2$)；(5) 平均应力 σ_m；(6) 应力比 r；(7) 疲劳源；(8) 疲劳贝纹线；(9) 疲劳条带；(10) 驻留滑移带；(11) 挤出脊和侵入沟；(12) ΔK；(13) $\frac{da}{dN}$；(14) 疲劳剩余寿命；(15) 过渡寿命；(16) 热疲劳；(17) 过载损伤；(18) 短裂纹。

2. 说明：下列疲劳性能指标的意义：
(1) 疲劳强度 σ_{-1}、σ_{-1p}、τ_{-1}、σ_{-1N}；(2) 疲劳缺口敏感度 q_f；(3) 过载损伤界；(4) 疲劳门槛值 ΔK_{th}。

3. 试述金属疲劳断裂的特点。

4. 试述疲劳宏观断口的特征及其形成过程。

5. 试述疲劳曲线(S-N)及疲劳极限的测试方法。

6. 试述疲劳图的意义、建立及用途。

7. 试述疲劳裂纹的形成机理及阻止疲劳裂纹萌生的一般方法。

8. 试述影响疲劳裂纹扩展速率的主要因素，并和疲劳裂纹萌生的影响因素进行对比分析。

9. 试述疲劳微观断口的主要特征及其形成模型。

10. 试述疲劳裂纹扩展寿命和剩余寿命的估算方法及步骤。

11. 试述 σ_{-1} 和 ΔK_{th} 的异同及各种强化方法影响的异同。

12. 试述金属表面强化对疲劳强度的影响。

13. 试述金属循环硬化和循环软化现象及产生条件。

14. 试述低周疲劳的规律及曼森-柯芬关系。

15. 试述低周冲击疲劳的规律，提高低应变速率低周冲击疲劳强度的方法。

16. 试述热疲劳和热机械疲劳的特征及规律；欲提高热锻模具的使用寿命，应该如何处理热疲劳与其他性能的相互关系？

17. 正火 45 钢的 $\sigma_b = 610\text{MPa}$，$\sigma_{-1} = 300\text{MPa}$，试用 Goodman 公式绘制 $\sigma_{max}(\sigma_{min}) - \sigma_m$ 疲劳图，并确定 $\sigma_{-0.5}$、σ_0 和 $\sigma_{0.5}$ 等疲劳极限。

18. 有一板件在脉动载荷下工作，$\sigma_{max} = 200\text{MPa}$，$\sigma_{min} = 0$，其材料的 $\sigma_b = 670\text{MPa}$、$\sigma_{r0.2} = 600\text{MPa}$、$K_{IC} = 104\text{MPa} \cdot \text{m}^{1/2}$，Paris 公式中 $c = 6.9 \times 10^{-12}$，$n = 3.0$，使用中发现有 0.1mm 和 1mm 的单边横向穿透裂纹，试估算它们的疲劳剩余寿命。

第六章 金属的应力腐蚀和氢脆断裂

金属机件在加工过程中往往产生残余应力,在服役过程中又承受外加载荷,如果与周围环境中各种化学介质或氢相接触,便会产生特殊的断裂现象,其中主要有应力腐蚀断裂和氢脆断裂等。这些断裂形式大多为低应力脆断,具有很大的危险性。

随着航空航天、海洋、核能、石油、化工等工业的迅速发展,对金属材料强度的要求越来越高,金属机件接触的化学介质的条件越加苛刻,致使上述各种断裂形式逐年增多。因此,金属材料的应力腐蚀和氢脆现象日益受到工程设计人员及材料科学工作者的重视。

本章将阐述金属材料应力腐蚀和氢脆断裂特征及断裂机理,介绍金属材料抵抗应力腐蚀和氢脆断裂的力学性能指标及防止其断裂的措施。

- 应力腐蚀
- 氢脆

第一节 应力腐蚀

一、应力腐蚀现象及其产生条件

1. 应力腐蚀现象

金属在拉应力和特定的化学介质共同作用下，经过一段时间后所产生的低应力脆断现象，称为应力腐蚀断裂（Stress Corrosion Cracking，SCC）。应力腐蚀断裂并不是金属在应力作用下的机械性破坏与在化学介质作用下的腐蚀性破坏的叠加所造成的，而是在应力和化学介质的联合作用下，按特有机理产生的断裂。其断裂强度比单个因素分别作用后再叠加起来的要低得多。

现已查明，绝大多数金属材料在一定的化学介质条件下都有应力腐蚀倾向。在工业上最常见的有：低碳钢和低合金钢在苛性碱溶液中的"碱脆"和在含有硝酸根离子介质中的"硝脆"；奥氏体不锈钢在含有氯离子介质中的"氯脆"；铜合金在氨气介质中的"氨脆"；高强度铝合金在潮湿空气、蒸馏水介质中的脆裂现象等。此处所列举的金属材料无论是韧性的或脆性的，产生应力腐蚀后都会在没有明显预兆的情况下发生脆断，常常造成灾难性事故。

2. 产生条件

应力、化学介质和金属材料三者是产生应力腐蚀的条件。

（1）应力　机件所承受的应力包括工作应力和残余应力。在化学介质诱导开裂过程中起作用的是拉应力（现已发现，在压应力作用下也可产生应力腐蚀，但孕育期长，裂纹扩展速率慢）。焊接、热处理或装配过程中产生的残余拉应力，在应力腐蚀中也有重要作用。一般来说，产生应力腐蚀的应力并不一定很大，如果没有化学介质的协同作用，机件在该应力作用下可以长期服役而不致断裂。

（2）化学介质　只有在特定的化学介质中，某种金属材料才能产生应力腐蚀。即对一定的金属材料，需要有一定特效作用的离子、分子或络合物才能导致应力腐蚀。表6-1中列举了对一些常用金属材料引起应力腐蚀的敏感介质。由表可见，这些化学介质一般都不是腐蚀性的，至多也只是弱腐蚀性的。如果机件不承受应力，大多数金属材料在这些化学介质中是耐蚀的。

表6-1　常用金属材料发生应力腐蚀的敏感介质

金属材料	化学介质	金属材料	化学介质
低碳钢和低合金钢	NaOH溶液，沸腾硝酸盐溶液，海水、海洋性和工业性气氛	铝合金	氯化物水溶液、海水及海洋大气、潮湿工业大气
奥氏体不锈钢	酸性和中性氯化物溶液、熔融氯化物、海水	铜合金	氨蒸气、含氨气体、含铵离子的水溶液
镍基合金	热浓NaOH溶液、HF蒸气和溶液	钛合金	发烟硝酸、300℃以上的氯化物、潮湿空气及海水

(3) 金属材料 一般认为，纯金属不会产生应力腐蚀，所有合金对应力腐蚀都有不同程度的敏感性。但在每一种合金系列中，都有对应力腐蚀不敏感的合金成分。例如，铝镁合金中当镁含量 $w(Mg) > 4\%$ 时，对应力腐蚀很敏感；而镁含量 $w(Mg) < 4\%$ 时，则无论热处理条件如何，它几乎都具有抗应力腐蚀的能力。又如，钢中含碳量在 $w(C) = 0.12\%$ 左右时，应力腐蚀敏感性最大。合金中位错结构对应力腐蚀也有影响，层错能低或滑移系少的合金，其位错易形成平面状结构；层错能高或滑移系多的合金，易形成波纹状结构。前者对应力腐蚀的敏感性要比后者明显增大。

二、应力腐蚀断裂机理及断口形貌特征

（一）应力腐蚀断裂机理

应力腐蚀断裂最基本的机理是滑移-溶解理论（或称钝化膜破坏理论）和氢脆理论，本节介绍前者。氢脆是下一节讨论的内容。

如图6-1所示，对应力腐蚀敏感的合金在特定的化学介质中，首先在表面形成一层钝化膜，使金属不致进一步受到腐蚀，即处于钝化状态，因此，在没有应力作用的情况下，金属不会发生腐蚀破坏。若有拉应力作用，则可使裂纹尖端地区产生局部塑性变形，滑移台阶在表面露头时钝化膜破裂，显露出新鲜表面。这个新鲜表面在电解质溶液中成为阳极，而其余具有钝化膜的金属表面便成为阴极，从而形成腐蚀微电池。阳极金属变成正离子($M \rightarrow M^{+n} + ne$)进入电解质中

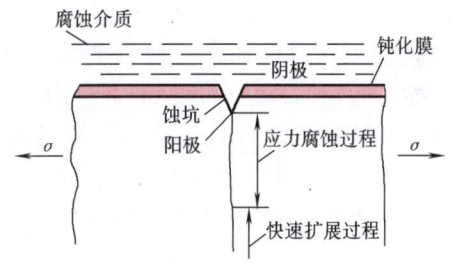

图6-1 应力腐蚀断裂机理简图

而产生阳极溶解，于是在金属表面形成蚀坑。拉应力除促使裂纹尖端地区钝化膜破坏外，更主要的是在蚀坑或原有裂纹的尖端形成应力集中，使阳极电位降低，加速阳极金属的溶解。如果裂纹尖端的应力集中始终存在，那么微电池反应便不断进行，钝化膜不能恢复，裂纹将逐步向纵深扩展。

在应力腐蚀过程中，衡量腐蚀速度的腐蚀电流 I 可用下式表示

$$I = \frac{1}{R}(U_c - U_a) \tag{6-1}$$

式中　R——微电池中的电阻；

U_c、U_a——电池两极的电位。

由式（6-1）可知，应力腐蚀是由金属与化学介质相互间性质的配合作用决定的。如果在介质中的极化过程相当强烈，则式（6-1）中 $(U_c - U_a)$ 将变得很小，腐蚀过程就大受抑制。极端的情况是阳极金属表面形成了完整的钝化膜，金属进入钝化状态，腐蚀停止。如果介质中去极化过程很强，则 $(U_c - U_a)$ 很大，腐蚀电流增大，致使金属表面受到强烈而全面的腐蚀，表面不能形成钝化膜。在这种情况下，即使金属承受拉应力也不可能产生应力腐蚀，而主要产生腐蚀损伤。应力腐蚀现象只有金属在介质中生成略具钝化膜的条件下，即金属和介质处于某种程度的钝化与活化过渡区域的情况下才最易发生。

（二）应力腐蚀断口特征

应力腐蚀断口的宏观形貌与疲劳断口颇为相似，也有亚稳扩展区和最后瞬断区。在亚稳

扩展区可见到腐蚀产物和氧化现象,故常呈黑色或灰黑色,具有脆性特征。最后瞬断区一般为快速撕裂破坏,显示出基体材料的特性。

应力腐蚀显微裂纹如图 6-2 所示,常有分叉现象,呈枯树枝状。这表明,在应力腐蚀时,有一主裂纹扩展较快,其他分支裂纹扩展较慢。根据这一特征可以将应力腐蚀与腐蚀疲劳、晶间腐蚀以及其他形式的断裂区分开来。

断口的微观形貌一般为沿晶断裂型,也可能为穿晶解理断裂或准解理断裂型,有时还出现混合断裂型。其表面可见到"泥状花样"的腐蚀产物(图 6-3a)及腐蚀坑(图 6-3b)。

三、应力腐蚀抗力指标

通常用光滑试样在拉应力和化学介质共同作用下,依据发生断裂的持续时间来评定金属材料的抗应力腐蚀性能。用这种方法必须先采用一组相同试样,在不同应力水平作用下测定其断裂时间 t_f,作出 σ-t_f 曲线(图 6-4),从而求出该种材料不发生应力腐蚀的临界应力 σ_{scc},据此来研究合金元素、组织结构及化学介质对材料应力腐蚀敏感性的影响。但这种方法所用的试样是光滑的,所测定的断裂总时间 t_f 包括裂纹形成与裂纹扩展的时间。前者约占断裂总时间的 90%。而实际机件一般都不可避免地存在着裂纹或类似裂纹的缺陷。因此,用常规方法测定的金属材料抗应力腐蚀性能指标 σ_{scc},不能客观地反映带裂纹的机件对应力腐蚀的抗力,所以不能作为工程设计的计算依据。

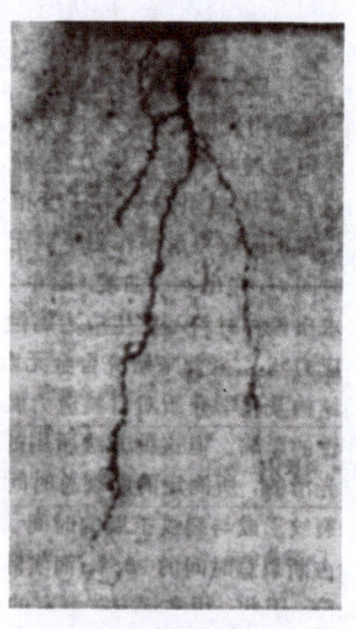

图 6-2 应力腐蚀裂纹的分叉现象

 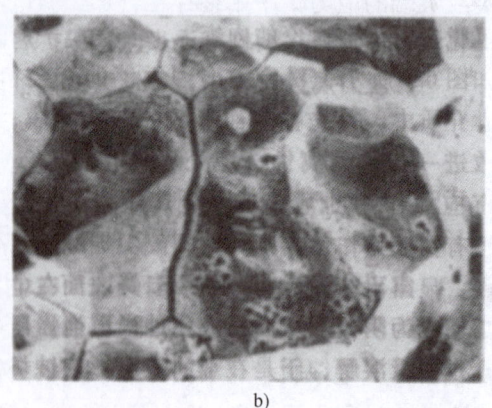

a)   b)

图 6-3 应力腐蚀断口的微观形貌特征
a)泥状花样(TEM) b)腐蚀坑(SEM)

根据断裂力学原理,人们利用预制裂纹的试样,引入应力场强度因子 K_I 的概念来研究金属材料的抗应力腐蚀性能,得到了两个重要的应力腐蚀抗力指标,即应力腐蚀临界应力场

强度因子 K_{Iscc} 和**应力腐蚀裂纹扩展速率** $\mathrm{d}a/\mathrm{d}t$。这两个指标可用于机件的选材和设计。

（一）应力腐蚀临界应力场强度因子 K_{Iscc}

试验表明，在恒定载荷和特定化学介质作用下，带有预制裂纹的金属试样，产生应力腐蚀断裂的时间与初始应力场强度因子 $K_{\mathrm{I初}}$ 有关。图6-5所示为某种钛合金的预制裂纹试样在恒载荷下，于3.5%NaCl水溶液中进行应力腐蚀试验的结果。由图可见，该合金的 $K_{\mathrm{IC}}=100\mathrm{MPa\cdot m^{1/2}}$，当 $K_{\mathrm{I初}} \geqslant K_{\mathrm{IC}}$ 时，加上初始载荷后，裂纹便立即失稳扩展而断裂。当 $K_{\mathrm{I初}}$ 降低时，应力腐蚀断裂时间 t_{f} 随之增长。在这一段时间内，尽管外加应力不变，但裂纹长度却不断增长，相应的 K_{I} 值随之不断增加。当 K_{I} 值增加到材料的 K_{IC} 时，试样便突然断裂。因此，虽然试样上裂纹尖端所受的初始应力场强度因子 $K_{\mathrm{I初}}$ 较低，但经亚稳扩展后，K_{I} 不断增大，直至达到临界值而脆断。由图还可见到，当 $K_{\mathrm{I初}} \leqslant 38\mathrm{MPa\cdot m^{1/2}}$ 时，该合金试样不发生应力腐蚀断裂。人们将试样在特定化学介质中不发生应力腐蚀断裂的最大应力场强度因子称为应力腐蚀临界应力场强度因子（或称为应力腐蚀门槛值），以 K_{Iscc} 表示。

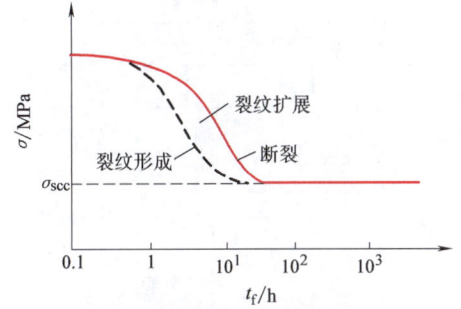

图6-4 应力腐蚀的 $\sigma\text{-}t_{\mathrm{f}}$ 关系曲线

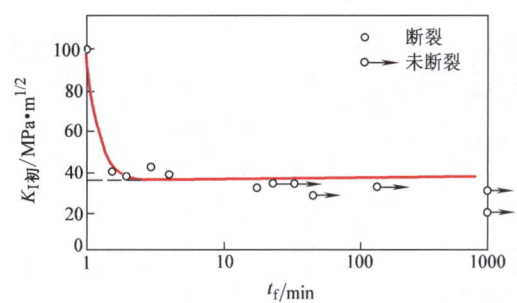

图6-5 某种钛合金预制裂纹试样的 $K_{\mathrm{I初}}\text{-}t_{\mathrm{f}}$ 曲线

对于大多数金属材料，在特定的化学介质中 K_{Iscc} 值是一定的。因此，K_{Iscc} 可作为金属材料的力学性能指标。它表示含有宏观裂纹的材料，在应力腐蚀条件下的断裂韧度。对于含有裂纹的机件，当作用于裂纹尖端的初始应力场强度因子 $K_{\mathrm{I初}} \leqslant K_{\mathrm{Iscc}}$ 时，原始裂纹在化学介质和力的共同作用下不会扩展，机件可以安全服役。因此，$K_{\mathrm{I初}} \geqslant K_{\mathrm{Iscc}}$ 为金属材料在应力腐蚀条件下的断裂判据。

测定金属材料的 K_{Iscc} 值可用恒载荷法或恒位移法。其中以恒载荷的悬臂梁弯曲试验法最常用。所用试样与测定 K_{IC} 的三点弯曲试样相同。试验装置如图6-6所示。试样的一端固定在机架上，另一端与力臂相连，力臂端头通过砝码进行加载，试样穿在溶液槽中，使预制裂纹沉浸在化学介质中。在整个试验过程中载荷恒定，所以随着裂纹的扩展，裂纹尖端的 K_{I} 增大。K_{I} 可用式（6-2）计算

$$K_{\mathrm{I}} = \frac{4.12M}{BW^{3/2}}\left[\frac{1}{\alpha^{3}} - \alpha^{3}\right]^{1/2} \qquad (6\text{-}2)$$

式中 M——裂纹截面上的弯矩，$M = FL$；
B——试样厚度；

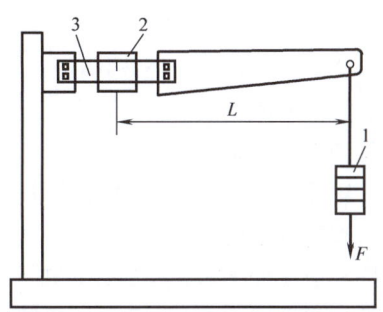

图6-6 悬臂梁弯曲试验装置简图

1—砝码 2—溶液槽 3—试样

W——试样宽度；

a——裂纹长度，$\alpha = 1 - a/W$。

试验时，必须制备一组尺寸相同的试样，每个试样承受不同的恒定载荷 F，使裂纹尖端产生不同大小的初始应力场强度因子 $K_{I初}$，记录试样在各种 $K_{I初}$ 作用下的断裂时间 t_f。以 $K_{I初}$ 与 $\lg t_f$ 为坐标作图，便可得到如图6-5所示的曲线。曲线水平部分所对应的 $K_{I初}$ 值即为材料的 K_{Iscc}。

一些金属材料在3.5%NaCl水溶液中的 K_{Iscc} 值见表6-2。

表6-2　一些金属材料在3.5%NaCl水溶液中的 K_{Iscc} 值

材　料	热处理状态	$\sigma_{r0.2}$/MPa	K_{Iscc}/MPa·m$^{1/2}$
35CrMo	淬火 +280℃回火	1421	16.4
30CrMnSiNi2A	900℃加热 +260℃等温 +260℃回火	—	14.5
40CrMnSiMoVA（双真空）	920℃加热 +180℃等温 +260℃回火	1566	16.3
300M①	900℃空冷、870℃油淬 +316℃回火2次	1735.5	21
4340①	900℃空冷、804℃油淬 +204℃回火2次	1718	16.3
GH2036	1000℃保温45min，升温至1140℃×90min水冷，650℃×15h、780℃×15h空冷	857.5	23
7A04	470℃淬火 +140℃×16h时效		17
7A09	465℃淬火 +110℃×7h，175℃×10h时效		21.4
Ti-6Al-4V	800℃×1h空冷	1078	59.5
Ti-7Al-4Mo	960℃×1h水淬 +610℃×16h空冷	1566	22.4

① 300M和4340均为美国牌号。除300M和4340钢试验温度为24℃外，其余试验温度均为35℃，工作介质均为3.5%NaCl水溶液。

（二）应力腐蚀裂纹扩展速率 da/dt

当应力腐蚀裂纹尖端的 $K_I > K_{Iscc}$ 时，裂纹就会不断扩展。单位时间内裂纹的扩展量称为应力腐蚀裂纹扩展速率，用 da/dt 表示。通常，da/dt 在 $10^{-5} \sim 10^{-2}$ m/h 之间；碳钢、不锈钢、铝合金 da/dt 一般在 $0 \sim 10^{-3}$ m/h；钛合金、高强度钢等 da/dt 则在 10^{-2} m/h 左右。试验证明，da/dt 与 K_I 有关，即

$$da/dt = f(K_I) \tag{6-3}$$

在 $\lg(da/dt)$-K_I 坐标图上，其关系曲线如图6-7所示。曲线可分为三个阶段：

第Ⅰ阶段：当 K_I 刚超过 K_{Iscc} 时，裂纹经过一段孕育期后突然加速扩展，da/dt-K_I 曲线几乎与纵坐标轴平行。

第Ⅱ阶段：曲线出现水平线段，da/dt 与 K_I 几乎无关。因为这时裂纹尖端发生分叉现象，裂纹分叉使裂纹扩展能量释放率 G_I 增加，从而使 K_I 增加。但 da/dt 是测量主裂纹扩展速率，裂纹分叉时，主裂纹扩展缓慢，故 da/dt 反映没有变化。这一阶段裂纹扩展主要受电化学过程控制，与材料和环境密切相关。

第Ⅲ阶段：裂纹长度已接近临界尺寸，da/dt 又明显地依赖于 K_I，da/dt 随 K_I 增大而急剧增大。这时材料进入失稳扩展的过渡区。当 K_I 达到 K_{IC} 时便失稳扩展而断裂。

第Ⅱ阶段时间越长，材料抗应力腐蚀性能越好。如果通过试验测出某种材料在第Ⅱ阶段的 da/dt 值及第Ⅱ阶段结束时的 K_I 值，就可估算出机件在应力腐蚀条件下的剩余寿命。

四、防止应力腐蚀的措施

主要是合理选择金属材料，减少或消除机件中残余拉应力及改变化学介质条件。此外，尚可采用电化学方法防护。

(1) <u>合理选择金属材料</u> 针对机件所受的应力和接触的化学介质，选用耐应力腐蚀的金属材料，这是一个基本原则。例如，铜对氨的应力腐蚀敏感性很高，因此，接触氨的机件就

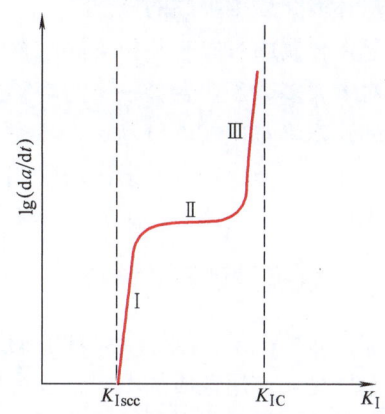

图 6-7 应力腐蚀裂纹的 da/dt-K_I 关系曲线

应避免使用铜合金。又如，在高浓度氯化物介质中，一般可选用不含镍、铜或仅含微量镍、铜的低碳高铬铁素体不锈钢，或含硅较高的铬镍不锈钢，也可选用镍基和铁-镍基耐蚀合金。

此外，在选材时还应尽可能选用 K_{Iscc} 较高的合金，以提高机件抗应力腐蚀的能力。

(2) <u>减少或消除机件中的残余拉应力</u> 残余拉应力是产生应力腐蚀的重要原因，主要是由于金属机件的设计和加工工艺不合理而产生的。因此，应尽量减少机件上的应力集中效应，加热和冷却要均匀。必要时可采用退火工艺以消除应力。如果能采用喷丸或其他表面处理方法，使机件表层中产生一定的残余压应力，则更为有效。但应当指出，如产生点蚀，蚀坑穿过表面压应力区达到残余拉应力区，反而加速应力腐蚀开裂。

(3) <u>改善化学介质</u> 可从两方面考虑：一方面设法减少和消除促进应力腐蚀开裂的有害离子，例如，通过水净化处理，降低冷却水与蒸汽中的氯离子含量，对预防奥氏体不锈钢的氯脆十分有效；另一方面，也可在化学介质中添加缓蚀剂，例如，在高温水中加入 3×10^{-2}% 磷酸盐，可使铬镍奥氏体不锈钢抗应力腐蚀性能大为提高。

(4) <u>采用电化学保护</u> 由于金属在化学介质中只有在一定的电极电位范围内才会产生应力腐蚀现象，因此，采用外加电位的方法，使金属在化学介质中的电位远离应力腐蚀敏感电位区域，也是防止应力腐蚀的一种措施，一般采用阴极保护法。但高强度钢或其他氢脆敏感的材料，不能采用阴极保护法。

第二节 氢 脆

一、氢在金属中的存在形式

由于氢和应力的共同作用而导致金属材料产生脆性断裂的现象，称为氢脆断裂（简称氢脆）。

金属中氢的来源可分为"内含的"和"外来的"两种。前者是指金属在熔炼过程中及随后的加工制造过程（如焊接、酸洗、电镀等）中吸收的氢；后者则是金属机件在服役时

从含氢环境介质中吸收的氢。

氢在金属中可以有几种不同的存在形式。在一般情况下，氢以间隙原子状态固溶在金属中，对于大多数工业合金，氢的溶解度随温度降低而降低。氢在金属中也可通过扩散聚集在较大的缺陷（如空洞、气泡、裂纹等）处，以氢分子状态存在。此外，氢还可能和一些过渡族、稀土或碱土金属元素作用生成氢化物，或与金属中的第二相作用生成气体产物，如钢中的氢可以和渗碳体中的碳原子作用形成甲烷等。

二、氢脆类型及其特征

在任何情况下，氢对金属性能的影响都是有害的。由于氢在金属中存在的状态不同以及氢与金属交互作用性质的不同，氢可通过不同的机制使金属脆化，因而氢脆的种类很多。现将常见的几种氢脆现象及其特征简介如下。

1. 氢蚀

这是由于氢与金属中的第二相作用生成高压气体，使基体金属晶界结合力减弱而导致金属脆化。例如，碳钢在 300～500℃ 的高压氢气氛中工作时，由于氢与钢中的碳化物作用生成高压的 CH_4 气泡，当气泡在晶界上达到一定密度后，金属的塑性将大幅度降低。这种氢脆现象的断裂源产生在机件与高温、高压氢气相接触的部位。对碳钢来说，温度低于 220℃ 时不产生氢蚀。

氢蚀断裂的宏观断口形貌呈氧化色，颗粒状。微观断口上晶界明显加宽，呈沿晶断裂。

2. 白点（发裂）

当钢中含有过量的氢时，随着温度降低氢在钢中的溶解度减小。如果过饱和的氢未能扩散逸出，便聚集在某些缺陷处而形成氢分子。此时，氢的体积发生急剧膨胀，内压力很大足以将金属局部撕裂，而形成微裂纹。这种微裂纹的断面呈圆形或椭圆形，颜色为银白色，故称为白点。在 Cr-Ni 结构钢的大锻件中白点是一种严重缺陷，历史上曾因此造成许多重大事故。图 6-8 所示为 10CrNiMoV 钢锻材调质后纵断面上的白点形貌。人们对白点的成因及预防方法已进行了大量而详尽的研究，成功地采用了精炼除气、锻后缓冷或等温退火，以及在钢中加入稀土或其他微量元素等方法，可使白点减弱或消除。

图 6-8 10CrNiMoV 钢锻材中的白点形貌

3. 氢化物致脆

对于ⅣB或ⅤB族金属（如纯钛、α-钛合金、镍、钒、锆、铌及其合金），由于它们与氢有较大的亲和力，极易生成脆性氢化物，使金属脆化。例如，在室温下，氢在 α-钛中的溶解度较小，钛与氢又具有较大的化学亲和力，因此容易形成氢化钛（TiH_x）而产生氢脆。

金属材料对氢化物造成的氢脆敏感性随温度降低及机件上缺口的尖锐程度增加而增加。裂纹常沿氢化物与基体的界面扩展，因此，在断口上可以见到氢化物。

氢化物的形状和分布对金属的变脆有明显影响。若晶粒粗大，氢化物在晶界上呈薄片状，极易产生较大的应力集中，危害很大；若晶粒较细，氢化物多呈块状不连续分布，对金属危害不太大。

4. 氢致延滞断裂

高强度钢或 $α+β$ 钛合金中，含有适量的处于固溶状态的氢（原来存在的或从环境介质中吸收的），在低于屈服强度的应力持续作用下，经过一段孕育期后，在金属内部，特别是在三向拉应力区形成裂纹，裂纹逐步扩展，最后突然发生脆性断裂。这种由于氢的作用而产生的延滞断裂现象称为氢致延滞断裂。工程上所说的氢脆，大多数是指这类氢脆而言的。这类氢脆的特点是：

1）只在一定温度范围内出现，如高强度钢多出现在 $-100\sim150℃$ 之间，而以室温下最敏感。

2）提高应变速率，材料对氢脆的敏感性降低。因此，只有在慢速加载试验中才能显示这类脆性。

3）此类氢脆显著降低金属材料的断后伸长率，但含氢量超过一定数值后，断后伸长率不再变化，而断面收缩率则随含氢量增加不断下降，且材料强度越高，下降越剧烈。

4）高强度钢的氢致延滞断裂还具有可逆性，即钢材经低应力慢速应变后，由于氢脆使塑性降低。如果卸除载荷，停留一段时间再进行高速加载，则钢的塑性可以得到恢复，氢脆现象消除。

高强度钢氢致延滞断裂断口的宏观形貌与一般脆性断口相似。其微观形貌大多为沿原奥氏体晶界的沿晶断裂，且晶界面上常有许多撕裂棱。但在实际断口上，并不一定全是沿晶断裂形貌，有时还出现穿晶断裂（微孔聚集型，解理、准解理型，或准解理+微孔聚集混合型），甚至是单一的穿晶断裂形貌。这是因为氢脆的断裂方式除与裂纹尖端的应力场强度因子 K_1 及氢浓度有关外，还与晶界上杂质元素的偏聚有关。对 40CrNiMo 钢的试验表明，当钢的纯度提高时，氢脆的断口形貌就从沿晶断裂转变为穿晶断裂，同时，断裂临界应力也大大提高。这表明氢脆沿晶断口的出现，除力学因素外，可能更主要的是与杂质偏聚的晶界吸附了较多的氢，使晶界强度削弱有关。

三、钢的氢致延滞断裂机理

高强度钢对氢致延滞断裂非常敏感。其断裂过程也可分为三个阶段，即孕育阶段、裂纹亚稳扩展阶段及失稳扩展阶段。

钢的表面单纯吸附氢原子是不会产生氢脆的，氢必须进入 $α$-Fe 晶格中并偏聚到一定浓度后才能形成裂纹。因此，由环境介质中的氢引起氢致延滞断裂必须经过三个步骤，即氢原子进入钢中、氢在钢中迁移和氢的偏聚。这三个步骤都需要时间，这就是氢致延滞断裂的孕育阶段。

钢中的氢一般固溶于 $α$-Fe 晶格中，使晶格产生膨胀性弹性畸变。当有刃型位错的应力场存在时，氢原子便与位错产生交互作用，迁移到位错线附近的拉应力区，形成氢气团。显然，在位错密度较高的区域，其氢的浓度也较高。

在外加应力作用下，当应变速率较低而温度较高时，氢气团的运动速率与位错运动速率相适应，此时气团随位错运动，但又落后一定距离。因此，气团对位错起"钉扎"作用，产生局部应变硬化。当运动着的位错与氢气团遇到障碍（如晶界）时，便产生位错塞积，同时造成氢原子在塞积区聚集。若应力足够大，则在位错塞积的端部形成较大的应力集中，由于不能通过塑性变形使应力松弛，于是便形成裂纹。该处聚集的氢原子不仅使裂纹易于形成，而且使裂纹容易扩展，最后造成脆性断裂。

由于氢使 α-Fe 晶格膨胀，故拉应力将促进氢的溶解。在外加应力作用下，金属中已形成裂纹的尖端是三向拉应力区，因而氢原子易于通过位错运动向裂纹尖端区域聚集。氢原子一般偏聚在裂纹尖端塑性区与弹性区的界面上，当偏聚浓度再次达到临界值时，便使这个区域明显脆化而形成新裂纹。新裂纹与原裂纹的尖端相汇合，裂纹便扩展一段距离，随后又停止，如图 6-9a 所示。以后是再孕育、再扩展；最后，当裂纹经亚稳扩展达到临界尺寸时便失稳扩展而断裂。因此，氢致裂纹的扩展方式是步进式，这是与应力腐蚀裂纹渐进式扩展方式不同的。氢致裂纹步进式扩展的过程，可通过图 6-9b 所示的裂纹扩展过程中电阻的变化来证实。

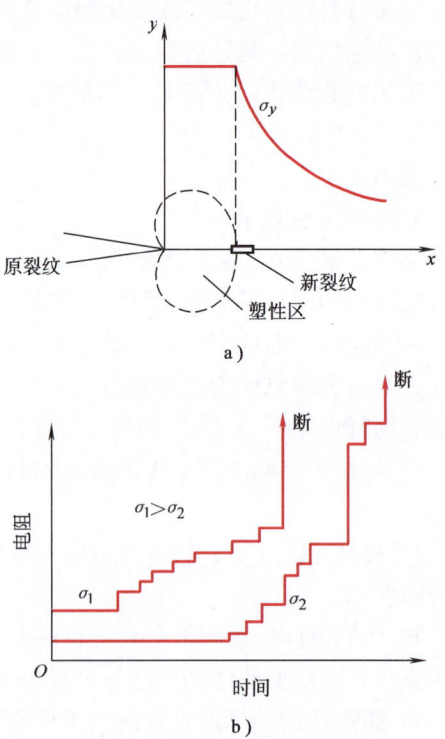

图 6-9　氢致裂纹的扩展过程和扩展方式
a) 裂纹扩展过程　b) 裂纹扩展过程中电阻的变化

四、氢致延滞断裂与应力腐蚀的关系

应力腐蚀与氢致延滞断裂都是由于应力和化学介质共同作用而产生的延滞断裂现象，两者关系十分密切。图 6-10 所示为钢在特定化学介质中产生应力腐蚀与氢致延滞断裂的电化学原理图。由图 6-10 可见，产生应力腐蚀时总是伴随有氢的析出，析出的氢又易于形成氢致延滞断裂。两者的区别在于**应力腐蚀为阳极溶解过程**（图 6-10a），形成所谓阳极活性通道而使金属开裂；而**氢致延滞断裂则为阴极吸氢过程**（图 6-10b）。在探讨某一具体合金-化学介质系统的延滞断裂究竟属于哪一种断裂类型时，一般可采用极化试验方法，即利用外加电流对静载下产生裂纹时间或裂纹扩展速率的影响来判断。当外加小的阳极电流而缩短产生裂纹时间的是应力腐蚀（图 6-10c），当外加小的阴极电流而缩短产生裂纹时间的是氢致延滞断裂（图 6-10d）。

对于一个已断裂的机件来说，还可从断口形貌上来加以区分。表 6-3 为钢的应力腐蚀与氢致延滞断裂断口形貌的比较，可供参考。

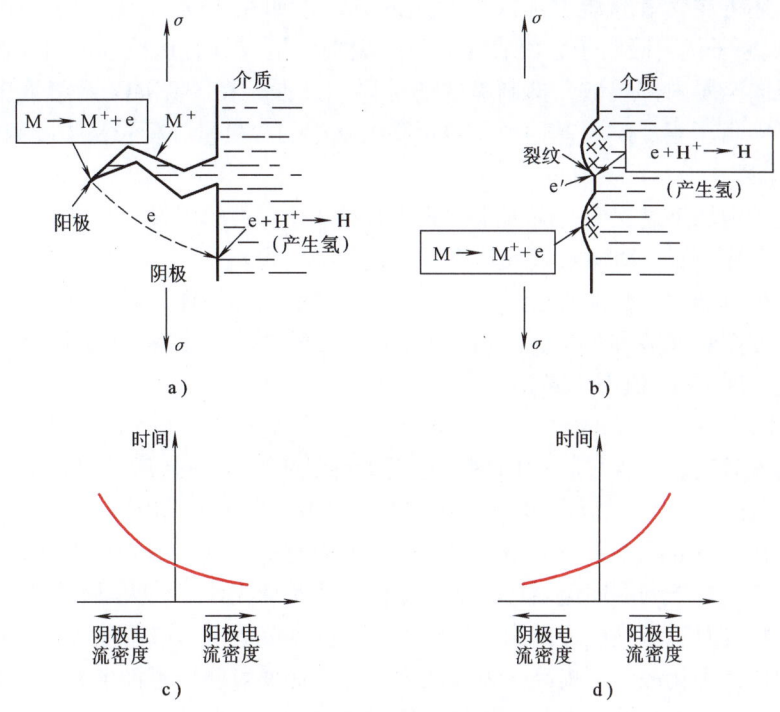

图 6-10　应力腐蚀与氢致延滞断裂电化学原理比较
a)、c) 应力腐蚀　b)、d) 氢致延滞断裂

表 6-3　钢的应力腐蚀与氢致延滞断裂断口形貌的比较

类型	断裂源位置	断口宏观特征	断口微观特征	二次裂纹
应力腐蚀	肯定在表面，无一例外，且常在尖角、划痕、点蚀坑等拉应力集中处	脆性，颜色较暗，甚至呈黑色，和最后静断区有明显界限，断裂源区颜色最深	一般为沿晶断裂，也有穿晶解理断裂。有较多腐蚀产物，且有特殊的离子如氯、硫等。断裂源区腐蚀产物最多	很多
氢致延滞断裂	大多在表皮下，偶尔在表面应力集中处，且随外应力增加，断裂源位置向表面靠近	脆性，较光亮，刚断开时没有腐蚀，在腐蚀性环境中放置后，受均匀腐蚀	多数为沿晶断裂，也可能出现穿晶解理或准解理断裂。晶界面上常有大量撕裂棱，个别地方有韧窝，若未在腐蚀环境中放置，一般无腐蚀产物	没有或极少

五、防止氢脆的措施

氢脆与环境因素、力学因素及材质因素有关，因此可以从这三个方面来防止。

1. 环境因素

设法切断氢进入金属中的途径，或者控制这条途径上的某个关键环节，延缓在这个环节上的反应速度，使氢不进入或少进入金属中。例如，采用表面涂层，使机件表面与环境介质

中的氢隔离。还可在含氢介质中加入抑制剂的方法，如在100%干燥的H_2中加入$\varphi(O_2)$ 0.6%，由于氧原子优先吸附于金属表面或裂纹尖端，生成具有保护性的氧化膜，可以有效地阻止氢原子向金属内部扩散，抑制裂纹的扩展。又如，在3% NaCl水溶液中加入浓度为10^{-3} mol/L的N-椰子素、β-氨基丙酸，也可降低钢中的含氢量，延长高强度钢的断裂时间。

2. 力学因素

在机件设计和加工过程中，应排除各种产生残余拉应力的因素；相反，采用表面处理使表面获得残余压应力层，对防止氢致延滞断裂有良好作用。

金属材料抗氢脆的力学性能指标与抗应力腐蚀性能指标一样，对于裂纹试样可采用**氢脆临界应力场强度因子**（或称为氢脆门槛值）K_{IHEC}及裂纹扩展速率da/dt来表示。设计时应力求使零件服役时的K_I值小于K_{IHEC}。

3. 材质因素

含碳量较低且硫、磷含量较少的钢，氢脆敏感性低。钢的强度等级越高，对氢脆越敏感。如4340钢在3.5% NaCl溶液中，当硬度由43HRC增至53HRC时，其K_{IHEC}大幅度降低。因此，对在含氢介质中服役的高强度钢的强度应有所限制。钢的显微组织对氢脆敏感性有较大影响，一般按下列顺序递增：球状珠光体、片状珠光体、回火马氏体或贝氏体、未回火马氏体。晶粒度对抗氢脆能力的影响比较复杂，因为晶界既可吸附氢，又可作为氢扩散的通道，总的倾向是细化晶粒可提高抗氢脆能力。冷变形使氢脆敏感性增大。因此，合理选材与正确制订冷、热加工工艺，对防止机件的氢脆也是十分重要的。

思考题与习题

1. 解释下列名词：
   (1) 应力腐蚀；(2) 氢蚀；(3) 白点；(4) 氢化物致脆；(5) 氢致延滞断裂。
2. 说明下列力学性能指标的意义：
   (1) σ_{scc}；(2) K_{Iscc}；(3) K_{IHEC}；(4) da/dt。
3. 试述金属产生应力腐蚀的条件及机理。
4. 分析应力腐蚀裂纹扩展速率da/dt与K_I关系曲线，并与疲劳裂纹扩展速率曲线进行比较。
5. 某高强度钢的$\sigma_{t0.2}=1400$MPa，$K_{IC}=77.5$MPa·m$^{1/2}$，在水介质中的$K_{Iscc}=21.3$MPa·m$^{1/2}$。裂纹扩展到第Ⅱ阶段的$da/dt=2\times10^{-6}$mm/s，第Ⅱ阶段结束时的$K_I=62$MPa·m$^{1/2}$。该材料制成的机件在水介质中工作，工作拉应力$\sigma=400$MPa。无损检测发现该机件表面有半径$a_0=4$mm的半圆形裂纹。试粗略估算其剩余寿命。
6. 何谓氢致延滞断裂？为什么高强度钢的氢致延滞断裂出现在一定的应变速率下和一定的温度范围内？
7. 试述区别高强度钢的应力腐蚀与氢致延滞断裂的方法。
8. 有一M24栓焊桥梁用高强度螺栓，采用40B钢调质制成，抗拉强度为1200MPa，承受拉应力650MPa。在使用中，由于潮湿空气及雨淋的影响发生断裂事故。观察断口发现，裂纹从螺纹根部开始，有明显的沿晶断裂特征，随后是快速脆断部分。断口上有较多腐蚀产物，且有较多的二次裂纹。试分析该螺栓产生断裂的原因，并考虑防止这种断裂的措施。

第七章 金属磨损和接触疲劳

任何一部机器在运转时，机件之间总要发生相对运动。当两个相互接触的机件表面做相对运动（滑动、滚动，或滚动+滑动）时就产生摩擦，有摩擦就必有磨损，这是必然的结果。

磨损是降低机器和工具效率、精确度甚至使其报废的重要原因，也是造成金属材料损耗和能源消耗的重要原因。据不完全统计，摩擦磨损消耗能源的 1/3~1/2，大约 80% 的机件失效是磨损引起的。因此，研究磨损规律，提高机件耐磨性，对节约能源、减少材料消耗、延长机件寿命具有重要意义。

本章将讨论机器零件中最常见的磨损形式，介绍它们的机理和影响磨损速率的因素，并从材料科学角度研究控制磨损的途径。

- 磨损概念
- 磨损模型
- 磨损试验方法
- 金属接触疲劳

第一节 磨损概念

一、磨损

机件表面相接触并做相对运动时，表面逐渐有微小颗粒分离出来形成磨屑（松散的尺寸与形状均不相同的碎屑），使表面材料逐渐流失（导致机件尺寸变化和质量损失）、造成表面损伤的现象即为磨损。磨损主要是力学作用引起的，但磨损并非单一力学过程。引起磨损的原因既有力学作用，也有物理和化学作用，因此，摩擦副材料、润滑条件、加载方式和大小、相对运动特性（方式和速度）以及工作温度等诸多因素均影响磨损量的大小，所以，磨损是一个复杂的系统过程。

现在，磨损还没有统一的分类方法，通常就按磨损机理进行分类。磨损类型有：黏着磨损、磨粒磨损、冲蚀磨损、疲劳磨损（接触疲劳）、腐蚀磨损和微动磨损。据估计，在工业领域各类磨损造成的经济损失中，以磨粒磨损所占比例最高，达50%，黏着磨损占15%；冲蚀磨损和微动磨损各占8%；腐蚀磨损占5%。这些比例上的差别显然是和各类磨损产生的条件和环境相关联的。

在磨损过程中，磨屑的形成也是一个变形和断裂的过程。静强度中的基本理论和概念也可用来分析磨损过程，但前几章中所述变形和断裂是指机件整体变形和断裂机制，而磨损是发生在机件表面的过程，两者是有区别的。在整体加载时，塑性变形集中在材料一定体积内，在这些部位产生应力集中并导致裂纹形成；而在表面加载时，塑性变形和断裂发生在表面，由于接触区应力分布比较复杂。沿接触表面上任何一点都有可能参加塑性变形和断裂，反使应力集中降低。在磨损过程中，塑性变形和断裂是反复进行的，一旦磨屑形成后又开始下一循环，所以过程具有**动态特征**。这种动态特征标志着表层组织变化也具有动态特征，即每次循环，材料总要转变到新的状态，加上磨损本身的一些特点，所以普通力学性能试验所得到的材料力学性能数据不一定能反映材料耐磨性的优劣。

机件正常运行的磨损过程一般分为三个阶段，如图7-1所示。

（1）**磨合阶段** 如图7-1中的 Oa 线段。在此阶段内，无论摩擦副双方硬度如何，摩擦表面逐渐被磨平，实际接触面积增大，故磨损速率减小。磨合阶段磨损速率减小还和表面应变硬化及表面形成牢固的氧化膜有关。电子衍射证实，铸铁活塞环和气缸的磨合表面有氧化层存在。

（2）**稳定磨损阶段** 如图7-1中的 ab 线段。这是磨损速率稳定的阶段，线段的斜率就是磨损速率。大多数机器零件均在此阶段内服役，实验室磨损试验也需要进行到这一阶段。通常即根据

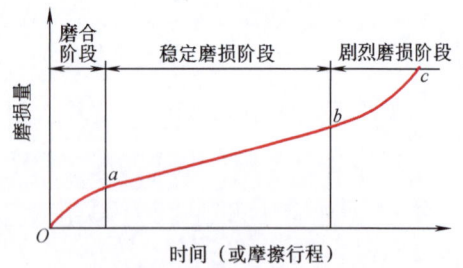

图7-1 磨损量与时间的关系示意图（磨损曲线）

这一阶段的时间、磨损速率或磨损量来评定不同材料或不同工艺的耐磨性能。在磨合阶段磨合得越好，稳定磨损阶段的磨损速率就越低。

（3）**剧烈磨损阶段** 即图7-1中的 bc 段，是随着机器工作时间增加，摩擦副接触表面

之间的间隙增大，机件表面质量下降，润滑膜被破坏，引起剧烈振动，磨损重新加剧，此时机件很快失效。

上述磨损曲线因工况条件不同可能有很大差异，如摩擦条件恶劣，磨合不良，则在磨合过程中就产生强烈黏着，而使机件无法正常运行，此时只有剧烈磨损阶段；反之，若磨合很好，则稳定磨损期很长，且磨损量也比较小。

二、耐磨性

耐磨性是材料抵抗磨损的性能，这是一个系统性质。迄今为止，还没有一个统一的、意义明确的耐磨性指标。通常是用磨损量来表示材料的耐磨性，磨损量越小，耐磨性越高。磨损量既可用试样摩擦表面法线方向的尺寸减小来表示，也可用试样体积或质量损失来表示。前者称为线磨损，后者称为体积磨损或质量磨损。若测量单位摩擦距离、单位压力下的磨损量等，则称为比磨损量。为了与通常的概念一致，有时还用磨损量的倒数来表征材料的耐磨性。此外，还广泛使用相对耐磨性的概念，相对耐磨性 ε 用下式表示

$$\varepsilon = \frac{标准试样的磨损量}{被测试样的磨损量}$$

第二节　磨　损　模　型

一、黏着磨损

1. 磨损机理

黏着磨损又称咬合磨损，是在滑动摩擦条件下，当摩擦副相对滑动速度较小（钢小于1m/s）时发生的。它是因缺乏润滑油，摩擦副表面无氧化膜，且单位法向载荷很大，以致接触应力超过实际接触点处屈服强度而产生的一种磨损，其表面形貌如图 7-2 所示。刀具、模具、齿轮、凸轮以及各种轴承等许多机件的磨损失效都与黏着磨损有关。活塞环和气缸套就是典型的易于发生黏着磨损的摩擦副。

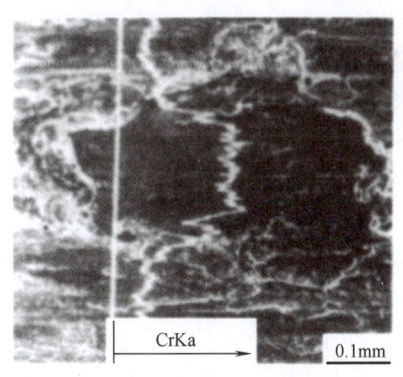

图 7-2　黏着磨损表面形貌

这种磨损可以根据摩擦机理来解释。摩擦副实际表面上总存在局部凸起，当摩擦副双方接触时，即使施加较小载荷，在真实接触面上的局部应力就足以引起塑性变形。倘若接触面上洁净而未受到腐蚀，则局部塑性变形会使两个接触面的原子彼此十分接近而产生强烈黏着（冷焊）。所谓黏着，实际上就是原子间的键合作用。随后在继续滑动时，黏着点被剪断并转移到一方金属表面，然后脱落下来便形成磨屑。一个黏着点剪断了，又在新的地方产生黏着，随后也被剪断、转移，如此黏着→剪断→转移→再黏着循环不已，就构成黏着磨损过程。黏着磨损过程示意图如图 7-3 所示。因为黏着磨损过程中有材料转移，所以摩擦副一方金属表面常黏附一层很薄的转移膜，并伴有化学成分变化（图 7-2）。这是判断黏着磨损的

重要特征。

图 7-3 所示的黏着磨损过程，是黏着点强度比摩擦副一方金属强度高的情况。此时常在较软一方本体内产生剪断，其碎片则转移到较硬一方的表面上，软方金属在硬方表面逐步积累最终使不同金属的摩擦副滑动成为相同金属间的滑动，故磨损量较大，表面较粗糙，甚至可能产生咬死现象。铅基合金与钢之间的滑动就是这种情况。

但黏着点的强度可能比摩擦副两方金属的强度都低，此时沿分界面断开，磨损量较小，摩擦面也显得较平滑，只有轻微擦伤。锡基合金与钢的滑动就是如此。

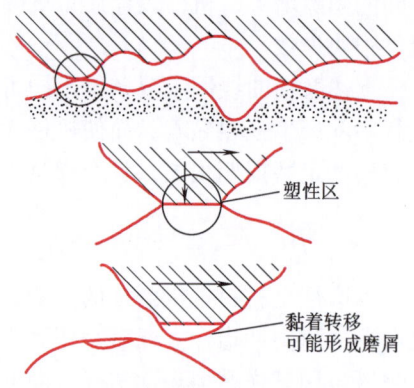

图 7-3 黏着磨损过程示意图

若黏着点强度比摩擦副两方金属的强度都高，则剪断既可能发生在较软金属本体内，也可能发生在较硬金属本体内。此时较软金属的磨损量较大。

2. 磨损量的估算

阿查得（J. F. Archard）提出的黏着磨损量估算方法如下：

在摩擦副接触处为三向压缩应力状态，故接触压缩屈服强度近似为单向压缩屈服强度 R_{eLc} 的三倍。若接触处因压应力很高超过 $3R_{eLc}$ 产生塑性变形，随后因加工硬化而使变形终止。此时，外加载荷事实上作用在接触点真实面积上。设真实接触面积为 A，接触压缩屈服强度为 $3R_{eLc}$，作用于表面上的法向力为 F，则

$$F = A(3R_{eLc}) \tag{7-1}$$

假定磨屑呈半球形，直径为 d。任一瞬时有 n 个黏着点，所有黏着点尺寸相同，直径也为 d，则

$$A = n\left(\frac{\pi d^2}{4}\right) \tag{7-2}$$

将式（7-1）代入式（7-2），得

$$n = \frac{4F}{3\pi R_{eLc} d^2} \tag{7-3}$$

再假定每一黏着点滑过距离也为 d，则单位滑动距离内形成的黏着点数 N 为

$$N = \frac{n}{d} = \frac{4F}{3\pi R_{eLc} d^3} \tag{7-4}$$

由于从较软一方金属材料的表面脱离下来的碎屑不一定全部成为磨屑，有些碎屑可能仍附于硬金属表面上。因此，磨屑形成有个概率问题，设此概率为 K，则单位滑动距离内的磨损体积为

$$\frac{\Delta V}{\Delta l} = KN\left(\frac{\pi d^3}{12}\right) \tag{7-5}$$

式中　ΔV——单位滑动距离内磨损体积；

　　　Δl——单位滑动距离；

　　　K——磨屑形成概率，或黏着磨损系数；

　　　d——磨屑直径。

将式 (7-4) 代入式 (7-5)，得

$$\frac{\Delta V}{\Delta l} = \frac{KF}{9R_{\text{eLc}}} \quad (7-6)$$

积分式 (7-6)，且强度与硬度之间有一定关系，则总滑动距离内的黏着磨损体积为

$$V = \frac{KFl_t}{9R_{\text{eLc}}} = \frac{KFl_t}{H} \quad (7-7)$$

式中　l_t——总滑动距离；
　　　H——材料硬度。

黏着磨损系数 K 值远小于1，表明黏着磨损过程中，只有极少数黏着点形成磨屑产生磨损。不同摩擦副各有一定的 K 值：低碳钢/低碳钢，$K = 7.0 \times 10^{-3}$；H70 黄铜/工具钢，$K = 1.7 \times 10^{-4}$；H60 黄铜/工具钢，$K = 6 \times 10^{-4}$；工具钢/工具钢，$K = 1.3 \times 10^{-4}$；钨碳化物/低碳钢，$K = 4.0 \times 10^{-6}$。

式 (7-7) 表明，黏着磨损体积磨损量与法向力、滑动距离成正比，与软方材料的压缩屈服强度（或硬度）成反比，而与表观接触面积无关。

于是，在其他条件相同时，若摩擦副较软一方金属材料的压缩屈服强度较高，则因其难以塑性变形不易黏着转移而使磨损减小。但是，如果 R_{eLc}（或硬度）一定，而材料塑性较好，则在相同法向力条件下可以产生较大塑性变形，使真实接触面积增加，因降低了单位面积上的法向力也可减小磨损量，即意味着材料的磨损量与其塑性成反比。如此式 (7-7) 又可改写为

$$V = \frac{KFl_t}{9R_{\text{eLc}}\delta} \quad (7-8)$$

式中　δ——材料的断后伸长率。

R_{eLc} 与 δ 的乘积为材料的韧性。可见，黏着磨损体积磨损量随较软一方材料的压缩屈服强度和韧性增加而减小。其实，从黏着磨损机理来看，增加硬度固然能减小磨损，但在材料韧性增加时，由于延缓断裂过程，所以也能使磨损量减小。

3. 影响因素

综上所述，材料特性、法向力、滑动速度以及温度等均对黏着磨损有明显影响。

塑性材料比脆性材料易于黏着；互溶性大的材料（相同金属或晶格类型、点阵常数、电子密度、电化学性质相近的金属）组成的摩擦副黏着倾向大；单相金属比多相金属黏着倾向大；化合物比固溶体黏着倾向小；金属与非金属组成的摩擦副比金属与金属的摩擦副不易黏着。

在摩擦速度一定时，黏着磨损量随法向力增大而增加。试验指出，当接触压应力超过材料硬度 H 的 1/3 时，黏着磨损量急剧增加，严重时甚至会产生咬死现象。因此，设计中选择的许用压应力必须低于材料硬度值的 1/3，以免产生严重的黏着磨损。

在法向力一定时，黏着磨损量随滑动速度增加而增加，但达到某一极大值后又随滑动速度增加而减小。这可能是由于滑动速度增加，黏着磨损量因温度升高材料剪断强度下降，以及塑性变形不能充分进行延缓黏着点长大两个因素同时作用所致。

摩擦副表面粗糙度、摩擦表面温度以及润滑状态等也都对黏着磨损有较大影响。降低表面粗糙度值，将增加抗黏着磨损能力；但表面粗糙度值过低，反因润滑剂难以储存在摩擦面内而促进黏着。温度和滑动速度的影响是一致的。这里所说的温度是环境温度或摩擦副体积

平均温度,它不同于摩擦副的表面平均温度,更不同于摩擦副接触区的温度。在接触区,因摩擦热的影响,其温度很高,甚至可能使材料达到熔化状态。不管何种概念的温度,提高温度都促进黏着磨损产生。良好的润滑状态能显著降低黏着磨损量。

4. 改善黏着磨损耐磨性的措施

(1) 注意摩擦副配对材料的选择　其基本原则是配对材料的黏着倾向应比较小,如选用互溶性小的材料配对;选用表面易形成化合物的材料配对;金属与非金属材料配对,如金属与高分子材料配对,以及选用淬硬钢或淬硬钢与灰铸铁配对等都有明显效果。

(2) 采用表面化学热处理改变材料表面状态　可有效地减轻黏着磨损。如果沿接触面上产生黏着磨损,可进行渗硫、磷化、氮碳共渗处理或涂覆镍-磷合金等。表面化学热处理在金属表面形成一层化合物层或非金属层,既避免摩擦副直接接触,又减小摩擦因数,故可防止黏着。如果黏着磨损发生在较软一方材料机件内部,则采用渗碳、渗氮、碳氮共渗及碳氮硼三元共渗等工艺都有一定效果。试验表明,渗氮齿轮抗黏着能力明显高于经渗碳的齿轮。渗氮层中存在 $\varepsilon + \gamma'$ 相时,效果最好。这表明,存在 ε 相组织对提高齿轮抗黏着能力有较大作用。

(3) 控制摩擦滑动速度和接触压应力　可使黏着磨损大为减轻。

改善润滑条件,提高表面氧化膜与基体金属的结合能力,以增强氧化膜的稳定性,阻止金属之间直接接触,以及降低表面粗糙度值等也都可以减轻黏着磨损。

二、磨粒磨损

1. 磨损机理

磨粒磨损是当摩擦副一方表面存在坚硬的细微凸起,或者在接触面之间存在着硬质粒子时所产生的一种磨损。前者又可称为两体磨粒磨损,如锉削过程;后者又可称为三体磨粒磨损,如抛光。两种不同情况的磨粒磨损如图7-4所示。硬质粒子可以是由磨损产生而脱落在摩擦副表面间的金属磨屑,也可以是自表面脱落下来的氧化物或其他沙、灰尘等。

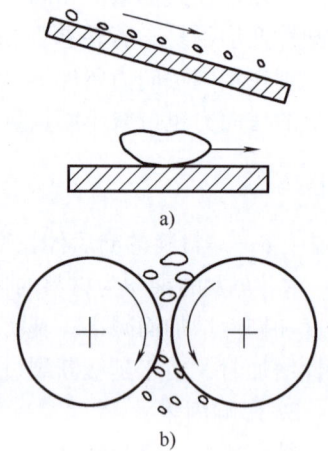

图7-4　两体和三体磨粒磨损

a) 两体磨粒磨损　b) 三体磨粒磨损

根据磨粒所受应力大小不同,磨粒磨损可分为凿削式磨粒磨损、高应力碾碎性磨粒磨损和低应力擦伤性磨粒磨损三类。在凿削式磨粒磨损时,从材料表面上凿削下大颗粒金属,摩擦面有较深沟槽,如挖掘机斗齿、破碎机颚板等机件表面的破坏。若磨粒与摩擦面接触处的最大压应力超过磨粒的破坏强度,则磨粒不断被碾碎,并产生高应力碾碎性磨粒磨损。此时,一般金属材料被拉伤,韧性金属产生塑性变形或疲劳,脆性金属则形成碎裂或剥落,如球磨机衬板与钢球、轧碎机滚筒等机件表面的破坏。当作用于磨粒上的应力不超过其破坏强度时,产生低应力擦伤性磨粒磨损。此时,摩擦表面仅产生轻微擦伤,如犁铧、运输槽板及机件被沙尘污染的摩擦表面等。

如果从磨粒硬度与被磨材料硬度相对关系看,若磨粒硬度高于被磨材料的硬度,则属于硬磨粒磨损;反之,则为软磨粒磨损。通常的磨粒磨损即指硬磨粒磨损。

磨粒磨损的主要特征是摩擦面上有明显犁皱形成的沟槽,如图7-5所示。

在磨粒磨损时，磨粒与摩擦表面之间的相互作用，与机械加工中切削刀具与工件的相互作用类似。对于韧性金属材料，每一磨粒从表面上切下的是一个连续屑；而对于脆性金属材料，一个磨粒切下的是许多断屑。由于磨粒磨损产生的条件不同，它不是简单的切削过程。当磨粒受切向力作用而沿摩擦表面产生相对运动时，摩擦表面将受到剪切、犁皱或切削。对于韧性金属材料和有锐刃的硬粒子，表面材料是被剪切下来的，且呈连续屑形式。而对于有光滑刃或圆刃的硬粒子，韧性金属材料只被犁皱。犁皱时，表面材料沿硬粒子运动方向被横推而形成沟槽。大部分塑性变形的材料沿沟槽两侧堆积起来，而不是从表面上切削下来。对于脆性材料，沟槽是由裂纹扩展和随后的表面材料成碎片脱落而形成的。

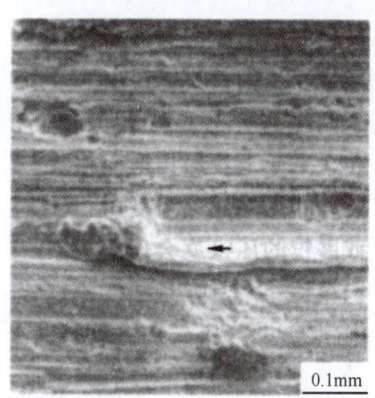

图 7-5　磨粒磨损表面形貌（SEM）

在碾碎性磨粒磨损时，磨粒被压碎前几乎没有滚动和切削的机会，因此，磨粒对摩擦表面的作用是由于磨粒接触点处的集中压应力所造成的。这种集中压应力可使韧性材料表面产生塑性变形。由于磨粒大量而密集地反复压入摩擦表面，使经受塑性变形的材料前后流动，最后由于疲劳而破坏。对于脆性材料，由于摩擦表面几乎不产生塑性变形，故此时磨损是由于表面材料脆性断裂的结果，但也可能是反复应力作用而产生疲劳破坏所致。

综上所述，磨粒磨损过程可能是磨粒对摩擦表面产生的切削作用、塑性变形和疲劳破坏作用或脆性断裂的结果，还可能是它们综合作用的反映，而以某一损害作用为主。

2. 磨损量估算

现以两体磨粒磨损为例推导以切削作用为主的磨粒磨损量计算式。

设磨粒磨损模型如图 7-6 所示。按照这一模型，在法向力 F 作用下，硬材料的凸出部分或磨粒（假定为圆锥体）被压入软材料中。当作用在一个凸出部分上的力 F 除以凸出部分在水平面上投影接触面积 πr^2 等于软材料的压缩屈服强度时，则凸出部分或磨粒的压入就会停止下来，于是可以得到

$$F = (3R_{\text{eLc}})\pi r^2 \tag{7-9}$$

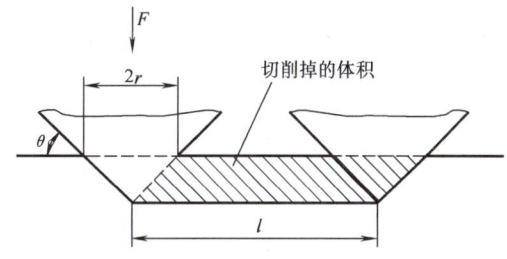

图 7-6　磨粒磨损示意图

设 θ 为凸出部分的圆锥面与软材料表面间的夹角，当摩擦副相对滑动了 l 长的距离时，凸出部分或磨粒切削下来的软材料体积（图 7-6 阴影线所示面积），即磨损量 V 为

$$V = \frac{1}{2} \times 2rr\tan\theta l = r^2 l \tan\theta \tag{7-10}$$

将式（7-9）代入式（7-10）得

$$V = \frac{Fl\tan\theta}{3\pi R_{\text{eLc}}} \tag{7-11}$$

因为金属材料的屈服强度与硬度成正比，所以式（7-11）又可写为

$$V = K\frac{Fl\tan\theta}{H} \tag{7-12}$$

K 为系数。可见,磨粒磨损量与法向力、摩擦距离成正比,与材料硬度成反比,同时还与硬材料凸出部分或磨粒的形状有关。

图 7-6 所示是理想化的磨粒磨损模型。实际上,由于磨粒的棱面相对摩擦表面的取向不同,只有一部分磨粒才能切削表面产生磨屑;大部分磨粒嵌入较软材料中,并使之产生塑性变形(即使是脆性材料也会产生少量塑性变形),造成擦伤或形成沟槽,而形成沟槽并不包含直接去除摩擦副表面的材料。堆积在沟槽两侧的材料,在摩擦副随后相对运动过程中只有一部分能形成磨屑。此外,实际的磨粒的形状并不一定是圆锥形的。因此,式(7-12)中的系数 K 应该考虑到这些因素的影响。

3. 影响因素

根据试验,金属材料对磨粒磨损的抗力与 H/E 成比例,H 为材料硬度,E 为弹性模量。材料的 H/E 值越大,在相同接触压力下弹性变形量增大。由于接触面积增加,单位法向力反而下降,致沟槽深度减小,堆在沟槽两侧的材料也少,故磨损量也减小。然而,E 是对组织不敏感的,因此,机件抵抗磨粒磨损的能力主要与材料硬度成正比。所以,一般情况下,材料硬度越高,其抗磨粒磨损能力也越好。

纯金属与未经热处理的钢,其磨粒磨损耐磨性与它们的自然硬度成正比,且直线通过原点(图 7-7a)。

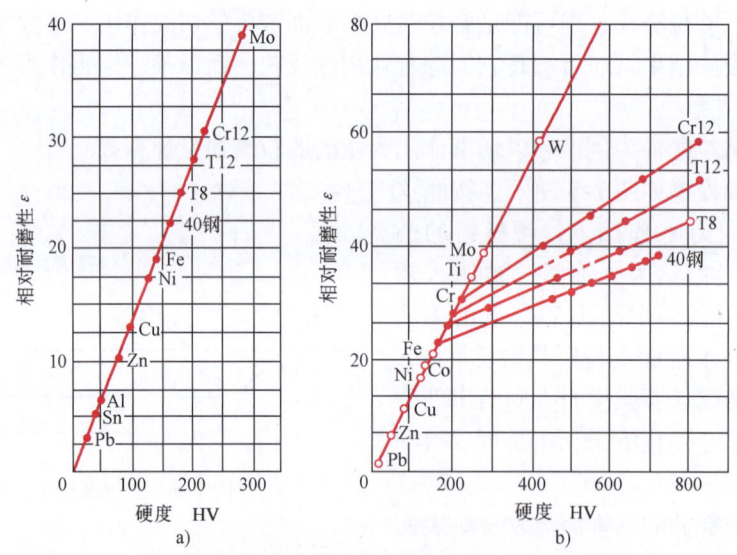

图 7-7 磨粒磨损相对耐磨性与材料硬度的关系

经过热处理的钢,其耐磨性也与硬度呈线性关系,但直线的斜率比纯金属的小(图 7-7b)。这表明,在相同硬度下比较时,经过热处理的钢,其抗磨粒磨损能力反不及纯金属。有人认为,这可能是因为硬度并非决定磨粒磨损的唯一因素所致。如果考虑到在磨粒磨损过程中,磨粒的切削作用占有一定分量,那么,经过热处理的钢,由于是非平衡组织,存在多种冶金缺陷,加速了切削过程,所以磨损量增加。

由图 7-7 可见,在硬度相同时,钢中含碳量越高,碳化物形成元素越多,则耐磨性越好。

断裂韧度也影响金属磨粒磨损耐磨性。图 7-8 所示为耐磨性与硬度及断裂韧度关系的示意图。由图可见，在Ⅰ区，磨损受断裂过程控制，故耐磨性随断裂韧度提高而增加；在Ⅱ区，当硬度与断裂韧度配合最佳时，耐磨性最高；在Ⅲ区，耐磨性随硬度降低而下降，磨损过程受塑性变形所控制。可见，磨粒磨损抗力并不唯一地取决于硬度，还与材料的韧性有关。

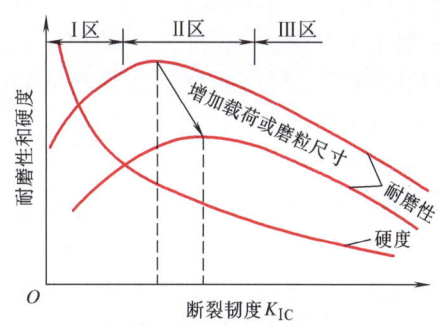

图 7-8 耐磨性、硬度与断裂韧度关系示意图

钢中的显微组织对材料抗磨粒磨损能力也有影响，马氏体耐磨性最好，铁素体因硬度太低，耐磨性最差。

球墨铸铁的试验证明，因基体组织不同，耐磨性也不同，基体为马氏体与回火马氏体者，其耐磨性最好。

在相同硬度下，下贝氏体比回火马氏体具有更高的耐磨性。贝氏体中保留一定数量残留奥氏体对于提高耐磨性是有利的，因为经加工硬化或残留奥氏体转变为马氏体后，基体硬度较完全为贝氏体组织者高。

细化晶粒因为能提高屈服强度、硬度及静载塑性，所以也能提高耐磨性。

钢中碳化物也是影响耐磨性的重要因素之一。在软基体中碳化物数量增加，弥散度增加，耐磨性也提高；但在硬基体（即基体硬度与碳化物硬度相近）中，碳化物反而损害材料的耐磨性，因为此时碳化物如同内缺口一样，极易使裂纹扩展，致使表面材料通过切削过程而被除夫，如马氏体中分布的 M_3C 型碳化物就是这样。

加工硬化对金属材料抗磨粒磨损能力的影响，因磨损类型不同而异。在低应力擦伤性磨粒磨损时，加工硬化对材料的耐磨性没有影响，这是由于磨粒或硬的凸出部分切削金属时，局部区域产生急剧加工硬化，比预先加工硬化要剧烈得多所致。但在高应力碾碎性磨粒磨损时，加工硬化能显著提高耐磨性，因为此时磨损过程不同于低应力下的情况，表面金属材料主要是通过疲劳破坏而不是切削作用去除的。

以上所述属于硬磨粒磨损情况。

在磨粒硬度低于金属材料硬度的软磨粒磨损情况下，磨损机理将发生变化，故控制耐磨性的因素也将随之变化。图 7-9 为磨损体积与硬度比（磨粒硬度 H_a 与金属材料硬度 H 比）的关系曲线。

曲线分三个区域：
1) Ⅰ区。$H_a < H$，软磨粒磨损区，磨损量最小。
2) Ⅱ区。$H_a \approx H$，过渡区，金属材料的磨损体积与硬度比（H_a/H）成直线关系。
3) Ⅲ区。$H_a > H$，硬磨粒磨损区，磨损量较大。

图中两个转折点 A 与 B 所对应的 H_a/H 分别为 0.7~1.1 和 1.3~1.7。

由图可见，若能增加金属材料的硬度，使 H_a/H 下降，则磨损体积不断减小。进入Ⅰ区时，再增加材料硬度，磨损量变化已不显著了。当 $H_a/H \geq 1.3$~1.7 后再增加 H，磨损量也不再变化。因此，要降低磨粒磨损速率，必须使金属材料的硬度大于磨粒硬度1.3倍，这是获得低磨损速率的判据。

在磨粒硬度较高的Ⅲ区，金属材料的磨损是通过磨粒嵌入表面形成沟槽而发生的。此时，硬度是控制因素。

在磨粒硬度较低的Ⅰ区，金属材料的磨损是通过表面严重变形、疲劳而发生的。此时，硬度是次要因素。这表明，在软磨粒磨损情况下，提高材料的硬度对提高耐磨性作用不大。

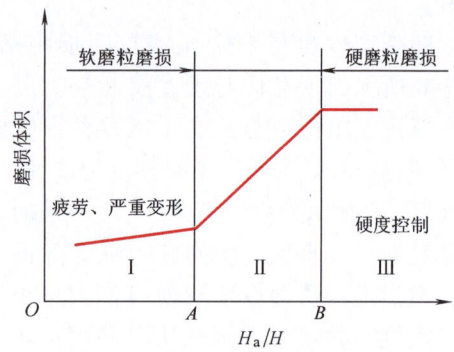

图7-9 磨损体积与硬度比
（磨粒硬度与材料硬度比）的关系

磨粒磨损在冶金、矿山、建筑和工程机械中非常普遍。农业机械中失效机件40%以上是由于磨粒磨损引起的。因此，寻求新的耐磨粒磨损材料及提高材料磨粒磨损耐磨性的有效工艺方法，一直受到广泛关注。

4. 改善磨粒磨损耐磨性的措施

（1）对于以切削作用为主要机理的磨粒磨损应增加材料硬度 这是提高磨粒磨损耐磨性的最有效措施。若用含碳较高的钢淬火获得马氏体组织，即可得到高硬度和高耐磨性。如果能使材料硬度与磨粒硬度之比达到0.9~1.4（见图7-9A点的示值），可使磨损量减到很小。但如果磨粒磨损机理是塑性变形，或塑性变形后疲劳破坏（低周疲劳）、脆性断裂，则提高材料韧性对改善耐磨性是有益的。此时，用等温淬火获得下贝氏体，消除基体中初生碳化物，并使二次碳化物均匀弥散分布，以及含适量残留奥氏体等都能改善抗磨粒磨损能力。

（2）根据机件服役条件，合理选择耐磨材料 若在高应力冲击载荷下（颚式破碎机齿板粉碎难破碎矿石时），要选用高锰钢Mn13，利用其高韧性和高的加工硬化能力，可得到高耐磨性。但在滑动接触式连续性重载下（挖掘机刀头），则应选用硬质合金、高铬白口铸铁，或经过二次硬化处理的基体钢，才能得到高的抗磨粒磨损性能。在冲击载荷不大的低应力磨损场合（水泥球磨机衬板、拖拉机履带板等），用中碳低合金钢并经淬火回火处理，可以得到适中的耐磨粒磨损性能。

（3）采用渗碳、碳氮共渗等化学热处理 提高表面硬度，也能有效地提高磨粒磨损耐磨性。

另外，经常注意机件防尘和清洗，防止大于1μm磨粒进入接触面，也是有效的措施。

三、冲蚀磨损

1. 磨损机理

冲蚀磨损是指流体或固体以松散的小颗粒按一定的速度和角度对材料表面进行冲击所造成的磨损。松散粒子尺寸一般小于100μm，冲击速度在550m/s以内。根据携带粒子的介质不同，冲蚀磨损又分为气固冲蚀磨损、流体冲蚀磨损、液滴冲蚀磨损和汽蚀磨损（见表7-1）。气固冲蚀磨损又称喷砂型冲蚀磨损，是最常见的冲蚀磨损。

表7-1 冲蚀现象分类

冲蚀类型	介质	第二相	破坏实例
喷砂型冲蚀	气体	固体粒子	燃气轮机、锅炉管道
雨滴、水滴冲蚀	气体	液滴	高速飞行器、汽轮机叶片
泥浆冲蚀	液体	固体粒子	水轮机叶片、泥浆泵轮
汽蚀	液体	气泡	水轮机叶片、高压阀门密封面

在冲蚀磨损过程中,表面材料流失主要是机械力引起的。在高速粒子不断冲击下,塑性材料表面逐渐出现短程沟槽和鱼鳞状小凹坑(冲蚀坑),且变形层有微小裂纹,图7-10即为冲蚀坑示意图。图7-10a所示为球形粒子犁削材料表面形成的冲蚀坑,可见材料表面被冲蚀产生的变形;图7-10b和图7-10c所示为立方体粒子冲击材料表面通过切削方式形成的冲蚀坑。切削Ⅰ型冲蚀坑有较大的唇片隆起,这部分材料在随后的冲击时极易脱落,形成磨屑。

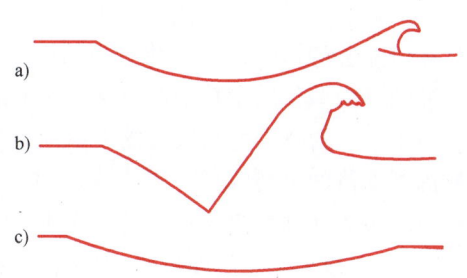

图7-10 三种典型冲蚀坑侧面示意图
a) 犁削 b) 切削Ⅰ型 c) 切削Ⅱ型

芬尼(Finnie)认为,塑性材料(如铝、低碳钢等)表面受粒子冲击形成冲蚀坑并导致材料流失,是短程微切削作用所致。他在几个假定的条件下给出下列估算冲蚀磨损量的公式:

当冲击角为 $0 < \alpha < \alpha_0$(临界冲击角,$\alpha_0 = 18.43°$)时

$$V = \frac{Mv_0}{2} \frac{1}{\sigma_s} \left(\frac{\sin 2\alpha - 3\sin^2\alpha}{2} \right) \qquad (7\text{-}13)$$

当冲击角为 α_0(临界冲击角,$\alpha_0 = 18.43°$)$< \alpha < 90°$时

$$V = \frac{Mv_0^2}{2} \frac{1}{\sigma_s} \left(\frac{\cos^2\alpha}{6} \right) \qquad (7\text{-}14)$$

式中　V——冲蚀磨损体积;
　　　M——冲蚀粒子的总质量;
　　　v_0——粒子入射初速度;
　　　σ_s——材料屈服强度;
　　　α——冲击角。

由式(7-13)、式(7-14)可知,冲击角对冲蚀磨损量有重要影响:当冲击角小于18.43°时,冲蚀磨损体积随冲击角增加明显增大;当冲击角大于18.43°时,冲蚀磨损体积随冲击角增加逐渐降低。

实际上,塑性材料表面冲蚀坑是在短程微切削和塑性变形作用下形成的。在粒子反复冲击、材料反复塑性变形下形成磨屑,材料流失。

脆性材料(如陶瓷、玻璃等)冲蚀磨损是裂纹形成与快速扩展的过程。当用锐角粒子冲击脆性材料表面时,发现有两种形状的裂纹:一种是垂直于表面的初生径向裂纹;另一种是平行于表面的横向裂纹（图7-11）。在粒子冲击下，径向裂纹形成及其扩展降低材料强度。横向裂纹形成并扩展到表面，材料脱落变为磨屑而流失。

2. 影响因素

影响冲蚀磨损的因素很多，从冲蚀磨损发生的环境条件和材料破坏特性看，主要影响因素有：

(1) 环境因素　如冲击角、粒子速度及浓度、冲击时间、温度及介质。

(2) 粒子性能　如粒度、形状、硬度、密度、可碎性等。

(3) 材料性能　如硬度、强度、韧性和物理性能。

在研究各种影响材料冲蚀磨损的因素时，通常要测定材料冲蚀率的变化。对喷砂型冲蚀，冲蚀率为单位质量粒子造成材料流失的质量或体积，单位为 mg/g 或 mm³/g。

粒子入射轨迹与材料表面的夹角称为冲击角或攻角（入射角、迎角）。冲击角是影响材料冲蚀磨损量的重要因素[见式 (7-13)、式 (7-14)]。大量试验表明：陶瓷、玻璃等典型脆性材料最大冲蚀率出现在冲击角为90°附近；铜、铝合金等典型塑性材料最大冲蚀率出现在20°~30°之间（图7-12）。一般工程材料显示介于脆性材料和塑性材料之间的特性。

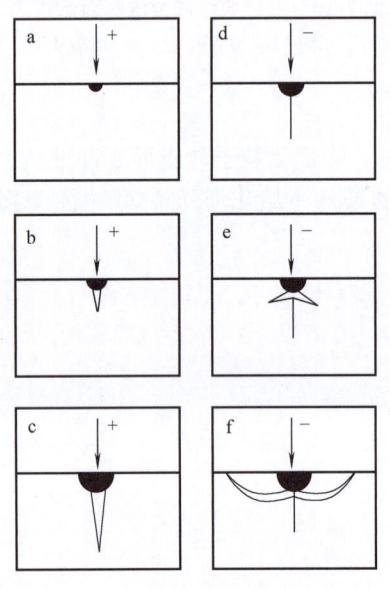

图7-11　锐角粒子冲击裂纹生长示意图
"+"—加载　"-"—卸载

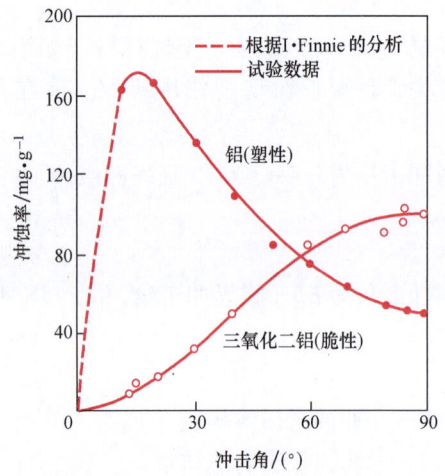

图7-12　铝及三氧化二铝冲蚀率与冲击角的关系

粒子入射速度对材料冲蚀率的影响，主要是因为冲蚀磨损量与粒子动能有重要关系。将许多材料冲蚀磨损试验结果整理，可以得到下列关系式

$$\varepsilon = kv^n \tag{7-15}$$

式中　ε——冲蚀率；

k——常数；

v——粒子入射速度；

n——速度指数，通常为 2.3~2.4。

粒子入射速度对冲蚀磨损的影响通常都是指高速范围（60~400m/s）。速度小于60m/s，一般不发生严重冲蚀磨损，如气流输送管道中，粒子速度一般为25m/s左右，冲蚀破坏很轻。若粒子速度继续降低，则可能出现产生冲蚀磨损的速度下限，即所谓门槛速度值，低于此速度值的粒子与材料表面之间只有单纯的弹性碰撞而观察不到破坏。例如，用直径0.3mm的球形铸铁丸冲击玻璃，门槛速度为9.9m/s；而用直径0.3mm的石英砂冲击$w(Cr)=11\%$的钢，门槛速度只有2.7m/s。

粒子粒度对冲蚀磨损有明显影响。粒子尺寸在20~200μm范围内，材料冲蚀率随粒子尺寸增大而上升，但粒子尺寸增大到某一临界值时，材料冲蚀率几乎不变或变化很缓慢。

在双对数坐标图上显示，材料冲蚀率随粒子硬度呈线性增加。

尖角形粒子与圆形粒子比较，在相同条件下，如45°冲击角时，尖角形粒子比圆形粒子造成的磨损约大4倍，甚至低硬度的尖角形粒子比高硬度的圆形粒子产生的磨损还要大。

粒子在冲击材料表面时有时会发生破碎，破碎的粒子碎片又会对表面产生第二次冲蚀，使材料冲蚀率增加。

材料性能对冲蚀磨损的影响比较复杂。提高塑性材料的屈服强度（或硬度），对增加材料冲蚀磨损抗力有利。但对脆性材料，断裂韧度的影响比硬度大，提高断裂韧度，冲蚀磨损体积降低。

材料冲蚀磨损是一个复杂过程，实际冲蚀磨损发生时往往是多个因素共同作用的综合结果。

3. 改善冲蚀磨损耐磨性的措施

1）设法减小入射粒子和介质的速度，因为速度是引起冲蚀磨损的重要参数。

2）改变冲击角以减轻冲蚀磨损，塑性材料尽量避免在冲击角20°~30°之间服役，脆性材料则应力求不受粒子垂直入射。

3）合理利用粒子浓度和粒度来减轻冲蚀磨损。

4）合理设计机件形状，如合理设计涡轮叶片、飞行器或其他机件的迎风面，输送管线平滑过渡和弯曲等。

5）在保持良好设计条件时，应尽可能选用冲蚀磨损抗力较高的材料及表面处理方法。选材时，关键是要根据服役条件正确处理硬度和韧性的合理配合。若在小冲击角下应选硬度较高的材料（淬硬钢、陶瓷等），以防切削型冲蚀磨损；在大冲击角下（特别是接近垂直冲击时），应保证材料有足够韧性，以防产生表面裂纹剥落。此时可选用奥氏体高锰钢、塑料、橡胶等。

四、腐蚀磨损

在摩擦过程中，摩擦副之间或摩擦副表面与环境介质发生化学或电化学反应形成腐蚀产物，腐蚀产物的形成和脱落引起腐蚀磨损。腐蚀磨损因常与摩擦面之间的机械磨损（黏着磨损或磨粒磨损）共存，故又称腐蚀机械磨损。

典型的腐蚀磨损有各类机械中普遍存在的氧化磨损，以及在化工机械中因特殊腐蚀气氛而产生的特殊介质腐蚀磨损两类。特殊介质腐蚀磨损在一般机械中比较少见，故从略。

氧化磨损的磨损速率最小，其值仅为0.1~0.5μm/h，属于正常类型的磨损。

任何存在于大气中的机件表面总有一层氧的吸附层。当摩擦副做相对运动时，由于表面凹凸不平，在凸起部位单位压力很大，导致产生塑性变形。塑性变形加速了氧向金属内部扩散，从而形成氧化膜。由于形成的氧化膜强度低，在摩擦副继续做相对运动时，氧化膜被摩擦副一方的凸起所剥落，裸露出新表面，从而又发生氧化，随后又再被磨去。如此，氧化膜形成又除去，机件表面逐渐被磨损，这就是氧化磨损过程。

氧化磨损的宏观特征是，在摩擦面上沿滑动方向呈匀细磨痕，其磨损产物或为红褐色的 Fe_2O_3，或为灰黑色的 Fe_3O_4。

既然因氧化磨损时，在摩擦副表面接触点处同时进行塑性变形和氧的扩散，所以氧化磨损的速率或磨损量就取决于：摩擦副表面层对塑性变形的抗力，氧在金属中的扩散速率，氧化膜的性质和厚度以及氧化膜与基体结合的牢固程度等。另外，摩擦学参数如接触压力、滑动速度、滑动距离、温度等也影响氧化磨损的磨损量。

奎因（T. F. J. Quinn）的研究指出，氧化磨损体积与接触压力、滑动距离、摩擦表面凸起相遇的距离成正比，而与氧化膜的临界厚度、氧化膜的密度、滑动速度、摩擦副材料的屈服强度（或硬度）以及滑动界面上的热力学温度成反比。由于这些因素有些是不确定的，因此氧化磨损定量估算比较困难。

氧化磨损不一定是有害的，如果氧化磨损先于其他类型磨损（如黏着磨损）发生和发展，则氧化磨损是有利的。

五、微动磨损

在机器的嵌合部位和过盈配合处（图7-13），接触表面之间虽然没有宏观相对位移，但在外部变动载荷和振动的影响下却能产生微小滑动。这种微小滑动是小振幅的切向振动，称为微动，其振幅约为 $10^{-2}\mu m$ 数量级。接触表面之间因存在小振幅相对振动或往复运动而产生的磨损称为微动磨损或微动腐蚀，其特征是摩擦副接触区有大量红色 Fe_2O_3 磨损粉末，如果是铝件，则磨损产物为黑色的。产生微动磨损时在摩擦面上还常常见到因接触疲劳破坏而形成的麻点或蚀坑。

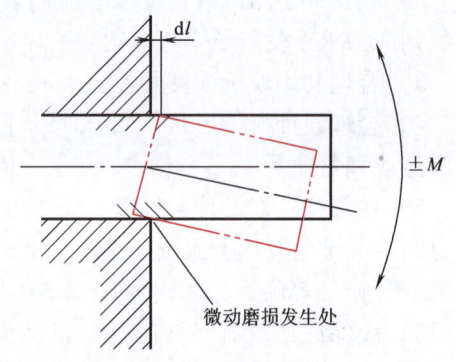

图7-13　微动磨损产生

微动磨损是一种复合磨损，兼有黏着磨损、氧化磨损和磨粒磨损的作用，其过程有三个阶段：在第一阶段产生凸起塑性变形，并由此形成表面裂纹和扩展，或去除表面污物形成黏着和黏着点断裂；第二阶段是通过疲劳破坏或黏着点断裂形成磨屑，磨屑形成后随即被氧化；第三阶段是磨粒磨损阶段，磨粒磨损又反过来加速第一阶段，如此循环不已就构成了微动磨损。

由于微动磨损集中在局部地区，又因两摩擦表面永不脱离接触，故磨损产物不易排出。在连续振动时，由于磨屑对于摩擦副表面产生交变接触压应力，导致表面疲劳破坏形成麻点或蚀坑。蚀坑有可能是应力集中源，并随后因疲劳裂纹发展，引起机件完全破坏。

在工程上，机械系统或机械部件如搭接接头、键、推入配合的传动轮、金属静密封、发动机固定件及离合器（片式摩擦离合器内外摩擦片的结合面）等，常产生微动磨损。在实验室进行疲劳试验时，有时在试样夹头处出现许多红色氧化物粉末，最后试样不在工作长度内而在夹头处产生疲劳断裂，这就是以微动磨损蚀坑为疲劳源，裂纹快速扩展的结果。

改善微动磨损耐磨性的措施，首先是加强过盈配合，保证足够的过盈量，避免产生微小振动。还可以用化学热处理方法，提高摩擦副表面抗黏着能力，以减轻微动磨损。钢制机件经表面渗硫或硫氮共渗处理，可以显著提高抗微动磨损能力。激光冲击和超声喷丸高能表面改性方法、离子注入技术在提高机件微动磨损疲劳寿命方面效果更加明显。此外，在摩擦副间加绝缘层或充填聚四氟乙烯，既可以防止微凸起接触，又阻止氧参与磨损过程，可以大大减轻微动磨损。

第三节　磨损试验方法

磨损试验方法分为实物试验与实验室试验两类。实物试验具有与实际情况一致或接近一致的特点，因此，试验结果的可靠性高。但这种试验所需时间长，且受外界因素的影响难以掌握和分析。实验室试验虽然具有试验时间短、成本低、易于控制各种因素的影响等优点，但试验结果常不能直接表明实际情况。因此，研究重要机件的耐磨性时，往往兼用这两种方法。

实验室试验所用磨损试验机的原理如图 7-14 所示。

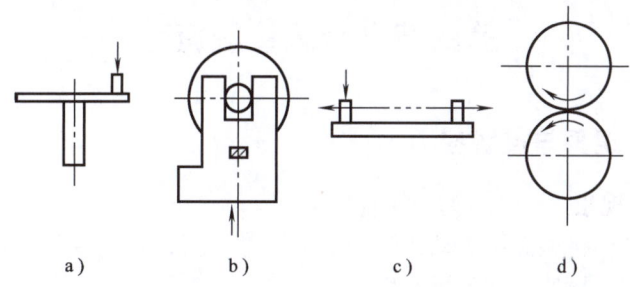

图 7-14　摩擦磨损试验机原理图

图 7-14a 所示为销盘型试验机，国产型号为 ML—10。它是将试样加上试验力紧压在旋转圆盘上，试样可在半径方向往复运动，也可以是静止的。这类试验机可用来评定各种摩擦副及润滑材料的低温与高温摩擦和磨损性能；既可以做磨粒磨损试验，也能进行黏着磨损规律的研究。图 7-14b 所示为环块型磨损试验机，国产型号为 MHK—500。这种试验机可以测定各种金属材料及非金属材料（尼龙、塑料）等在滑动状态下的耐磨性能。环形试样（其材料一般是不变的）安装在主轴上，顺时针转动；块形试样安装在夹具上。通常，试验后测量环形试样的失重和块形试样的磨痕宽度，分别计算体积磨损，以评定试验材料的耐磨性。图 7-14c 所示为往复运动型试验机，国产型号为 MS—3。试样在静止平面上做往复运动，可评定往复运动机件如导轨、气缸套与活塞环等摩擦副的耐磨性；评定选用材料及工艺与润滑材料的摩擦及磨损性能等。图 7-14d 所示为滚子型磨损试验机，国产型号为 MM—200。该种试验机主要用来测定金属材料在滑动摩擦、滚动摩擦、滚动和滑动复合摩擦及间隙摩擦情况下的磨损量，用来比较各种材料的耐磨性能。在试验时，所用试样有圆环形和碟形两种。当进行滚动、滚动与滑动复合摩擦磨损试验时，上、下试样均用圆环形试样；在进行滑

动摩擦磨损试验时，上试样可为碟形试样，下试样为圆环形试样。

进行磨损试验时，应按摩擦副运动方式（往复、旋转）及摩擦方式（滚动或滑动）来确定试验方法及所用试样形状和尺寸，并应使速度、试验力和温度等因素尽可能接近实际服役条件。

试样加工应保证相同的精度及表面粗糙度，有色金属试样应尽量避免磨削及研磨，以防磨粒嵌入摩擦表面。

磨损试验结果分散性很大，所以试验试样数量要足够多，一般试验需要有 4~5 对摩擦副，数据分散度大时还应酌情增加。处理试验结果时，一般情况下取试验数据的平均值，分散度大时需用均方根值来处理。

必须指出，同一材料当用不同方法进行磨损试验时，结果往往不同。这种差别不仅表现在绝对值上，有时在相对关系上也不相同，甚至是颠倒的。因此，在引用文献资料以及比较试验结果时，应特别慎重。

磨损试验结束后，通常用称量法或测长法确定磨损量。前者是用分析天平测定试样磨损前后的质量变化，后者是用测微尺测量摩擦表面法线方向的尺寸变化。称量法操作简便，但灵敏度不高，用于磨损量在 10^{-2} g 以上时才有较好结果。测长法用于磨损量较大、称量法难以实现的情况。

第四节 金属接触疲劳

一、接触疲劳现象与接触应力

（一）接触疲劳现象

接触疲劳是机件两接触面做滚动或滚动加滑动摩擦时，在交变接触压应力长期作用下，材料表面因疲劳损伤，导致局部区域产生小片或小块状金属剥落而使材料流失的现象，又称表面疲劳磨损或疲劳磨损。

接触疲劳的宏观形态特征是在接触表面上出现许多小针状或痘状凹坑，有时凹坑很深，呈贝壳状，有疲劳裂纹扩展线的痕迹（图 7-15）。

根据剥落裂纹起始位置及形态不同，接触疲劳破坏分麻点剥落（点蚀）、浅层剥落和深层剥落（表面压碎）三类。深度在 0.2mm 以下的小块剥落称为麻点剥落，呈针状或痘状凹坑，截面呈不对称 V 形。浅层剥落深度一般为 0.2~0.4mm，剥块底部大致和表面平行，裂纹走向与表面成锐角和垂直。深层剥落深度和表面强化层深度相当，裂纹走向与表面垂直。

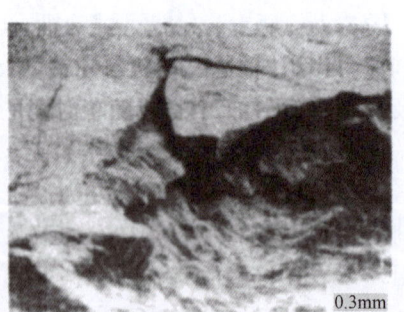

图 7-15 接触疲劳表面形貌（SEM）

图 7-16 所示为齿轮节圆附近齿面的麻点剥落，图 7-17 所示为表面淬火齿轮深层剥落的宏观形貌。

 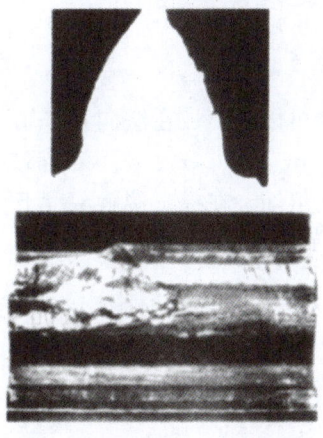

图7-16　中等硬度齿轮上的麻点　　　图7-17　表面淬火齿轮沿过渡区深层剥落

接触疲劳与一般疲劳一样,也分为裂纹形成和扩展两个阶段,但通常认为裂纹形成阶段时间长,而扩展阶段只占总破坏时间很小一部分。

接触疲劳曲线(最大接触压应力-破坏循环周次曲线)也有两种:一种是有明显的接触疲劳极限;另一种是对于硬度较高的钢,最大接触压应力随循环周次增加连续下降,无明显接触疲劳极限。

在接触压应力作用下,接触疲劳破坏与表面层塑性变形有关,因而表面层塑性变形的深度决定麻点剥落的深度,而塑性变形进行的剧烈程度则决定麻点剥落扩展的速度。

齿轮、轴承、钢轨与轮箍的表面经常出现接触疲劳破坏。少量麻点剥落不影响机件的正常工作,但随着时间的延长,麻点尺寸逐渐变大,数量也不断增多,机件表面受到大面积损坏,结果无法继续工作而告失效。对于齿轮而言,麻点越多,啮合情况则越差,噪声也越来越大,振动和冲击也随之加大,严重时甚至可能将轮齿打断。

(二) 接触应力

由于接触疲劳是在接触压应力长期作用下的结果,所以需要了解接触应力的概念。

两物体相互接触时,在表面上产生的局部压入应力称为接触应力,也叫赫兹应力。受接触应力作用的机件,按接触面初始几何条件不同,可分为线接触与点接触两类。前者如齿轮的接触,后者如滚珠轴承的接触。

假设有两圆柱体的半径分别为 R_1、R_2,长度为 l,在未变形前两者是线接触的。施加法向力 F 后,因弹性变形而变为面接触,接触面面积为 $2bl$,根据弹性力学分析,接触压应力 σ_z 沿 y 轴按半椭圆柱规律分布(图7-18)。在接触中心($y=0$)处,σ_z 达到最大值,于是

$$\sigma_z = \sigma_{z\max}\sqrt{1-\frac{y^2}{b^2}} \qquad (7\text{-}16)$$

式中　b——接触面半宽,$b = 1.52\sqrt{\dfrac{F}{El}\left(\dfrac{R_1 R_2}{R_1+R_2}\right)}$。

$\sigma_{z\max} = 0.418\sqrt{\dfrac{FE}{l}\left(\dfrac{R_1+R_2}{R_1 R_2}\right)}$,其中 E 为综合弹性模量,由两圆柱体的弹性模量 E_1 和 E_2

按式 (7-17) 求得

$$E = \frac{2E_1 E_2}{E_1 + E_2} \tag{7-17}$$

由图 7-18 可以看出，在法向力作用下，实际接触处的接触应力为三向压应力，所以除了 σ_z 外，尚有 σ_x、σ_y。σ_x、σ_y、σ_z 都是主应力，它们沿接触深度方向的分布如图 7-19 所示。由图 7-19 可知，在一定接触深度下，$\sigma_z > \sigma_y > \sigma_x$；超过一定深度后，$\sigma_z > \sigma_x > \sigma_y$，相应的最大切应力为

$$\tau_{zy45°} = \frac{\sigma_z - \sigma_y}{2}$$

$$\tau_{zx45°} = \frac{\sigma_z - \sigma_x}{2}$$

$$\tau_{yx45°} = \frac{\sigma_y - \sigma_x}{2}$$

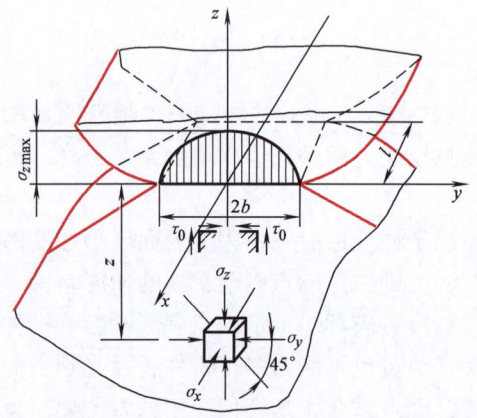

图 7-18 两圆柱体滚动接触时的应力状况和应力分布

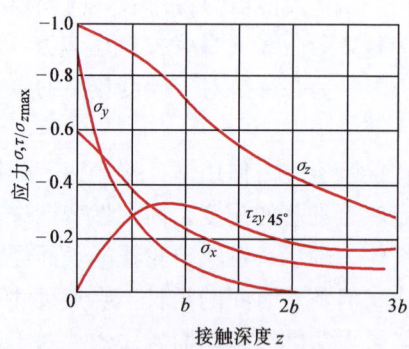

图 7-19 沿接触深度的主应力和最大切应力分布

这三个最大切应力分别作用在与主应力作用面互呈 45°方向的平面上，且 $\tau_{zy45°}$ 值最大。$\tau_{zy45°}$ 沿接触深度方向的分布如图 7-19 所示，在接触深度为 $0.786b$ 处，$\tau_{zy45°}$ 达到最大值，$\tau_{zy45°max} = (0.30 \sim 0.33)\sigma_{zmax}$。对于接触面上某一位置而言，当两物体相互接触并承受法向力时，在其接触面下深度 $0.786b$ 处就建立起 $\tau_{zy45°max}$ 来，两物体脱离接触时，$\tau_{zy45°max}$ 降为零。因而对于接触面上某一位置，其亚表层受 $0 \sim \tau_{zy45°max}$ 脉动循环应力作用，应力半幅为 $\frac{1}{2}\tau_{zy45°max}$，即为 $(0.15 \sim 0.16)\sigma_{zmax}$。

以上所述是在接触区沿 z 轴方向的应力分布，在接触区其他区域的应力分布与此不同。其他区域的切应力不等于零，故 σ_x、σ_y、σ_z 就不是主应力了，那里的应力状况也示于图 7-18，切应力 τ_0 平行于接触表面，因在 z 轴两边，τ_0 方向不同，故 τ_0 为交变切应力，其最大值 τ_{0max} 位于接触面下 $z = 0.5b$、$y = \pm 0.85b$ 处（图 7-20），且 $\tau_{0max} = 0.256\sigma_{zmax}$。由于该应力是对称循环变化的，所以应力半幅即为 $0.256\sigma_{zmax}$。

这样就可以看到，当两圆柱体滚动接触时，在接触中心下 $0.786b$ 处受脉动循环切应力

作用，切应力方向与接触面呈 45°，应力半幅为（0.15～0.16）σ_{zmax}；而在接触区下 $z = 0.5b$、$y = \pm 0.85b$ 处受对称循环切应力作用，方向与接触面平行，应力半幅为 $0.256\sigma_{zmax}$。由于 τ_{0max} 应力半幅比 $\tau_{zy45°max}$ 的应力半幅大得多，所以，切应力 τ_0 比 $\tau_{zy45°}$ 更危险，即接触疲劳强度设计和破坏分析以 τ_0 为依据更为合理。

在点接触情况下，施加法向力后，视两接触物体形状不同，接触面可能是椭圆或圆，滚珠与轴承套圈接触，接触面为椭圆，球与球或球与平面接触，接触面为圆。在接触面为椭圆（图 7-21）的情况下，接触应力按半椭圆球规律分布，且

$$\sigma_z = \sigma_{zmax}\sqrt{1 - \frac{x^2}{a^2} - \frac{y^2}{b^2}} \tag{7-18}$$

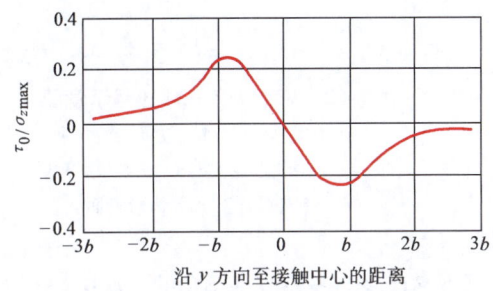

图 7-20　圆柱体接触面下 $0.5b$ 处 τ_0 的分布　　图 7-21　接触面上压应力的椭圆分布

对于半径为 R 的圆球和平面（$R = \infty$）的点接触，经弹性力学计算，接触圆半径 $b = 1.11\sqrt[3]{\frac{FR}{E}}$，$\sigma_{zmax} = 0.388\sqrt[3]{\frac{FE^2}{R^2}}$，$E$ 为综合弹性模量，F 为法向力。$\tau_{zy45°max}$ 也等于 $0.3\sigma_{zmax}$，深度也为 $0.786b$。如两球接触，则最大切应力 $\tau_{zy45°max}$ 在 $0.5b$ 处。

以上属纯滚动的情况，倘若两接触物体既做滚动又有滑动，将产生切向作用的摩擦力。此时，摩擦力的应力场和接触应力的应力场相互叠加，将改变接触区的应力和应力分布。在有滑动时，摩擦力与最大切应力 $\tau_{zy45°}$ 叠加的最大综合切应力的最大值从 $z = 0.786b$ 处向表层移动。当摩擦因数大于 0.1 时，最大综合切应力的最大值将移动到机件表面。这种应力和应力分布的变化对于分析接触疲劳破坏是很有用的。

二、接触疲劳破坏机理

(一) 麻点剥落

麻点剥落的形成过程如图 7-22 所示。在滚动接触过程中（实际条件下尚应有滑动），由于表面最大综合切应力反复作用，在表层局部区域，若材料的抗剪屈服强度较低，则将在该处产生塑性变形，同时必伴有形变强化。由于损伤逐步累积，直到表面最大综合切应力超过材料的抗剪强度时，就在表层形成裂纹。裂纹形成后，润滑油挤入裂纹。在连续滚动接触过程中，润滑油反复压入裂纹内并被封闭。封闭在裂纹内的高压油，以较高的压力作用于裂纹内壁（实际上是使裂纹张开的应力），使裂纹沿与滚动方向成小于 45° 倾角向前扩展。在纯滚动条件下，裂纹扩展方向与 $\tau_{zy45°max}$ 方向一致；有滑动摩擦时，倾角减小，摩擦力越大，倾角越小。当裂纹扩展到一定程度后，因尖端有应力集中，故在该处产生二次裂纹。二次裂

纹与初始裂纹垂直，其中也有润滑油。二次裂纹也受高压油作用而不断向表面扩展。当二次裂纹扩展到表面时，就剥落下一块金属而形成一凹坑。

实践表明，表面接触应力较小，摩擦力较大或表面质量较差（如表面有脱碳、烧伤、淬火不足、夹杂物等）时，易产生麻点剥落。前者是因为表面最大综合切应力较高，后者则是材料抗剪强度较低所致。

（二）浅层剥落

浅层剥落裂纹产生于亚表层，其所在位置与 τ_{0max} 所在位置相当，即产生于 $0.5b$ 处附近。由于该处切应力最大，故塑性变形最剧烈。在接触应力反复作用下，塑性变形反复进行，使材料局部弱化，遂在该处形成裂纹。裂纹常出现在非金属夹杂物附近，故裂纹开始沿非金属

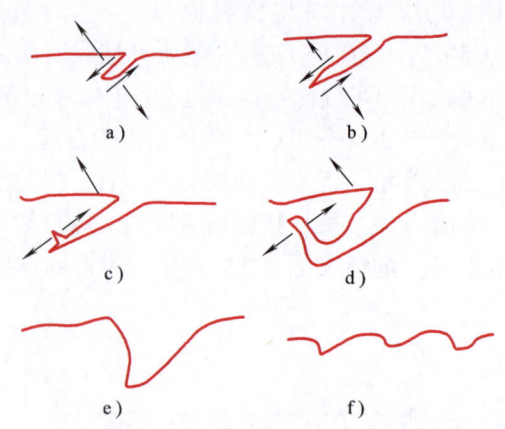

图 7-22　麻点剥落形成过程示意图
a) 初始裂纹形成　b) 初始裂纹扩展
c) 二次裂纹形成　d) 二次裂纹扩展
e) 形成磨屑　f) 锯齿形表面

夹杂物平行于表面扩展，而后在滚动及摩擦力作用下又产生与表面成一倾角的二次裂纹。二次裂纹扩展到表面，另一端则形成悬臂梁，因反复弯曲发生弯断，从而形成浅层剥落（图7-23）。

浅层剥落多出现在表面粗糙度值大，纯滚动或相对滑动小、接近纯滚动的场合。

（三）深层剥落（压碎性剥落）

压碎性剥落的初始裂纹常在表面硬化机件的过渡区内产生，该处切应力虽不为最大，但因过渡区是弱区，切应力可能高于材料强度而在该处产生裂纹。裂纹形成后先平行于表面扩展，即沿过渡区扩展，而后再垂直于表面扩展，最后形成较深的剥落坑（图7-24）。

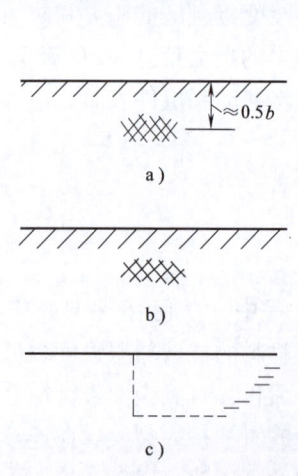

图 7-23　浅层剥落过程示意图
a) 在 ≈0.5b 处形成交变塑性变形区
b) 形成裂纹　c) 裂纹扩展剥落

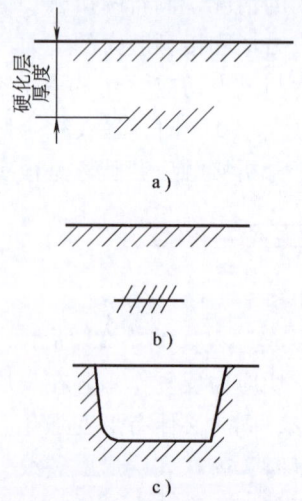

图 7-24　深层剥落过程示意图
a) 在过渡区产生塑性变形　b) 在过渡区产生裂纹
c) 形成大块剥落

表面硬化机件心部强度太低，硬化层深不合理，梯度太陡或过渡区存在不利的应力分布都易造成深层剥落。

三、接触疲劳试验方法

不同材料或同一材料经不同热处理后，其接触疲劳强度用接触疲劳曲线σ_{max}-N（与高周疲劳的S-N曲线类似）来描述，σ_{max}为按赫芝公式算出的最大接触压应力，N为破坏循环周次。典型的接触疲劳曲线如图7-25所示。图中水平部分对应的应力为接触疲劳极限，斜线为过载持久值。

测定接触疲劳极限时，其循环基数N_0一般也取10^7次，并且规定：当试样上深层剥落面积大于或等于$3mm^2$，或当试样上麻点剥落（集中区）在$10mm^2$面积内出现麻点率达15%的损伤时，均判定为接触疲劳破坏。

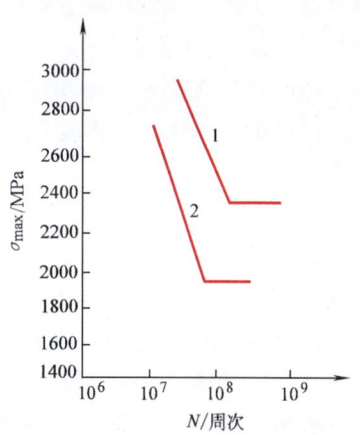

图7-25　14CrMnSiNi2Mo钢接触疲劳曲线
1—碳氮共渗，层深0.66mm
2—渗碳，层深0.76mm

接触疲劳试验是在接触疲劳试验机上进行的。试验机有纯滚动和滚动带滑动两类。前者结构简单些，但只适用于纯滚动条件下的金属材料试验；后一种结构比较复杂，因为有滑差结构，可以满足不同要求下的滚动带滑动的试验条件，对于齿轮材料的试验比较合适。

图7-26是应用较广的JPM—1型滚子式试验机原理图。该种试验机可以做纯滚动或滚动带滑动的试验。试样（上试样）装于上主轴，陪试件（下试样）装于下主轴。根据试验目的和试验机类型，可选用不同试样和陪试件进行线接触或点接触试验。

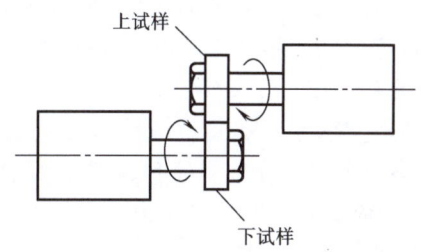

图7-26　JPM—1型试验机原理图

四、影响接触疲劳寿命的因素

接触疲劳是轴承和齿轮常见的失效形式，以下所介绍的影响因素主要是针对这两类机件的。

（一）内部因素

1. 非金属夹杂物

钢在冶炼时总存在有非金属夹杂物等冶金缺陷，对机件（尤其是对轴承）的接触疲劳寿命影响很大。轴承钢里的非金属夹杂物有塑性的（如硫化物）、脆性的（如氧化铝、硅酸盐、氮化物等）和球状的（如硅钙酸盐、铁锰酸盐）三类，其中以脆性的带有棱角的氧化物、硅酸盐夹杂物对接触疲劳寿命危害最大。由于它们和基体交界处的弹塑性变形不协调，引起应力集中，故在脆性夹杂物的边缘部分最易造成微裂纹，降低接触疲劳寿命。而塑性的硫化物夹杂易随基体一起塑性变形，当硫化物夹杂把氧化物夹杂包住形成共生夹杂物时，可以降低氧化物夹杂的不良作用。因此，人们普遍认为，钢中适量的硫化物夹杂对提高接触疲劳寿命有益。生产上应尽量减少钢中非金属夹杂物（特别是氧化物、硅酸盐夹杂物），在有条件情况下，要采用电渣重熔、真空冶炼等工艺。实践证明，轴承钢中氧的质量分数由 0.0028% 降低到 0.0005%，轴承接触疲劳寿命可以提高一个数量级。对于齿轮钢，为了保证齿轮齿面接触疲劳强度，齿轮钢中氧的质量分数要低于 0.0020%。

2. 热处理组织状态

（1）马氏体含碳量　承受接触应力的机件，多采用高碳钢淬火或渗碳钢渗碳强化，以使表面获得最佳硬度。接触疲劳强度主要取决于材料的抗剪强度，并要求有一定的韧性相配合。对于轴承钢而言，在未溶碳化物状态相同的条件下，当马氏体含碳量 $w(C)=0.4\%\sim0.5\%$ 时，马氏体具有明显板条特征，钢的韧性、塑性好，接触疲劳寿命最高，如图 7-27 所示。

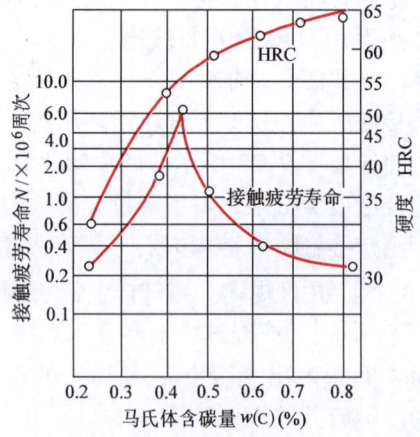

图 7-27　轴承钢中马氏体含碳量对接触疲劳寿命的影响

（2）马氏体和残留奥氏体的级别　因工艺不同，渗碳钢淬火可以得到不同级别的马氏体和残留奥氏体。若残留奥氏体越多，马氏体针越粗大，则表层有益的残余压应力和渗碳层强度就越低，则越易产生显微裂纹，故降低接触疲劳寿命。

（3）未溶碳化物和带状碳化物　对于马氏体含碳量 $w(C)=0.5\%$ 的高碳轴承钢，未溶碳化物颗粒越粗大，则其相邻马氏体边界处的含碳量就越高，该处也就越易形成接触疲劳裂纹，故寿命较低。通过适当热处理改善碳化物的形态与尺寸、分布，对于提高轴承钢接触疲劳寿命是有益的。

3. 表面硬度与心部硬度

在一定硬度范围内，接触疲劳强度随硬度升高而增大，但并不保持正比关系。轴承钢表面硬度为 62HRC 时，其平均使用寿命最高（图 7-28）。齿轮台架耐久试验也表明，随硬度增加，产生麻点前的啮合次数也增多。

表面脱碳降低表面硬度，又使表面易形成非马氏体组织，并改变表面残留应力分布，形成残余拉应力，故降低接触疲劳寿命。某些齿轮早期接触疲劳失效分析表明，当脱碳层深为 0.20mm，表面含碳量 $w(C)=0.3\%\sim0.6\%$ 时，70%~80% 的疲劳裂纹是从脱碳层内起源的。但若表面形成一层极薄的（0.1~0.3mm）均匀脱碳层（或残留奥氏体层），虽然降低了表面硬度，但因使表面产生微量塑性变形和磨损，增加了接触面积，减小了应力集中，反能提高接触疲劳寿命。

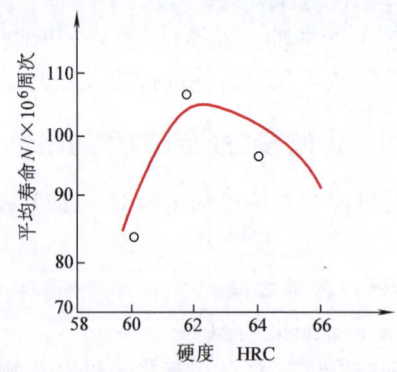

图 7-28　轴承钢表面硬度与平均寿命关系

渗碳件心部硬度太低，则表层硬度梯度过大，增大了切应力与剪切强度的比值，易在过渡区内形成裂纹而产生深层剥落，降低机件寿命。实践表明，为使齿轮具有一定韧性防止脆断,渗碳齿轮心部硬度以 35~40HRC 为宜。

4. 表面硬化层深度

为防止表层产生早期麻点或深层剥落,渗碳的齿轮需要有一定硬化层深度。渗碳层深度太浅,易使最大切应力落在硬化层与心部间的过渡区内,大大降低寿命。所以要选择合适的深度,使最大切应力落在硬化层内,以提高寿命。渗碳齿轮最佳硬化层深度 t 推荐值为

$$t = m\left(\frac{15 \sim 20}{100}\right) \text{或} \ t \geq 3.15b \tag{7-19}$$

式中　m——模数;
　　　b——接触面半宽。

对于渗碳滚动轴承,最佳硬化层深度为 $t > 3.12b$。

5. 残余内应力

在渗碳层的一定范围内,存在有利的残余压应力,可以提高接触疲劳寿命。

(二) 外部因素

1. 表面粗糙度与接触精度

减少表面冷、热加工缺陷,降低表面粗糙度值,提高接触精度,可以有效地增加接触疲劳寿命。接触应力大小不同,对表面粗糙度要求也不同。接触应力低时,表面粗糙度对接触疲劳寿命影响较大;接触应力高时,表面粗糙度影响较小。

2. 硬度匹配

两个接触滚动体的硬度匹配恰当与否,会直接影响接触疲劳寿命。实践表明,ZQ—400 型减速器小齿轮与大齿轮的硬度比保持 1.4~1.7 的匹配关系,可使承载能力提高 30%~50%。

此外,两个接触滚动件的装配质量及它们之间的润滑情况也会影响接触疲劳寿命。

思考题与习题

1. 解释下列名词:
   (1) 磨损;(2) 黏着;(3) 磨屑;(4) 磨合;(5) 咬死;(6) 犁皱;(7) 耐磨性;(8) 冲蚀;(9) 接触疲劳。
2. 试比较三类磨粒磨损的异同,并讨论加工硬化对它们的影响。
3. 试述黏着磨损产生的条件、机理及其预防措施。
4. 滑动速度和接触压力对磨损量有什么影响?
5. 比较黏着磨损、磨粒磨损、冲蚀磨损和微动磨损摩擦面的形貌特征。
6. 试比较接触疲劳和普通机械疲劳的异同。
7. 列表说明金属接触疲劳三种破坏形式的机理和特征。
8. 试从提高疲劳强度、接触疲劳强度、耐磨性的观点,分析化学热处理时应注意的事项。

第八章 金属高温力学性能

- 金属的蠕变现象
- 蠕变变形与蠕变断裂机理
- 金属高温力学性能指标及其影响因素

对于长期在高温条件下服役的机件温度对材料的力学性能影响很大，而且在高温下载荷持续时间对力学性能也有很大影响。例如，蒸汽锅炉及化工设备中的一些高温高压管道，虽然所承受的应力小于该工作温度下材料的屈服强度，但在长期使用过程中会产生缓慢而连续的塑性变形（即蠕变现象），使管径逐渐增大，甚至导致管道破裂。高温下钢的抗拉强度也随载荷持续时间的增长而降低。在高温短时载荷作用下，金属材料的塑性增加，但在高温长时载荷作用下，塑性却显著降低，缺口敏感性增加，往往呈现脆性断裂现象。此外，温度和时间的联合作用还影响金属材料的断裂路径。图 8-1a 表示试验温度对长时载荷作用下金属断裂路径的影响。随试验温度升高，金属的断裂由常温下常见的穿晶断裂过渡到沿晶断裂。这是因为温度升高时晶粒强度和晶界强度都要降低，但晶界强度下降较快所致。晶粒与晶界强度相等的温度称为"等强温度"，用 T_E 表示。由于晶界强度对变形速率的敏感性要比晶粒的大得多，因此等强温度随变形速率增加而升高，如图 8-1b 所示。

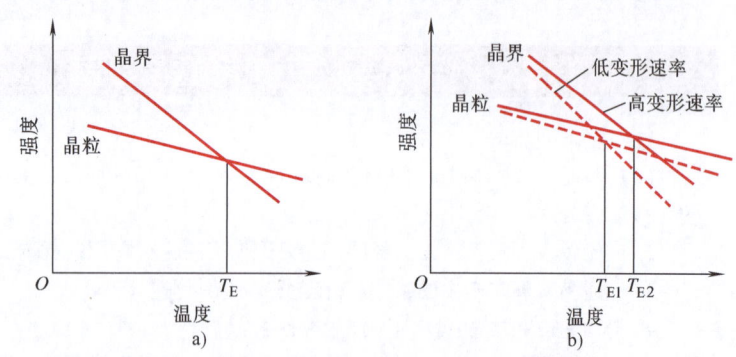

图 8-1　温度和变形速率对金属断裂路径的影响
a）等强温度 T_E　b）变形速率对 T_E 的影响

综上所述，评定金属材料在高温下的力学性能，必须考虑温度与时间两个因素。温度"高"或"低"是相对于金属熔点而言的，温度 T 超过 $0.5T_m$（T 为试验温度，T_m 为金属熔点）时为"高"温；反之，则为"低"温。

本章将阐述金属材料在高温长时载荷作用下的蠕变现象，讨论蠕变变形和断裂的机理，介绍高温力学性能指标及影响因素，为正确选用高温金属材料和合理制订其热处理工艺提供基础知识。

第一节 金属的蠕变现象

高温下金属力学行为的一个重要特点就是产生蠕变。所谓蠕变，就是金属在长时间的恒温、恒载荷作用下缓慢地产生塑性变形的现象。由于这种变形而最后导致金属材料的断裂称为蠕变断裂。蠕变在较低温度下也会产生，但只有当约比温度大于 0.3 时才比较显著。如碳钢温度超过 300℃、合金钢温度超过 400℃ 时，就必须考虑蠕变的影响。

金属的蠕变过程可用蠕变曲线来描述。典型的蠕变曲线如图 8-2 所示。

图中 Oa 线段是试样在 t 温度下承受恒定拉应力 σ 时所产生的起始伸长率 δ_q。如果应力超过金属在该温度下的屈服强度，则 δ_q 包括弹性伸长率和塑性伸长率两部分。这一应变还不算蠕变，而是由外载荷引起的一般变形过程。从 a 点开始随时间 τ 增长而产生的应变属于蠕变，$abcd$ 曲线即为蠕变曲线。

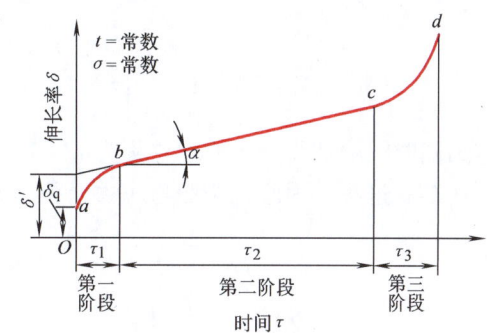

图 8-2 典型蠕变曲线

蠕变曲线上任一点的斜率，表示该点的蠕变速率（$\dot{\varepsilon} = d\delta/d\tau$）。按照蠕变速率的变化情况，可将蠕变过程分为三个阶段。

第一阶段 ab 是减速蠕变阶段（又称过渡蠕变阶段）。这一阶段开始的蠕变速率很大，随着时间延长蠕变速率逐渐减小，到 b 点蠕变速率达到最小值。

第二阶段 bc 是恒速蠕变阶段（又称稳态蠕变阶段）。这一阶段的特点是蠕变速率几乎保持不变。一般所指的金属蠕变速率，就是以这一阶段的蠕变速率 $\dot{\varepsilon}$ 表示的。

第三阶段 cd 是加速蠕变阶段。随着时间的延长，蠕变速率逐渐增大，至 d 点产生蠕变断裂。

蠕变第一阶段很短，不超过几百小时。一般在高温下工作的机件要求的寿命都设定在蠕变第二阶段。在同一温度下，第二阶段蠕变速率 $\dot{\varepsilon}_{cII}$ 与应力 σ 之间有经验关系，对多数金属和合金

$$\dot{\varepsilon}_{cII} = A\sigma^n \tag{8-1}$$

式中　A、n——常数，对于纯金属 $n = 4 \sim 5$；对于固溶体合金，$n \approx 3$；对于弥散强化和沉淀强化合金，n 值高达 $30 \sim 40$。

同一种材料的蠕变曲线随应力的大小和温度的高低而不同。在恒定温度下改变应力，或在恒定应力下改变温度，蠕变曲线的变化分别如图 8-3a、b 所示。由图可见，当应力较小或温度较低时，蠕变第二阶段持续时间较长，甚至可能不产生第三阶段。相反，当应力较大或温度较高时，蠕变第二阶段便很短，甚至完全消失，试样在很短时间内断裂。

由于金属在长时高温载荷作用下会产生蠕变，因此，对于在高温下工作并依靠原始弹性变形获得工作应力的机件，如高温管道法兰接头的紧固螺栓、用压紧配合固定于轴上的汽轮机叶轮等，就可能随时间的延长，在总变形量不变的情况下，弹性变形不断地转变为塑性变形，从而使工作应力逐渐降低，以致失效。这种在规定温度和初始应力条件下，金属材料中

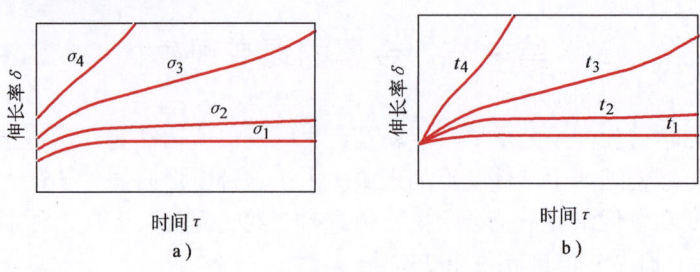

图 8-3 应力和温度对蠕变曲线的影响
a) 恒定温度下改变应力 ($\sigma_4 > \sigma_3 > \sigma_2 > \sigma_1$) b) 恒定应力下改变温度 ($t_4 > t_3 > t_2 > t_1$)

的应力随时间增加而减小的现象称为应力松弛。可以将应力松弛现象看作是应力不断降低条件下的蠕变过程，因此，蠕变与应力松弛是既有区别又有联系的。

第二节 蠕变变形与蠕变断裂机理

一、蠕变变形机理

金属的蠕变变形主要是通过位错滑移、原子扩散等机理进行的。各种机理对蠕变的作用随温度及应力的变化而有所不同。

(一) 位错滑移蠕变

在蠕变过程中，位错滑移仍然是一种重要的变形机理。在常温下，若滑移面上的位错运动受阻产生塞积，滑移便不能继续进行，只有在更大的切应力作用下，才能使位错重新运动和增殖。但在高温下，位错可借助于外界提供的热激活能和空位扩散来克服某些短程障碍，从而使变形不断产生。位错热激活的方式有多种，高温下的热激活过程主要是刃型位错的攀移。图 8-4 所示为刃型位错攀移克服障碍的几种模型。由此可见，塞积在某种障碍前的位错通过热激活可以在新的滑移面上运动，或者与异号位错相遇而对消，或者形成亚晶界，或者

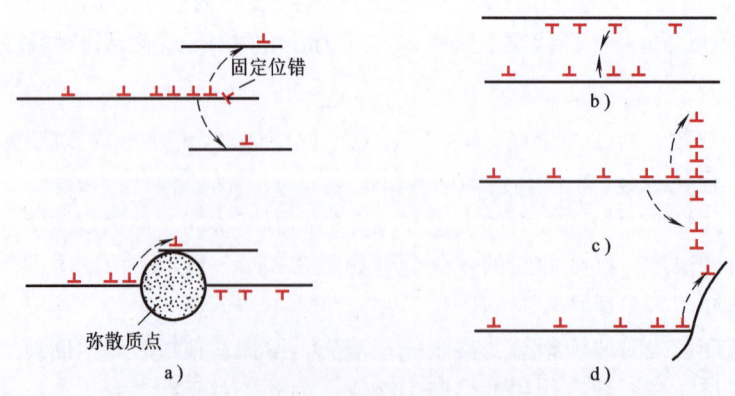

图 8-4 刃型位错攀移克服障碍的模型
a) 越过固定位错与弥散质点在新滑移面上运动 b) 与邻近滑移面上异号位错相消
c) 形成小角度晶界 d) 消失于大角度晶界

被晶界所吸收。当塞积群中某一个位错被激活而发生攀移时，位错源便可能再次开动而放出一个位错，从而形成动态回复过程。这一过程不断进行，蠕变得以不断发展。

在蠕变第一阶段，由于蠕变变形逐渐产生应变硬化，使位错源开动的阻力及位错滑移的阻力逐渐增大，致使蠕变速率不断降低。

在蠕变第二阶段，由于应变硬化的发展，促进了动态回复的进行，使金属不断软化。当应变硬化与回复软化两者达到平衡时，蠕变速率便为一常数。

（二）扩散蠕变

扩散蠕变是在较高温度（约比温度大大超过0.5）下的一种蠕变变形机理。它是在高温条件下大量原子和空位定向移动造成的。在不受外力的情况下，原子和空位的移动没有方向性，因而宏观上不显示塑性变形。但当金属两端有拉应力 σ 作用时，在多晶体内产生不均匀的应力场，则如图 8-5 所示，对于承受拉应力的晶界（如 A、B 晶界），空位浓度增加；对于承受压应力的晶界（如 C、D 晶界），空位浓度较小。因而在晶体内空位将从受拉晶界向受压晶界迁移，原子则朝相反方向流动，致使晶体逐渐产生伸长的蠕变。这种现象即称为扩散蠕变。

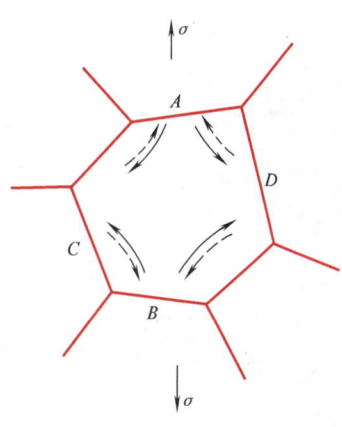

图 8-5　晶粒内部扩散蠕变示意图
→空位移动方向　---▶原子移动方向

另外，在高温条件下由于晶界上的原子容易扩散，受力后晶界易产生滑动，也促进蠕变进行，但它对蠕变的贡献并不大，一般为 10% 左右。晶界滑动不是独立的蠕变机理，因为晶界滑动一定要和晶内滑移变形配合进行。否则就不能维持晶界的连续性，会导致晶界上产生裂纹。

二、蠕变断裂机理

前已述及，金属材料在长时高温载荷作用下的断裂，大多为沿晶断裂。一般认为，这是由于晶界滑动在晶界上形成裂纹并逐渐扩展而引起的。试验观察表明，在不同的应力与温度条件下，晶界裂纹的形成方式有两种。

1. 在三晶粒交汇处形成楔形裂纹

这是在高应力和较低温度下，由于晶界滑动在三晶粒交汇处受阻，造成应力集中形成空洞，空洞相互连接便形成楔形裂纹。图 8-6 所示即为在 A、B、C 三晶粒交汇处形成楔形裂纹示意图。图 8-7 为在耐热合金中所观察到的楔形裂纹的照片。

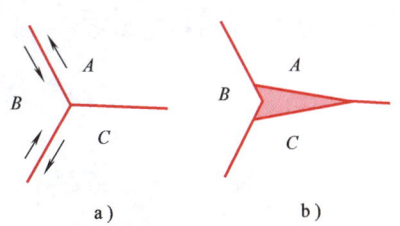

图 8-6　楔形裂纹形成示意图
a）晶界滑动　b）楔形裂纹形成

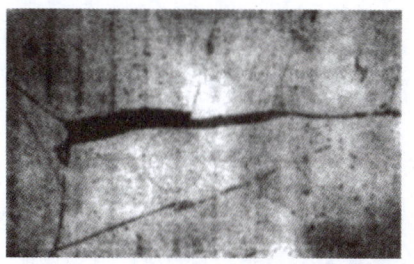

图 8-7　耐热合金中的楔形裂纹

2. 在晶界上由空洞形成晶界裂纹

这是较低应力和较高温度下产生的裂纹。这种裂纹出现在晶界上的凸起部位和细小的第二相质点附近,由于晶界滑动而产生空洞,如图 8-8 所示。图 8-8a 所示为晶界滑动与晶内滑移带在晶界上交割时形成的空洞;图 8-8b 所示为晶界上存在第二相质点时,当晶界滑动受阻而形成的空洞。这些空洞长大并连接,便形成裂纹。在耐热合金中晶界上形成的空洞照片如图 8-9 所示。

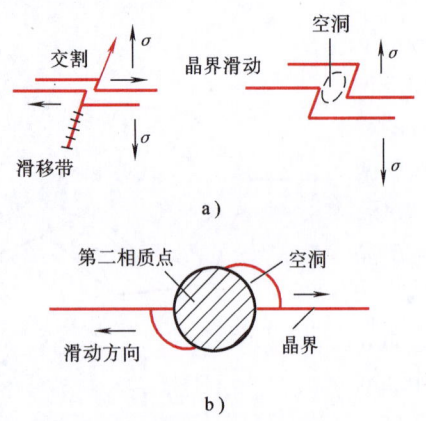

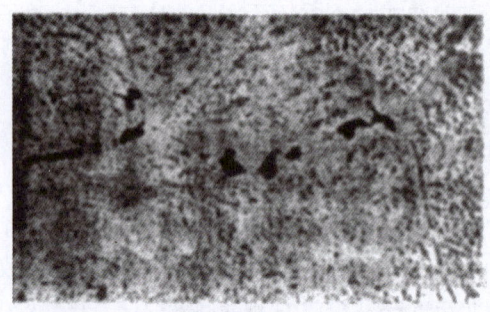

图 8-8　晶界滑动形成空洞示意图
a) 晶界滑动与晶内滑移带交割
b) 晶界上存在第二相质点

图 8-9　耐热合金中晶界上形成的空洞

以上两种方式形成裂纹,都有空洞萌生过程。可见,晶界空洞对材料在高温下使用温度范围和寿命是至关重要的。裂纹形成后,进一步依靠晶界滑动、空位扩散和空洞连接而扩展,最终导致沿晶断裂。

由于蠕变断裂主要在晶界上产生,因此,晶界的形态、晶界上的析出物和杂质偏聚、晶粒大小及晶粒度的均匀性对蠕变断裂均会产生很大影响。

蠕变断裂断口的宏观特征为:一是在断口附近产生塑性变形,在变形区域附近有很多裂纹,使断裂机件表面出现龟裂现象;二是由于高温氧化,断口表面往往被一层氧化膜所覆盖。

蠕变断裂的微观断口特征,主要为冰糖状花样的沿晶断裂形貌。

第三节　金属高温力学性能指标及其影响因素

一、蠕变极限

为保证在高温长时载荷作用下的机件不致产生过量蠕变,要求金属材料具有一定的蠕变极限。与常温下的屈服强度相似,**蠕变极限是金属材料在高温长时载荷作用下的塑性变形抗力指标**。

蠕变极限一般有两种表示方式:一种是在规定温度(t)下,使试样在规定时间内产生的稳态蠕变速率($\dot{\varepsilon}$)不超过规定值的最大应力,以符号$\sigma_{\dot{\varepsilon}}^t$表示。这种方法多用于长期运行的设备,如电站锅炉、汽轮机和燃气轮机制造中,规定的蠕变速率大多为$1\times10^{-5}\%/h$或$1\times10^{-4}\%/h$。例如,$\sigma_{1\times10^{-5}}^{600}=60MPa$,表示温度为600℃的条件下,稳态蠕变速率为$1\times10^{-5}\%/h$的蠕变极限为60MPa。另一种是在规定温度($t$)下和在规定的试验时间($\tau$)内,使试样产生的蠕变总伸长率($\delta$)不超过规定值的最大应力,以符号$\sigma_{\delta/\tau}^t$表示。例如,$\sigma_{1/10^5}^{500}=100MPa$,表示材料在500℃温度下,100000h后总伸长率为1%的蠕变极限为100MPa。试验时间及蠕变总伸长率的具体数值是根据机件的工作条件来规定的。

以上两种蠕变极限都需要试验到稳态蠕变阶段若干时间后才能确定。这两种蠕变极限与伸长率之间有一定的关系。例如,以蠕变速率确定蠕变极限时,稳态蠕变速率为$1\times10^{-5}\%/h$,就相当于100000h的稳态伸长率为1%。这与以总伸长率确定蠕变极限时的100000h的总伸长率为1%相比,仅相差($\delta'-\delta_q$)(图8-2),其差值甚小,可以忽略不计。因此,就可认为两者所确定的伸长率相等。在使用上选用哪种表示方法,应视蠕变速率与服役时间而定。若蠕变速率大而服役时间短,可取前一种表示方法($\sigma_{\dot{\varepsilon}}^t$);反之,服役时间长,则取后一种表示方法($\sigma_{\delta/\tau}^t$)。

测定金属材料蠕变极限的试验装置,如图8-10所示。试样7装夹在夹头8上,然后置于电阻炉6内加热。试样温度用捆在试样上的热电偶5测定,炉温用铂电阻2控制。通过杠杆3及砝码4对试样加载,使之承受一定大小的拉应力。试样的蠕变伸长量用安装在炉外的引伸计1测量。

具体测定时,在同一温度下要用四个以上的不同应力进行蠕变试验。试验进行至规定时间(数百至数千小时)后停止。将试验结果在单对数或双对数坐标图上绘制出应力-稳态蠕变速率或应力-蠕变总伸长率关系曲线。用内插法或外推法求蠕变极限。外推

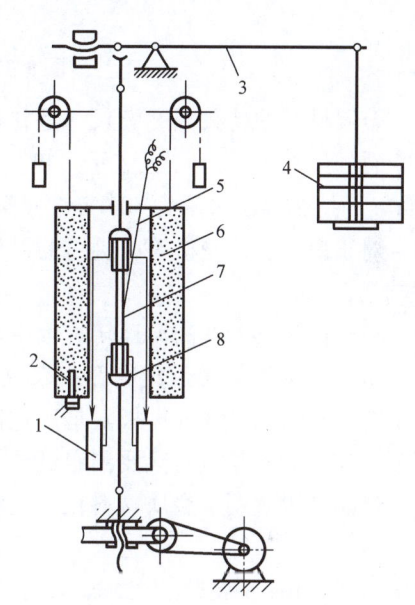

图8-10 蠕变试验装置简图
1—引伸计 2—铂电阻 3—杠杆
4—砝码 5—热电偶 6—电阻炉
7—试样 8—夹头

法是依据同一温度下,蠕变第二阶段应力σ与稳态蠕变速率$\dot{\varepsilon}$之间[式(8-1)],在双对数坐标中呈线性经验关系(图8-11)提出的。因此,试验时可用较大的应力,以较短的时间测出几条$\dot{\varepsilon}$较高的蠕变曲线,描绘出σ-$\dot{\varepsilon}$直线后,便可用外推法求出规定较小蠕变速率下的蠕变极限。例如,将图8-11中的σ-$\dot{\varepsilon}$直线用外推法延长至$\dot{\varepsilon}=10^{-5}\%/h$处(虚线所示),即得12Cr1MoV钢在580℃下,稳态蠕变速率为$10^{-5}\%/h$时的蠕变极限为41MPa。但要注意,用外推法求蠕变极限,其蠕变速率只能比最低试验点的数据低一个数量级;否则,外推值不可靠。

二、持久强度极限

对于高温材料,除测定蠕变极限外,还必须测定其在高温长时载荷作用下的断裂强度,即持久强度极限。

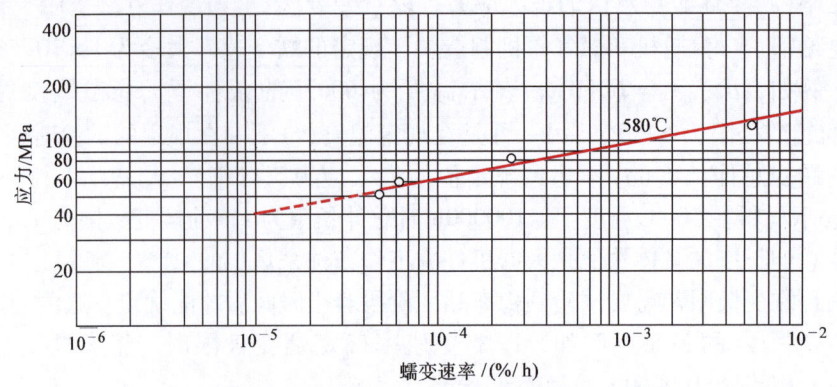

图 8-11　12Cr1MoV 钢 σ-$\dot{\varepsilon}$ 线图

金属材料的持久强度极限，是在规定温度（t）下，达到规定的持续时间（τ）而不发生断裂的最大应力，以 σ_τ^t 表示。例如，某高温合金的 $\sigma_{1\times10^3}^{700} = 30\text{MPa}$，表示该合金在 700℃、1000h 的持久强度极限为 30MPa。试验时，规定持续时间是以机组的设计寿命为依据的。例如，对于锅炉、汽轮机等，机组的设计寿命为数万至数十万小时，而航空喷气发动机则为一千或几百小时。

对于设计某些在高温运转过程中不考虑变形量大小，而只考虑在承受给定应力下使用寿命的机件（如锅炉过热蒸汽管）来说，金属材料的持久强度极限是极其重要的性能指标。

金属材料的持久强度极限是通过做高温拉伸持久试验测定的。一般在试验过程中，不需要测定试样的伸长量，只要测定试样在规定温度和一定应力作用下直至断裂的时间。

试验结果表明，金属材料在一定温度下，应力 σ 和断裂时间 τ 之间有下列经验关系

$$\tau = A'\sigma^m \tag{8-2}$$

式中，A'、m——常数。

式（8-2）在 $\lg\sigma$、$\lg\tau$ 双对数坐标上代表斜率为 m 的直线。

对于设计寿命为数百至数千小时的机件，其材料的持久强度极限可以直接用同样的时间进行试验确定。但对于设计寿命为数万至数十万小时的机件，要进行这么长时间的试验是比较困难的。因此，和蠕变试验相似，一般做出一些应力较大、断裂时间较短（数百至数千小时）的试验数据。将其在 $\lg\sigma$-$\lg\tau$ 坐标图上回归成直线，用外推法求出数万至数十万小时的持久强度极限。图 8-12 所示为 12Cr1MoV 钢在 580℃ 及 600℃ 时的持久强度线图。由图可见，试验最长时间为 1×10^4h（实线部分），但用外推法（虚线部分）可得到 1×10^5h 的持久强度极限值。如 12Cr1MoV 钢在 580℃、100000h 的持久强度极限为 89MPa。

高温长时试验表明，在 $\lg\sigma$-$\lg\tau$ 双对数坐标图中，试验数据并不完全符合线性关系，一般均有折点，如图 8-13 所示。其曲线形状和折点位置随材料在高温下的组织稳定性和试验温度高低等而不同。因此，最好是测出折点后，再根据折点后时间与应力对数值的线性关系进行外推。一般还限制外推时间不超过最长试验时间一个数量级，以使外推结果不致误差太大。

通过高温持久试验，测量试样断裂后的伸长率及断面收缩率，还能反映出材料在高温下的持久塑性。许多钢种在短时试验时其塑性较好，但经高温长时加载后，塑性有显著降低的

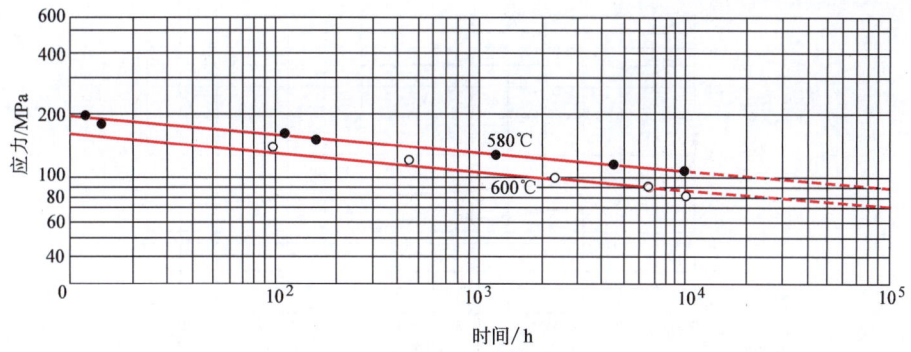

图 8-12　12Cr1MoV 钢的持久强度线图

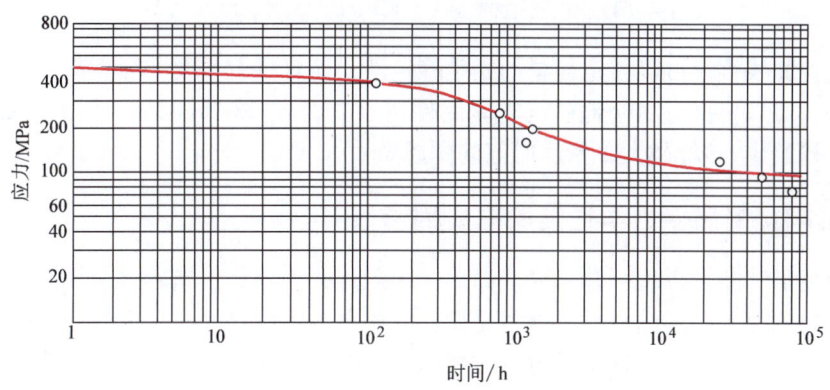

图 8-13　某种钢持久强度曲线的转折现象

趋势,有的持久断后伸长率仅为 1% 左右,呈现蠕变脆性现象。

三、剩余应力

金属材料抵抗应力松弛的性能称为松弛稳定性,这可通过应力松弛试验测定的应力松弛曲线来评定。金属的松弛曲线是在规定温度下,对试样施加载荷,保持初始变形量恒定,测定试样上的应力随时间而降低的曲线,如图 8-14 所示。图中 σ_0 为初始应力。随着时间的延长,试样中的应力不断减小。在应力松弛试验中,任一时间试样上所保持的应力称为剩余应力 σ_r;

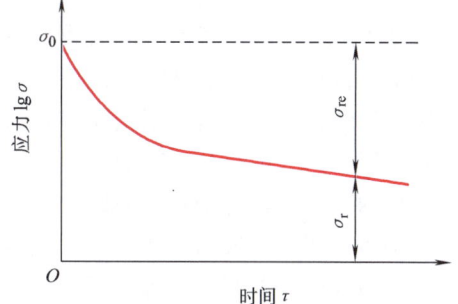

图 8-14　金属应力松弛曲线

试样上所减少的应力,即初始应力与剩余应力之差称为松弛应力 σ_{re}。

剩余应力 σ_r 是评定金属材料应力松弛稳定性的指标。对于不同的金属材料或同一材料经不同热处理,在相同试验温度和初始应力下,经规定时间 τ 后,剩余应力越高者,其松弛稳定性越好。图 8-15 所示为制造汽轮机、燃气轮机紧固件用的 20Cr1Mo1V1 钢,经不同热处理后的应力松弛曲线。由图可见,在相同初始应力 σ_0(300MPa) 和相同试验时间条件下,采用正火工艺的剩余应力值高于调质工艺的,说明前者有较好的应力松弛稳定性。

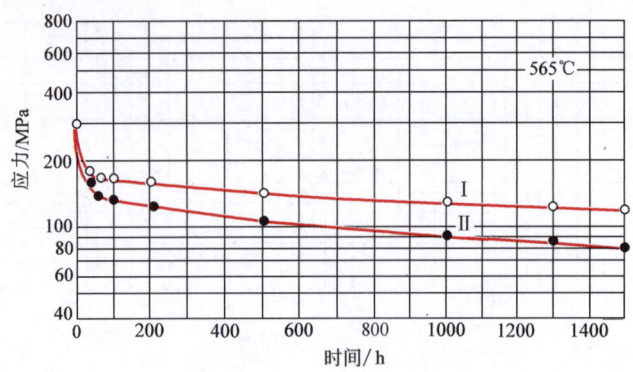

图 8-15 热处理工艺对 20Cr1Mo1V1 钢应力松弛曲线的影响
Ⅰ—1000℃正火，700℃回火　Ⅱ—1000℃油淬，700℃回火

应力松弛曲线不仅可以评定材料的松弛稳定性，而且具有重要实际意义。对于高温下工作的紧固件，可以根据应力松弛曲线求紧固件初始应力 σ_0 降低到某一数值（或剩余应力）所需时间。初始应力 σ_0 越大，紧固时间间隔越短。

四、影响金属高温力学性能的主要因素

由蠕变变形和断裂机理可知，要提高蠕变极限，必须控制位错攀移的速率；要提高持久强度极限，必须控制晶界的滑动。这就是说，<u>要提高金属材料的高温力学性能，应控制晶内和晶界的原子扩散过程</u>。这种扩散过程主要取决于合金的化学成分，并与冶炼工艺、热处理工艺等因素密切相关。

（一）合金化学成分的影响

位错越过障碍所需的激活能（即蠕变激活能）越高的金属，越难产生蠕变变形。试验表明，纯金属的蠕变激活能大体上与其自扩散激活能相近。因此，耐热钢及合金的基体材料一般选用熔点高、自扩散激活能大或层错能低的金属及合金。这是因为在一定温度下，熔点越高的金属自扩散激活能越大，因而自扩散越慢；如果熔点相同但晶体结构不同，则自扩散激活能越高者，扩散越慢；层错能越低的金属越易产生扩展位错，使位错难以产生割阶、交滑移及攀移。这些都有利于降低蠕变速率。大多数面心立方结构的金属，其高温强度比体心立方结构的高，这是一个重要原因。

在基体金属中加入铬、钼、钨、铌等合金元素形成单相固溶体，除产生固溶强化作用外，还因为合金元素使层错能降低，易形成扩展位错，且溶质原子与溶剂原子的结合力较强，增大了扩散激活能，从而提高蠕变极限。一般来说，固溶元素的熔点越高，其原子半径与溶剂的相差越大，对提高热强性越有利。

合金中如果含有能形成弥散相的合金元素，则由于弥散相能强烈阻碍位错的滑移，因而这是提高高温强度更有效的方法。弥散相粒子硬度越高，弥散度越大，稳定性越高，则强化作用越好。对于时效强化合金，通常在基体中加入相同摩尔分数的合金元素的情况下，多种元素要比单一元素的强化效果好。

在合金中添加能增加晶界扩散激活能的元素（如硼、稀土等），则既能阻碍晶界滑动，又增大晶界裂纹面的表面能，因而对提高蠕变极限，特别是持久强度极限是很有效的。

（二）冶炼工艺的影响

各种耐热钢及高温合金对冶炼工艺的要求较高，这是因为钢中的夹杂物和某些冶金缺陷会使材料的持久强度极限降低。高温合金对杂质元素和气体含量要求更加严格，常存杂质除硫、磷外，还有铅、锡、砷、锑、铋等，即使其含量只有十万分之几，当其在晶界偏聚后，会导致晶界严重弱化，而使热强性急剧降低，并增大蠕变脆性。某些镍基合金的试验结果表明，经过真空冶炼后，由于铅含量 $w(Pb)$ 由 $5 \times 10^{-4}\%$ 降至 $2 \times 10^{-4}\%$ 以下，其持久寿命增长了一倍。

由于高温合金在使用中通常在垂直于应力方向的横向晶界上易产生裂纹，因此，采用定向凝固工艺使柱状晶沿受力方向生长，减少横向晶界，可以大大提高持久寿命。例如，有一种镍基合金采用定向凝固工艺后，在 760℃、645MPa 应力作用下的断裂寿命可提高 4~5 倍。

（三）热处理工艺的影响

珠光体耐热钢一般采用正火加高温回火工艺，正火温度应较高，以促使碳化物较充分而均匀地溶于奥氏体中。回火温度应高于使用温度 100~150℃，以提高其在使用温度下的组织稳定性。

奥氏体耐热钢或合金一般进行固溶处理和时效，使之得到适当的晶粒度，并改善强化相的分布状态。有的合金在固溶处理后再进行一次中间处理（二次固溶处理或中间时效），使碳化物沿晶界呈断续链状析出，可使持久强度极限和持久伸长率进一步提高。

采用形变热处理改变晶界形状（形成锯齿状），并在晶内形成多边化的亚晶界，则可使合金进一步强化。例如，某些镍基合金采用高温形变热处理后，在 550℃ 和 630℃ 的 100h 持久强度极限分别提高 25% 和 20% 左右，而且还具有较高的持久伸长率。

（四）晶粒度的影响

晶粒大小对金属材料高温力学性能的影响很大。当使用温度低于等强温度时，细晶粒钢有较高的强度；当使用温度高于等强温度时，粗晶粒钢及合金有较高的蠕变极限和持久强度极限。但是晶粒太大会降低高温下的塑性和韧性。对于耐热钢及耐热合金来说，随合金成分及工作条件不同有一最佳晶粒度范围。例如，奥氏体耐热钢及镍基合金，一般以 2~4 级晶粒度较好。因此，进行热处理时应考虑采用适当的加热温度，以满足晶粒度的要求。

在耐热钢及耐热合金中晶粒度不均匀，会显著降低其高温性能。这是由于在大小晶粒交界处易产生应力集中而形成裂纹。

思考题与习题

1. 解释下列名词：
   (1) 等强温度；(2) 约比温度；(3) 蠕变；(4) 应力松弛；(5) 稳态蠕变；(6) 扩散蠕变；(7) 持久伸长率；(8) 蠕变脆性；(9) 松弛稳定性。

2. 说明下列力学性能指标的意义：
   (1) σ_ε^t；(2) $\sigma_{\delta/\tau}^t$；(3) σ_τ^t；(4) σ_r。

3. 试说明高温下金属蠕变变形的机理与常温下金属塑性变形的机理有何不同。

4. 试说明金属蠕变断裂的裂纹形成机理与常温下金属断裂的裂纹形成机理有何不同。

5. Cr-Ni 奥氏体不锈钢高温拉伸持久试验的数据列于下表。

温度/℃	应力/MPa	断裂时间/h	温度/℃	应力/MPa	断裂时间/h
540	480	1670	650	345	95
	550	435		375	64
	620	112		410	25
	700	23			
600	345	3210	730	120	17002
	410	268		135	9534
	480	112		170	812
	515	45		195	344
	550	24		235	61
650	170	43895	810	70	15343
	205	12011		88	5073
	240	2248		105	1358
	275	762		120	722
	310	198		135	268
				170	28

（1）画出应力与持久时间的关系曲线。

（2）求出 810℃下经受 2000h 的持久强度极限。

（3）求出 600℃下 20000h 的许用应力（设安全系数 $n=3$）。

6. 试分析晶粒大小对金属材料高温力学性能的影响。

7. 某些用于高温的沉淀强化镍基合金，不仅有晶内沉淀，还有晶界沉淀。晶界沉淀相是一种硬质金属间化合物，它对这类合金的抗蠕变性能有何贡献？

第九章 聚合物材料的力学性能

相对分子质量大于 10000 以上的有机化合物称为高分子材料，它是由许多小分子聚合而得到的，故又称为聚合物或高聚物。聚合物的原子之间由共价键结合，称为主价键；而分子之间由范德华键连接，称为次价键。分子间次价键力之和远远超过单个分子中原子间主价键的结合力，因此，聚合物在拉伸时常常先发生原子键的断裂，而不是分子链之间的滑脱。这是聚合物具有较高强度，并可以作为结构材料使用的根本原因。

聚合物的小分子化合物称为单体，组成聚合物长链的基本结构单元则称为链节。例如，聚乙烯的单体为乙烯（$CH_2=CH_2$），其链节为—CH_2—CH_2—。聚合物长链的重复链节数目，称为聚合度。

聚合物的性能主要取决于其巨型分子的组成与结构。聚合物的结构是多层次的，包括高分子链的近程结构、远程结构、聚集态结构和织态结构、液晶结构。织态结构和液晶结构也是聚集态结构。本书不介绍这两种结构。

- 聚合物材料的结构
- 线型非晶态聚合物的变形
- 结晶态聚合物的变形
- 聚合物的黏弹性
- 聚合物的强度与断裂
- 聚合物的疲劳强度

第一节 聚合物材料的结构

一、高分子链的近程结构——构型

高分子链的近程结构是指由化学键所固定的几何形状——高分子构型，即指高分子链的化学组成、键接方式和立体构型等。

上述的聚乙烯是由一种结构单体合成的，故该类聚合物又称为均聚物。均聚物中的分子链之间若不发生连接，则为线型均聚物或支链型均聚物。前者如高密度聚乙烯，后者如低密度聚乙烯（具有支链型结构，分子两侧有相当数量的长支链和短支链，图9-1）。若低密度聚乙烯中短支链规则排列，则也是线型均聚物。若分子链由化学键连接，则为交联均聚物或网络型均聚物（三维交联分子链）（图9-2）。工程上的热塑性塑料如聚氯乙烯、尼龙6、尼龙66等都是线型均聚物，而热固性塑料如环氧树脂则为交联均聚物。

由两种以上结构单体聚合而成的聚合物称为共聚物。大部分共聚物中链节是无规则排列的。有多种结构单体的共聚物比只有一种结构单体的均聚物难以结晶。同理，聚合物链的结构单体配置越不规律，越有利于形成非晶态，而有规立构的聚合物则大部分能结晶。由于聚合物中只有微弱的范德华力使分子成线型排列，而结晶结构要求把大量原子输送到固定有利位置，所以聚合物的结晶很难完全。共聚物的几种形式如图9-3所示。

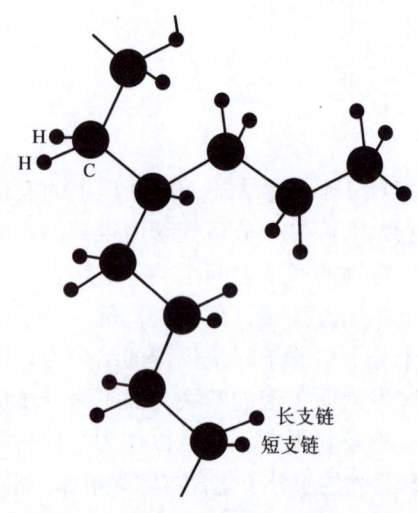

图9-1 低密度聚乙烯分子链及支化

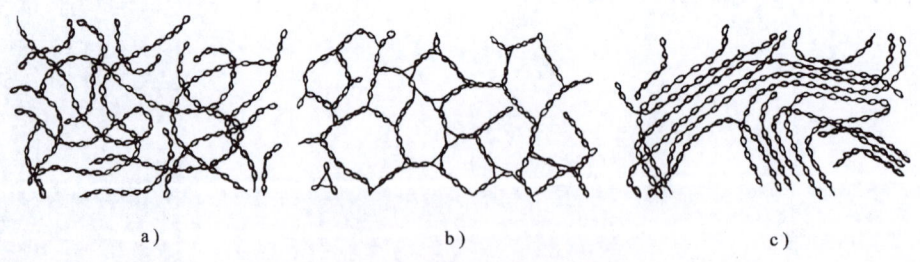

图9-2 聚合物的三种典型结构
a）线状非交联的纤维分子　b）三维交联的分子链
c）部分晶化非交联分子链的配置

二、高分子链的远程结构——构象

高分子链的远程结构是指一根巨分子长链在空间的排布形象，称为巨分子链的构象。由于

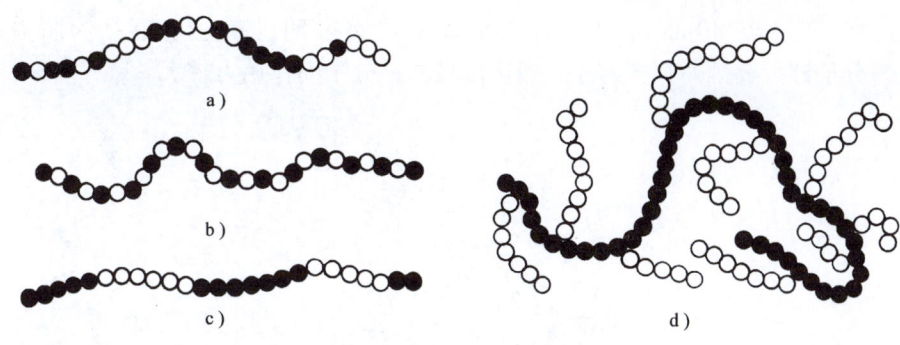

图 9-3 共聚物的几种形式
a）无规共聚物 b）交替共聚物 c）嵌段共聚物 d）接枝共聚物
● ——一种重复单元 ○——另一种重复单元

单键内旋转运动，巨分子长链的构象是在不断变化的。分子链中的碳—碳键的键角 α 保持 $109°28'$ 不变。由图 9-4 可见，C_2—C_3 单键围绕 C_1—C_2 键自由旋转，键角为 α；同样，C_4—C_3 绕 C_2—C_3 轴旋转，键角也为 α，依次类推。实际聚合物巨分子链的运动单元不是一个个单键，而是由数个、几十个甚至几百个链节组成的链段。外在条件（温度、拉伸载荷等）变化时，巨分子链的构象除呈无规则线团链外，还可以呈伸展链、折叠链、螺旋链等构象（图 9-5）。通常，高分子链是卷曲的、具有柔性的，因而聚合物具有极好的弹性。若主链不能内旋转，或结构单体之间有强烈相互作用、氢键作用、极性基团的相互作用，则会影响分子链的柔性，形成刚性链。

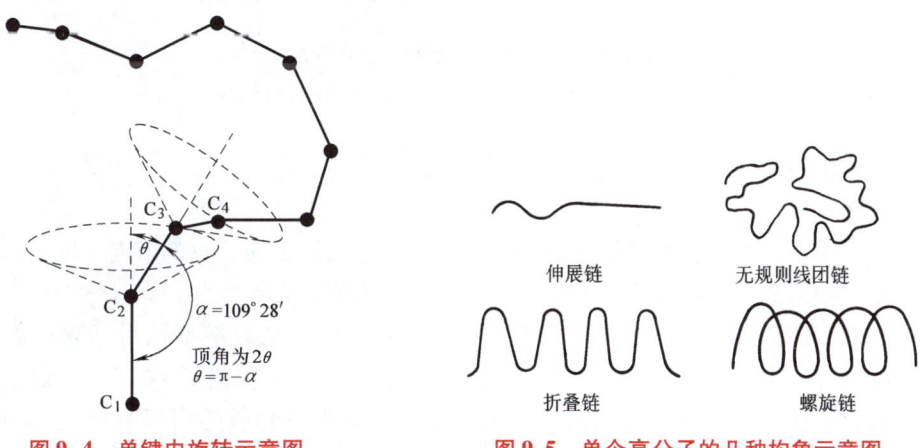

图 9-4 单键内旋转示意图   图 9-5 单个高分子的几种构象示意图

三、聚合物聚集态结构——晶态、非晶态及取向

聚合物的聚集态结构包括晶态结构、非晶态结构及取向，是决定聚合物材料及其产品使用性能的重要因素。

前已述及，聚合物不能得到完全的晶体结构，实际上是晶区与非晶区同时存在。**聚合物**

的结晶程度用晶体所占总体的质量分数表示，称为结晶度。聚合物的结晶度通常小于98%，其微小晶粒的尺寸在10nm左右。电子显微镜观察表明，高分子单晶为折叠链结构（图9-6）。分子链折叠排列整齐有序，致密度较高，分子间作用力较大。

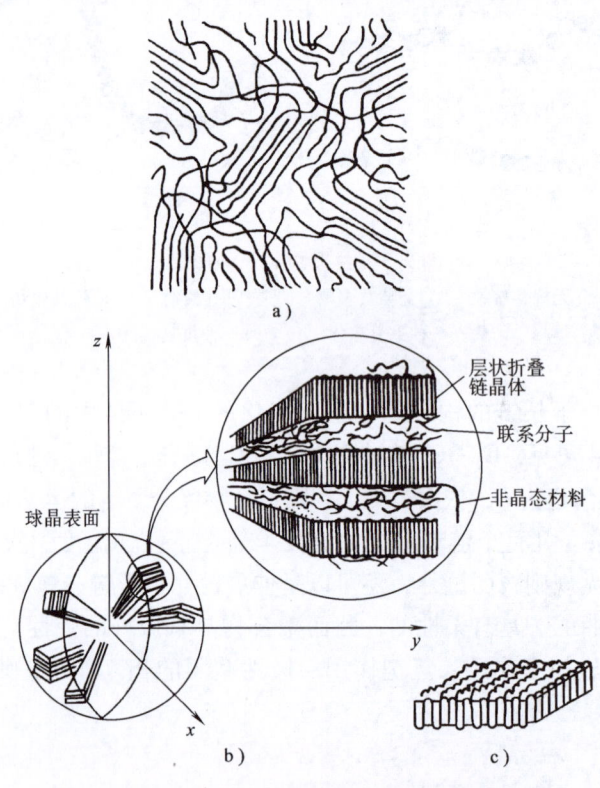

图9-6 聚合物结晶态结构示意图

a）缨状胶束模型 b）球晶 c）近邻规则折叠链模型

非晶态结构的高分子链多呈无规则线团形态，为分子链近程有序，其中局部可以存在高分子链折叠区。

在外力作用下，聚合物的长链沿外力方向排列的形态称为聚合物的取向。取向可促进聚合物的结晶，使沿链长方向排列的有序性增大，同时也使聚合物成为各向异性。

归纳起来，高分子材料的结构特征有：①聚合物长链的重复链节数目（聚合度）可以不一样，因而聚合物中各个巨分子的相对分子质量不一定相同。聚合物实际上是一个复合物，其相对分子质量只能用平均相对分子质量表达；②聚合物长链可以有构型、构象的变化，加之可以是几种单体的聚合，从而形成共聚、嵌段、接枝、交联等结构上的变化；③分子之间可以有各种相互排列，如取向、结晶等。这些结构上的多重性，以及聚合物分子链运动单元的多样性，使聚合物显示出各种特殊的性能。

高分子材料与低分子材料的特点（区别）见表9-1。

与金属材料相比，聚合物在外力或能量载荷作用下强烈地受温度和载荷作用时间的影响，因此其力学性能变化幅度较大。

表 9-1　高分子材料与低分子材料的特点

材料 特点	高分子材料	低分子材料
相对分子质量	$10^4 \sim 10^6$	<500
分子可否分割	可分割成短链	不可分割
热运动单元	链节、链段、整链等多重热运动单元	整个分子或原子
结晶程度	非晶态或部分结晶	大部分或完全结晶
分子间力	加和后可大于主键力	极小
熔点	软化温度区间	固定
物理状态	只有液态和固态（包括高弹态）	气、液、固三态

聚合物的主要物理、力学性能特点有：

（1）**密度小**　聚合物是密度最小的工程材料，其密度一般在 $1.0 \sim 2.0 \text{g/cm}^3$ 之间，仅为钢的 $1/8 \sim 1/4$，为工程陶瓷的 $1/2$ 以下。重量轻、比强度大是聚合物的突出优点。

（2）**高弹性**　高弹态的聚合物其弹性变形量可达到 $100\% \sim 1000\%$，一般金属材料只有 $0.1\% \sim 1.0\%$。

（3）**弹性模量小**　聚合物的弹性模量为 $0.4 \sim 4.0 \text{GPa}$，一般金属材料则为 $50 \sim 300 \text{GPa}$，因此聚合物的刚度差。

（4）**黏弹性明显**　聚合物的力学行为对时间有强烈的依赖性，应变落后于应力，室温下即会产生明显的蠕变变形及应力松弛。

第一节　线型非晶态聚合物的变形

线型非晶态聚合物是指结构上无交联、聚集态无结晶的高分子材料。这类聚合物的力学行为随温度不同而变化，可处于玻璃态、高弹态和黏流态三种力学状态（图 9-7）。三种状态下聚合物的变形能力不同，弹性模量也不同。在外力和加载速率恒定条件下，聚合物在玻璃态时变形量最小；在高弹态时聚合物的变形量大，且几乎与温度无关；在黏流态时，聚合物的变形量随温度升高急剧增加。图中 t_g、t_b 和 t_f 是非晶态聚合物的特性温度。t_g 是聚合物从玻璃态向高弹态转化或相反转化的温度，称为玻璃化温度；t_b 是聚合物从软玻璃态向硬玻璃态转化的温度，温度低于 t_b，聚合物变脆，所以 t_b 称为脆化温度；t_f 是聚合物从高弹态向黏流态转化的温度，称为黏流温度。聚合物在 t_g 温度时，其

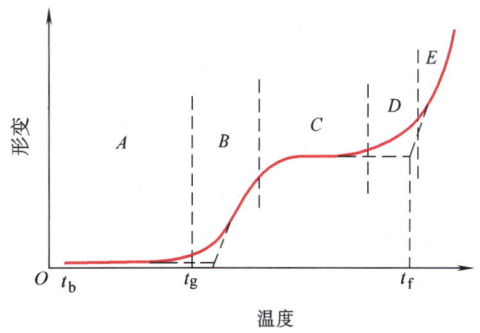

图 9-7　非晶态聚合物在恒载荷作用下的形变-温度曲线（恒作用速率）
A—玻璃态　B—过渡态　C—高弹态　D—过渡态　E—黏流态　t_b—脆化温度　t_g—玻璃化温度　t_f—黏流温度

力学行为有重大变化,所以研究聚合物的力学性能,要了解 t_g 值。表 9-2 为几种聚合物的玻璃化温度值。

表 9-2 几种聚合物的玻璃化温度

材　料	$t_g/℃$	材　料	$t_g/℃$
聚乙烯	-120（-130）	聚氯乙烯	87（81）
聚丙烯（全同立构）	-10	聚四氟乙烯	126（65）
聚甲醛	-83（-50）	聚丙烯腈（间同立构）	104（130）
聚苯乙烯（无规立构）	100（105）	聚乙烯醇	85
聚苯乙烯（全同立构）	100	聚碳酸酯	150
聚甲基丙烯酸甲酯（间同立构）	115（105）	尼龙 6	50（40）
聚甲基丙烯酸甲酯（全同立构）	45（55）	尼龙 66	50（57）

注：括号中数据也为文献中的报道值。

非晶态聚合物特性温度的实际意义是：t_g 是决定聚合物制品使用范围的标志,聚合物的 t_g 高,其制品对环境温度适应性强；t_f 用于评价聚合物注射成型性能,t_f 低,有利于材料熔融,生产时能耗小。

非晶态聚合物在不同温度下的拉伸应力-应变曲线如图 9-8 所示,可见在不同力学状态下应力-应变关系差别很大。

一、非晶态聚合物在玻璃态下的变形

通常,聚合物作为结构材料使用时处于玻璃态,其分子链或链段不能运动,分子被"冻结"。

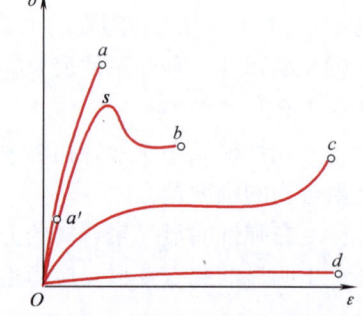

图 9-8 非晶态聚合物在不同温度下的拉伸应力-应变曲线
（$t_a < t_b < t_c < t_d$）

硬玻璃态聚合物（如室温下的聚苯乙烯）的拉伸应力-应变曲线（图 9-8 曲线 a,温度在 t_b 以下）上只有弹性变形阶段,伸长率很小,为普弹性变形。断口垂直于拉力方向,弹性模量比其他状态下的大,室温下其值可达 3GPa,无弹性滞后。聚合物的普弹性变形是靠主键键长的微量伸缩和微小键角变化实现的。

软玻璃态聚合物（如室温下的聚碳酸酯）的拉伸应力-应变曲线如图 9-8 中曲线 b 所示,温度在 t_b 和 t_g 之间。a' 点以下为普弹性变形。$a's$ 段对应的变形是由于外力作用迫使链段运动所引起的,为受迫高弹性变形。去除外力后,因温度在 t_g 以下,缺少链段运动的能量,故受迫高弹性变形被保留下来,其量可达 300%～1000%。但如将聚合物加热到 t_g 温度以上,这种变形可以消除。

曲线 b 上的 s 点为屈服点。屈服后在试样局部地方出现缩颈（塑性变形）,同时因应变软化,截面积减小,使应力降低。在玻璃态聚合物中有两种局部塑性变形方式：一种类似于金属材料塑性变形时出现的剪切带,聚合物拉伸试样中的剪切带分布大致与拉伸方向之间呈 45°；另一种是聚合物特有的塑性变形方式,即本章稍后将要介绍的银纹化。聚合物以何种方式产生塑性变形与温度和应力状态有关。与金属材料不同,玻璃态聚合物拉伸时出现的缩颈,在继续变形时,因缩颈区的取向应变硬化,其面积并不减小,而是在不变应力作用下,缩颈沿试样长度方向稳定扩展。当缩颈扩展到试样全部长度时，因分子链高度取向再次产生应变硬化，应力又开始增大直至断裂。这样的拉伸变形过程称为冷拉伸。若试样在冷拉伸中途卸载或因拉断自动卸载，则试样上产生的变形大部分残留下来。将冷拉伸后的试样加热到聚合物的玻璃化温度 t_g 以上，变形基本上能全部恢复。这表明，聚合物的冷拉伸变形实质上也是受迫高弹性变形。

图 9-9 为长链聚合物的变形方式示意图，可以较好地解释上述变形特征。

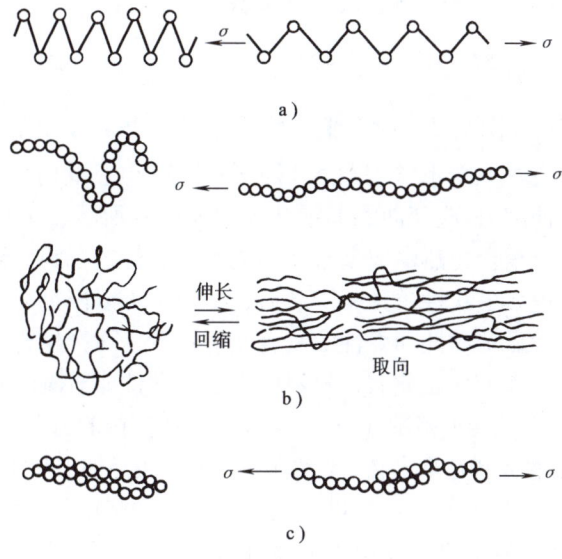

图 9-9　长链聚合物变形方式示意图
a) 主键伸长　b) 长链伸长及取向　c) 长链间的滑动

冷拉伸显示高韧性聚合物材料的韧性特性。在相同应力下，冷拉伸应变越大，拉伸应力-应变曲线下面积增大，显示材料韧性较高。

冷拉伸对聚合物冷成型加工具有重要作用。聚合物可在室温或 t_g 以下用拉伸、滚轧、冲压、冷挤等方法加工成纤维、板材、薄膜或零件等。聚碳酸酯、尼龙66、硬聚氯乙烯、ABS、聚甲醛和改性聚丙烯等聚合物均可进行冷成型加工。

二、非晶态聚合物在高弹态下的变形

聚合物在图 9-7 所示的 t_g 与 t_f 之间温度范围内，处于高弹态。所有在室温下处于高弹态的聚合物都称为橡胶。高弹态聚合物（如室温下的硫化橡胶和高压聚乙烯）的拉伸应力-应变曲线如图 9-8 中曲线 c 所示。曲线起始部分为高弹性变形，弹性变形量可达到 1000%，但弹性模量值只有 0.1~1.0MPa。曲线中部为无明显屈服的均匀塑性变形，此后因应变硬化使应力升高直至断裂。

聚合物具备高弹性的条件是在室温下为非晶体，且其玻璃化温度 t_g 远低于室温。在分子链的结构上应具有下列特征：①链非常长，并有很多弯；②室温下链段在不停地运动；③每二三百个原子就有一处交联连接。在受外力作用时，长链通过链段调整构象，使原卷曲的链沿拉力方向伸长，宏观上表现为很大的弹性变形。去除外力后，接点及扭结的趋势使分子链又回复至卷曲状态，宏观变形消失（回复过程需要一定时间）。如果聚合物链没有这些交联的接点，就会通过分子链间的滑动而产生塑性变形。但若交联接点过多，会使交联点间的链段变短，从而降低链段的活动性（柔性），使弹性下降以至消失，此时，弹性模量和硬度增加。

聚合物的高弹性在工程上常被用于对减振和密封性有要求的场合。

聚合物在高弹态时，整个分子链处于被"冻结"状态（受力变形时，分子链的质量中心并未产生移动），只是链段的运动，引起分子构象的变化。当温度进一步升高，分子链作为一个整体进行相对滑动时，聚合物进入黏流状态。

三、非晶态聚合物在黏流态下的变形

温度高于黏流温度 t_f（图 9-7）时，聚合物分子链在外力作用下可进行整体相对滑动，呈黏性流动，产生不可逆永久变形（黏性变形或塑性变形）。此时，聚合物处于黏流状态。聚合物在黏流态下的拉伸应力-应变曲线如图 9-8 中曲线 d 所示，可见，在应力很小时就产生较大变形。这是工程上聚合物热塑成型常在黏流态下进行的原因。聚合物的黏性变形服从牛顿定律，应力与应变速率呈线性关系，卸载后，变形不可以恢复。

实际聚合物受载时常显示黏性和弹性的复合变形特性，除产生普弹性变形外，还有黏性变形同时出现，显示黏弹性特征。此时，材料的许多力学性能对时间有强烈依存关系。

线型非晶态聚合物在上述温度范围（$t < t_g$，$t > t_g$，$t > t_f$）内的力学三状态及与之有关的线弹性、高弹性、黏弹性和黏性是描述聚合物力学性能的基础，也是加工和使用聚合物的理论基础。

图 9-10 所示为线型非晶态聚合物有机玻璃（聚甲基丙烯酸甲酯）在不同温度下的拉伸应力-应变曲线。这种聚合物的玻璃化温度 t_g 为 100℃ 左右，在 86℃ 以下拉伸时，变形是弹性的；在 104℃ 拉伸时有少量塑性变形；更高的温度下，则表现出较大的弹塑性变形和较低的强度。从该曲线斜率的变化可见，随温度增加，弹性模量减小。

聚合物的力学性能除了与温度、时间和应力等外部因素有关外，还与其微观结构及相对分子质量等因素有关。例如，完全交联的聚合物加热到开始化学分解的温度时，仍然为玻璃态，没有高弹态；热塑性聚合物在室温下有明显的黏弹性；随相对分子质量增大，t_g 升高，$t_g \sim t_f$ 温度区间也增大等（图 9-11）。

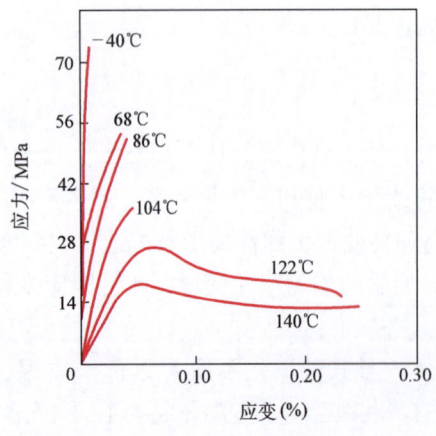

图 9-10 有机玻璃（PMMA）在不同温度下的拉伸应力-应变曲线

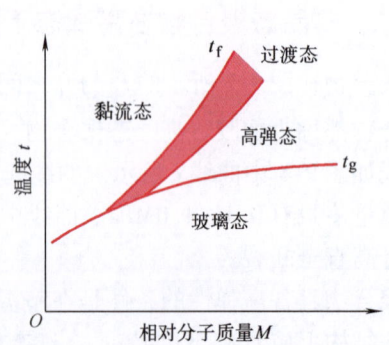

图 9-11 非晶态聚合物的力学状态与相对分子质量和温度的关系

第三节　结晶态聚合物的变形

结晶态聚合物（半结晶聚合物，或部分结晶聚合物）由于晶区内的链段无法运动，因此结晶度高的聚合物不显示高弹性，但具有较高的强度和硬度。结晶态聚合物的力学状态与相对分子质量和温度有关。在图9-12中，t_g 为非晶相玻璃化温度，t_m 为晶体相熔点，t_f 为黏流温度。当 $t<t_g$ 温度时，聚合物为结晶态，其拉伸塑性很小，力学行为与非晶玻璃态聚合物相似。在 $t_g<t<t_m$ 温度范围内，结晶态聚合物形成强韧（晶区与非晶区复合作用）的皮革态。当 $t>t_m$ 时，晶体相熔化，聚合物全部由非晶区组成，转化成为高弹性的橡胶态。但若相对分子质量较低时，也可能转化为黏流态。

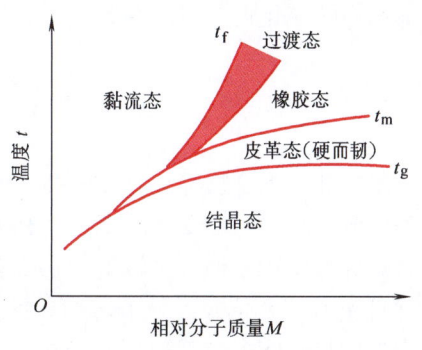

图9-12　结晶态聚合物的力学状态与相对分子质量和温度的关系

未取向的结晶态聚合物，其变形过程是复杂的。受载时，结晶区先被破坏，随后再重新组成新的微纤维束定向排列的结构（图9-13），其拉伸应力-应变曲线示于图9-14。屈服（曲线最高点）后，原有的结构开始破坏，试样上产生缩颈并沿长度方向不断扩展。至曲线最低点时原有结构完全破坏。如果在缩颈开始后不迅速发生断裂，则随应变增加，被破坏的晶体结构又重新组成方向性好、强度高的微纤维新结构。每个微纤维都有很高的强度，再加上微纤维间的联系分子进一步伸展，新结构聚合物的抗变形能力增大。由于应变硬化，应力-应变曲线再度上升，直至达到断裂应力。这样的拉伸变形过程也是冷拉伸过程。在拉伸试验中，可观察到试样标距部分颜色的变化，屈服后随变形度增大，分子取向程度增加，在变形最剧烈的区域，试样变白。具有取向的聚合物呈各向异性。

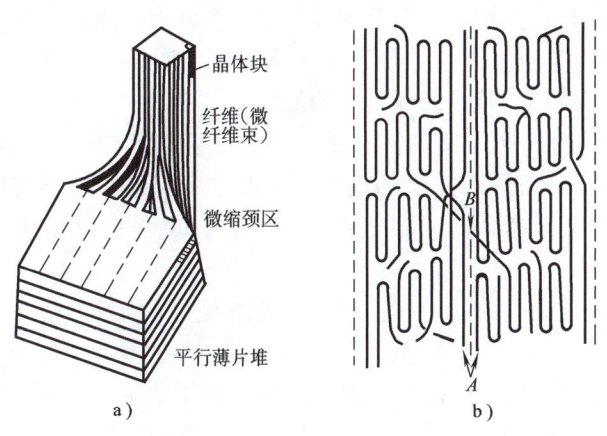

图9-13　结晶态聚合物的变形模型示意图
a) 由一堆平行薄片转变为一束密实的整齐排列的微纤维束的模型　b) 微纤维中定向排列的晶体块　A 处是纤维内伸开的联系分子　B 处是纤维间伸开的联系分子

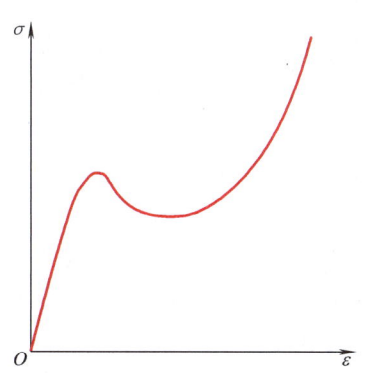

图9-14　结晶态聚合物的拉伸应力-应变曲线

冷拉伸后的结晶态聚合物试样，加热到 t_m 以上，试样上残留的变形也基本上能全部恢复。

必须注意，结晶态聚合物（如聚乙烯）和非晶态聚合物（如聚苯乙烯）的冷拉伸温度范围是不同的：前者的在 t_g 和 t_m 之间，后者的在 t_b 和 t_g 之间。在冷拉伸过程中，两类材料内部结构的变化也是不同的。

第四节 聚合物的黏弹性

绝大部分聚合物都具有黏弹性，即聚合物受载时，其力学行为显示弹性和黏性两种变形机理，应力同时与应变和应变速率有关。黏弹性是聚合物的分子运动所决定的。聚合物受载时，普弹性变形是通过主键键长的微量伸缩和键角的微小变化来实现的；而黏性变形（及高弹性变形）是依靠巨分子链构象的变化实现的。改变分子链构象需要时间，由此而产生的变形就与时间（应变速率）有关，表现为应变落后于应力。聚合物黏弹性是一般固体材料滞弹性行为的反映，但聚合物黏弹性有蠕变与应力松弛、滞后和内耗现象，分为静态黏弹性与动态黏弹性两类。

一、静态黏弹性——蠕变与应力松弛

当应力或应变完全恒定，不是时间的函数时，聚合物所表现的黏弹性称为静态黏弹性。一般有两种表现形式：蠕变和应力松弛。

大多数聚合物的 t_g 和 t_m 比室温稍高，而黏弹性在 t_g 温度以上 30℃ 左右最容易显现，所以在室温下聚合物就已有明显的蠕变与应力松弛行为。

金属的蠕变变形是通过位错滑移形成亚晶，以及晶界滑动和空位扩散迁移实现的不可逆塑性变形，当环境温度超过 $0.3T_m$（T_m 为金属熔点，热力学温度）时才比较显著。聚合物的蠕变变形是指在一定温度下，承受力的长期作用时产生的不可回复的塑性变形。聚合物的蠕变变形除不可回复的黏性变形外，还包含普弹性变形和高弹性变形，在外力去除后，普弹性变形迅速回复，而高弹性变形则缓慢地部分回复，这是聚合物蠕变与金属蠕变的明显区别。聚氯乙烯架空电缆套管随时间延长逐渐变弯就是蠕变现象的反映。

聚合物的应力松弛是指在恒温下，快速（短时间内）施加外力，聚合物产生一定变形（应变），维持应变不变所需应力随时间延长而逐渐降低的现象。实践中，密封橡胶圈使用初期密封性很好，但随时间延长密封效果逐渐减弱，甚至产生渗漏，这就是应力松弛的结果。

聚合物的蠕变与应力松弛，都是大分子在外力长时间作用下，逐渐发生了构象改变或位移变化的结果。其过程常用黏壶与弹簧连接的组合模型来模拟（图 9-15）。在图中，黏壶与弹簧串联的模型（图 9-15a）是麦克斯韦尔模型。当模型快速受拉力作用并迅速将两端固定时，初始应变由弹簧产生，而黏壶由于黏性作用还来不及动作，于是两元件间产生了初始应力，形成了初始应变 ε_0。随后黏壶被慢慢拉开，弹簧回缩，总应力下降，直至完全消除。该模型模拟了线型聚合物的应力松弛过程，但不能模拟交联聚合物的应力松弛。图 9-15b 所示是黏壶与弹簧并联的开尔文模型。当施加一外力，并令其不变时，由于黏壶的黏滞作用，并联的弹簧也不能立即拉开，只能随着黏壶缓慢地被拉开，其应变是随时间逐渐

发展的。这个模型基本上能模拟交联聚合物的蠕变过程,但不能模拟线型非晶态聚合物的蠕变行为。

上述模型是模拟线性黏弹性行为的,即假定聚合物受载时,应力与应变、应力与应变速率之间均是线性关系,聚合物显示线性黏弹性。实际聚合物的黏弹性大多是非线性的。为了研究聚合物的非线性黏弹性特点,需要在某一给定温度下作出一组不同应力水平的蠕变曲线,或一组不同应变水平的应力松弛曲线,曲线横坐标用对数时间,如图9-16所示。由图可见,应力增大,聚合物的蠕变应变也增大;而应变增加,松弛时间减少,应力衰减加快。

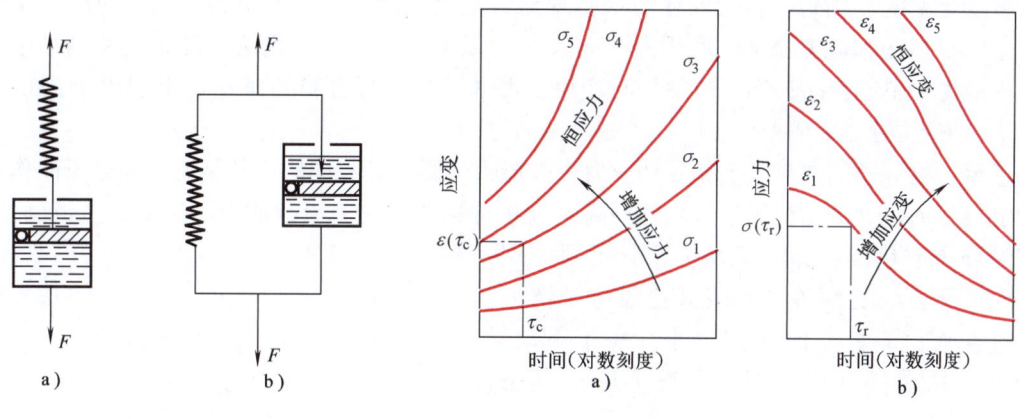

图 9-15 黏弹性模型
a) 麦克斯韦尔模型 b) 开尔文模型

图 9-16 聚合物的蠕变与应力松弛特性
a) 恒应力条件下的蠕变曲线 b) 恒应变条件下的应力松弛曲线

蠕变模量和应力松弛模量是表征聚合物黏弹性的力学性能指标。蠕变模量是在给定温度与时间τ下施加的应力与蠕变应变量之比,表示为$E_c(\tau)$;应力松弛模量是在给定温度下经一定时间τ后,瞬时应力与应变之比,表示为$E_r(\tau)$。在小应变范围内,松弛模量通常为常数,但其值强烈地依赖于时间。$E_c(\tau)$ 和 $E_r(\tau)$ 的表达式如下

$$E_c(\tau) = \frac{\sigma_0}{\varepsilon(\tau)} \tag{9-1}$$

式中　　$E_c(\tau)$——蠕变模量,时间的函数;
　　　　σ_0——恒应力;
　　　　$\varepsilon(\tau)$——与时间有关的应变。

$$E_r(\tau) = \frac{\sigma(\tau)}{\varepsilon_0} \tag{9-2}$$

式中　　$E_r(\tau)$——应力松弛模量,时间的函数;
　　　　$\sigma(\tau)$——与时间有关的应力;
　　　　ε_0——恒应变。

如已知某种聚合物在一给定温度下的一组蠕变曲线和一组应力松弛曲线,则根据曲线上的数据,可以很方便地求得蠕变模量和应力松弛模量。设该组曲线如图9-16a、b所示,求在恒应力σ_3和恒初始应变ε_1下,于时间τ_c和τ_r的蠕变模量和应力松弛模量。具体方法如下:①在图中横坐标上分别确定时间τ_c和τ_r点;②从τ_c、τ_r点作垂线分别与应力σ_3线、应变ε_1

线相交得交点,该点的纵坐标就是时间 τ_c 下的蠕变应变 $\varepsilon(\tau_c)$ 和时间 τ_r 下的剩余应力 $\sigma(\tau_r)$;③代入式(9-1)、式(9-2),计算 $\sigma_3/\varepsilon(\tau_c)$、$\sigma(\tau_r)/\varepsilon_1$,即得到时间 τ_c、τ_r 下的蠕变模量和应力松弛模量。恒温恒应力下,随时间增加,蠕变应变增大,蠕变模量减小;恒温恒应变下,随时间增加,剩余应力减少,应力松弛模量也减小。

聚合物的抗蠕变、应力松弛能力对温度变化很敏感,在某些情况下对湿度也敏感。温度每变化一度(K)或相对湿度每变化1%,某些聚合物的蠕变模量能改变4%。温度升高,蠕变速度加大,应力松弛速度加快;温度降低,蠕变速度减小,应力松弛速度减慢。温度低于玻璃化温度 t_g 时,蠕变和应力松弛速度大大下降,甚至看不到蠕变和应力松弛现象,但在玻璃化温度 t_g 附近,蠕变和应力松弛现象最显著。因此,对于塑料制品,为防止使用时产生明显蠕变和应力松弛,使用温度应限在 t_g 以下20~30℃。而为了防止塑料制品中因残留内应力,引起制品在储存或使用时产生变形和开裂,可将制品在 t_g 以上温度下进行"退火",使应力松弛。

聚合物分子结构对其抗蠕变和应力松弛能力的影响是相同的:凡是能增加分子间作用力和链段运动阻力的结构因素,均能提高聚合物抗蠕变和应力松弛能力。例如,主链刚性大;相对分子质量高;分子极性强,分子间作用力大;聚合物交联等。聚四氟乙烯分子链虽然刚性大,但分子间作用力小,易于滑动,所以抗蠕变松弛能力弱,常温下即有显著蠕变。

聚合物在工程上作为结构材料使用时,要考虑其抗蠕变性。聚氨酯橡胶由于分子极性强,分子间作用力大,所以抗蠕变性能好,可以制造各种机械密封圈。其他如聚砜、聚苯醚、聚碳酸酯等也是抗蠕变性能很好的工程塑料,可用于制造机械零部件(图9-17)。而聚氯乙烯塑料电缆管或水管,由于材料抗蠕变性能差,在架空时会因蠕变而逐渐弯曲,须加保护支架,以防变形加大。

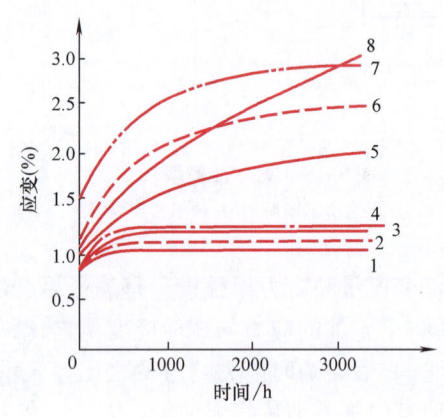

图9-17 几种聚合物23℃时的蠕变性能比较
1—聚砜 2—聚苯醚 3—聚碳酸酯 4—改性聚苯醚
5—耐热ABS 6—聚甲醛 7—尼龙 8—ABS

二、动态黏弹性——滞后和内耗

聚合物材料所受应力(交变应力)为时间的函数,且应变随时间的变化始终落后于应力的变化,这一滞后效应称为动态黏弹性现象。由于存在滞后效应,聚合物在交变应力作用下,当上次应变尚未恢复时,又施加了下次应力,以致总有部分弹性能没有释放,而消耗于克服分子间的内摩擦上,即产生了内耗。这种内耗可以转化为热能,使聚合物温度升高。由于聚合物是热的不良导体,故温升数值较大。例如,高速行驶的汽车轮胎,因为内耗可使温度升高达80~100℃,致使橡胶加速老化。因此,在此类服役条件下,为预防早期失效,应选用内耗小的聚合物。但在工程上用聚合物制作减振机件或消声降噪装置时,又要选用具有高内耗的聚合物,如聚氨酯等。

第五节　聚合物的强度与断裂

一、强度与硬度

聚合物的拉伸强度与压缩强度比金属低得多，但其比强度较金属的高。聚合物的拉伸强度一般为 20~80MPa，表 9-3 为几种聚合物的拉伸强度值。

表 9-3　几种聚合物的拉伸强度

名　　称	拉伸强度/MPa	名　　称	拉伸强度/MPa
高密度聚乙烯（HDPE）	60	聚甲基丙烯酸甲酯（PMMA）	65
聚四氟乙烯（PTFE）	25	聚碳酸酯（PC）	67
聚丙烯（PP）	33	聚对苯二甲酸乙二醇酯（PET）	80
聚氯乙烯（PVC）	50	尼龙66	83
聚苯乙烯（PS）	50	聚苯醚（PPO）	85
酚醛树脂（PF）	55	聚砜（PSU）	85
聚酯（UP）	60	环氧树脂（EP）	90
尼龙610	60		

前已述及，聚合物具有一定强度，是由分子间范德华键、原子间共价键及分子间氢键决定的。但聚合物的实际强度仅为其理论值的 1/200。这与其结构缺陷（如裂纹、杂质、气泡、空洞和表面划痕等）和分子链断裂不同时性有关。

影响聚合物实际强度的因素仍然是其自身的结构。主要的结构因素有：

1）高分子链极性大或形成氢键能显著提高强度，如聚氯乙烯极性比聚乙烯大，所以前者强度高。尼龙有氢键，其强度又比聚氯乙烯高。

2）主链刚性大，强度高，但是主链刚性太大，会使材料变脆。

3）分子链支化程度增加，因分子链间距增大，降低拉伸强度。例如，低密度聚乙烯支化程度高，其拉伸强度就比高密度聚乙烯的低。

4）分子间适度进行交联，提高拉伸强度，如辐射交联的 PE 比未交联 PE 的拉伸强度提高一倍；但交联过多，因影响分子链取向，反而会降低强度等。

聚合物的硬度与其强度一样也比金属低得多。测定聚合物的硬度选用专用洛氏硬度标尺。表 9-4 为聚合物使用的洛氏硬度标尺、试验规范及应用材料范围。

硬度低的聚合物用 R 或 L 标尺；硬度较高的用 M 或 E 标尺。由表 9-4 可见，测定聚合物洛氏硬度的初始试验力与金属材料洛氏硬度试验规范规定相同，所用的总试验力也分别与金属材料的 HRA、HRB 相同，但压头（抛光钢球）直径比金属材料洛氏硬度试验压头球直径大得多。由于聚合物具有黏弹性，其与时间有关的变形部分比金属材料大，所以硬度试验时要有足够保持时间。常用热固性树脂，如酚醛树脂、聚酯树脂、环氧树脂的洛氏硬度分别为 120HRM、115HRM 和 100HRM。而热塑性树脂，如聚甲基丙烯酸甲酯、低密度聚乙烯、聚苯乙烯和聚氯乙烯的硬度则分别为 102HRM、25HRM、83HRM 和 60HRM。

表 9-4　聚合物使用的洛氏硬度标尺、试验规范及应用[一]

标尺	初始试验力 /N	总试验力 /N	钢球直径 /mm	应 用 材 料
R	98	588	12.700	聚酰胺，氟塑料，赛璐珞等
L		588	6.350	聚酰胺等
M		980	6.350	酚醛，脲醛，环氧树脂、聚酯树脂，聚苯乙烯，硬聚氯乙烯等
E		980	3.175	

二、银纹与断裂过程

在拉应力作用下，非晶态聚合物（如聚苯乙烯、聚甲基丙烯酸甲酯和聚氯乙烯等）的某些薄弱地区，因应力集中产生局部塑性变形，结果在其表面或内部，或者在裂纹尖端附近出现闪亮的、细长形的"类裂纹"，称为银纹（Craze）。聚合物受拉应力作用时产生银纹的现象，称为银纹化。银纹与裂纹（Crack）不同：前者除其中有孔洞（直径约20nm，彼此互连）外，孔洞之间还有称为银纹质（微纤维）的聚合物；后者则不含聚合物。银纹质能承受应力，所以银纹区仍有力学强度，但其密度较低，如聚苯乙烯的银纹区密度仅为本体密度的40%。银纹的折光指数比聚合物本体的低，所以聚合物拉伸试样表观发白（应力白化）。此外，银纹化具有可逆性，在压应力作用下或经玻璃化温度以上退火处理，银纹将会减少或消失。

银纹主要在非晶态聚合物中产生，但结晶态聚合物如聚乙烯、聚丙烯、聚甲醛、尼龙等也会产生银纹。某些交联的聚合物如交联环氧树脂、酚醛树脂中也有银纹存在。

银纹是聚合物塑性变形的一种特殊形式，它实际上是垂直于外加主应力的椭圆形孔洞，用显微镜可以观察到有取向的微纤维（高分子链束）充填其中（图9-18），微纤维的取向平行于主应力方向。这表明，银纹质就是已发生了取向的高分子链束；同时表明，银纹形成伴有高分子链沿受力方向局部成孔和成微纤的作用。

银纹的形成增加聚合物的韧性，因为它使聚合物的应力得到松弛，同时，银纹中的微纤维表面积大，可吸收能量，对增加韧性也有作用。

银纹在非晶态聚合物的拉伸脆性断裂中有重要作用。一般认为，银纹生成是非晶态聚合物断裂的先兆。在外力作用下，银纹质因其内部存在非均匀性（如有外来物质或杂质）而产生开裂，并形成孔洞。随后形成的孔洞与已有的孔洞连接起来，在垂直应力方向上形成微裂纹。微裂纹尖端区连续出现银纹，使微裂纹相连扩展，引起宏观断裂。因此，在工程上非晶态聚合物的断裂过程，包括外力作用下银纹和非均匀区的形成、银纹质的断裂、微裂纹的形成、裂纹扩展和最后断裂等几个阶段。与金属材料相比，聚合物形成银纹类似于金属韧性断裂前产生的微孔。

[一] 表中洛氏硬度标尺、试验规范适用于测定塑料硬度，不适用于测定塑料薄膜、泡沫塑料。测定硬质橡胶硬度，参照 HG/T 3846—2008 标准执行。

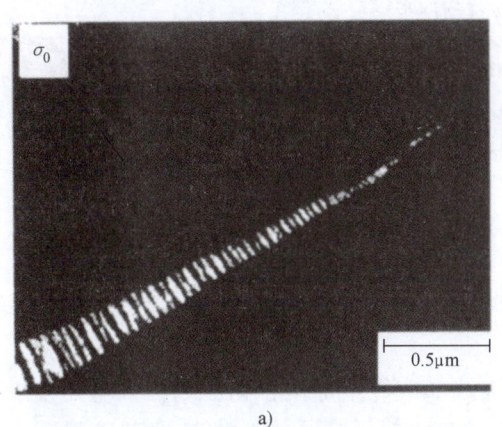 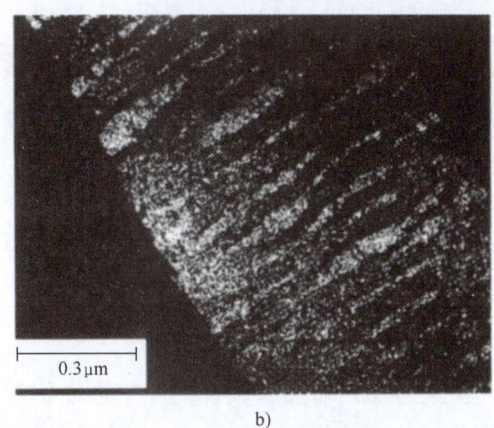

图 9-18　聚苯乙烯板中的银纹（SEM）
a）主应力方向（箭头所指）　b）放大照片

结晶态聚合物的脆性断裂过程与上述类似。

如果聚合物屈服后局部塑性变形方式为产生剪切形变带，当剪切形变带穿越过试样时，材料就产生韧性剪切断裂。

三、韧性与增韧

聚合物的冲击韧性用冲击强度评定，表征材料在冲击载荷作用下抵抗断裂的能力，或指材料在冲击载荷作用下吸收断裂功的能力。测量聚合物冲击强度常用的试验方法也是摆锤式冲击试验，又分简支梁冲击试验方法（类似金属夏比冲击试验）和悬臂梁冲击试验方法（类似金属艾氏冲击试验），适用于测定硬质塑料的冲击强度。硬质橡胶的冲击强度也用简支梁摆锤冲击试验方法测定，但其冲击强度是指硬质橡胶折断时所消耗的能量。

不同试验方法测得的冲击强度，其单位不同。按我国国家标准，用简支梁冲击试验方法[一]或悬臂梁冲击试验方法[二]测得的冲击强度，无论试样有无缺口，单位均为 kJ/m^2。对无缺口试样，冲击强度值为试样在冲击破坏时所吸收的能量与试样原始横截面积之比；对有缺口试样，冲击强度值为试样在冲击破坏时所吸收的能量与试样缺口处原始横截面积之比。美国材料试验学会（ASTM）规定，悬臂梁冲击试验测得的冲击强度单位为 kJ/m，指单位长度缺口的冲击能量。表 9-5 为几种常用聚合物的冲击强度值。硬质橡胶冲击强度单位为 kJ/m^3。[三]

影响非晶态聚合物强度的内部结构因素也影响其韧性。例如，极性基团过密，阻碍高分子链段活动性，降低韧性，氢键影响也如此；主链刚性过大，材料变脆；交联密度过高，不仅降低强度，也降低韧性。分子链取向对非晶态聚合物的韧性有强烈影响，如取向的聚苯乙烯，在取向方向上韧性可以提高数倍，但垂直于冲击方向上，冲击强度降低。

[一]　GB/T 1043.1—2008《塑料　简支梁冲击性能的测定　第 1 部分：非仪器化冲击试验》。
[二]　GB/T 1843—2008《塑料　悬臂梁冲击强度的测定》。
[三]　HG/T 3845—2008《硬质橡胶　冲击强度的测定》。

表 9-5　几种常用聚合物的冲击强度值

材　料	冲击强度/J·m⁻¹	材　料	冲击强度/J·m⁻¹
聚乙烯（低密度）	不断	聚甲基丙烯酸甲酯	16~32
聚乙烯（高密度）	21~214	酚醛树脂	13~214
聚氯乙烯	21~107	尼龙66	43~112
聚四氟乙烯	约160	聚酯	12~35
聚丙烯（等规）	21~53	聚碳酸酯	约854
聚苯乙烯	19~24		

已经述及，非晶态聚合物易于形成银纹，银纹形成能增加聚合物的韧性，这是发展聚合物增韧技术的理论基础之一。聚合物增韧最典型的例子就是橡胶增韧聚苯乙烯。在聚苯乙烯中加入5%~15%体积分数橡胶（如聚丁二烯）粒子（直径约为1μm），可使聚苯乙烯艾氏缺口冲击强度值由1.0J/cm增至4.5J/cm，获得高抗冲击聚苯乙烯（HIPS）塑料。

弹性橡胶质点增韧聚合物的原因是：在基体与质点界面上形成大量银纹。弹性质点正是产生大量银纹的应力集中源。银纹形成显示的局部塑性变形除已述及的使应力松弛外，还因消耗塑性变形功，提供了附加韧性，有利于抑制裂纹扩展，延缓断裂发生。

聚氯乙烯也可以用橡胶质点增韧，但其韧性提高是因形成剪切形变带消耗塑性变形功所致。

四、摩擦与磨损

聚合物具有独特的摩擦特性和磨损规律。工程上聚合物作为摩擦副材料：优点是摩擦因数比较低；加入填充剂以后，耐磨性显著提高，可以代替金属材料制作某些服役条件下的轴承、齿轮等易磨损件。

在干摩擦条件下，当滑动速度较低时，聚合物与金属材料的摩擦和界面上黏着及剪切强度有关。由于聚合物与金属材料在组成与化学结构上存在巨大差异，所以聚合物与金属材料间的黏着和金属材料之间的黏着有本质区别：前者的黏着由范德华力造成，黏着力较小；后者的黏着与金属键合有关。因此，聚合物的摩擦主要取决于黏着点的剪切强度。聚合物剪切强度约为金属材料剪切强度的1/100，当摩擦副滑动时，剪切总是发生在界面上或聚合物一侧表层内。聚合物与金属材料相比，除剪切强度很低外，其表面能也很低（表9-6）。因此，聚合物的摩擦因数比金属材料低得多。

表 9-6　几种材料的表面能

材　料	表面能/10³J·m⁻²	材　料	表面能/10³J·m⁻²
聚四氟乙烯	22	聚氯乙烯	36.5
高密度聚乙烯	24	尼龙66	36.9
聚丙烯	26	聚甲基丙烯酸甲酯	38.3
聚苯乙烯	28.9	银	920
聚苯乙烯（无规）	36	铜	1100

由于摩擦热对聚合物的性能有影响，因此，温度、载荷、滑动速度、环境和接触面精度等均对聚合物摩擦特性有影响。图 9-19 所示为温度对几种聚合物摩擦因数的影响试验结果。由图可见，尼龙 66 随温度升高，摩擦因数增加最显著；聚四氟乙烯摩擦因数小而且几乎不受温度的影响；高密度聚乙烯的摩擦因数也比较小。

载荷和滑动速度也影响聚合物的摩擦因数。在一定范围内聚合物的摩擦因数随载荷增大缓慢下降。室温下，在中、低速度范围内，聚合物摩擦因数随滑动速度增加而增大，达到最大值后又随速度增加而降低。

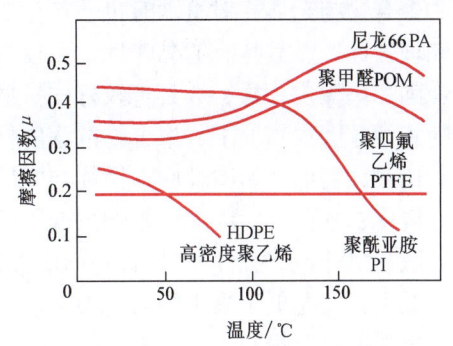

图 9-19 温度对几种聚合物摩擦因数的影响

塑料是加入各种添加剂的聚合物。大多数液体对塑料具有润滑减摩作用。在聚合物中加入二硫化钼、石墨、聚四氟乙烯作为润滑填料，同样可起到减摩作用，提高其耐磨性。在某些情况下，塑料对塑料的摩擦因数比金属对塑料的摩擦因数低，例如聚四氟乙烯对聚四氟乙烯的摩擦因数，几乎是所有固体摩擦副中最低的。需要注意的是，塑料的热膨胀系数约比金属大 10 倍，因此，在塑料轴承与钢座配合时，应视具体服役条件仔细考虑合适的转动间隙，以避免塑料轴承的非正常失效。

橡胶是高弹性材料，与其他聚合物（如塑料）不同，摩擦因数相当大，其摩擦力主要取决于材料的内耗。橡胶材料内耗越大，其摩擦力越大。用内耗高的橡胶材料制作汽车轮胎，行车安全，但能耗增加，且橡胶易老化。

如同金属材料一样，聚合物的磨损机理也有黏着磨损、磨粒磨损和疲劳磨损（在滚动接触条件下类似于金属的接触疲劳）等几种类型。在实际服役条件下，聚合物的磨损常常是几种磨损综合损伤的结果。

聚合物与金属材料滑动接触时，在低滑动速度和高载荷下，部分聚合物材料会转移黏附于金属表面，并形成聚合物薄层，使聚合物与金属相对滑动转变为聚合物之间的滑动，摩擦因数下降，聚合物本体产生黏着磨损。聚合物与金属材料之间的黏着磨损比金属材料之间的黏着磨损小得多（表 9-7）。

表 9-7 滑块在转盘上的黏着磨损

摩擦副材料（在空气中）	摩擦因数	磨损系数[1]
金—金	2.5	10^{-1}
黄铜—淬火钢	0.3	10^{-3}
聚四氟乙烯—淬火钢	0.15	2×10^{-5}
高密度聚乙烯—淬火钢	0.5	10^{-7}

[1] 见公式（7-7）中系数 K。

两种聚合物组成的摩擦副相对滑动时也会产生类似过程，黏附时由表面能较低的聚合物转移黏附到表面能较高的聚合物上。

聚合物与金属相对滑动时也会产生磨粒磨损。由于聚合物对磨粒有较好的适应性、就范性和埋嵌性，及其特有的黏弹性，可使接触表面产生变形而不是切削犁沟损伤，如同用细锉刀锉削一块橡皮一样，故具有较好的抗磨粒磨损能力，但聚四氟乙烯磨粒磨损抗力较低。在凿削式磨粒磨损情况下，聚合物的耐磨性比较差，不及普通钢的耐磨性能好；而且聚合物相互对比时，它们的耐磨粒磨损性能与它们的硬度之间没有什么关系。

温度、载荷、滑动速度影响聚合物的摩擦学特性，自然也影响其磨损性能。

图 9-20 所示为温度对聚合物耐磨性能影响的试验结果。由图可见，聚四氟乙烯滑动磨损率最大；尼龙低于聚甲醛的磨损率居中；聚酰亚胺的磨损率次之；高密度聚乙烯的磨损率在一定温度以下最小。

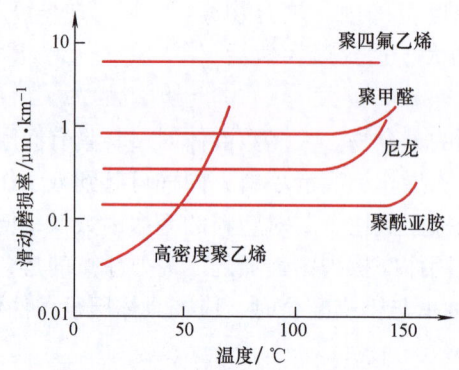

图 9-20　几种聚合物滑动磨损率与温度的关系
（钢的硬度 54HRC，载荷 10MPa）

聚四氟乙烯和尼龙是应用广泛的摩擦副材料。由图 9-19、图 9-20 可见，聚四氟乙烯适用于在较宽温度范围内要求摩擦因数小而耐磨性要求不高的场合。尼龙则适用于在室温下要求耐磨性好、摩擦因数要求不高的场合。

聚合物的磨损率在载荷一定时随滑动速度提高而增大；在滑动速度一定时，增加载荷，聚合物的磨损率也增大。

第六节　聚合物的疲劳强度

聚合物的疲劳强度低于金属。 多数聚合物的疲劳强度为其拉伸强度的 0.2～0.3。但聚甲醛的疲劳强度与拉伸强度的比值为 0.4～0.5，其拉压疲劳强度达到 35MPa，是热塑性塑料中耐疲劳性能最好的。聚碳酸酯、聚砜等材料疲劳强度与拉伸强度的比值仅为 0.1～0.2。聚合物的疲劳强度随相对分子质量增大而提高，随结晶度增加而降低。

聚合物及工程塑料的疲劳强度数据比较少。图 9-21 所示为几种聚合物在室温下的疲劳性能曲线，其疲劳极限值在 7～40MPa 范围内，某些聚合物（如环氧树脂、尼龙）的 $S-N$ 疲劳曲线无水平部分。

聚合物在拉伸和压缩交变载荷作用下产生的滞后效应将使聚合物变热。不同的聚合物在疲劳载荷作用下，温度升高的程度差别很大。例如，聚苯乙烯在 28Hz 的频率下，疲劳试验发热并不严重；而聚乙烯在此相同频率下试验很快软化而熔融。聚乙烯即使在 2Hz 频率下进行疲劳试验，在通常的应力水平下，其温度也将升高5℃以上。因此，聚合物的疲劳破坏过程有两种方式，即：①因大范围滞后能累加产生的热量使其软化，丧失承载能力，呈热疲劳破坏（它与金属热疲劳破坏是有区别的），黏性流动是热疲劳破坏的主要原因；②在疲劳载荷作用下裂纹萌生、扩展引起的机械疲劳断裂。

聚合物的热疲劳通常是在较高应力水平和试验频率条件下，因产生的热量难以散失所引起的，因此，限制外加应力，降低试验频率，允许周期地停歇或冷却试样，以及增加试样表面积对体积的比值，均可抑制热疲劳破坏。

聚合物产生机械疲劳时，虽然在其裂纹尖端塑性区也有应变滞后导致的发热现象，但由于这个热源区很小，热量向周围材料散失，因而温度升高有限，且仅局限在裂纹尖端附近。所以，机械疲劳主要是裂纹萌生和扩展所致的机械破坏。

前已述及，**银纹是聚合物的特殊塑性变形方式**。在循环载荷作用下，银纹仍然是聚合物最普遍的塑性变形方式之一，而且它往往是控制聚合物疲劳裂纹萌生和亚临界扩展的重要因素。**银纹实际上起着与金属材料中驻留滑移带相似的作用**。

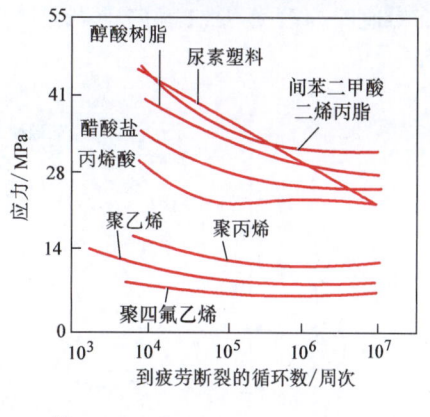

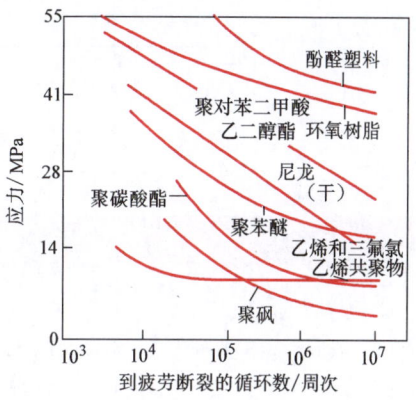

图 9-21 几种聚合物的室温疲劳性能曲线

研究表明，聚合物疲劳裂纹扩展速率同样取决于应力强度因子范围 ΔK，与金属疲劳裂纹扩展一样也可用 Paris 公式来描述。图 9-22 所示即为几种聚合物的 $\lg \frac{da}{dN}$ - $\lg \Delta K$ 关系曲线，图中只有直线段一个区段，但有些聚合物的 $\lg \frac{da}{dN}$ - $\lg \Delta K$ 曲线也呈现由三个不同区段组成的 "S" 形，与金属材料相同。金属材料 Paris 公式中指数 $n = 2 \sim 4$，而对聚合物 $n = 4 \sim 20$。可见，在相同的 ΔK 下，聚合物的 $\frac{da}{dN}$ 较大，其抗疲劳裂纹扩展能力较金属低。

聚合物疲劳断口也有特殊的形貌。在高 ΔK 水平下，$\frac{da}{dN}$ 超过 5×10^{-4} mm/次，断口上也出现疲劳条带，与金属材料中看到的相似，相邻条带之间的间距与疲劳裂纹宏观扩展速率有很好的对应关系。但在较低 ΔK 水平下，许多聚合物断口上出现不连续扩展增长带（DGB），其形态与条带类似，也垂直于疲劳裂纹扩展方向，但其间距远大于 $\frac{da}{dN}$。这表明，疲劳裂纹不是每个循环都向前扩展，而是经过几十或几百次循环后才向前跃迁一次。聚合物中疲劳裂纹不连续扩展是裂纹尖端银纹化所致，其模型如图 9-23 所示。在循环加载过程中，由于疲劳损伤累积，使裂纹尖端的银纹最大张开位移逐渐加大，当银纹最大张开位移达到临界值时,疲劳裂纹就向前跃迁一次;继续循环加载将形成新的银纹,并重复上述过程。

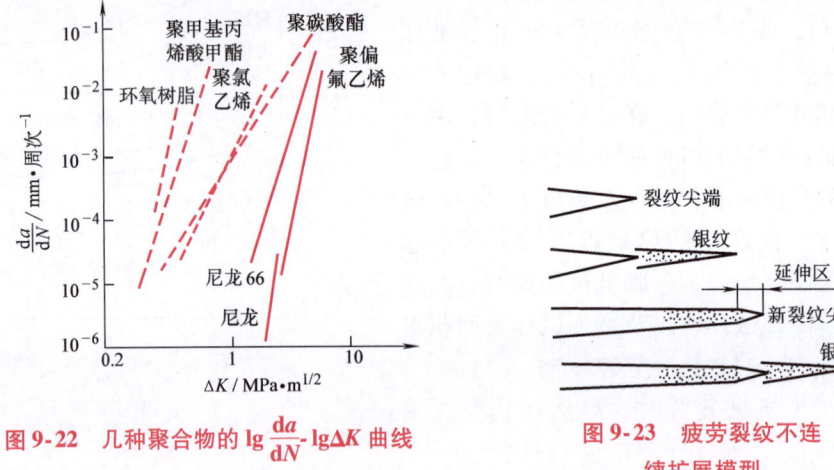

图 9-22　几种聚合物的 $\lg \dfrac{\mathrm{d}a}{\mathrm{d}N}$-$\lg \Delta K$ 曲线

图 9-23　疲劳裂纹不连续扩展模型

思考题与习题

1. 解释下列名词:
(1) 玻璃态;(2) 高弹态;(3) 黏流态;(4) 受迫高弹性;(5) 冷拉伸;(6) 黏性;(7) 黏性变形;(8) 黏弹性;(9) 银纹;(10) 冲击强度。
2. 试述聚合物材料的结构特征与性能特点。
3. 线型非晶态聚合物力学性能三态是什么?各有何特点?
4. 试述非晶态聚合物和结晶态聚合物拉伸应力-应变曲线的区别。
5. 试述聚合物冷拉伸形变过程,并讨论其在工程上的应用。
6. 聚合物为什么会产生黏弹性?
7. 如何评定聚合物的蠕变性能?
8. 试述银纹和裂纹的区别。
9. 试讨论聚合物增韧技术及其理论基础。
10. 分析聚合物摩擦磨损特性及其工程意义。

第十章 陶瓷材料的力学性能

陶瓷在人类生活和社会建设中是不可缺少的材料，它和金属材料、高分子材料并列为当代三大固体材料之一。它们之间的主要区别在于化学键不同，因而在性能上存在很大差异。传统的陶瓷制品是以天然黏土为原料，通过混料、成形、烧结而成，其性能特点是强度低而脆。本章主要讨论新型工程结构陶瓷（以下简称工程陶瓷[一]）材料的力学性能。**工程陶瓷是采用高纯、超细的人工合成材料，精确控制其化学组成，经过特殊工艺加工而得到的结构精细、力学性能和热学性质优良的陶瓷材料。** 常用的工程陶瓷材料有氮化硅、碳化硅、氧化铝和氧化锆增韧陶瓷（ZTC）。工程陶瓷的力学性能特点是耐高温、硬度高、弹性模量高、耐磨、耐蚀、抗蠕变性能好。在金属和聚合物因腐蚀和软化而不能使用的服役条件下，工程陶瓷材料充分显示出其性能的优越性。例如，航天飞机顶首部和高温燃烧室内壁温度均在1500℃以上，核电站需要能耐2000℃高温的耐热材料，但目前高温耐热合金的极限温度只有1100℃，能胜任上述服役条件的材料只有高温结构陶瓷。在发动机上使用高性能工程陶瓷材料，除具有优良的耐磨损、耐腐蚀性能外，还由于这种材料的耐温能力从900℃提高到1200~1300℃，且无需冷却系统，可使热效率从过去的30%提高到50%左右，发动机重量减轻20%，耗油量降低30%以上。由此可见，工程陶瓷材料较好地适应了近代科学技术发展的需要，具有广阔的应用前景。目前在机械、冶金、化工、纺织等行业中，用工程陶瓷材料制作耐高温、耐磨损、耐腐蚀的零部件越来越多。

工程陶瓷材料的塑性、韧性值比金属材料低得多，对缺陷很敏感，强度可靠性较差，常用韦伯模数表征其强度均匀性。工程陶瓷材料的制备技术、气孔、夹杂物、晶界、晶粒结构均匀性等因素对其力学性能有显著影响，因此，在讨论工程陶瓷的力学性能前，应首先了解这种材料的组成和结构特点。

- 陶瓷材料的结构
- 陶瓷材料的变形与断裂
- 陶瓷材料的强度
- 陶瓷材料的硬度与耐磨性
- 陶瓷材料的断裂韧度与增韧
- 陶瓷材料的疲劳
- 陶瓷材料的抗热震性

[一] GB/T 6569—2006《精细陶瓷弯曲强度试验方法》中将"工程陶瓷"修改为"精细陶瓷"。

第一节 陶瓷材料的结构

一、陶瓷材料的组成与结合键

陶瓷材料通常是金属与非金属元素组成的化合物。当含有一个以上的化合物时,其晶体结构可能变得很复杂。陶瓷晶体是以离子键和共价键为主要结合键,一般为两种或两种以上不同键合的混合形式(表10-1)。离子键和共价键是强固的结合键,故陶瓷材料具有高熔点、高硬度、耐腐蚀和无塑性等特性。陶瓷材料可以通过晶体结构的晶型变化改变其性能,如氮化硼陶瓷,其六方结构为软而松散的绝缘材料,但呈立方结构时却是著名的超硬材料。

二、陶瓷材料的显微结构

表10-1 陶瓷材料离子键与共价键的混合比

化合物	LiF	MgO	Al_2O_3	SiO_2	Si_3N_4	SiC	Si
负电性差	3.0	2.3	2.0	1.7	1.2	0.7	0
离子键(%)	89	73	63	51	30	11	0
共价键(%)	11	27	37	49	70	89	100

陶瓷材料一般为多晶体,其显微结构包括相及相分布、晶粒尺寸和形状、气孔大小和分布、杂质缺陷及晶界等。陶瓷材料由晶相、玻璃相和气相组成。晶相是陶瓷的主要组成相,决定陶瓷材料的物理、化学性能;玻璃相是非晶态低熔点固体相,起粘接晶相、填充气孔、降低烧成温度等作用;气相或气孔是陶瓷在制备过程中不可避免地残存下来的。气孔率增大,陶瓷材料的致密度降低,强度及硬度下降。若玻璃相分布于主晶相界面,在高温下陶瓷材料的强度下降,且易于产生塑性变形。对陶瓷烧结体进行热处理,使晶界玻璃相重结晶或进入晶相成为固溶体材料,可显著提高陶瓷材料的高温强度。因此,晶界的组成、形态和结构,对工程陶瓷材料的性能有显著影响。

第二节 陶瓷材料的变形与断裂

一、陶瓷材料的弹性变形

绝大多数陶瓷材料在室温下拉伸或弯曲,均不产生塑性变形,呈脆性断裂特征(图10-1)。陶瓷材料与金属材料相比,其弹性变形具有如下特点:

1)弹性模量大(见表10-2),这是由其共价键和离子键的键合结构所决定的。共价键具有方向性,使晶体具有较高的抗晶格畸变、阻碍位错运动的能力。离子键晶体结构的键方向性虽不明显,但滑移系受原子密排面与原子密排方向的限制,还受静电作用力的限制,其实

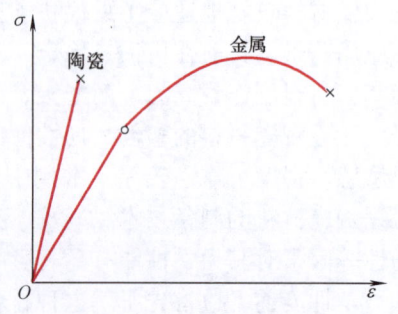

图10-1 陶瓷材料与金属材料的拉伸应力-应变曲线

际可动滑移系较少。此外，陶瓷材料都是多元化合物，晶体结构较复杂，点阵常数较金属晶体大，因而陶瓷材料的弹性模量较高。

表 10-2　几种陶瓷材料与金属材料的弹性模量值（室温）　　（单位：MPa）

氧化铝	3.8×10^5	碳化硅（气孔率5%）	4.7×10^5
95%氧化铝陶瓷	3.0×10^5	石英玻璃	0.73×10^5
尖晶石	2.4×10^5	碳素钢	$(2.0 \sim 2.2) \times 10^5$
氧化镁	2.1×10^5	铜	$(1.0 \sim 1.2) \times 10^5$
氧化锆	1.9×10^5	铝	$(0.6 \sim 0.75) \times 10^5$

2）陶瓷材料的弹性模量不仅与结合键有关，还与其组成相的种类、分布比例及气孔率有关。因此，陶瓷的成型与烧结工艺对其弹性模量有重大影响，气孔率较小时，弹性模量随气孔率增加呈线性降低。

3）通常，陶瓷材料的压缩弹性模量高于拉伸弹性模量，如图 10-2 所示。由图可见，陶瓷在压缩加载时，其 σ-ε 曲线斜率比拉伸时的大，此与陶瓷材料复杂的显微结构和不均匀性有关。从该图中还可看出，陶瓷材料的压缩强度值比其拉伸强度值大得多。在工程应用中，选用陶瓷材料时要充分注意这一特点。

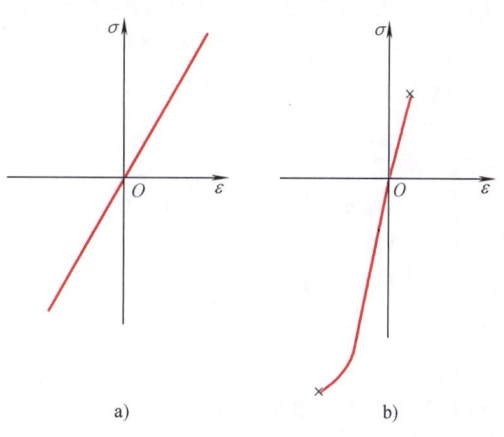

图 10-2　金属材料与陶瓷材料的 σ-ε 曲线弹性部分
a) 金属　b) 陶瓷

二、陶瓷材料的塑性变形

室温下，绝大多数陶瓷材料均不产生塑性变形。单晶 MgO 陶瓷因以离子键为主（见表 10-1），在室温下可经受高度弯曲而不断裂。这是极个别的特例。在1000℃以上高温条件下，大多数陶瓷材料会出现主滑移系运动引起的塑性变形。

近年的研究表明，当陶瓷材料具有下述条件时，在高温下还可显示超塑性。这些条件是：晶粒细小（尺寸小于 $1\mu m$）；晶粒是等轴的；第二相弥散分布，能抑制高温下基体晶粒生长；晶粒间存在液相或非晶相。典型的具有超塑性的陶瓷材料是用化学共沉淀方法制备的含 Y_2O_3 的 ZrO_2 粉体，成型后在1250℃左右烧结，可获得理论密度98%左右的烧结体。这种陶瓷在1250℃、$3.5 \times 10^{-2} s^{-1}$ 应变速率下，最大应变量可达400%。陶瓷材料的超塑性是微晶超塑性，与晶界滑动或晶界液相流动有关；与金属一样，陶瓷材料的超塑性流动也是扩散控制过程。

利用陶瓷超塑性，可以对陶瓷材料进行超塑性加工，提高烧结体的尺寸精度和表面质量，甚至可以对 Y-TZP 陶瓷反挤压成型，制造中空的活塞环和阀门。超塑性加工还可用于扩散焊接，超塑性成型与焊接结合是一种新的复合加工方法。

三、陶瓷材料的断裂

陶瓷材料的断裂过程都是以其内部或表面存在的缺陷为起点而发生的。晶粒和气孔

（及杂质）尺寸在决定陶瓷材料强度方面与裂纹尺寸有等效作用。缺陷的存在是概率性的。当内部缺陷成为断裂原因时，随试样体积增加，缺陷存在的概率增加，材料强度下降；表面缺陷成为断裂源时，随表面积增加，缺陷存在概率也增加，材料强度也下降。陶瓷材料断裂概率可以最弱环节理论为基础，按韦伯分布函数考虑。韦伯分布函数表示材料断裂概率的一般公式为

$$F(\sigma) = 1 - \exp\left[-\int_V \left(\frac{\sigma - \sigma_u}{\sigma_0}\right)^m dV\right] \qquad (10\text{-}1)$$

式中　$F(\sigma)$——断裂概率，体积 V 的函数；

　　　m——韦伯模数；

　　　V——体积；

　　　σ_0——特征应力，在该应力下断裂概率为 0.632；

　　　σ_u——相当于最小断裂强度，当施加应力小于该值时，断裂概率为零。对陶瓷材料，常令 $\sigma_u = 0$。

于是，式（10-1）变为下式

$$F(\sigma) = 1 - \exp\left[-\left(\frac{\sigma}{\sigma_0}\right)^m \int_V \left(\frac{\sigma'}{\sigma}\right)^m dV\right] \qquad (10\text{-}2)$$

σ' 与 σ 是试样内各部位的应力及它们的最大值。

可以认为，同一组陶瓷材料试样，其韦伯模数是固定值。陶瓷材料在考虑其平均强度同时，用韦伯模数 m 度量其强度均匀性。m 值大，材料强度分布窄，即分散性小；反之，m 值小，材料强度分散性大。优质工程陶瓷典型 m' 值为 10，高可靠性 Si_3N_4 陶瓷的 m 值甚至超过 20。当两种陶瓷材料平均强度相同时，在一定断裂应力下，m 值大的材料比 m 值小的材料发生断裂的概率要小。

解理是陶瓷材料的主要断裂机理，而且很容易从穿晶解理转变成沿晶断裂。陶瓷材料的断裂是以各种缺陷为裂纹源，在一定拉伸应力作用下，其最薄弱环节处的微小裂纹扩展，当裂纹尺寸达到临界值时陶瓷瞬时脆断。

第三节　陶瓷材料的强度

如同金属材料一样，强度是工程陶瓷最基本的性能。大量试验结果表明，陶瓷的实际强度比其理论值小 1~2 个数量级，只有晶须和纤维的实际强度才较接近理论值（见表 10-3）。

表 10-3　陶瓷材料的断裂强度

材　料	理论值 σ_c/MPa	测定值 σ_c'/MPa	σ_c/σ_c'
Al_2O_3 晶须	50000	15400	3.3
铁晶须	30000	13000	2.3
奥氏体型钢	20480	3200	6.4
高碳钢琴丝	14000	2500	5.6

（续）

材　料	理论值 σ_c/MPa	测定值 σ_c' [1]/MPa	σ_c/σ_c'
硼	34800	2400	14.5
玻璃	6930	105	66.0
Al_2O_3（蓝宝石）	50000	644	77.6
BeO	35700	238	150.0
MgO	24500	301	81.4
Si_3N_4（热压）	38500	1000	38.5
SiC（热压）	49000	950	51.5
Si_3N_4（反应烧结）	38500	295	130.5
AlN（热压）	28000	600～1000	46.7～28.0

① 弯曲强度。

一、弯曲强度

弯曲试验是评定工程陶瓷材料强度的主要试验方法。国家标准规定，可以采用三点弯曲或四点弯曲试验方法。试样尺寸如图10-3所示，长度 $L_T \geq 35mm$ 或 $\geq 45mm$，宽度为 b，高度为 h，跨距 $L = 30mm \pm 0.1mm$ 或 $40mm \pm 0.1mm$，$l = 10mm \pm 0.5mm$，加载压头 $R_1 = 2.0～5.0mm$，$R_2 = 2.0～3.0mm$。常用的试样截面尺寸为 $b \times h = 4mm \times 3mm$。

弯曲试验时，以 $0.5mm/min$ 的位移速率加载，求出最大断裂载荷，再按下式计算弯曲强度[⊖]：

三点弯曲

$$\sigma_{f,3} = \frac{3}{2} \frac{FL}{bh^2} \quad (10-3)$$

四点弯曲

$$\sigma_{f,4} = \frac{3}{2} \frac{F(L-l)}{bh^2} \quad (10-4)$$

式中　$\sigma_{f,3}$——三点弯曲强度；
　　　$\sigma_{f,4}$——四点弯曲强度；
　　　F——试样断裂时的最大载荷；

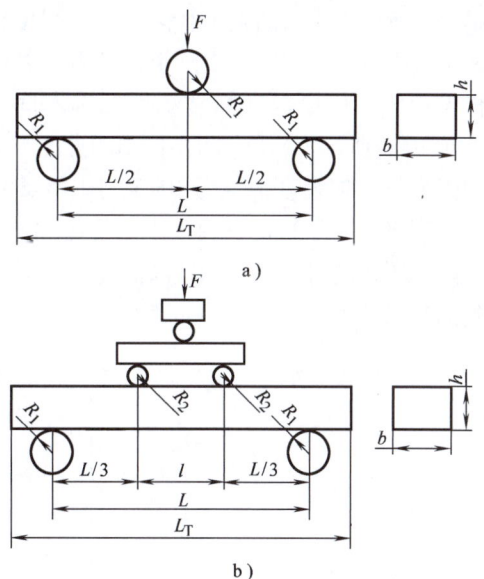

图10-3　工程陶瓷弯曲试样
a）三点弯曲　b）四点弯曲

⊖ GB/T 6569—2006《精细陶瓷弯曲强度试验方法》规定：弯曲强度测试结果用 $\sigma_{(N,L)}$ 表示，下标表示试验方法（$N = 4$ 或 3 点弯曲，$L = 40mm$ 或 $30mm$）。如 $\sigma_{(4,40)} = 537MPa$ 表示用四点弯曲、跨距为 $40mm$ 测得试样平均弯曲强度为 $537MPa$；$\sigma_{(3,30)} = 580MPa$ 表示用三点弯曲、跨距为 $30mm$ 测得试样平均弯曲强度为 $580MPa$。

L——试样支座间距离；
l——压头间距离；
b——试样宽度；
h——试样高度。

四点弯曲试验的最大弯矩范围较宽，其应力状态接近实际零件的服役状态，故较为实用。由于四点弯曲试样工作部分缺陷存在的概率较大，因而同一材料的四点弯曲强度比三点弯曲强度低。材料的韦伯模数越小时，$\sigma_{f,3}$ 与 $\sigma_{f,4}$ 的差值越大。

二、拉伸强度

设计陶瓷零件时常用其拉伸强度值作为判据。陶瓷材料由于脆性大，在拉伸试验时易在夹持部位断裂，加之夹具与试样轴心不一致产生附加弯矩，因而往往测不出陶瓷材料真正的拉伸强度。为保证正确进行陶瓷材料的拉伸试验，需要在试样及夹头设计方面做许多工作，如在平行夹头中加橡胶垫固定薄片状试样，可防止试样在夹持部位断裂，并利用试样的弹性变形减少附加弯矩。

由于测定陶瓷材料拉伸强度在技术上有一定难度，所以常用弯曲强度代之，弯曲强度比拉伸强度高20%～40%。实际上，两者之差随试样尺寸、韦伯模数和断裂源位置等不同而异。图10-4所示为 Si_3N_4 陶瓷在不同温度下的弯曲强度与拉伸强度值，图10-5、图10-6所示为纯度99% Al_2O_3 的弯曲强度、反应烧结SiC的拉伸强度随温度变化的曲线。由这些图可见，工程陶瓷的强度可以保持到较高温度而不下降。但温度继续升高，由于晶界玻璃相软化，工程陶瓷的高温强度下降。各种陶瓷在高温下，强度开始降低的温度和强度降低的速度不同。

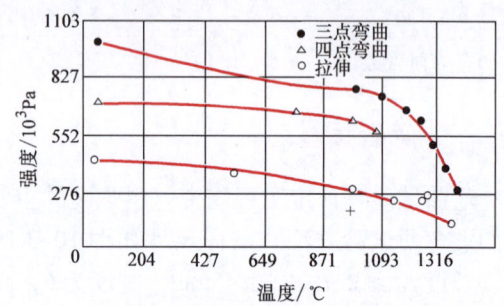

图10-4 Si_3N_4 陶瓷的弯曲强度与拉伸强度比较

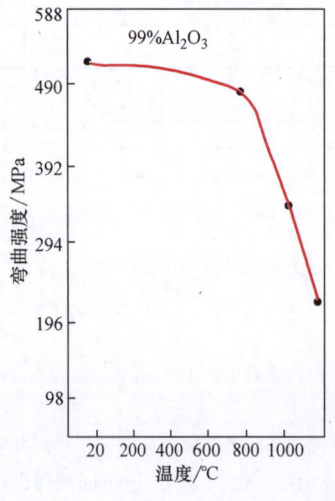

图10-5 99% Al_2O_3 弯曲强度与温度的关系

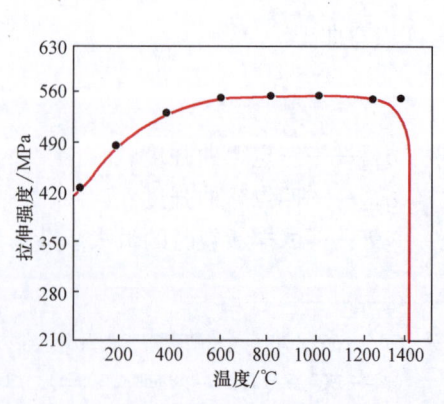

图10-6 反应烧结SiC拉伸强度与温度的关系

三、压缩强度

由表 10-4 可见,陶瓷材料的压缩强度远大于其拉伸强度,两者相差 10 倍左右。陶瓷材料拉伸强度与压缩强度显著不同是由于在两种受载条件下裂纹扩展行为不同所致。拉伸时,陶瓷材料中的缺陷作为裂纹源快速扩展导致断裂;压缩时,裂纹缓慢扩展并相互连接,最终导致压碎。根据这种特性,陶瓷材料特别适于制造在软性应力状态(如单向压缩或多向压缩)承载条件下服役的零件。压缩试样尺寸为直径 5mm ± 0.1mm、高度为 12.5mm ± 0.1mm,两端面磨成平面并互相平行。

表 10-4 某些材料的拉伸强度和压缩强度

材料	拉伸强度/MPa	压缩强度/MPa	拉伸强度/压缩强度
铸铁 FC10[①]	100~150	400~600	1/4
铸铁 FC25[①]	250~300	850~1000	1/3.3~1/3.4
化工陶瓷	30~40	250~400	1/8.3~1/10
透明石英玻璃	50	200	1/40
多铝红柱石	125	1350	1/10.8
烧结尖晶石	134	1900	1/14
99% 烧结氧化铝	265	2990	1/11.3
烧结 B_4C	300	3000	1/10

① FC10、FC25 为日本牌号,分别相当于我国的 HT100 和 HT250。

第四节 陶瓷材料的硬度与耐磨性

一、陶瓷材料的硬度

工程陶瓷材料硬度高是其优点之一,常用洛氏硬度 HRA、HR45N 和维氏硬度 HV 或努氏硬度 HK 表示。表 10-5 所列为常用工程陶瓷的硬度值。在测量陶瓷材料的维氏或努氏硬度时,试样表面必须研抛至镜面,表面粗糙度值在 0.1μm 以下。

表 10-5 工程陶瓷材料的硬度值

硬度 \ 材料	S-Al_2O_3	RB-Si_3N_4	S-Si_3N_4	HP-Si_3N_4	RB-SiC	HP-SiC
HRA	92	86	91	92	92	96
HR45N	87	74	85			92
HV (0.5)		1040	1460	1690	2300	2960
HV (1)		930	1390	1650	1980	2610
HK (0.5)		970	1360	1610	1930	2020
HK (1)		890	1210	1460	1630	1880

注:S—常压烧结;RB—反应烧结;HP—热压烧结。

二、陶瓷材料的耐磨性

工程陶瓷硬度高，所以其耐磨性也比较高。陶瓷材料用于耐磨材料还是 20 世纪 80 年代中期的事。陶瓷材料的耐磨性不仅远优于金属，而且在高温、腐蚀环境条件下更显示出其独特的优越性。最重要的耐磨陶瓷材料是 Al_2O_3、SiC、ZrO_2、Si_3N_4 和 Sialon（赛隆陶瓷）等。

（一）陶瓷材料的表面接触特性

与金属材料相同，陶瓷材料表面也存在局部微凸起，其外侧常有水蒸气或碳氢化合物形成的表面层，而在内侧则可能有变形层，它是陶瓷材料加工时形成的。陶瓷材料表面加工还可能产生显微裂纹或其他缺陷。陶瓷材料的表面状况影响其摩擦磨损行为。

陶瓷材料摩擦副接触受载时，真实接触面积上的局部应力一般仅引起弹性变形。这是由于陶瓷材料的硬度高，其 E/H 比值在 10～20 以下，如 Si_3N_4 陶瓷，$E=350GPa$，$H=19GPa$，$E/H=16$。而大多数金属（如 Al、Ni、Cu 等）E/H 通常为 200～300，退火碳钢则在 100 左右，所以陶瓷摩擦副主要是弹性接触。但是当陶瓷摩擦副相对滑动时，可以看到陶瓷摩擦表面有塑性流动的迹象，在接触点下方有微小塑性变形区；另外，由于陶瓷材料的高脆性，在接触载荷不大时（还未产生较大塑性变形），表面上及亚表面就可能产生微裂纹（图 10-7）。图 10-7 为陶瓷试样的截面图，图中示出了两类亚表面的裂纹。比较图 10-7 和图 7-11 可见，陶瓷材料在受锐角粒子冲击或接触受载相对滑动时，都可能产生相似的两类亚表面裂纹。这些微裂纹的形成和扩展对陶瓷材料磨损时材料流失有重要作用。

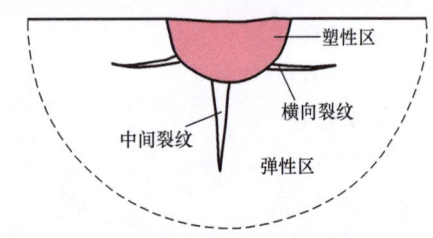

图 10-7 陶瓷材料亚表面微裂纹示意图

（二）陶瓷材料的摩擦磨损

陶瓷材料的摩擦学特性，与对摩件的材料种类和性能、摩擦条件、环境，以及陶瓷材料自身的性能和表面状态等诸多因素有关，需要系统地进行研究。试验表明，在空气中干滑动摩擦条件下，Si_3N_4、SiC、Al_2O_3 和 ZrO_2 陶瓷的摩擦因数 μ 值在 0.44～0.90 之间，这与在空气中被氧化的金属的摩擦因数值相近。在真空中，WC、TiC、Al_2O_3 等陶瓷摩擦副的摩擦因数比在空气中高。这可能是陶瓷-陶瓷摩擦界面上在空气中吸附水气，并发生反应，生成薄的软性润滑层所致。温度对陶瓷摩擦因数有重要影响。Al_2O_3 自相滑动摩擦时，随试验温度自室温升高到 400℃，μ 值由 0.25 升高到 0.8，表明潮湿空气有减摩作用。而多晶 SiC 自室温升高到 400℃，μ 值由 0.4 增加到 1.1 左右，并维持到 800℃；此后又随温度升高而下降（图 10-8），这可能与高温下 SiC 的石墨化有关。反应烧结的 Si_3N_4，在环境温度低于 600℃ 时 μ 值在 0.3 左右；而在真空及温度高于 600℃ 时，μ 值增高到 0.6～0.8。但常压烧结的 Si_3N_4，在室温空气中的 μ 值也高达 0.6～0.7。

陶瓷材料在滑动摩擦条件下的磨损过程不同于金

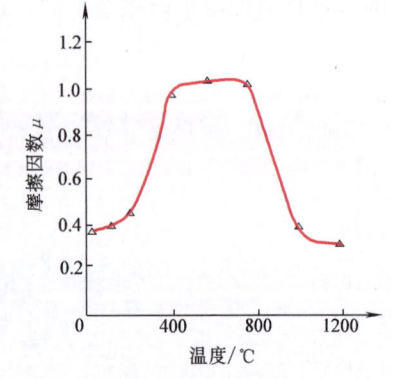

图 10-8 多晶 SiC 摩擦因数与温度的关系

属材料,其磨损机理主要是以微断裂方式导致的磨粒磨损。由图10-7中横向裂纹的形成,并扩展至表面或与其他裂纹相交,即导致陶瓷材料碎裂、剥落和流失。横向裂纹的形成是由于接触点下方在卸载时塑性区变形不可逆,导致弹-塑性边界上存在残留拉伸应力所致。陶瓷材料的冲蚀磨损、磨削加工都具有类似的材料流失和切除模型。试验发现,Al_2O_3等几种陶瓷材料在受凿削式磨粒磨损时,它们的相对耐磨性与硬度之间的关系和金属材料一样也是线性的;但直线斜率比纯金属的小得多,这也是陶瓷材料在摩擦力作用下易于出现裂纹所致。

陶瓷与陶瓷材料配对的摩擦副,其黏着倾向很小;金属与陶瓷的摩擦副比金属配对的摩擦副黏着作用也小。陶瓷材料这种优良的耐磨性能,使其在要求极小磨损率的机件上得到了广泛应用。

由于陶瓷材料对环境介质和气氛极为敏感,因此在特定条件下还可能形成摩擦化学磨损,这是陶瓷材料特有的磨损机理。这种磨损涉及表面、材料结构、热力学与化学共同作用的摩擦化学问题。例如,对非氧化物陶瓷Si_3N_4和SiC,水和湿度能有效地降低摩擦因数和磨损体积;而对氧化物陶瓷Al_2O_3和ZrO_2,水可能增加或降低摩擦因数和磨损体积,取决于试验条件。

第五节 陶瓷材料的断裂韧度与增韧

一、陶瓷材料的断裂韧度

工程陶瓷的断裂韧度值比金属的低1~2个数量级(见表10-6)。

表10-6 常用金属与陶瓷的室温屈服强度和断裂韧度

材料	性能	
	屈服强度/MPa	断裂韧度K_{1C}/MPa·m$^{1/2}$
碳钢	235	>210
马氏体时效钢	1670	93
高温合金	981	77
钛合金	1040	47
陶瓷HP-Si_3N_4	490	5.5~3.5
高韧性ZrO_2		7~10
Al_2O_3(热压)		3~5
烧结SiC		3~5
WC-Co硬质合金		12~16

目前国内外测定陶瓷材料断裂韧度的方法尚无统一标准。常用的方法有单边切口梁法、山形切口法、压痕法、双扭法和双悬臂梁法。本书只简要介绍前三种测定方法。

1. 单边切口梁法(Single Edge Notched Beam,SENB)

该法所用试样如图10-9所示。试样一侧的裂纹长度a,并非是预制裂纹尺寸,而是用薄片金刚石砂轮加工的切口(宽度小于0.2mm)深度。陶瓷试样厚度易满足平面应变条件。通常,截面尺寸$W×b=5mm×5mm$或$5mm×2.5mm$,切口深度a为试样厚度W的1/10、

1/4、1/2,三点弯曲跨距 $L = 20 \sim 40\text{mm}$,加载速率为 0.05mm/min。

当 $L/W = 4$ 时,应力强度因子 K_I 的表达式为

$$K_I = Y \frac{3FL}{2bW^2} \sqrt{a} \qquad (10\text{-}5)$$

式中 $Y = 1.93 - 3.07\left(\dfrac{a}{W}\right) + 13.66\left(\dfrac{a}{W}\right)^2 - 23.98\left(\dfrac{a}{W}\right)^3 + 25.22\left(\dfrac{a}{W}\right)^4$

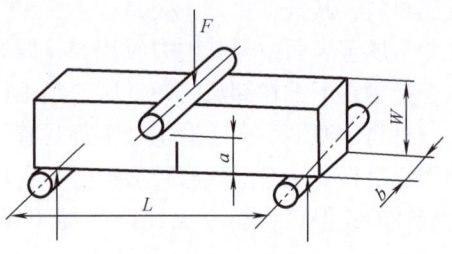

图 10-9 单边切口梁试样及加载方式

SENB 法适用于在高温和各种介质条件下测定 K_{IC}。优点是数据分散性小、重现性较好,试样加工和测定方法比较简单。这是目前广泛采用的一种方法。其缺点是测定的 K_{IC} 值受切口宽度影响较大,切口宽度增加,K_{IC} 增大,误差也随之增大。若能将切口宽度控制在 0.05 ~ 0.10mm 以下,或在切口顶端预制一定长度的裂纹,则可望提高 K_{IC} 值的准确性。

2. 山形切口法(Chevron Notch, CN)

因加载方式和试样形状不同,山形切口法又可分为山形切口梁法和短棒法(图 10-10)。

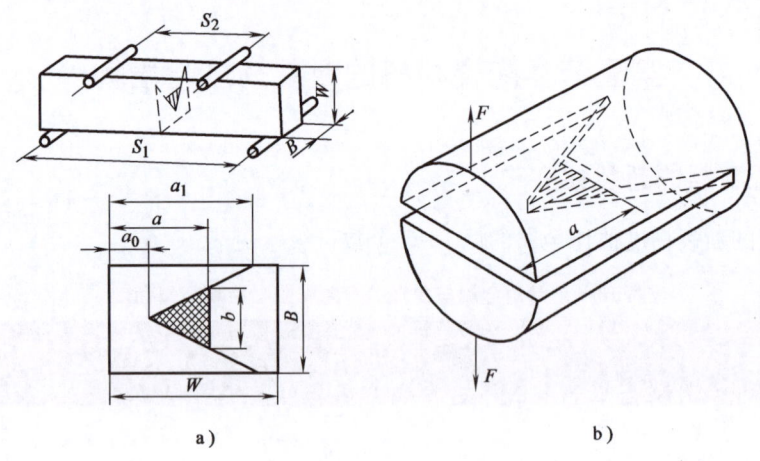

图 10-10 山形切口法试样
a) 山形切口梁法 b) 短棒法

陶瓷是脆性材料,弯曲或拉伸加载时,裂纹一旦产生,极易失稳断裂。山形切口法中切口剩余部分的截面为三角形,其顶点处存在应力集中,易在较低载荷下产生裂纹,故不需要预制裂纹。当试验参数恰当时,这种方法能产生裂纹稳定扩展,直至断裂。试验表明,山形切口法切口宽度对 K_{IC} 值影响较小,测定值误差较小,也适用于高温和在各种介质中测定 K_{IC} 值。山形切口法可靠简便,但试样加工困难,且需专用夹具。

3. 压痕法

这种方法是用维氏或显微硬度压头,压入抛光的陶瓷试样表面,在压痕对角线延长方向出现四条裂纹,测定裂纹长度,根据载荷与裂纹长度的关系,求得 K_{IC} 值。压入维氏硬度压头的载荷常用 29.4N,使压痕对角线裂纹长度在 $100\mu\text{m}$ 左右。裂纹为半椭圆形或半圆形。压痕法的优点是测试方便,可以用很小试样进行多点韧度测试,但此法只对能产生良好压痕

裂纹的材料才有效。由于裂纹的产生主要是残余应力的作用，而残余应力又起因于压痕周围塑性区与弹性基体不匹配。因此，这种方法不允许压头下部材料在加载过程中产生相变或体积致密化现象，同时压痕表面也不能有碎裂现象。

韧性好的金属陶瓷产生半椭圆形表面裂纹，K_{IC} 值按下列公式计算

$$\left(\frac{K_{IC}}{Ha^{1/2}}\right)\left(\frac{H}{E}\right)^{2/5} = 0.018\left(\frac{c}{a}\right)^{-1/2} \tag{10-6}$$

式中　a——压痕对角线半长；
　　　c——表面裂纹半长；
　　　H——硬度。

韧性差的陶瓷产生半圆形表面裂纹，K_{IC} 值按下式计算

$$\frac{K_{IC}}{Ha^{1/2}} = 0.203\left(\frac{c}{a}\right)^{-3/2} \tag{10-7}$$

压痕法通常用于对陶瓷材料韧度的相对评价，因压痕周围应力状态复杂，有可能出现 K_{II}、K_{III} 混杂的情况；此外，表面质量、加载速率、载荷保持时间、卸载后的测量时间等因素对裂纹长度均有影响，因此，测定 K_{IC} 值的误差较大。

二、陶瓷材料的增韧

工程陶瓷有一系列优异的性能，如优良的高温力学性能、耐磨、耐蚀、电绝缘性好等；但因这种材料在受外力作用断裂过程中，只有单一的增加新的断裂表面的表面能，没有其他消耗能量的渠道，因此其脆性大，应用受到限制。陶瓷材料的增韧一直是材料科学界研究的热点之一。

通常，金属材料强度提高，塑性往往下降，断裂韧度也随之降低。陶瓷材料强度与断裂韧度变化关系与金属材料相反，随陶瓷强度水平提高，其 K_{IC} 值也随之增大，所以陶瓷材料的增韧常常与增强联系在一起。

陶瓷增韧有多种途径，现简要介绍其中三种。

（1）**改善陶瓷显微结构**　改善陶瓷显微结构使材料达到细、密、匀、纯，是陶瓷材料增韧增强的有效途径之一。例如，用热压法制备 Si_3N_4 陶瓷，密度接近理论值，且晶粒细化，K_{IC} 值达到 7.05 MPa·m$^{1/2}$，断裂强度也显著增加。

晶粒形状也影响陶瓷的韧性。晶粒长宽比增大，K_{IC} 增加。图 10-11 所示为添加 Al_2O_3 的无压烧结 SiC 中 β-SiC 晶粒的平均长宽比与断裂韧度 K_{IC} 的关系。可见，当晶粒长宽比从 1.4 增加到 3.8 时，K_{IC} 值增加 2.6 倍。若晶粒为柱状晶，增韧效果更好。

（2）**相变增韧**　相变增韧是 ZrO_2 陶瓷的典型增韧机理，它是通过四方相转变成单斜相来实现的。

ZrO_2 陶瓷有三种晶型，从高温冷至室温时将发生如下转变：

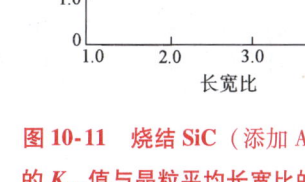

图 10-11　烧结 SiC（添加 Al_2O_3）的 K_{IC} 值与晶粒平均长宽比的关系

$$c\text{-}ZrO_2 \text{（立方相）} \underset{2370℃}{\rightleftharpoons} t\text{-}ZrO_2 \text{（四方相）} \underset{1170℃}{\rightleftharpoons} m\text{-}ZrO_2 \text{（单斜相）}$$

t-ZrO_2 转变为 m-ZrO_2 属于马氏体相变，相变时伴有4%~5%体积膨胀。在制备 ZrO_2 陶瓷时，若加入少量稳定剂，如 Y_2O_3、CaO、MgO、CeO 等，并且 ZrO_2 粒子尺寸达到一定大小，则可将 t-$ZrO_2 \rightarrow m$-ZrO_2 相变点 Ms 降到室温以下。在外力作用下，诱发亚稳 t-ZrO_2 转变为 m-ZrO_2，消耗一部分外加能量，使材料增韧。例如，热压烧结含钇四方氧化锆多晶体（Y-TZP），K_{IC} 可达 15.3MPa·m$^{1/2}$；氧化锆增韧氧化铝陶瓷（ZTA），K_{IC} 可达 15MPa·m$^{1/2}$；热压烧结 Si_3N_4，当其中 ZrO_2 含量为体积分数 20%~25% 时，K_{IC} 值提高到 8.5MPa·m$^{1/2}$。

相变增韧受使用温度限制，当温度超过800℃时，t-ZrO_2 由亚稳态变成稳定态，t-$ZrO_2 \rightarrow m$-ZrO_2 相变不再发生，故相变增韧失去作用。

（3）**微裂纹增韧** 陶瓷材料中的微裂纹是相变体积膨胀（如 t-$ZrO_2 \rightarrow m$-ZrO_2 相变）时产生的；或是由于温度变化基体相与分散相之间热膨胀性能不同所引起的；还可能是材料中原本已经存在的。当主裂纹扩展遇到这些微裂纹时会发生分叉转向前进（图10-12），增加扩展过程中的表面能；同时，主裂纹尖端应力集中被松弛，致使扩展速度减慢。这些因素都使材料韧性增加。

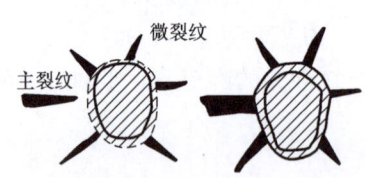

图10-12　微裂纹增韧机理示意图

第六节　陶瓷材料的疲劳

一、陶瓷材料的疲劳类型

陶瓷材料的疲劳，除已证实在循环载荷作用下也存在机械疲劳效应外，其含义比金属材料的要广。在静载荷作用下，陶瓷承载能力随时间延长而下降的断裂现象，以及在恒加载速率下，陶瓷断裂对加载速率敏感性的研究，均被纳入陶瓷疲劳范畴。前者为陶瓷的静态疲劳，后者为动态疲劳。因此，**陶瓷的疲劳包括循环（应力）疲劳、静态疲劳和动态疲劳**。研究陶瓷疲劳对于扩大陶瓷材料应用具有重要意义。

（一）静态疲劳

这是在静载荷作用下，材料的承载能力随时间延长而下降产生的断裂，对应于金属材料中的应力腐蚀和高温蠕变断裂。当外加应力低于断裂应力时，陶瓷材料也可能出现亚临界裂纹扩展。这一过程与温度、应力和环境介质诸因素密切相关。陶瓷材料的亚临界裂纹扩展速率与应力强度因子之间的关系示于图10-13。图中包括了四个区域：$K_I \leq K_{th}$ 区，裂纹不发生亚临界扩展（K_{th} 为应力强度因子门槛值）；低速区（Ⅰ区），裂纹扩展速率 da/dt 随 K_I 提高而增大，材料与环境介质之间的化学反应不是裂纹扩展速率的控制因素；中速区（Ⅱ区），裂纹扩展速率仅与环境有关而与 K_I 无关；高速区（Ⅲ区），裂纹扩展速率 da/dt 随 K_I 提高呈指数关系增长，与环境介质无关。这一阶段的速率取决于材料的组分、结构和显微组织。工程陶瓷零件的使用寿命，几乎完全由其裂纹慢速扩展区（Ⅰ区）决定。对Ⅰ区而言，裂纹扩展速率 da/dt 与应力强度因子 K_I 之间的基本关系为

$$\frac{da}{dt} = AK_I^n \tag{10-8}$$

式中 A、n——经验常数。

n 称为应力腐蚀指数，其值随材料韧性增加而增加。n 值对湿度很敏感。玻璃的 n 值为 $10\sim20$，Al_2O_3 陶瓷的 n 值为 30，SiC 陶瓷的 n 值在 100 以上。预测静态疲劳寿命，主要是通过评定 A、n 值（尤其是 n）来实现。

由于陶瓷材料的静强度值分散性很大，所以其疲劳强度值的分散性更大。为此，在试验方法上应增大测量时间范围；在数据处理上，必须考虑试验数据的概率分布。图 10-14 所示为两种 Mg-PSZ（以 MgO 为稳定剂的部分稳定氧化锆）陶瓷材料的静态疲劳曲线，曲线图为双对数坐标，弯曲强度与断裂时间呈直线关系，直线的斜率即为 $-\dfrac{1}{n}$，由此可以求得应力腐蚀指数 n 值。

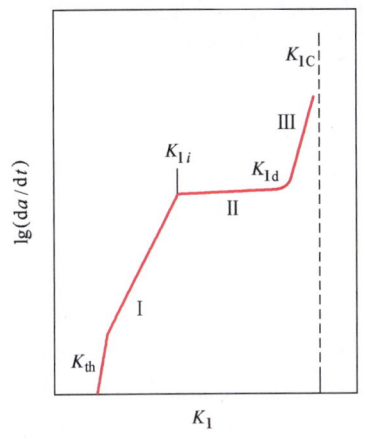

图 10-13　陶瓷材料的裂纹扩展速率曲线

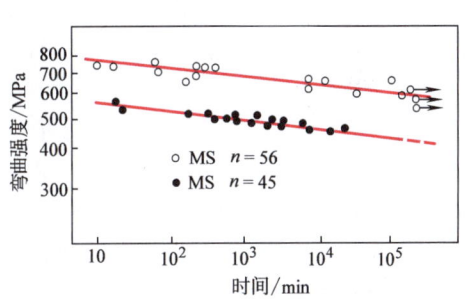

图 10-14　两种 Mg-PSZ 在四点弯曲条件下的静疲劳曲线

（二）循环疲劳

这是陶瓷材料在循环载荷作用下所产生的低应力断裂。金属疲劳以塑性变形为先导，在交变载荷作用下，材料在远低于静强度的低应力下发生断裂。陶瓷是脆性材料，其裂纹尖端塑性区很小，受低于静强度的交变载荷作用是否也发生疲劳破坏，曾经是有争议的问题。1987 年，Ewart 和 Suresh 发现，单相陶瓷、相变增韧陶瓷以及陶瓷基复合材料缺口试样，在室温循环压缩载荷作用下也有疲劳裂纹萌生和扩展的现象。图 10-15 所示为多晶 Al_2O_3（晶粒尺寸 $10\mu m$）在室温空气环境对称循环加载（$f=5Hz$）及在静载下的裂纹扩展特征。由图可见，循环加载的 $\dfrac{da}{dN}$ 比静载裂纹扩展速率大约快两个数量级。这表明，载荷循环对陶瓷材料造成了损伤。这种损伤是由于裂纹尖端的微裂纹、马氏体相变、蠕变，以及沿晶和界面滑动等因素所引起的。

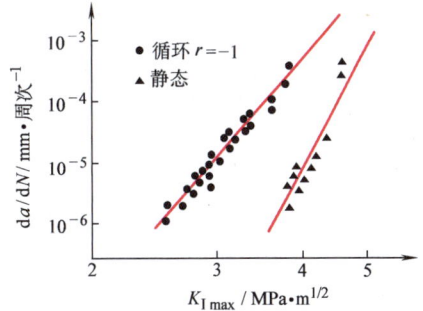

图 10-15　Al_2O_3 疲劳裂纹扩展速率曲线

二、陶瓷材料疲劳特性评价

陶瓷材料的疲劳裂纹扩展速率和应力强度因子范围之间的关系同样符合 Paris 公式，即 $\frac{\mathrm{d}a}{\mathrm{d}N} = c(\Delta K_\mathrm{I})^n$，金属材料的 n 值一般在 2～4 之间，陶瓷的 n 值比金属大得多，一般在 10 以上。

陶瓷的疲劳裂纹扩展门槛值 ΔK_th 与断裂韧度 K_IC 的比值较金属大，陶瓷一般为 0.4～0.8，结构钢的为 0.04。一般，金属随其屈服强度增大，ΔK_th 下降不多，但 K_IC 值显著降低，因此，$\Delta K_\mathrm{th}/K_\mathrm{IC}$ 值增大。这意味着，随金属材料屈服强度增大，其疲劳裂纹难以萌生。陶瓷材料的 $\Delta K_\mathrm{th}/K_\mathrm{IC}$ 值比金属大得多，说明陶瓷更难产生疲劳裂纹。

陶瓷材料在室温及大气中也会产生应力腐蚀断裂，其应力腐蚀门槛值 K_Iscc 与 K_IC 的比值较钢低，而许多金属材料（高强度钢除外）在室温及大气中并不产生应力腐蚀断裂。陶瓷材料的 $K_\mathrm{Iscc}/K_\mathrm{IC}$ 值比 $\Delta K_\mathrm{th}/K_\mathrm{IC}$ 值大，因此，陶瓷材料的应力腐蚀开裂比疲劳更难产生。通常，陶瓷材料在交变载荷作用下，随 ΔK 值增大开始产生疲劳裂纹扩展，随后产生应力腐蚀裂纹扩展，因此，需要考虑疲劳和应力腐蚀对裂纹扩展的叠加效应。

第七节　陶瓷材料的抗热震性

高温下服役的机件常伴有急剧的加热和冷却情况，在这种条件下使用的高温结构陶瓷，要求具有优良的抗热震性，即材料承受温度骤变而不破坏的能力。热震破坏分为两类：由热震引起的瞬时断裂，称为热震断裂；在热冲击循环作用下，材料先出现开裂，随之裂纹扩展，导致材料强度降低，最终整体破坏，称为热震损伤。陶瓷材料的抗热震性是其力学性能和热学性能的综合表现，不仅受几何因素、环境介质的影响，同时也取决于材料的强度和断裂韧度。在各种热环境下引起的热应力，以及与之相应的应力强度因子是热震破坏的原因。当材料固有的强度不足以抵抗热震温差引起的热应力时，将导致材料瞬时热震断裂。当热应力导致的储存于材料中的应变能足以支付裂纹成核和扩展所需的新增表面能时，裂纹就形成和扩展。随着反复的加热、冷却，裂纹扩展，强度急剧降低，机件局部有可能发生剥落或崩裂，这就是热震损伤过程。

陶瓷材料的抗热震性是其重要的使用性能，通常用抗热震参数表示。

一、抗热震断裂

根据热弹性理论，以强度-应力为判据，可以得到陶瓷的抗热震断裂参数。

对于急剧加热或冷却的陶瓷材料，其抗热震断裂参数 R 为

$$R = \Delta t_\mathrm{c} = \frac{1-\nu}{E\alpha}\sigma_\mathrm{f} \tag{10-9}$$

式中　Δt_c——热震断裂的临界温差；

σ_f——断裂强度，相当于热震断裂的临界热应力 σ_c；

E、ν、α——弹性模量、泊松比和热膨胀系数。

对于缓慢加热或冷却的陶瓷材料，其抗热震断裂参数 R' 为

$$R' = \frac{\lambda(1-\nu)}{E\alpha}\sigma_f = \lambda R \tag{10-10}$$

式中 λ——热导率。

表 10-7 所列为几种典型陶瓷材料的抗热震断裂参数值。

表 10-7 几种陶瓷材料的抗热震断裂参数

材料	断裂强度[1] σ_f/MPa	弹性模量 E /GPa	热膨胀系数 α /$\times 10^{-6}$K^{-1}	泊松比 ν	热导率 λ /W·m^{-1}·K^{-1} (500℃)	$R = \frac{1-\nu}{E\alpha}\sigma_f$ /K	$R' = \frac{\lambda(1-\nu)}{E\alpha}\sigma_f$ /kW·m^{-1}
热压 Si$_3$N$_4$	850	310	3.2	0.27	17	625	11
反应烧结 Si$_3$N$_4$	240	220	3.2	0.27	15	250	3.7
反应烧结 SiC	500	410	4.3	0.24	84	215	18
热压 Al$_2$O$_3$	500	400	9.0	0.27	8	100	0.8
热压 BeO	200	400	8.5	0.34	63	40	2.4
烧结 WC [w(Co)=6%]	1400	600	4.9	0.26	86	350	30

① σ_f 由弯曲试验测定。

R 越大,陶瓷材料耐急剧加热或冷却的临界温差越大,即材料的抗热震断裂性能越好。由表 10-7 可见,常见几种工程陶瓷中,以 Si$_3$N$_4$ 抗热震断裂性能最好;在缓慢加热或冷却时,烧结 WC 耐热震断裂性能最佳,反应烧结 SiC 居其次。

二、抗热震损伤

陶瓷材料在制备过程中,不可避免地存在或大或小、数量不等的微裂纹和气孔等。在热震环境下出现的裂纹核并不总是导致材料断裂。例如,在气孔率为 10%~20% 的非致密性陶瓷中,热震裂纹核往往受到气孔的抑制。此时,气孔不仅钝化裂纹尖端,减小应力集中,而且会降低热导率。因此,在热震环境下,多孔陶瓷的抗热震损伤性优于致密性高的陶瓷。由热震损伤过程,根据断裂力学理论,以热弹性应变能-断裂能为判据,可以得到陶瓷抗热震损伤参数。

用热弹性应变能表示的抗热震损伤参数 R'' 为

$$R'' = \frac{E}{(1-\nu)\sigma_f^2} \tag{10-11}$$

用热弹性应变能和断裂表面能表示的抗热震损伤参数 R''' 为

$$R''' = \frac{E\gamma_f}{(1-\nu)\sigma_f^2} \tag{10-12}$$

式中，γ_f 为断裂表面能，其余 E、ν、σ_f 与式（10-9）相同。

R'' 或 R''' 高的陶瓷材料抗热震损伤性能好。

由式（10-9）、式（10-10）、式（10-11）、式（10-12）可见，欲提高陶瓷材料抗热震断裂能力，要求材料的强度高、弹性模量低，同时热导率要大，热膨胀系数要小；而要提高陶瓷材料抗热震损伤能力，要求材料具有尽可能高的弹性模量、断裂表面能和低的强度。可见，提高陶瓷材料抗两类热震破坏的能力，对材料力学性能的要求恰好相反，这是由于二者破坏过程不同、判据不同所致。在热震损伤情况下，强度高的材料裂纹易于扩展，对抗热震性不利；在热震断裂情况下，强度低的材料裂纹易于成核。裂纹一旦成核，材料会瞬时断裂，对抗热震性也不利。所以前者应降低强度，后者则要提高强度，这样才能得到优良的抗热震性。

实践中，用抗热震断裂参数 R、R'，抗热震损伤参数 R''、R''' 表示陶瓷材料抗热震性不方便，所以又提出了**热震次数法**和**弯曲强度损失率法**。

热震次数法是将陶瓷试样在规定温差和规定裂纹长度下，进行热震循环试验。经过一定热震循环次数后，当热震损伤产生的裂纹长度达到规定长度时，即以该热震循环次数表示陶瓷材料的抗热震性。

弯曲强度损失率法是将陶瓷试样加热到不同温度（获得不同温差），保温一定时间后急冷，测定试样的弯曲强度，求其和材料未受热震前的弯曲强度的比值。当温差达到临界值时，比值急剧下降，即材料弯曲强度损失显著增加。在临界温差条件下，热震后材料的弯曲强度与热震前材料弯曲强度的比值，表示材料的抗热震性。

显然，在比较陶瓷材料抗热震性时，需要注意选用的表征参数及其获得条件。

思考题与习题

1. 解释下列名词：
（1）热震断裂；（2）热震损伤；（3）超塑性；（4）静态疲劳；（5）动态疲劳。
2. 试述陶瓷材料与金属材料在弹性变形、塑性变形和断裂方面的区别。
3. 评述陶瓷材料耐磨性的特点。
4. 何谓陶瓷材料的抗热震性？用什么参数表示？如何提高陶瓷材料的抗热震性能？
5. 简介陶瓷材料的增韧措施。

第十一章 复合材料的力学性能

复合材料作为一种新型材料，近几十年以来获得了迅速发展，特别是 20 世纪 60 年代以来，航天、航空、电子、汽车等高技术领域的迅速发展，对材料性能的要求日益提高，单一的金属、陶瓷、高分子等工程材料已难以满足迅速增长的性能要求。为了克服单一材料性能上的局限性，人们越来越多地根据构件的性能要求和工况条件，选择两种或两种以上化学、物理性质不同的材料，按一定的方式、比例、分布组合成复合材料，使其具有单一材料所无法达到的特殊性能或综合性能。

复合材料性能的基本特点是各向异性、可设计性，这些特性以及它们所引起的特殊力学行为与均质各向同性材料是不同的。因此，必须学习有关复合材料的理论，了解其力学行为的基本特征。

- 复合材料的定义和性能特点
- 单向复合材料的力学性能
- 短纤维复合材料的力学性能
- 复合材料的断裂、冲击和疲劳

第一节　复合材料的定义和性能特点

一、复合材料的定义和分类

复合材料是由两种或两种以上异质、异形、异性的材料复合形成的新型材料。复合材料的组分材料虽然保持其相对独立性，但复合材料的性能却不是组分材料性能的简单叠加。在复合材料中通常有一相为连续相，称**基体**；有一种或几种不连续相分布于基体中，不连续相的强度、硬度比连续相高，称为**增强体**。增强体以独立的形态分布在基体中，二者之间存在相界面。增强体可以是纤维、颗粒状填料等。本章所讨论的是作为结构材料使用的纤维复合材料，也就是指以高性能的碳纤维、陶瓷纤维、芳纶纤维（凯芙拉纤维）、晶须等为增强体，以金属、陶瓷、聚合物为基体的先进复合材料。

复合材料的品种繁多，有各种分类方法。常见的有以下几种：

(1) 按增强体分类　分为连续纤维复合材料、非连续纤维复合材料、颗粒复合材料、层合板复合材料等。

(2) 按基体分类　分为聚合物基复合材料、金属基复合材料、陶瓷基复合材料。

(3) 按用途分类　分为结构复合材料、功能复合材料。

常见聚合物基复合材料主要体系有：玻璃纤维、碳纤维、有机纤维（凯芙拉纤维）增强酚醛树脂、环氧树脂、聚酯树脂等。

金属基复合材料体系有：硼纤维增强 Al 合金、SiC 纤维或晶须增强 Al 合金、SiC 纤维增强 Ti 合金，以及碳纤维增强 Mg、Cu 或 Al 合金等。

金属纤维增强陶瓷基复合材料主要体系有：钼纤维和钽纤维增强 Al_2O_3 陶瓷，钨纤维增强 TiC、TaC、ZrC 陶瓷，以及 W 纤维和 Mo 纤维增强 ZrO_2、ThO_2 陶瓷等。

陶瓷纤维增强陶瓷基复合材料体系有：碳纤维增强陶瓷、SiC 纤维增强陶瓷、SiC 晶须增强陶瓷等，基体材料为 Al_2O_3、ZrO_2、SiC、Si_3N_4 及其他氧化物和非氧化物陶瓷。

二、复合材料的性能特点

复合材料的性能取决于基体和增强体的特性、含量、分布等，归纳有以下特点：

(1) **高比强度、比模量**　复合材料的突出优点是比强度和比模量（强度、模量与密度之比）高。密度只有 $1.80g/cm^3$ 的碳纤维的强度可达到 $3700\sim5500MPa$；石墨纤维的模量可达 550GPa；硼纤维、碳化硅纤维的密度为 $2.50\sim3.40g/cm^3$，模量为 $350\sim450GPa$。加入高性能纤维作为复合材料的主要承载体，使复合材料的比强度、比模量较基体的比强度、比模量成倍提高。图 11-1 为复合材料与其他材料的比强度、比模量对比图。用高比强度、比模量复合材料制成的构件重量轻、刚性好、强度高，是航空航天技术领域的理想结构材料。

(2) **各向异性**　纤维增强复合材料在弹性常数、热膨胀系数、强度等方面具有明显的各向异性。通过铺层设计的复合材料，可能出现各种形式和不同程度的各向异性。各向异性这一特性使复合材料及其结构的力学行为复杂化，但也可作为一种优点在设计时加以利用。因为结构的形式、加载方式、边界条件和使用要求不同，结构在不同方向对强度、刚度的要求也往往不同，如采用合理的铺层可在不同的方向分别满足设计要求，使结构设计得更为合

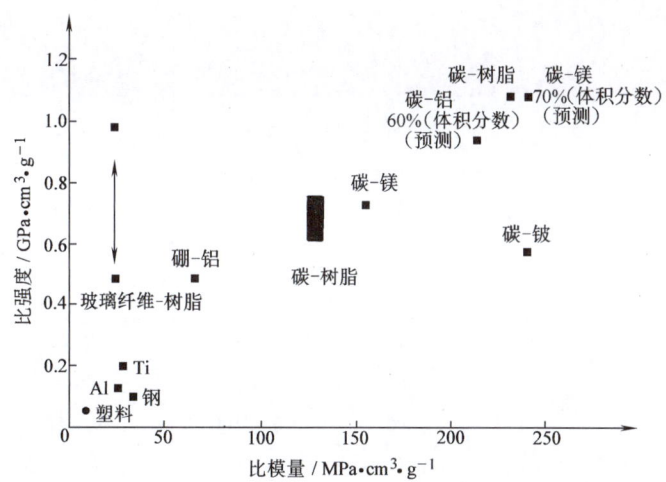

图 11-1 复合材料与其他材料的比强度、比模量对比图

理,能明显地减轻重量和更好地发挥结构的效能。

(3) **抗疲劳性好** 金属材料的疲劳破坏是没有明显预兆的突发性破坏,而纤维复合材料中纤维与基体的界面能阻止裂纹扩展。因此,纤维复合材料疲劳破坏总是从纤维的薄弱环节开始,逐渐扩展到结合面上,破坏前有明显的预兆。大多数金属材料的疲劳极限是其抗拉强度的 40%~50%,而复合材料可达 70%~80%。

(4) **减振性能好** 构件的自振频率除了与其本身结构有关外,还与材料比模量的平方根成正比。纤维复合材料的比模量大,因而它的自振频率很高,在通常加载速率下不容易出现因共振而快速脆断的现象。同时复合材料中存在大量纤维与基体的界面,由于界面对振动有反射和吸收作用,所以复合材料的振动阻尼强,即使激起振动也会很快衰减。

(5) **可设计性强** 通过改变纤维、基体的种类及相对含量,纤维集合形式及排布方式等可满足复合材料结构与性能的设计要求。

复合材料的高比强度、高比模量特点,是由于这种材料在受力时高强度、高模量的增强纤维承受了大部分载荷,基体只是作为传递和分散载荷给纤维的媒介所致。例如,聚苯乙烯塑料,加入玻璃纤维后,抗拉强度可从 600MPa 提高到 1000MPa,弹性模量从 3000MPa 提高到 8000MPa,-40℃ 下的冲击强度可提高 10 倍。复合材料所用的增强体品种很多,如碳纤维、氧化铝纤维、玻璃纤维、碳化硅纤维等,表 11-1 为常见的纤维、晶须和块状材料的性能对比,其中发展最快、应用最广的是碳纤维。金属基和聚合物基复合材料的力学性能、典型陶瓷基复合材料的力学性能分别见表 11-2 和表 11-3。

表 11-1 常见纤维和块状材料的性能比较

材料	直径 /μm	密度 /g·cm^{-3}	弹性模量 /GPa	抗拉强度 /MPa	比模量 /GPa·cm^3·g^{-1}	比强度 /GPa·cm^3·g^{-1}
碳纤维-T300	7	1.76	230	3550	130.68	2.02
碳纤维-M60J	5	1.91	588	3820	307.85	2
E-玻璃纤维	12	2.54	72.5	3430	28.54	1.35

(续)

材料	直径 /μm	密度 /g·cm^{-3}	弹性模量 /GPa	抗拉强度 /MPa	比模量 /GPa·cm^3·g^{-1}	比强度 /GPa·cm^3·g^{-1}
碳化硅纤维(Hi-Nicalon)	14	2.74	270	2800	98.54	1.02
氧化铝纤维(Safil)	3	3.3	300	2000	90.91	0.61
硼纤维(B/C)	100	2.58	360	3280	139.53	1.27
钨纤维	13	19.4	413	4060	21.29	0.21
铍纤维	100~250	1.83	250	1300	136.61	0.71
SiC 晶须	0.2~1	3.15	490	7000~35000	155.56	2.22~11.11
Al$_2$O$_3$ 晶须	0.2~1	3.90	480~1000	13800~28000	123.08~25.641	3.54~7.18
钢		7.8	210	340~2100	26.92	0.04~0.27
铝合金		2.7	70	140~620	25.93	0.05~0.23
玻璃		2.5	70	700~2100	28	0.28~0.84
木材		0.39	13			

表 11-2 一些金属基和聚合物基复合材料的力学性能

基体	纤维	体积分数	密度/g·cm^{-3}	弹性模量/GPa		抗拉强度/MPa	
				长度方向	横向	长度方向	横向
Al	B	0.50	2.65	210	150	1500	140
Ti·6Al-4V	SiC	0.35	3.86	300	150	1750	410
Al-Li	Al$_2$O$_3$	0.60	3.45	262	152	640	180
环氧树脂	E-玻璃	0.60	2.0	40	10	780	28
环氧树脂	二维玻璃布	0.35	1.7	16.5	16.5	280	280
环氧树脂	B（定向）	0.60	2.1	215	9.3	1400	63
环氧树脂	碳	0.60	1.9	145	9.4	1860	65
聚酯	碎玻璃	0.70	1.8	55~138		103~206	

表 11-3 典型陶瓷基复合材料的力学性能

基体	纤维	抗弯强度/MPa	断裂韧度/MPa·m$^{1/2}$
Al$_2$O$_3$	SiC 晶须	800	10
SiO$_2$ 玻璃	SiC 纤维	1000	~20
Al$_2$O$_3$	BN 颗粒	350	3

第二节 单向复合材料的力学性能

连续纤维在基体中呈同向平行排列的复合材料称为单向连续纤维增强复合材料。典型单向复合材料铺层如图 11-2、图 11-3 所示。一般来说，单向铺层呈现正交各向异性，并有三个对称平面：平行于纤维的方向通常叫作纵向（1 轴）；垂直于纤维方向叫作横向（在 2-3 平面中的任意一个方向）。在纵向上铺层性能不同于其他两个方向（2、3）；而在横向上（2、3）材料的性能近似相等。

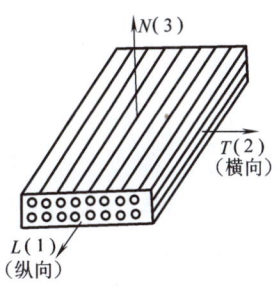 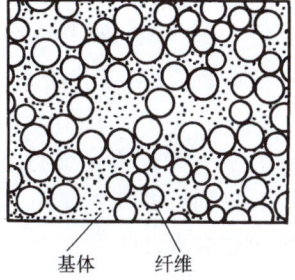

图 11-2　单向复合材料铺层示意图　　　　图 11-3　铺层横截面示意图

单向复合材料的强度和刚度都随方向而改变，有五个特征强度值，即纵向抗拉强度、横向抗拉强度、纵向抗压强度、横向抗压强度、面内抗剪强度，这些强度在宏观尺度上是彼此无关的；有四个特征弹性常数，即纵向弹性模量、横向弹性模量、主泊松比、切变模量，这四个弹性常数也是彼此独立的。复合材料的强度和弹性模量均由组分材料的特性、增强体的取向、体积分数决定。

一、单向复合材料的弹性性能

（一）纵向弹性模量

在计算单向复合材料纵向弹性模量时，将复合材料看成两种弹性体并联，并简化成有一定规则形状和分布的模型，如图 11-4 所示。

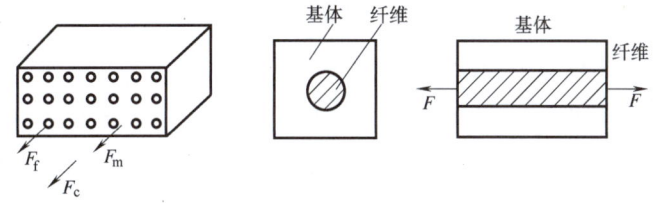

图 11-4　单向复合材料的简化模型

假设：纤维连续、均匀、平行排列于基体中，纤维与基体粘接牢固，且纤维、基体和复合材料有相同的拉伸应变，基体将拉伸力 F 通过界面完全传递给纤维。根据力的平衡关系，有

$$F = F_\mathrm{f} + F_\mathrm{m} = \sigma_\mathrm{f} A_\mathrm{f} + \sigma_\mathrm{m} A_\mathrm{m} \tag{11-1}$$

$$A_\mathrm{c} = A_\mathrm{f} + A_\mathrm{m} \tag{11-2}$$

$$V_\mathrm{f} = \frac{A_\mathrm{f}}{A_\mathrm{c}}, \quad V_\mathrm{m} = \frac{A_\mathrm{m}}{A_\mathrm{c}}, \quad V_\mathrm{f} + V_\mathrm{m} = 1 \tag{11-3}$$

式中　　A_c、A_f、A_m——复合材料、纤维、基体截面积；

　　　　V_f、V_m——纤维、基体的体积分数；

σ_f、σ_m —— 纤维、基体所受应力。

则复合材料所受的平均拉伸应力为

$$\sigma_{cL} = \sigma_f V_f + \sigma_m V_m \qquad (11-4)$$

因纤维和基体都处于弹性变形范围内，则根据胡克定律有

$$\sigma_f = E_f \varepsilon_f \quad \sigma_m = E_m \varepsilon_m \quad \sigma_{cL} = E_{cL} \varepsilon_{cL} \qquad (11-5)$$

式中　ε_{cL}、ε_f、ε_m —— 复合材料纵向、纤维、基体的应变。

根据等应变假设，$\varepsilon_{cL} = \varepsilon_f = \varepsilon_m$，所以

$$E_{cL} = E_f V_f + E_m V_m = E_f V_f + E_m(1 - V_f) \qquad (11-6)$$

式（11-6）就是单向复合材料纵向弹性模量的计算公式，称为**混合定律**。实际上，由于纤维有屈曲、排列不整齐、界面结合强度小等原因，使试验值与计算值略有偏差，所以工程上常加一修正系数 K，即

$$E_{cL} = K[E_f V_f + E_m(1 - V_f)] \qquad (11-7)$$

（二）横向弹性模量

横向弹性模量计算比纵向弹性模量计算复杂得多，准确性也差。计算单向纤维复合材料横向弹性模量的模型有两种：Ⅰ型，纤维含量少时，纤维和基体的串联模型，此时纤维与基体具有相同的应力，即 $\sigma_{fT} = \sigma_{mT} = \sigma_{cT}$；Ⅱ型，纤维含量高时，纤维呈束状分布于基体中，必然有纤维紧密接触，其间有基体材料，但极薄，可认为这部分基体变形与纤维一致（保证界面结合），纤维与基体有相同的应变，$\varepsilon_{fT} = \varepsilon_m = \varepsilon_{cT}$，即为并联模型（图11-5）。

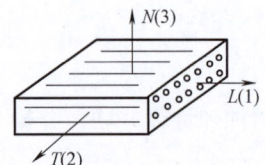 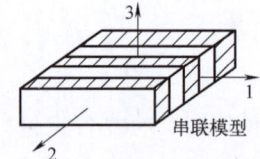 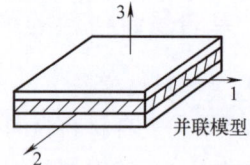

图 11-5　串联和并联模型

根据串联模型（图11-6），在载荷作用下，复合材料的横向伸长 ΔL_{cT} 等于纤维和基体的横向伸长之和，即

$$\Delta L_{cT} = \Delta L_{fT} + \Delta L_{mT} \qquad (11-8)$$

根据胡克定律，复合材料横向应力为

$$\sigma_{cT} = E_{cT}^1 \varepsilon_{cT} = E_{cT}^1 \frac{\Delta L_{cT}}{L_{cT}} \qquad (11-9)$$

纤维横向应力为

$$\sigma_{fT} = E_{fT} \varepsilon_{fT} = E_{fT} \frac{\Delta L_{fT}}{L_{fT}} \qquad (11-10)$$

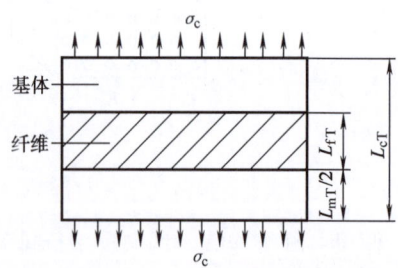

图 11-6　计算单向复合材料横向性能模型

○ 在本章中下标 c、f、m，分别代表复合材料、纤维、基体；下标 L、T 代表复合材料的纵向和横向，以后不再一一说明。

基体横向应力为

$$\sigma_{mT} = E_{mT}\varepsilon_{mT} = E_{mT}\frac{\Delta L_{mT}}{L_{mT}} \quad (11\text{-}11)$$

将式（11-9）、式（11-10）、式（11-11）代入式（11-8），得

$$\frac{\sigma_{cT}L_{cT}}{E_{cT}^{I}} = \frac{\sigma_{fT}L_{fT}}{E_{fT}} + \frac{\sigma_{mT}L_{mT}}{E_{mT}} \quad (11\text{-}12)$$

因为

$$\frac{L_{fT}}{L_{cT}} = V_f, \quad \frac{L_{mT}}{L_{cT}} = V_m \quad (11\text{-}13)$$

所以

$$\frac{\sigma_{cT}}{E_{cT}^{I}} = \frac{\sigma_{fT}V_f}{E_{fT}} + \frac{\sigma_{mT}V_m}{E_{mT}} \quad (11\text{-}14)$$

根据假设 $\sigma_{cT} = \sigma_{fT} = \sigma_{mT}$，所以

$$\frac{1}{E_{cT}^{I}} = \frac{V_f}{E_{fT}} + \frac{V_m}{E_{mT}} \quad (11\text{-}15)$$

并联模型与推导纵向弹性模量时所用模型相同，故有

$$E_{cT}^{II} = E_{fT}V_f + E_{mT}V_m \quad (11\text{-}16)$$

显然，式（11-15）和式（11-16）是在两种极端状态下的横向弹性模量值。E_{cT}^{I} 是纤维全部分散、独立时的横向弹性模量，是横向弹性模量的极小值；而 E_{cT}^{II} 是纤维全部互相接触、连通时的横向弹性模量，是横向弹性模量的极大值。实际横向弹性模量介于两者之间，是 E_{cT}^{I} 和 E_{cT}^{II} 的线型组合，即

$$E_{cT} = (1-c)E_{cT}^{I} + cE_{cT}^{II} \quad (11\text{-}17)$$

式中　c——分配系数，与纤维体积含量有关，纤维体积含量越高，c 值越大。

（三）切变模量

复合材料的切变模量也有两种模型：模型Ⅰ是纤维和基体轴向串联模型，在扭矩的作用下，圆筒受纯切应力，纤维和基体切应力相同，但因剪切模量不同，切应变不同，故模型Ⅰ为等应力模型；模型Ⅱ是纤维和基体轴向并联模型，即纤维被基体包围，在扭矩的作用下纤维和基体产生相同切应变，但切应力不同，故模型Ⅱ为等应变模型。图 11-7 即为两种模型示意图。

根据模型Ⅰ（图 11-7a），圆筒在扭矩的作用下产生切应变 γ，变形前圆筒的母线为 oa，变形后为 oa'，a 点的周向位移为纤维与基体位移之和，即

$$\gamma_c l_c = \gamma_f l_f + \gamma_m l_m \quad (11\text{-}18)$$

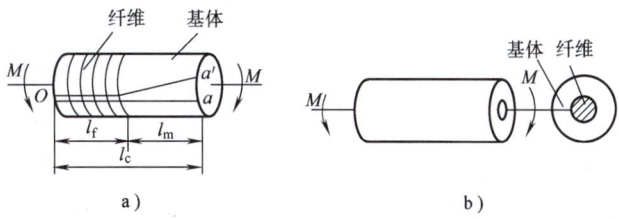

图 11-7　计算单向复合材料剪切模量的模型

a）模型Ⅰ　b）模型Ⅱ

在弹性变形时，服从胡克定律，即

$$\gamma_c = \frac{\tau_c}{G_c^I}, \quad \gamma_f = \frac{\tau_f}{G_f}, \quad \gamma_m = \frac{\tau_m}{G_m} \tag{11-19}$$

式中 G_c^I、G_f、G_m——复合材料、纤维、基体的切变模量；

τ_c、τ_f、τ_m——复合材料、纤维、基体的切应力；

γ_c、γ_f、γ_m——复合材料、纤维、基体的切应变。

又因为 $\frac{l_f}{l_c} = V_f$，$\frac{l_m}{l_c} = V_m$；$\tau_c = \tau_f = \tau_m$，所以

$$\frac{1}{G_c^I} = \frac{V_f}{G_f} + \frac{V_m}{G_m} \tag{11-20}$$

根据模型Ⅱ（图11-7b），在扭矩作用下，纤维与基体受力不等，在横截面上

$$M_c = M_f + M_m \tag{11-21}$$

若总扭矩 M_c 用截面上平均切应力 τ_c 表示，A_c、R_c 为复合材料横截面积和半径，则

$$M_c = \tau_c A_c R_c \tag{11-22}$$

同样，纤维的扭矩 M_f 为

$$M_f = \tau_f A_f R_f \tag{11-23}$$

基体的扭矩 M_m 为

$$M_m = \tau_m A_m R_m \tag{11-24}$$

A_f、A_m、R_f、R_m 分别为纤维和基体的横截面积和半径。

在模型Ⅱ中基体很薄，$R_c \approx R_f \approx R_m$，所以

$$\tau_f A_f + \tau_m A_m = \tau_c A_c \tag{11-25}$$

根据剪切胡克定律和假设有：$\tau_c = \gamma_c G_c^{II}$，$\tau_f = \gamma_f G_f$，$\tau_m = \gamma_m G_m$；$\gamma_c = \gamma_f = \gamma_m$。可得

$$G_c^{II} = G_f V_f + G_m V_m \tag{11-26}$$

同样，式（11-20）和式（11-26）也是两种极端状态：模型Ⅰ导出的 G_c^I 是单向纤维增强复合材料切变模量的下限值；模型Ⅱ导出的 G_c^{II} 是其上限值，工程上常用其线型组合，即

$$G_c = (1-c)G_c^I + c G_c^{II} \tag{11-27}$$

（四）泊松比

单向复合材料的正交各向异性，决定了材料在纵、横两个方向呈现的泊松效应不同，因而有两个泊松比。当单向复合材料沿纤维方向受到拉伸时，在横向要产生收缩，其横向应变与纵向应变之比 ν_{LT} 称为纵向泊松比，即

$$\nu_{LT} = \frac{-\varepsilon_{cT}}{\varepsilon_{cL}} \tag{11-28}$$

式中 ε_{cT}、ε_{cL}——复合材料的横向应变、纵向应变。

ν_{LT} 的推导可采用类似于纵向拉伸的简单模型（图11-8），首先考虑纵向变形，因等应变假设，有

$$\varepsilon_{cL} = \varepsilon_{fL} = \varepsilon_{mL} \tag{11-29}$$

其次考虑横向变形。复合材料的横向变形

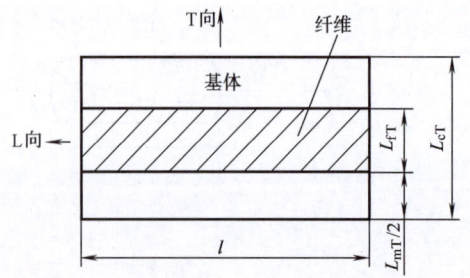

图11-8 计算单向复合材料泊松比的模型

是由纤维和基体的横向变形叠加构成的，即

$$\varepsilon_{cT} L_{cT} = \varepsilon_{mT} L_{mT} + \varepsilon_{fT} L_{fT} \tag{11-30}$$

将式（11-13）代入，得

$$\varepsilon_{cT} = \varepsilon_{mT} V_m + \varepsilon_{fT} V_f \tag{11-31}$$

将式（11-29）、式（11-31）代入式（11-28），则

$$\nu_{LT} = -\frac{\varepsilon_{mT}}{\varepsilon_{mL}} V_m - \frac{\varepsilon_{fT}}{\varepsilon_{fL}} V_f \tag{11-32}$$

根据纤维泊松比 ν_f 和基体泊松比 ν_m 的定义，可得

$$\nu_{LT} = \nu_f V_f + \nu_m V_m \tag{11-33}$$

当沿垂直纤维方向弹性拉伸时，其纵向应变与横向应变之比称为**横向泊松比**，即

$$\nu_{TL} = -\frac{\varepsilon_{cL}}{\varepsilon_{cT}} \tag{11-34}$$

显然，式（11-34）中的 ε_{cL} 和 ε_{cT} 与式（11-28）中的 ε_{cL} 和 ε_{cT} 意义不相同。用弹性理论推导比较复杂，但单向连续纤维增强复合材料属正交各向异性弹性体，泊松比与弹性模量之间存在麦克斯韦尔定律，即

$$\nu_{TL} = \nu_{LT} \frac{E_{cT}}{E_{cL}} \tag{11-35}$$

二、单向复合材料的强度

（一）纵向抗拉强度

单向复合材料在拉伸载荷下的变形过程可以分为四个阶段：阶段Ⅰ，纤维和基体都是弹性变形；阶段Ⅱ，纤维弹性变形，基体非弹性变形；阶段Ⅲ，纤维与基体均为非弹性变形；阶段Ⅳ，纤维断裂，随之复合材料断裂（图11-9）。

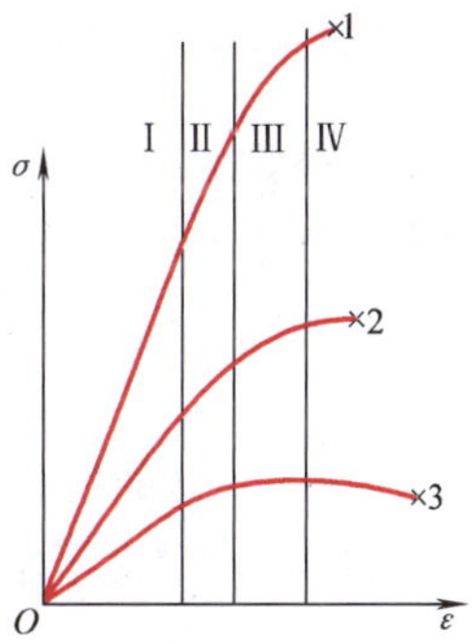

玻璃纤维、碳纤维、硼纤维和陶瓷纤维增强的热固性树脂基复合材料的变形特性只有第Ⅰ、Ⅳ阶段；而金属基和热塑性树脂基复合材料，包含第Ⅱ阶段。对于脆性纤维增强复合材料，观察不到第Ⅲ阶段；但韧性纤维复合材料有第Ⅲ阶段。

在第Ⅰ阶段，纤维和基体都处于弹性变形状态，复合材料也处于弹性变形状态，且 $\varepsilon_c = \varepsilon_f = \varepsilon_m$。由式（11-4）、式（11-5）得

$$\sigma_{cL} = E_f \varepsilon_f V_f + E_m \varepsilon_m (1 - V_f) \tag{11-36}$$

图11-9 单向复合材料纵向拉伸变形的四个阶段

1—纤维　2—复合材料　3—基体

纤维与基体承担载荷之比为

$$\frac{F_f}{F_m} = \frac{E_f \varepsilon_f V_f}{E_m \varepsilon_m (1 - V_f)} = \frac{E_f V_f}{E_m (1 - V_f)} \tag{11-37}$$

当纤维体积含量 V_f 一定时，E_f/E_m 比值越大，纤维承担的载荷越大，增强作用越强。因此，复合材料常采用高强度、高模量的增强纤维。当 E_f/E_m 一定时，V_f 越大，则纤维的贡献越大（图11-10）。实际上，当 $V_f > 80\%$ 时，复合材料的强度不但不随纤维含量增加而

提高，反而要降低。这是因为，纤维过多，没有足够的基体去浸润纤维，造成纤维粘接不好，产生空隙，因此强度不高。实际的纤维体积分数一般在30%~60%。

当复合材料进入变形第Ⅱ阶段时，纤维仍处于弹性状态，但基体已产生塑性变形，此时复合材料应力为

$$\sigma_{cL}(\varepsilon) = \sigma_f(\varepsilon)V_f + \sigma_m(\varepsilon)V_m \tag{11-38}$$

由于载荷主要由纤维承担，故随变形增加，纤维载荷增加快。当达到纤维抗拉强度 σ_{fu} 时，纤维破断，此时基体不能支持整个复合材料载荷，复合材料随之破坏。复合材料的抗拉强度为

$$\sigma_{cLu} = \sigma_{fu}V_f + \sigma_m^*(1 - V_f) \tag{11-39}$$

式中　σ_m^* ——基体应变等于纤维断裂应变时的基体应力（图11-11）。

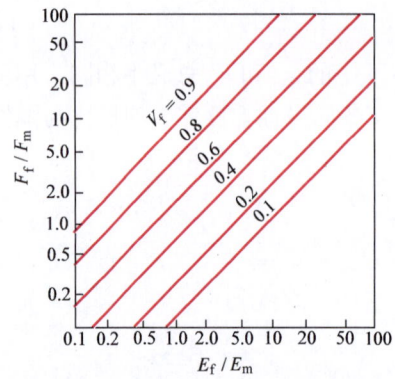

图11-10　纤维和基体的载荷比与相应弹性模量比、纤维体积分数的关系

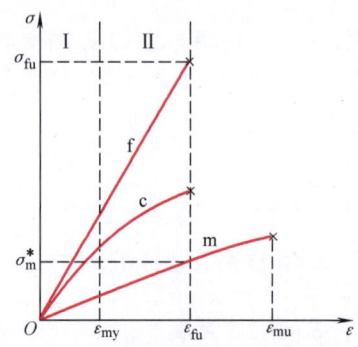

图11-11　纤维、基体、复合材料的应力-应变曲线

使用此公式时应满足两个条件：①纤维在受力过程中处于弹性变形状态；②基体的断后伸长率大于纤维的断后伸长率。

纤维的增强作用，只有在复合材料的抗拉强度超过基体的抗拉强度时才有效，即

$$\sigma_{cLu} = \sigma_{fu}V_f + \sigma_m^*(1 - V_f) \geqslant \sigma_{mu} \tag{11-40}$$

式中　σ_{mu} ——基体的抗拉强度。

式（11-40）定义了临界纤维体积分数 V_{fcr}。为了达到纤维增强效果，纤维的实际体积含量应大于 V_{fcr}，即

$$V_{fcr} = \frac{\sigma_{mu} - \sigma_m^*}{\sigma_{fu} - \sigma_m^*} \tag{11-41}$$

可见，当纤维强度比基体强度大许多时，V_{fcr} 就较小；而基体强度与纤维强度接近时，V_{fcr} 就较大。所以选用高强度纤维时，加入较少的纤维就有明显的增强效果；而选用强度比基体强度高出不多的纤维时，必须加入较多的纤维才能显示出强化效果。对于纤维增强树脂基复合材料，由于增强纤维强度远高于树脂基体强度，故 V_{fcr} 通常很小。如高模量碳纤维增强的环氧树脂，碳纤维的断裂应变 ε_{fu} 为0.5%，环氧树脂的断裂应变 ε_{mu} 为2%，若它们的断裂强度分别为 σ_{fu} = 2100MPa，σ_{mu} = 80MPa，σ_m^* = 26.5MPa，则 V_{fcr} = 2.6%。实际上，纤维增强树脂基复合材料的纤维体积分数远大于该值，故 V_{fcr} 没有什么意义。但对于纤维增强

金属基复合材料，由于纤维与基体的强度差别小，V_{fcr}就是一个重要参数。典型长纤维强度约为2000MPa，用其增强金属镍和不锈钢，相应的V_{fcr}分别为13%和15%左右。

图11-12所示为单向复合材料纵向抗拉强度σ_{cLu}与纤维体积分数V_f的关系。图中ABC线即为公式（11-39）；OC线和DF线分别是复合材料中纤维承受的载荷和基体承受的载荷与V_f的关系；B点称为等破坏点，在该点处$\sigma_{cLu} = \sigma_{mu}$，相应的纤维体积分数就是$V_{fcr}$；E点对应的$V_f$为纤维最小体积分数$V_{fmin}$。当$V_f < V_{fmin}$时，在按式（11-39）预测的应力下复合材料不会断裂。在这样的体积分数下，纤维对抑制基体的伸长是无效的，以致纤维迅速拉长达到它们的断裂应变，全部纤维破坏不会导致复合材料立即破坏。复合材料在应力为$\sigma_{mu}V_m$时断裂，因此当纤维体积分数小于V_{fmin}时，复合材料的抗拉强度按下式计算

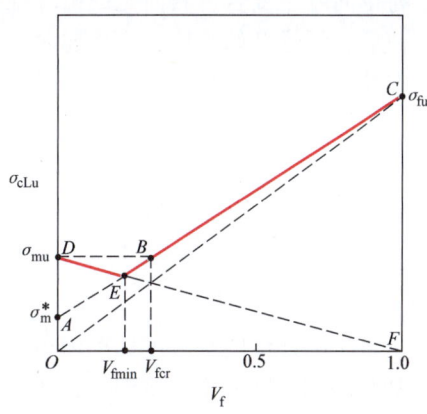

图11-12 单向复合材料抗拉强度与纤维体积分数的关系

$$\sigma_{cLu} = \sigma_{mu}(1 - V_f) \quad (11\text{-}42)$$

这表明即使有纤维存在，复合材料也由基体控制；当$V_f > V_{fmin}$时，复合材料的抗拉强度才按式（11-39）计算。图11-12中实线部分代表了式（11-39）、式（11-42）各自的适用范围。

用$\sigma_{mu}(1 - V_f)$代替式（11-39）中的σ_{cLu}，则得

$$V_{fmin} = \frac{\sigma_{mu} - \sigma_m^*}{\sigma_{fu} + \sigma_{mu} - \sigma_m^*} \quad (11\text{-}43)$$

（二）纵向抗压强度

与纵向拉伸不同，基体在纵向压缩中起重要作用。基体给予纤维侧向支持，使纤维承载但不屈曲。没有基体的支持，纤维就不能承受压缩载荷。纤维的微弯曲和基体剪切失稳是复合材料纵向压缩的两个主要破坏机理。

当单向复合材料纵向受压时，连续纤维像细长的杆件而产生屈曲。屈曲的形式有两种：①拉压型，纤维彼此间反向弯曲（图11-13a），使基体产生横向拉伸或压缩应变。当纤维间距离相当大，即纤维体积分数很小时，这种屈曲模式才可能发生。②剪切型，纤维之间同向弯曲（图11-13b），在基体中主要产生剪切变形。此种屈曲模式较为常见，它可能发生在大多数真实体积分数时。

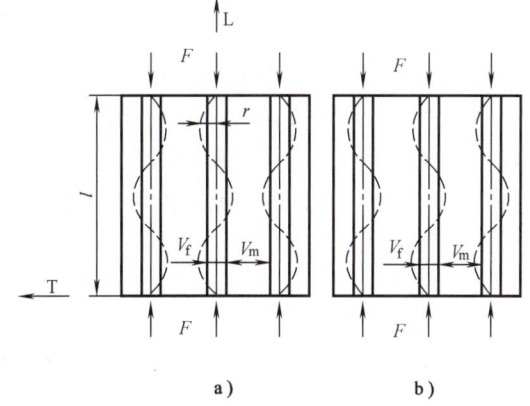

图11-13 纵向压缩时单向复合材料的破坏模型
a) 拉压失稳 b) 剪切失稳
V_f—纤维体积分数 V_m—基体体积分数

复合材料沿纤维方向受压时，可认为纤维在基体内的承力形式像弹性杆。假设基体仅提供横向支持，载荷由纤维均摊，复合材料的抗压强度由纤维在基体内的微屈曲临界应力控制。将单向纤维复合材料简化成由纤维和基体薄片相间粘接的纵向受压杆件，当外载荷增至一定值后，纤维开始失稳，产生屈曲。

在拉压型失稳模型中，复合材料的纵向抗压强度 $\overline{\sigma}_{cLu}$ 为

$$\overline{\sigma}_{cLu} = 2V_f \sqrt{\frac{E_m E_f V_f}{3(1-V_f)}} \tag{11-44}$$

在剪切失稳模型中，复合材料的纵向抗压强度为

$$\overline{\sigma}_{cLu} = \frac{G_m}{1-V_f} \tag{11-45}$$

由于实际纤维的平直度偏离理想状态甚多，使临界应力下降；纤维在基体中分布又不均匀，某些局部区域纤维含量偏低，使弯折抗力下降，导致压缩破坏在这些部位早期发生等原因，使式（11-44）、式（11-45）的计算值一般高于实测值。有人建议在式中的基体模量上乘一修正系数 K，用 KE_m 和 KG_m 代替 E_m 和 G_m，可使计算值与实测值吻合较好。

下面讨论基体失稳破坏的情况。从基体中取一单元体（图 11-14）受压应力 σ_m 作用，当应力达到 σ_{mcr} 时，基体剪切失稳，单元体突然倾倒，产生切应变 γ。根据功能原理，力所做的功等于单元体内的应变能，可得

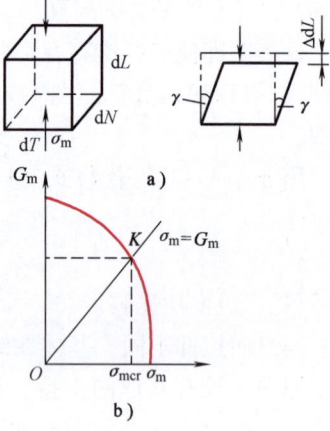

$$\sigma_{mcr}(dT \times dN)\Delta(dL) = \frac{1}{2}G_m \gamma^2 dLdTdN \tag{11-46}$$

因 $\Delta(dL) = dL - dL\cos\gamma = dL(1-\cos\gamma)$，所以

$$\sigma_{mcr}(1-\cos\gamma) = \frac{1}{2}G_m \gamma^2 \tag{11-47}$$

γ 很小，故

$$\sigma_{mcr} = G_m \tag{11-48}$$

图 11-14　基体剪切失稳模型
a）单元体　b）G_m 与 σ_m 的关系

考虑到基体剪切时的非线性应力-应变关系，在纵向压应力作用下，切变模量 G_m 不再是常数，而是压应力的函数，即 $G_m = f(\sigma_m)$，当压应力增大时，G_m 将减小。G_m 与 σ_m 实测关系如图 11-14b 所示。此曲线与 $\sigma_m = G_m$ 的直线交点 K 所表征的便是基体剪切失稳的临界应力时的切变模量，则复合材料的纵向抗压强度为

$$\overline{\sigma}_{cLu} = \overline{\sigma}_f V_f + \sigma_{mcr}(1-V_f) \tag{11-49}$$

式中　$\overline{\sigma}_f$——纤维的压应力。

$\overline{\sigma}_f$ 无法通过实验测量，但根据等应变假设 $\varepsilon_f = \varepsilon_m$，则

$$\frac{\overline{\sigma}_f}{E_f} = \frac{\sigma_{mcr}}{E_m} \tag{11-50}$$

所以

$$\overline{\sigma}_{cLu} = \sigma_{mcr}\left[1 + V_f\left(\frac{E_f}{E_m} - 1\right)\right] \tag{11-51}$$

第三节　短纤维复合材料的力学性能

单向连续纤维增强复合材料的一个显著特点，是沿纤维方向有较高的强度和模量；但在垂直于纤维方向强度和模量较小。如果一个零件或结构件的应力状态可以精确地确定，就可以用单向层坯设计制造成层合板，使它与这个应力状态完全匹配。在这种情况下，单向复合材料具有优越性。但是，如果应力状态无法预测，或者已经知道在各个方向上受力基本相同，则采用单向层坯制造层合板未必是最经济的。因为在这种情况下，需要复合材料在各个方向上具有近似相等的强度。虽然可以用单向增强的层坯制成准各向同性的层板，但在每一层内，如在弯曲时受力最大的表面层内，在垂直纤维方向还是容易出现裂纹。所以在这种情况下，每一层最好是各向同性的。而制造这种各向同性层坯的有效方法，是用随机取向短纤维作为增强体。另外，制造短纤维增强复合材料易使制造过程自动化。应用大批量生产中的模塑技术，如模压法和注模法等，可以以很高的生产率制造出高精度的短纤维复合材料零件或结构件。

短纤维复合材料的力学性能比连续纤维复合材料的更为复杂，因此本节只介绍单向（定向）短纤维复合材料的弹性模量和强度。关于随机取向短纤维复合材料的力学性能知识，读者可查阅有关参考文献。

一、基体与纤维间的应力传递

当载荷作用在复合材料上时，纤维并不直接受力。载荷作用在基体材料上，然后通过纤维与基体的界面传递到纤维。当纤维长度比传递应力的界面区长度大很多时，纤维末端的传递作用可以忽略不计，纤维可以看成是连续的。在短纤维复合材料情况下，纤维末端的应力传递作用变得显著起来，已不能忽略不计。同时，复合材料的力学性能与纤维长度密切相关。为了清晰了解短纤维复合材料的力学性能，必须研究应力传递的机理。

图 11-15 所示为短纤维的微小单元及其受力情况，在无限小长度 dz 上，可以列出如下平衡条件

$$\pi r^2 \sigma_f + (2\pi r \mathrm{d}z)\tau = (\pi r^2)(\sigma_f + \mathrm{d}\sigma_f) \quad (11\text{-}52)$$

即

$$\frac{\mathrm{d}\sigma_f}{\mathrm{d}z} = \frac{2\tau}{r} \quad (11\text{-}53)$$

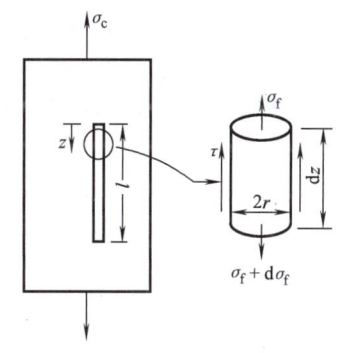

图 11-15　与载荷平行的短纤维微小单元的应力平衡

式中　σ_f ——纤维轴向应力；

τ ——纤维-基体的界面切应力；

r ——纤维半径。

式（11-53）表明，纤维应力沿 z 方向的增长率与界面上的切应力成正比。经积分求得距离纤维末端 z 的纤维应力为

$$\sigma_f = \sigma_{f_0} + \frac{2}{r}\int_0^z \tau \,\mathrm{d}z \quad (11\text{-}54)$$

式中　σ_{f_0} ——纤维末端的应力。

由于纤维末端附近高的应力集中或基体将屈服，使纤维末端与基体脱粘，一般 σ_{f_0} 可忽略，则式（11-54）可写成

$$\sigma_f = \frac{2}{r}\int_0^z \tau \mathrm{d}z \qquad (11\text{-}55)$$

如果切应力沿纤维长度的变化已知，则式（11-55）右端就可以算出数值。实际上，切应力分布事先是未知的，只能作为整个解的一部分来求得。假设：在纤维长度的中点上，由于对称条件剪切应力为零；在纤维末端上，正应力为零；纤维周围的基体材料是理想的刚塑性体，即界面剪切应力沿纤维长度是常数，其值等于基体屈服应力 τ_m。如此由式（11-55）得

$$\sigma_f = \frac{2\tau_m z}{r} \qquad (11\text{-}56)$$

该式表明，纤维受到的拉应力随 z 线性增加，z 称为载荷传递长度。因为作用在纤维上的拉应力是切应力由端部向中部积累的结果，所以端部拉应力最小，中部 $\left(z = \dfrac{l}{2},\ l\text{ 为纤维长度}\right)$ 最大，因此有

$$\sigma_{f\max} = \frac{\tau_m l}{r} \qquad (11\text{-}57)$$

随纤维长度增加，界面面积增大，中部拉应力也增大。当纤维中点的最大拉应力恰好等于纤维断裂强度时，纤维长度称为纤维的临界长度 l_{cr}，且

$$l_{cr} = \frac{\sigma_{fu} d_f}{2\tau_m} \qquad (11\text{-}58)$$

式中　d_f——纤维直径。

显然，当 $l < l_{cr}$ 时，纤维不会被拉断，而是从基体中被拔出；只有当 $l > l_{cr}$ 时，短纤维才会像长纤维一样起增强作用。因而短纤维与长纤维不同，其增强效果与长度有关（图 11-16）。为了使纤维能够发挥增强作用，纤维长度必须超过临界长度。

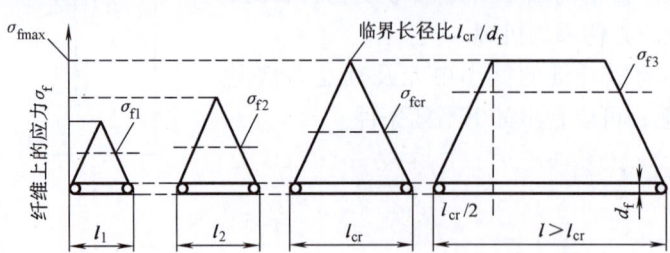

图 11-16　纤维上的平均应力与纤维长度的关系

因为纤维上拉应力分布是不均匀的，其平均拉应力为

$$\overline{\sigma}_f = \frac{1}{l}\int_0^l \sigma_f \mathrm{d}z \qquad (11\text{-}59)$$

积分量是通过纤维应力对长度作图的曲线下的面积。对图 11-16 所示的应力分布而言，有

$$\left.\begin{array}{l}\overline{\sigma}_{\mathrm{f}}=\dfrac{1}{2}\sigma_{\mathrm{fmax}}=\dfrac{\tau_{\mathrm{m}}l}{d_{\mathrm{f}}}\quad(l\leqslant l_{\mathrm{cr}})\\[2mm]\overline{\sigma}_{\mathrm{f}}=\sigma_{\mathrm{fmax}}\left(1-\dfrac{l_{\mathrm{cr}}}{2l}\right)\quad(l>l_{\mathrm{cr}})\end{array}\right\} \quad (11\text{-}60)$$

按式（11-60）可预测不同纤维长度下的平均应力与最大应力的比值。计算表明，当纤维长度是载荷传递长度的 10 倍时，纤维的平均应力是纤维最大应力的 95%，与连续纤维的特性类似。

二、短纤维复合材料的弹性模量

假设纤维与基体粘接牢固，纤维的长度和直径相同，不屈服。Halpin-Tsai 给出了单向短纤维复合材料（图 11-17）的弹性模量计算公式

$$\frac{M}{M_{\mathrm{m}}}=\frac{1+\xi\eta V_{\mathrm{f}}}{1-\eta V_{\mathrm{f}}} \quad (11\text{-}61)$$

$$\eta=\frac{(M_{\mathrm{f}}/M_{\mathrm{m}})-1}{(M_{\mathrm{f}}/M_{\mathrm{m}}+\xi)}$$

式中　M——要估算的弹性常数，如 E_{cL}、E_{cT} 等；
　　　M_{f}——纤维的性能，如 E_{f}、G_{f} 等；
　　　M_{m}——基体的性能，如 E_{m}、G_{m} 等；
　　　ξ——纤维增强的度量，在 $0\sim\infty$ 内变化。

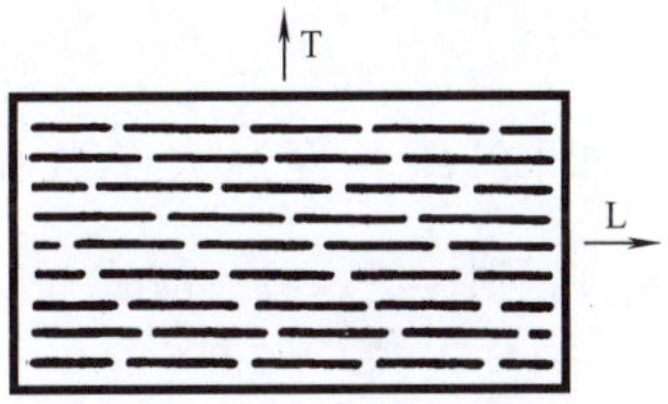

图 11-17　单向短纤维复合材料的模型

当 $\xi=0$ 时，式（11-61）变为

$$\frac{1}{M}=\frac{V_{\mathrm{f}}}{M_{\mathrm{f}}}+\frac{V_{\mathrm{m}}}{M_{\mathrm{m}}} \quad (11\text{-}62)$$

如果 $\xi=\infty$，则有

$$M=M_{\mathrm{f}}V_{\mathrm{f}}+M_{\mathrm{m}}V_{\mathrm{m}} \quad (11\text{-}63)$$

式（11-62）类似于并联模型，一般给出的为下限；式（11-63）类似于串联模型，给出的为上限。ξ 越小，表示纤维的增强作用越弱。对于单向短纤维复合材料，Halpin-Tsai 在计算纵向弹性模量时，取 $\xi=\dfrac{2l}{d_{\mathrm{f}}}$；在计算横向弹性模量时，取 $\xi=2$，因此得

$$\frac{E_{\mathrm{cL}}}{E_{\mathrm{m}}}=\frac{1+\dfrac{2l}{d_{\mathrm{f}}}\eta_{\mathrm{L}}V_{\mathrm{f}}}{1-\eta_{\mathrm{L}}V_{\mathrm{f}}} \quad (11\text{-}64)$$

$$\frac{E_{\mathrm{cT}}}{E_{\mathrm{m}}}=\frac{1+2\eta_{\mathrm{T}}V_{\mathrm{f}}}{1-\eta_{\mathrm{T}}V_{\mathrm{f}}} \quad (11\text{-}65)$$

$$\eta_{\mathrm{L}}=\frac{(E_{\mathrm{f}}/E_{\mathrm{m}})-1}{E_{\mathrm{f}}/E_{\mathrm{m}}+2(l/d_{\mathrm{f}})},\quad \eta_{\mathrm{T}}=\frac{(E_{\mathrm{f}}/E_{\mathrm{m}})-1}{(E_{\mathrm{f}}/E_{\mathrm{m}})+2}。$$

由式（11-65）可知，单向短纤维复合材料的横向弹性模量与长径比（l/d_{f}）无关。

图 11-18 所示为不同纤维体积分数情况下，纤维的长径比对单向短纤维复合材料的纵向弹性模量的影响。

三、短纤维复合材料的强度

单向短纤维复合材料的纵向强度可按混合定律计算，但应用纤维平均应力代替式(11-39)中纤维的抗拉强度，即

$$\sigma_{cu} = \overline{\sigma}_f V_f + \sigma_m^*(1-V_f) \quad (11\text{-}66)$$

纤维的平均应力按式(11-60)计算。因此，根据纤维长度不同，单向短纤维复合材料的抗拉强度有不同的表达式如下

$$\sigma_{cu} = \frac{\tau_m l}{d_f} V_f + \sigma_{mu}(1-V_f) \quad (l \leqslant l_{cr}) \quad (11\text{-}67)$$

$$\sigma_{cu} = \sigma_{fu}\left(1 - \frac{l_{cr}}{2l}\right)V_f + \sigma_m^*(1-V_f) \quad (l > l_{cr}) \quad (11\text{-}68)$$

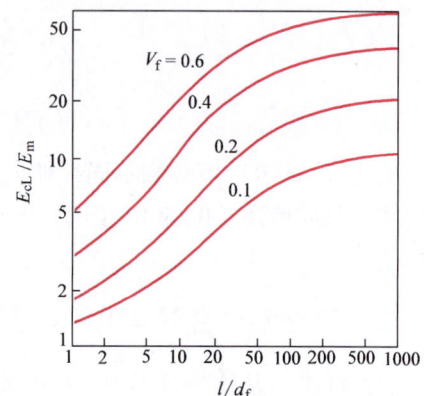

图 11-18 在不同纤维体积分数下，短纤维复合材料的纵向弹性模量与纤维长径比的关系 ($E_f/E_m = 100$)

如果纤维长度远大于载荷传递长度（如 $l = 100 l_{cr}$），则 $1 - \frac{l_{cr}}{2l} \approx 1$，故式（11-68）可写成

$$\sigma_{cu} = \sigma_{fu} V_f + \sigma_m^*(1-V_f) \quad (11\text{-}69)$$

与连续纤维复合材料的强度相同。

如果纤维的长度小于临界长度，那么纤维的最大应力达不到纤维的平均强度。因此，无论作用应力多大，纤维都不会断裂。在这种情况下，复合材料的破坏是由于基体或界面破坏引起的，复合材料强度按式（11-67）计算。

如果纤维长度大于临界长度，纤维的应力可以达到其平均强度。在这种情况下，如果纤维所受的最大应力达到其强度时，复合材料将开始破坏，强度按式（11-68）、式（11-69）计算。在应用上述诸式计算单向短纤维复合材料强度时，实际上已假设纤维的体积分数大于最小体积分数 V_{min}。此时如果所有纤维破坏的话，剩下的基体已没有能力单独承担外力作用。

当 $l > l_{cr}$ 时，短纤维复合材料强度与连续纤维复合材料强度之比为

$$\frac{\sigma_{cu}^{disc}}{\sigma_{cu}^{cont}} = 1 - \frac{1}{\frac{2l}{l_{cr}}\left[1 + \frac{\sigma_m^*}{\sigma_{fu}}\left(\frac{1}{V_f} - 1\right)\right]} \quad (11\text{-}70)$$

当基体、纤维的材质和体积分数一定时，$\sigma_{cu}^{disc}/\sigma_{cu}^{cont}$ 是 l/l_{cr} 的函数。在 l/l_{cr} 较小时，两者比值急剧下降。

当 $l > l_{cr}$ 时，用与连续纤维复合材料同样的方法可求得短纤维复合材料的临界体积分数和最小体积分数

$$V_{fcr} = \frac{\sigma_{mu} - \sigma_m^*}{\sigma_{fu}\left(1 - \frac{l_{cr}}{2l}\right) - \sigma_m^*} \quad (11\text{-}71)$$

$$V_{fmin} = \frac{\sigma_{mu} - \sigma_m^*}{\sigma_{fu}\left(1 - \frac{l_{cr}}{2l}\right) + \sigma_{mu} - \sigma_m^*} \quad (11\text{-}72)$$

比较式（11-71）、式（11-72）和式（11-41）、式（11-43）可见，对同样的纤维和基

体材料来说，短纤维复合材料的 V_{fcr}、V_{fmin} 比连续纤维复合材料的都大，因为短纤维的增强作用不像连续纤维那样有效。然而，当纤维长度远大于载荷传递长度时，纤维的平均应力趋近最大纤维应力，于是短纤维复合材料的 V_{fcr} 和 V_{fmin} 也就与连续纤维复合材料的接近了。

第四节　复合材料的断裂、冲击和疲劳

一、复合材料的断裂

纤维复合材料因其结构特殊性，断裂模式和过程不同于传统的金属材料，影响因素更为复杂。但其断裂过程也包括裂纹形成和扩展两个阶段。裂纹是在材料制造和使用中形成的。裂纹同样源于微观缺陷，如孔隙、纤维端头、分层或纤维排列不规则等处。复合材料受载时，当裂纹尖端应力水平达到一定数值时，裂纹将向前扩展。裂纹扩展时，其尖端可能与附近各种已存损伤或新形成的损伤（如纤维断裂、基体变形和开裂、纤维与基体脱粘等，图 11-19）相遇，使损伤区加大，裂纹继续扩展，直到最终产生宏观断裂。因此，复合材料的断裂过程可以视为损伤累积过程。而且，断裂不一定是一种类型损伤（如纤维断裂）的累积，往往是多种类型损伤综合累积的结果。图 11-20 所示为无机纤维增强复合材料受载后，断裂的纤维数随载荷增加而变化的情况。可见，当载荷达到一定值后，断裂纤维数迅速增加，材料很快过载破坏。界面粘接强度低的复合材料，常具有这种断裂机制。

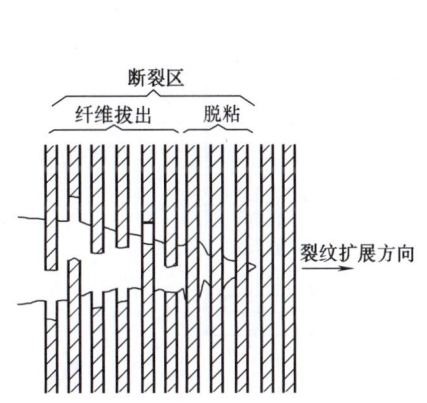

图 11-19　复合材料裂纹尖端模型

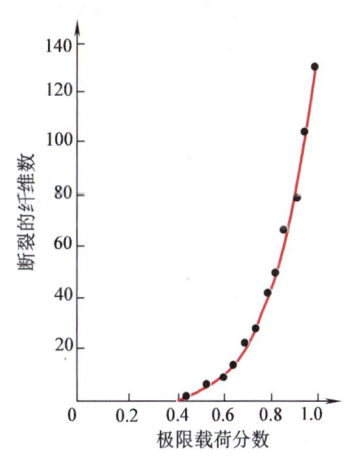

图 11-20　纤维断裂累积数目与载荷的关系

除损伤累积机理外，还有非累积损伤机理，显然后者是脆性断裂。这种断裂是在个别纤维断裂时立即造成复合材料的整体破坏，或在增加一定载荷后破坏。界面粘接强度高的金属基复合材料具有这种断裂机理，断裂时没有纤维拔出。这类断裂共有三种类型：①接力破坏机理，当一根纤维断裂引起邻近纤维应力集中而过载，后者断裂，依次类推，最终复合材料整体破坏；②脆性粘接断裂机理，断裂的纤维在其周围基体中形成应力集中，使基体破坏，并最终导致材料整体破坏；③最弱环节机理，与基体粘接强的纤维一旦断裂立即引起复合材料的整体破坏。

实际复合材料的断裂，往往是混合型的，既有累积损伤断裂，也有非累积损伤断裂。上

述复合材料中的各种类型损伤，在静拉伸载荷、冲击载荷或交变载荷下都可能发生。了解它们的基本概念对于分析复合材料在不同载荷下的力学行为是有益的。

（1）纤维断裂　纤维断裂是垂直于裂纹扩展方向的纤维，当其应变达到断裂应变时发生的。在复合材料受载早期就有个别纤维产生这种损伤，随载荷增加，断裂纤维数也增加。

（2）基体变形和开裂　在复合材料中，基体因强度低，故在材料受载时先于纤维变形，至复合材料完全断裂时，纤维周围的基体自然也随之断裂（图11-9）。

（3）纤维脱粘　若裂纹穿过基体扩展遇到纤维时，裂纹可能分叉，转向平行于纤维方向扩展。裂纹可在基体内，也可沿界面扩展，取决于界面与基体的相对强度。如界面结合较弱，将使纤维与基体脱粘。

（4）纤维拔出　这种损伤也发生在纤维与基体的界面上，它是由于断裂纤维在基体中引起的应力集中因基体屈服而被松弛，使纤维断裂裂纹在基体中扩展阻力增加，结果沿界面产生纤维拔出现象。当断裂纤维端部与材料断裂横截面的距离很小时（小于临界纤维长度的一半），常出现纤维拔出损伤。

（5）分层裂纹　这是发生在层合板情况下的一种损伤。当裂纹穿过层合板的一个铺层扩展时，其尖端遇到相邻铺层的纤维，可能受到阻滞。但因与裂纹尖端相邻的基体中切应力很高，裂纹可能分枝出来，开始在平行于铺层平面的界面上扩展，形成分层裂纹。

纤维拔出损伤在宏观上可以见到。图11-21所示为单向纤维增强复合材料纵向拉伸断裂宏观断口形貌。图11-22所示为美国材料试验学会（ASTM）推荐的单向复合材料拉伸试样形状和尺寸。由图11-21可见，复合材料纵向拉伸断裂宏观断口有三种类型：胡须型、拔出型和平齐型。

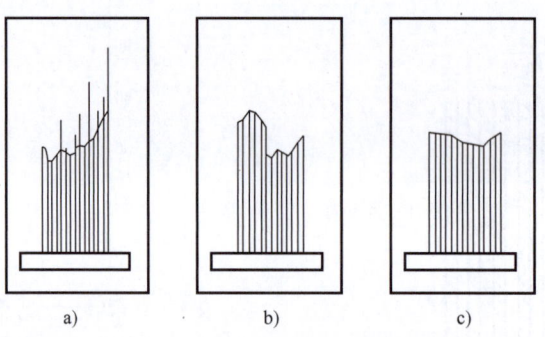

图11-21　单向复合材料纵向拉伸断口形貌
a）胡须型　b）拔出型　c）平齐型

界面结合强度低，断裂纤维与基体脱粘，从基体中拔出，断口呈胡须型（图11-21a）；界面结合强度高，纤维断裂伴有基体开裂，基体中裂纹立即扩展到邻近的纤维，材料整体破坏，断口平齐（呈平齐型，见图11-21c），具有典型脆性断裂特征；如果纤维和基体的界面结合强度适中，断口参差不齐，有一定数量纤维拔出，但拔出长度较短，为拔出型断口（图11-21b），具有此类断口的复合材料强度较高。实际上，胡须型断口与拔出型断口十分类似，只是前者宏观可见纤维拔出，后者纤维微观拔出，宏观较短。

实际复合材料的宏观断口可能同时具有三种特征而以一种为主。

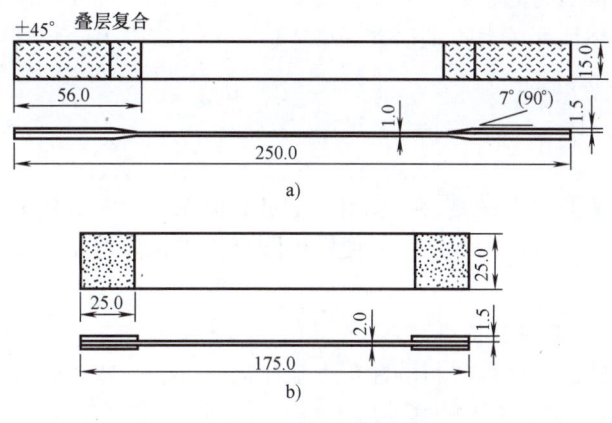

图 11-22　复合材料拉伸试样
a) 0°　b) 90°

二、复合材料的韧性

复合材料具有多相结构，其韧性（及增韧或韧化）与金属材料、聚合物材料、陶瓷材料的韧性一样，也取决于裂纹的扩展功（表面能和塑性变形功）。这类材料裂纹扩展并导致断裂的过程十分复杂，纤维断裂、基体变形和开裂、纤维拔出、纤维脱粘、裂纹和纤维桥联等过程都要消耗能量。因此，复合材料的韧性与裂纹扩展方式及吸收能量机理有关。而裂纹扩展方式又受基体和纤维的力学性能、纤维体积分数、界面结合强度等诸多因素的影响。限于篇幅，本节择其要点简述如下。

（一）裂纹和纤维桥联

复合材料一般由脆性聚合物基体和脆性纤维构成。

当增强纤维具有较高模量，且纤维和基体界面结合强度适当时，复合材料受载后裂纹扩展至纤维处受阻。因裂纹尖端附近应力场减弱界面结合力，纤维产生脱粘；同时，在裂纹尖端有稳定数量纤维桥接裂纹上下表面（图 11-19）。

裂纹和脆性纤维桥联增加复合材料的韧性，其理由有二：在裂纹上下表面产生闭合力，降低裂纹尖端应力集中，延缓裂纹扩展；桥联伴生的脱粘使表面能增加，也对韧性有贡献。

如果纤维韧性好，则裂纹与韧性纤维桥联，因纤维塑性变形，消耗塑性变形功，复合材料韧性增加。

（二）纤维脱粘和纤维拔出

当纤维强度高而纤维与基体结合强度低时，若作用在界面上的切应力足够高，可使纤维局部脱粘（图 11-19）。裂纹沿平行于纤维方向扩展。脱粘形成新表面，增加表面能，且使裂纹扩展路径改变，这些均有利于提高复合材料的韧性。

脆性的或不连续的纤维嵌于韧性基体中时，会发生纤维拔出（图 11-19）。纤维拔出也发生在纤维与基体的界面上，纤维拔出既增加新表面，又伴有基体伸长变形，所以，纤维拔出消耗的能量大于纤维脱粘消耗的能量。有人认为，纤维拔出功对复合材料的韧性（及增韧或韧化）极为重要。

综上所述，复合材料的韧性（及增韧或韧化）有多种机理，何者为主导，迄今为止，仍有争议。但有一点是明确的，即不同复合材料中情况不同。例如，陶瓷基复合材料，据认为裂纹和纤维桥联对韧性有重大贡献；碳纤维或玻璃纤维增强聚合物基复合材料则以纤维拔出功对韧性的作用为主。

三、复合材料的冲击性能

复合材料是一种新型结构材料，在应用中不可避免地承受冲击载荷的作用。如同金属材料一样，应了解复合材料的冲击性能，以便发展既有优越拉伸性能又有良好冲击性能的新型复合材料。

(一) 复合材料的冲击性能特点

复合材料的冲击性能与金属材料的冲击性能相比有如下一些异同点：

1) 单合复合材料的应变速率敏感性因纤维种类不同而有所区别，而钢的应变速率敏感性也因强度不同而异。低模量玻璃纤维复合材料对应变速率变化敏感，当冲击拉伸应变速率达到 $10^3 s^{-1}$ 时，其强度、塑性和韧性均比静载荷时高。高模量碳纤维复合材料的力学性能，对应变速率变化不敏感。中、低强度钢的强度通常随应变速率提高而增加，但塑性、韧性降低。

2) 钢的冲击断裂机理是穿晶解理或微孔聚集断裂，复合材料的冲击断裂是各类损伤的累积或非累积破坏。复合材料层合板或层合结构的层间性能通常低于面间性能，因此，分层断裂是这类复合材料结构的主要损伤形式。但其损伤发展过程与拉伸静载荷下不同。在冲击载荷作用下，当拉伸应力波引起的层间应力超过层间强度时，分层裂纹形成；随后又在弯曲应力波导致的层间应力作用下，分层裂纹扩展，最终导致复合材料分层断裂。

3) 高弹性模量复合材料往往比低弹性模量复合材料的冲击韧性差，如碳纤维-环氧复合材料与玻璃纤维-环氧复合材料的冲击性能对比就是如此。前者以纤维断裂为主要损伤模式，断裂扩展能低；后者以纤维拔出和分层裂纹为损伤模式，断裂扩展能高。

(二) 复合材料的冲击试验方法

金属材料冲击弯曲试验是在摆锤式冲击试验机上进行的（见本书第三章）。试验时，冲击能量和冲击速度一定。测定缺口试样冲击吸收能量 K，用以评定材料冲击性能。

复合材料冲击试验方法有两种：一种是落锤冲击试验；另一种是在霍普金森压杆装置⊖上进行的高应变速率冲击试验。落锤冲击试验与摆锤冲击试验不同之处为：前者有效冲击能和冲击速度可以调节，且

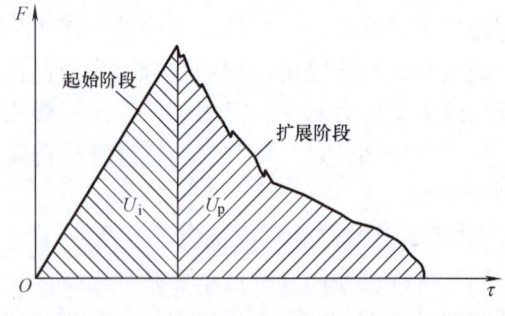

图 11-23　冲击试验典型加载历程

在冲锤或支座上安装载荷传感器，可以记录冲击试验过程中载荷变化的历程。图 11-23 所示

⊖ 读者如有需要，可查阅"冲击动力学"或有关文献。

即为复合材料冲击试验典型加载历程,图中 U_i 为断裂起始能,U_p 为断裂扩展能,两者之和即为总冲击能 U_t。根据 U_i、U_p 及 U_t,即可评定复合材料的冲击性能。

(三) 影响复合材料冲击性能的因素

影响复合材料冲击性能的因素较多,在材料参数中,<u>最重要的是纤维方向、纤维含量与界面强度</u>。

1. 纤维方向的影响

对两种铺层的玻璃纤维-环氧树脂复合材料进行了研究。一种铺层结构为 $[0°/90°/0°_9/90°/0°]$,它的主要铺层为 0°铺层,只在接近表面层有两层 90°铺层,可称作准单向层合板;另一种铺层结构为 $[(0°/90°)_3/0°/(0°/90°)_3]_t$,为正交铺层层合板。两个体系都包含 13 层。试样外表层纤维与试样纵轴分别呈 0°、15°、45°、75°、90°角,此角度称为纤维的方位角 θ。在所有情况下施加的载荷都垂直层合板平面,如图 11-24 所示。图 11-25 给出了这两种铺层结构的层合板在不同方位角 θ 下的冲击能变化情况。单向层合板冲击能的最低值约出现在 $\theta=60°$ 时,这是由于 0°和 90°铺层综合作用的结果。由于同样的原因,正交铺层层合板冲击能的最低值大约出现在 $\theta=45°$ 时。图 11-25 还表明,在试样尺寸和落锤高度相同的条件下,除 $\theta=0°$ 外,正交铺层吸收的冲击能均比单向铺层的高(而在 $\theta=0°$ 时,单向铺层吸收的能量较多)。

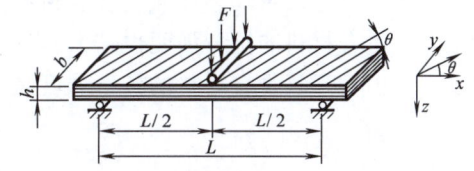

图 11-24 冲击试验装置示意图

2. 纤维含量的影响

试验指出,玻璃纤维增强聚酯复合材料的冲击能还与玻璃纤维含量有关(图 11-26)。结晶态聚酯(PBT 和 PET)的冲击能随玻璃纤维含量增加而提高,但非晶态的聚碳酸酯(PC),其冲击能却基本不变。

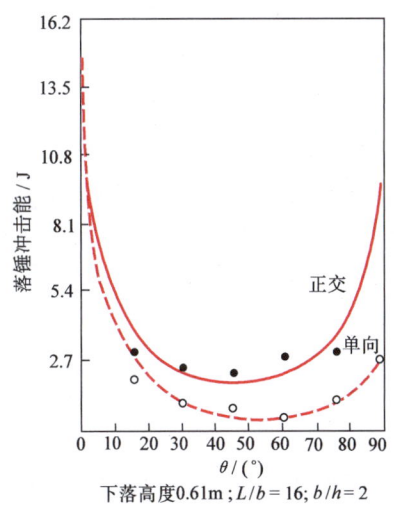

图 11-25 纤维方位对复合材料冲击能的影响

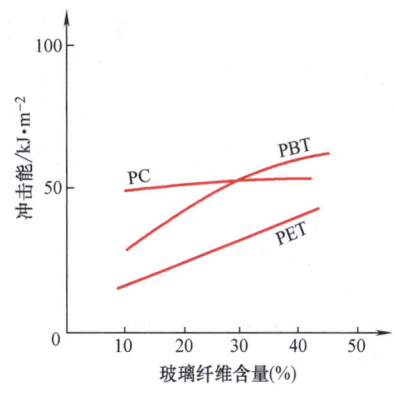

图 11-26 纤维含量对复合材料冲击能的影响

3. 界面的影响

纤维与基体的界面强度强烈地影响复合材料的破坏模式，从而影响材料吸收的冲击能。对玻璃纤维-聚酯复合材料和玻璃纤维-环氧复合材料进行试验表明，前者的界面强度可通过表面处理有大幅度变化；而后者的界面即使未经过表面处理也能形成很强的粘接，故界面强度变化较小。表面抗剪强度以短梁抗剪强度试验方法测定，用以度量界面强度。图 11-27 所示为玻璃纤维-聚酯复合材料和玻璃纤维-环氧复合材料单位截面积吸收的冲击能与界面强度的关系。图中 U_i、U_p、U_t 分别为按单位横截面积计算的断裂起始能、断裂扩展能和总冲击能。从图中可见，聚酯和环氧基复合材料的起始能量均随抗剪强度增大而增大。由于抗剪强度增大，复合材料的抗弯强度也增大，反映出界面粘接好，使层内和层间抗拉强度增高。相比之下，由于环氧复合材料的抗弯强度高，其起始冲击能也大得多。

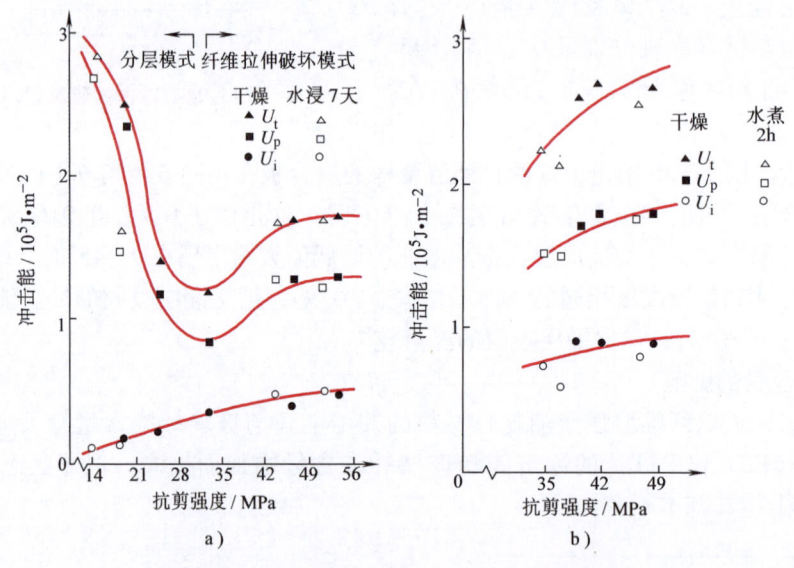

图 11-27　界面强度对复合材料冲击能的影响
a）玻璃纤维-聚酯复合材料　b）玻璃纤维-环氧复合材料

对聚酯复合材料而言，断裂扩展能和总冲击能都有最小值，在某一层间抗剪强度临界值以上，总冲击能随抗剪强度增加而增加。在此值以下，冲击能随抗剪强度增加而降低，这是由于断裂模式的变化而引起的。在临界值以下，冲击破坏的主要模式为分层；而在临界值以上，纤维断裂则是主要模式。因此对聚酯复合材料，可通过减小界面强度来提高其冲击抗力。

四、复合材料的疲劳性能

（一）复合材料疲劳性能的特点

复合材料在航空、航天、汽车、动力等工程中广泛用于制造受交变载荷作用的零件或结构件，因此对复合材料疲劳破坏的研究越来越受到重视。复合材料与金属材料等一些各向同性材料有完全不同的疲劳机理。对大多数各向同性材料，在受交变载荷作用时，往往出现一个单一的疲劳主裂纹并控制其最终的疲劳破坏；对于纤维复合材料，往往在高应力区出现较大规模的损伤,如界面脱粘、基体开裂、分层和纤维断裂等,这些损伤还会相互影响和组合,表现出非常复杂的疲劳破坏行为,很少出现由单一裂纹控制的破坏机理。总的来说,复合材料的抗疲劳破坏性能比金属材料好得多。图 11-28 反映了二者之间的特点,尽管复合材料初始阶段损伤尺寸比金属材料大,但多种损伤形式和增强纤维的牵制作用使复合材料具有良好的断裂韧性和低的缺口敏感性,因此疲劳寿命比金属材料长,具有较大的临界损伤尺寸。此外,复合材料疲劳损伤是累积的,有明显征兆;金属材料损伤累积是隐蔽的,破坏是突发性的。

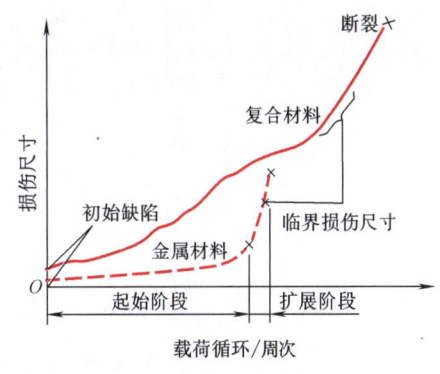

图 11-28 复合材料与金属材料的疲劳性能比较

(二) 影响复合材料疲劳性能的因素

复合材料的疲劳性能受各种材料参数和试验参数的影响,如组分材料的性能、增强纤维的体积分数、界面性质、载荷形式、频率、环境条件等。下面主要介绍材料参数对疲劳性能的影响。

1. 基体、增强纤维种类的影响

基体对玻璃纤维增强复合材料疲劳性能的影响如图 11-29 所示。不同树脂基体均采用 181 型 E 玻璃布增强,这种玻璃布经纬向是均衡的,$E_L \approx E_T$。图中数据是早期测定的,后来由于发展了偶联剂,复合材料的强度已有所提高,但图 11-29 表明的趋势仍是正确的。在通常用的玻璃纤维增强的各种热固性树脂中,疲劳性能最好的是环氧树脂。环氧树脂的优点是其特有的韧性和耐久性,机械强度高,固化收缩率低,且与纤维形成良好的结合。

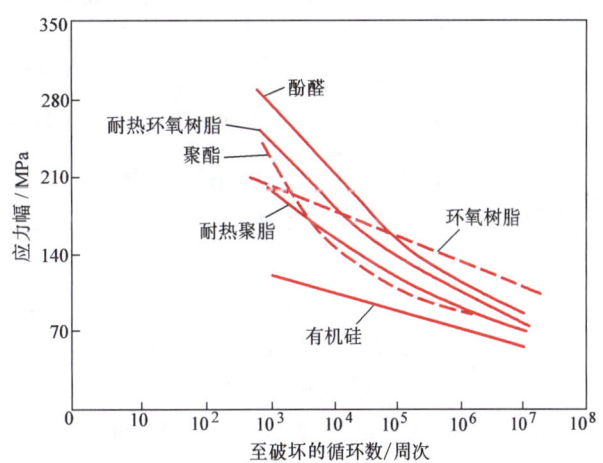

图 11-29 不同基体材料玻璃纤维层合板的疲劳性能

高模量纤维(碳纤维、硼纤维、凯芙拉纤维等)增强的复合材料,当在纤维方向上试验时,呈现极好的疲劳性能(图 11-30),因为这时复合材料性能受纤维控制。换句话说,虽然单向凯芙拉纤维复合材料横向拉伸疲劳性能与玻璃纤维复合材料没有什么差别,但纵向拉伸疲劳强度要高得多。高模量纤维复合材料优越的抗疲劳性能,是由于这些纤维的环境稳定性及其断裂时所产生的应变较低所致(相应的基体应变也较低)。

2. 纤维含量的影响

图 11-31 表明玻璃纤维含量对复合材料层合板轴向疲劳性能的影响。Amijima 等的研究结果表明,玻璃布-聚酯层合板的疲劳强度随纤维含量增加而提高,是由于复合材料静强度随纤维体积分数增加而增大的缘故。Boller 等进行的研究表明,当玻璃布-环氧复合材料的

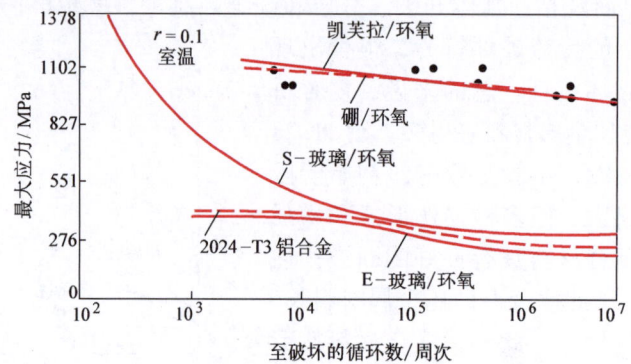

图 11-30　单向复合材料及铝合金的 S-N 曲线

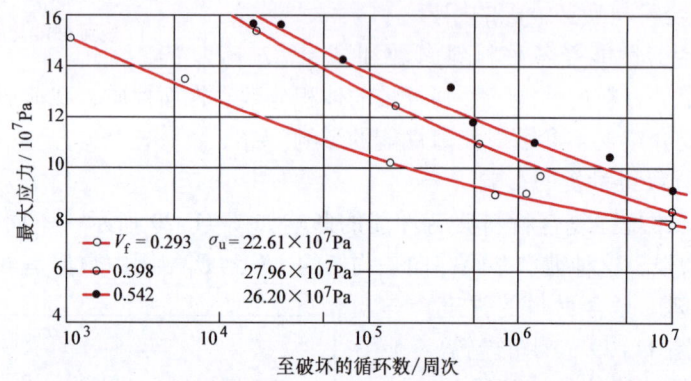

图 11-31　玻璃纤维含量（V_f）对层合板轴向疲劳性能的影响

纤维含量（V_f）在 63%～80% 范围内变化时，疲劳强度受纤维含量影响不大。可见，玻璃纤维增强的层合板，当纤维含量（V_f）达到 70% 时会有最佳疲劳强度。

3. 缺口的影响

带缺口复合材料多向层合板，受静载时会产生低应力脆性破坏；但是在受疲劳载荷时，却对缺口不敏感，这是它的一个明显优点，称为"拟脆性"。图 11-32 所示是层合板在 $r = -1$ 时，其有缺口（圆孔）和无缺口试样的净截面疲劳强度与循环次数的关系。可见这种层合板在整个疲劳寿命范围内缺口影响很小。

4. 界面性质的影响

Hofer 等研究了基体与纤维界面粘接强度对复合材料疲劳强度的影响。他们用沃兰-A、A-1100 与 S-550 有机硅烷偶联剂

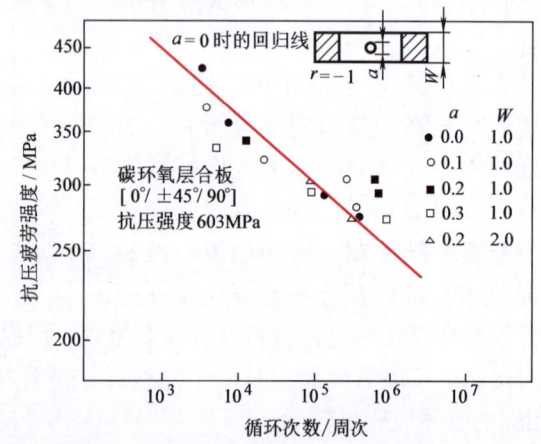

图 11-32　缺口对疲劳寿命的影响

处理的玻璃布与未处理的玻璃布相比较。在干燥环境里未处理的玻璃纤维增强复合材料疲劳强度最高，但它也是受潮湿环境影响最严重的一个。当在潮湿环境中试验时，所有试验材料

都呈相似的抗疲劳性能，要用试验表明各种表面处理的影响是困难的，这是因为铺层结构和应力状态的缘故。当出现以纤维断裂为主的层合板破坏时，界面强度的影响就不重要了。

思考题与习题

1. 解释下列名词：
(1) 纤维的临界体积分数；(2) 纤维的最小体积分数；(3) 短纤维的临界长度；(4) 单向短纤维复合材料；(5) 比强度、比模量；(6) 单向复合材料的纵泊松比、横泊松比。

2. 试述纤维增强复合材料力学性能的基本特点。复合材料受力时纤维和基体各起什么作用？

3. 复合材料性能常数在什么条件下符合并联混合律？什么条件下符合串联混合律？并联与串联混合律的形式有什么不同？

4. 单向连续纤维增强复合材料含45%（体积分数）聚酰胺纤维，基体为55%（体积分数）聚碳酸酯，两组分力学性能见下表：

复合材料	E/GPa	抗拉强度/MPa
聚酰胺纤维	131	3600
聚碳酸酯	2.4	65

当聚酰胺纤维破断时，作用在聚碳酸酯上的应力为35MPa。试计算其纵向抗拉强度和纵向弹性模量。

5. 短纤维复合材料的强度与哪些因素有关？为什么纤维越长，短纤维复合材料的强度越高？

6. 试讨论影响复合材料韧性的主要机理，并指出提高复合材料韧性的主要途径。

7. 试述复合材料疲劳性能的特点。

附 录

附录 A 与本书内容有关的材料力学性能试验方法标准及其适用范围

类别	标准编号	标准名称	适用范围
通用标准	GB/T 10623—2008	金属材料 力学性能试验术语	定义了金属材料力学性能试验中使用的术语，并为标准和一般使用时形成共同的称谓
	GB/T 22315—2008	金属材料 弹性模量和泊松比试验方法	静态法部分适用于室温，动态法部分适用于 -196 ~ 1200℃间测定材质均匀的弹性材料的动态杨氏模量、动态切线模量和动态泊松比的测量
	GB/T 24182—2009	金属力学性能试验 出版标准中的符号及定义	规定了金属材料力学试验方法出版标准中采用的术语、符号和定义
	GB/T 2975—1998	钢及钢产品 力学性能试验取样位置及试样制备	适用于型钢、条钢、钢板和钢管的力学性能试验、取样位置和试样制备要求
	GB/T 1172—1999	黑色金属硬度及强度换算值	适用于碳钢及合金钢等钢种的硬度与强度换算
	GB/T 3771—1983	铜合金硬度与强度换算值	适用于黄铜（H62、HPb59-1 等）和铍青铜
金属拉伸试验	GB/T 228.1—2010	金属材料 拉伸试验 第1部分：室温试验方法	适用于金属材料室温拉伸性能的测定
	GB/T 5027—2007	金属材料 薄板和薄带 塑性应变比（r 值）的测定	本标准规定了一种测定金属材料薄板和薄带塑性应变比的方法
	GB/T 5028—2008	金属材料 薄板和薄带 拉伸应变硬化指数（n 值）的测定	规定了金属薄板和薄带拉伸应变硬化指数（n 值）的测定方法 本方法仅适用于塑性变形范围内应力-应变曲线呈单调连续上升的部分
金属压弯扭试验	GB/T 7314—2005	金属材料 室温压缩试验方法	适用于测定金属材料在室温下单向压缩的规定非比例压缩强度、规定总压缩强度、上压缩屈服强度、下压缩屈服强度、压缩弹性模量及抗压强度
	YB/T 5349—2014	金属材料 弯曲力学性能试验方法	适用于测定脆性断裂和低塑性断裂的金属材料一项或多项弯曲力学性能
	GB/T 232—2010	金属材料 弯曲试验方法	本标准规定了测定金属材料承受弯曲塑性变形能力的试验方法
	GB/T 10128—2007	金属材料 室温扭转试验方法	适用于在室温下测定金属材料的扭转性能

(续)

类别	标准编号	标准名称	适用范围
金属硬度试验	GB/T 231.1—2009	金属材料 布氏硬度试验 第1部分：试验方法	适用于金属布氏硬度650HBW以下的测定
	GB/T 230.1—2009	金属材料 洛氏硬度试验 第1部分：试验方法（A、B、C、D、E、F、G、H、K、N、T标尺）	适用于金属洛氏硬度（A、B、C、D、E、F、G、H、K、N、T标尺）的测定
	GB/T 4340.1—2009	金属材料 维氏硬度试验 第1部分：试验方法	按三个试验力范围规定了测定金属维氏硬度的方法，适用于维氏硬度压痕对角线长度范围为0.020~1.400mm的测定
	GB/T 18449.1—2009	金属材料 努氏硬度试验 第1部分：试验方法	适用于金属努氏硬度（试验力范围为0.09807N到19.614N；压痕对角线长度≥0.02mm）的测定
	GB/T 4341.1—2014	金属材料 肖氏硬度试验 第1部分：试验方法	规定了金属肖氏硬度试验方法的原理、符号及说明、硬度计、试样、试验方法和试验报告。本标准规定的肖氏硬度试验范围为5~105HS
	GB/T 17394.1—2014	金属材料 里氏硬度试验 第1部分：试验方法	适用于大型金属产品及部件里氏硬度的测定
金属冲击试验	GB/T 229—2007	金属材料 夏比摆锤冲击试验方法	规定了测定金属材料在夏比冲击试验中吸收能量的方法（V型和U型缺口试样）
	GB/T 12778—2008	金属夏比冲击断口测定方法	规定了金属材料夏比冲击试样断口纤维断面率和侧膨胀值的测定方法；适用于测定金属材料夏比冲击试样断口，其他类型的冲击试样断口也可参照使用
	GB/T 6803—2008	铁素体钢的无塑性转变温度落锤试验方法	适用于测定厚度不小于12mm的铁素体钢（包括板材、型材、铸钢和锻钢）的无塑性转变温度
	GB/T 5482—2007	金属材料动态撕裂试验方法	适用于测定洛氏硬度值小于36HRC的金属材料或焊接接头试样的动态撕裂能和纤维断面率
金属断裂试验	GB/T 4161—2007	金属材料 平面应变断裂韧度K_{IC}试验方法	规定了缺口预制疲劳裂纹试样在承受缓慢增加裂纹位移力时测定均匀金属材料平面应变断裂韧度的方法
	GB/T 7732—2008	金属材料 表面裂纹拉伸试样断裂韧度试验方法	适用于具有半椭圆或部分圆形表面裂纹的金属材料矩形横截面拉伸试样
	GB/T 21143—2014	金属材料 准静态断裂韧度的统一试验方法	本标准规定了均匀金属材料在承受准静态加载时断裂韧度、裂纹尖端张开位移、J积分和阻力曲线的试验方法。试样有缺口，采用疲劳的方法预制裂纹，在缓慢增加位移量的条件下进行试验
金属疲劳试验	GB/T 4337—2008	金属材料 疲劳试验 旋转弯曲方法	适用于金属材料在室温和高温空气中试样旋转弯曲的条件下进行的疲劳试验，其他环境（如腐蚀）下的也可参照本标准执行
	GB/T 15824—2008	热作模具钢热疲劳试验方法	适用于测定热作模具钢的抗热疲劳性能
	GB/T 3075—2008	金属材料 疲劳试验 轴向力控制方法	适用于圆形或矩形横截面试样的轴向力控制疲劳试验

（续）

类别	标准编号	标准名称	适用范围
金属疲劳试验	GB/T 15248—2008	金属材料轴向等幅低循环疲劳试验方法	适用于金属材料以截面和漏斗形试样承受轴向等幅应力或应变的低循环疲劳试验
金属疲劳试验	GB/T 6398—2000	金属材料疲劳裂纹扩展速率试验方法	适用于在室温及大气环境下，用标准紧凑拉伸试样或标准中心裂纹拉伸试样、标准单边缺口三点弯曲试样测定金属材料大于 10^{-5} mm/周期的恒力幅疲劳裂纹扩展速率；测定小于 10^{-5} mm/周期的低速疲劳裂纹扩展速率和疲劳裂纹扩展门槛值
应力腐蚀试验	GB/T 15970.6—2007	金属和合金的腐蚀 应力腐蚀试验 第6部分：恒载荷或恒位移下的预裂纹试样的制备和应用	适用于测试高强度合金材料的板材、棒材、锻件的预裂纹试样在腐蚀环境中的平面应变应力腐蚀开裂界限应力强度和裂纹扩展速率
应力腐蚀试验	GB/T 4157—2006	金属在硫化氢环境中抗特殊形式环境开裂实验室试验	适用于在含硫化氢的酸性水溶液环境中受拉伸应力的金属进行抗开裂破坏性能的试验
金属磨损与接触疲劳试验	GB/T 12444—2006	金属材料 磨损试验方法 试环-试块滑动磨损试验	适用于金属材料在滑动摩擦条件下磨损量及摩擦因数的测定
金属磨损与接触疲劳试验	YB/T 5345—2014	金属材料 滚动接触疲劳试验方法	适用于测定金属材料滚动接触疲劳性能
金属高温性能试验	GB/T 2039—2012	金属材料 单轴拉伸蠕变试验方法	适用于单轴拉伸蠕变试验，尤其是在定温度下的蠕变伸长和蠕变断裂时间
金属高温性能试验	GB/T 10120—2013	金属材料 拉伸应力松弛试验方法	适用于金属材料在恒定应变和温度条件下拉伸应力松弛性能试验 高温环状弯曲应力松弛试验，也可参照本标准执行
金属高温性能试验	GB/T 4338—2006	金属材料 高温拉伸试验方法	适用于温度在高于35℃条件下金属材料的拉伸试验
高分子材料力学性能试验	GB/T 1040.1—2006	塑料 拉伸性能的测定 第1部分：总则	用于研究试样的拉伸性能及在规定条件下测定拉伸强度、拉伸模量和其他方面的拉伸应力-应变关系
高分子材料力学性能试验	GB/T 1041—2008	塑料 压缩性能试验方法	适用于测定在标准条件下压缩应力-应变与压缩强度、压缩模量及其他特性的关系
高分子材料力学性能试验	GB/T 9341—2008	塑料 弯曲性能试验方法	适用于测定试样弯曲强度、弯曲模量和弯曲应力-应变关系
高分子材料力学性能试验	GB/T 3398.2—2008	塑料 硬度测定 第2部分：洛氏硬度	适用于洛氏硬度计M、L、R标尺测定塑料硬度。不适用于测定塑料薄膜、泡沫塑料
高分子材料力学性能试验	GB/T 1043.1—2008	塑料 简支梁冲击性能的测定 第1部分：非仪器化冲击试验	适用于硬质热塑性塑料和热固性塑料，其中包括填充塑料和纤维增强塑料，以及这些塑料的制品。不适用于硬质泡沫塑料
高分子材料力学性能试验	GB/T 1843—2008	塑料 悬臂梁冲击强度的测定	适用于在标准条下，研究规定类型试样的冲击行为，并用于评估试样在试验条件下的脆性和韧性
高分子材料力学性能试验	GB/T 7759.1—2015	硫化橡胶或热塑性橡胶 压缩永久变形的测定 第1部分：在常温及高温条件下	适用于测定硫化橡胶恒定形变压缩永久变形特性的试验方法

(续)

类别	标准编号	标准名称	适用范围
高分子材料力学性能试验	HG/T 3843—2008	硫化橡胶 短时间静压缩试验方法	适用于测定硫化橡胶的压缩变形及永久变形试验
	GB/T 1685—2008	硫化橡胶或热塑性橡胶 在常温和高温下压缩应力松弛的测定	适用于硫化橡胶或热塑性橡胶压缩应力松弛的测定
	HG/T 3101—2011	硫化橡胶伸张时的有效弹性和滞后损失试验方法	适用于测定硫化橡胶伸长时的有效弹性和滞后损失
	HG/T 3844—2008	硬质橡胶 弯曲强度的测定	适用于耐介质、耐电、耐热、耐冲击等硬质橡胶在两支座间的中心位置施加静力使试样弯曲,测定弯曲强度
	HG/T 3845—2008	硬质橡胶 冲击强度的测定	适用于耐介质、耐电、耐热、耐冲击等硬质橡胶用具有一定位能的摆锤冲击试样,测定其折断时所消耗的能量
	HG/T 3846—2008	硬质橡胶 硬度的测定	适用于耐介质、耐电、耐热、耐冲击等硬质橡胶。在一定负荷下,通过钢球压入测定硬质橡胶硬度
	HG/T 3849—2008	硬质橡胶 拉伸强度和拉断伸长率的测定	适用于测定耐介质、耐电、耐热、耐冲击等硬质橡胶的拉伸强度和拉断伸长率
精细陶瓷力学性能试验	GB/T 10700—2006	精细陶瓷弹性模量试验方法 弯曲法	适用于精细陶瓷在室温下弹性模量的测定,其他陶瓷也可参照执行
	GB/T 8489—2006	精细陶瓷压缩强度试验方法	适用于精细陶瓷和功能陶瓷室温下压缩强度的测定
	GB/T 6569—2006	精细陶瓷弯曲强度试验方法	适用于精细陶瓷和纤维增强或颗粒增强陶瓷复合材料的室温弯曲强度的测定

附录B Φ^2 值 表

Φ^2	a/c	Φ^2	a/c	Φ^2	a/c	Φ^2	a/c	Φ^2	a/c
1.00	0.00	1.30	0.39	1.60	0.59	1.90	0.76	2.20	0.89
1.02	0.06	1.32	0.41	1.62	0.60	1.92	0.77	2.22	0.90
1.04	0.12	1.34	0.42	1.64	0.61	1.94	0.78	2.24	0.91
1.06	0.15	1.36	0.44	1.66	0.62	1.96	0.79	2.26	0.92
1.08	0.18	1.38	0.45	1.68	0.64	1.98	0.80	2.28	0.93
1.10	0.20	1.40	0.46	1.70	0.65	2.00	0.81	2.30	0.93
1.12	0.23	1.42	0.48	1.72	0.66	2.02	0.81	2.32	0.94
1.14	0.25	1.44	0.49	1.74	0.67	2.04	0.82	2.34	0.95
1.16	0.27	1.46	0.50	1.76	0.68	2.06	0.83	2.36	0.96
1.18	0.29	1.48	0.52	1.78	0.69	2.08	0.84	2.38	0.97
1.20	0.31	1.50	0.53	1.80	0.70	2.10	0.85	2.40	0.98
1.22	0.32	1.52	0.54	1.82	0.71	2.12	0.86	2.42	0.98
1.24	0.34	1.54	0.55	1.84	0.72	2.14	0.86	2.44	0.99
1.26	0.36	1.56	0.56	1.86	0.73	2.16	0.87	2.46	1.00
1.28	0.38	1.58	0.57	1.88	0.74	2.18	0.88		

注:Φ 为第二类椭圆积分,$\Phi = \int_0^{\pi/2} \left\{ 1 - \left[1 - \left(\dfrac{a}{c} \right)^2 \right] \sin^2\theta \right\} d\theta$。

附录 C 表面裂纹修正因子

1. 表面裂纹形状因子 Q 值表

$$Q = \Phi^2 - 0.212\left(\frac{\sigma}{\sigma_s}\right)^2$$

Q σ/σ_s \ $a/(2c)$	0.1	0.2	0.25	0.3	0.4
1.0	0.88	1.07	1.21	1.38	1.76
0.9	0.91	1.12	1.24	1.41	1.79
0.8	0.95	1.15	1.27	1.45	1.83
0.7	0.98	1.17	1.31	1.48	1.87
0.6	1.02	1.22	1.35	1.52	1.90
<0.6	1.10	1.29	1.42	1.60	1.98

2. 自由表面修正因子 M_e 与裂纹厚度比 a/B 的关系曲线图

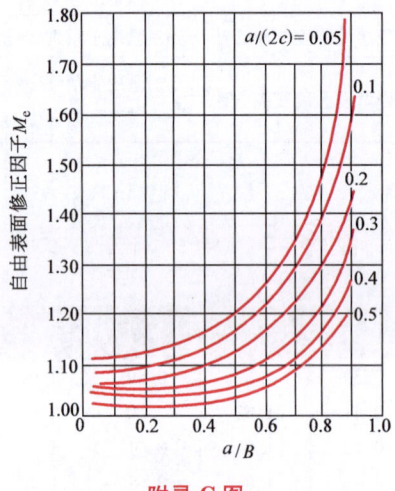

附录 C 图

附录 D 金属材料室温拉伸试验方法国家标准力学性能指标名称和符号对照

性能名称和符号 （GB/T 228.1—2010）		性能名称和符号 （GB/T 228—1987）	
断面收缩率	Z	断面收缩率	ψ
断后伸长率	A $A_{11.3}$	断后伸长率	δ_5 δ_{10}
断裂总延伸率	A_t		

(续)

性能名称和符号 （GB/T 228.1—2010）		性能名称和符号 （GB/T 228—1987）	
最大力总延伸率	A_{gt}	最大力下的总伸长率	δ_{gt}
最大力塑性延伸率	A_g	最大力下的非比例伸长率	δ_g
屈服点延伸率	A_e	屈服点伸长率	δ_s
屈服强度		屈服点	σ_s
上屈服强度	R_{eH}	上屈服点	σ_{sU}
下屈服强度	R_{eL}	下屈服点	σ_{sL}
规定塑性延伸强度	R_p 例如 $R_{p0.2}$	规定非比例伸长应力	σ_p 例如 $\sigma_{p0.2}$
规定总延伸强度	R_t 例如 $R_{t0.5}$	规定总伸长应力	σ_t 例如 $\sigma_{t0.5}$
规定残余延伸强度	R_r 例如 $R_{r0.2}$	规定残余伸长应力	σ_r 例如 $\sigma_{r0.2}$
抗拉强度	R_m	抗拉强度	σ_b

附录 E 不同条件下的试验力
(GB/T 231.1—2009《金属材料 布氏硬度试验 第 1 部分：试验方法》)

硬度符号	硬质合金球直径 D/mm	试验力-球直径平方的比率 $0.102 \times F/D^2 / (N/mm^2)$	试验力的标称值 F/N
HBW 10/3000	10	30	29420
HBW 10/1500	10	15	14710
HBW 10/1000	10	10	9807
HBW 10/500	10	5	4903
HBW 10/250	10	2.5	2452
HBW 10/100	10	1	980.7
HBW 5/750	5	30	7355
HBW 5/250	5	10	2452
HBW 5/125	5	5	1226
HBW 5/62.5	5	2.5	612.9
HBW 5/25	5	1	245.2
HBW 2.5/187.5	2.5	30	1839
HBW 2.5/62.5	2.5	10	612.9
HBW 2.5/31.25	2.5	5	306.5
HBW 2.5/15.625	2.5	2.5	153.2
HBW 2.5/6.25	2.5	1	61.29
HBW 1/30	1	30	294.2
HBW 1/10	1	10	98.07
HBW 1/5	1	5	49.03
HBW 1/2.5	1	2.5	24.52
HBW 1/1	1	1	9.807

参考文献

[1] 郑修麟. 工程材料的力学行为 [M]. 西安：西北工业大学出版社，2004.

[2] 石德珂，金志浩. 材料力学性能 [M]. 西安：西安交通大学出版社，1998.

[3] 姜伟之，等. 工程材料的力学性能 [M]. 北京：北京航空航天大学出版社，2000.

[4] 米格兰比 H. 材料的塑性变形与断裂 [M]. 颜鸣皋，等译. 北京：科学出版社，1998.

[5] 邓增杰，周敬恩. 工程材料的断裂与疲劳 [M]. 北京：机械工业出版社，1995.

[6] 刘鸣放，刘胜新. 金属材料力学性能手册 [M]. 北京：机械工业出版社，2011.

[7] 宋余九. 金属材料的设计·选用·预测 [M]. 北京：机械工业出版社，1998.

[8] 肖纪美. 金属的韧化与韧性 [M]. 上海：上海科学技术出版社，1980.

[9] Hertzberg R W. Deformation and Fracture Mechanics of Engineering Materials [M]. 2nd ed. John Wiley and Sons, 1983.

[10] 苏尔茨 S. 材料的疲劳 [M]. 王中光，等译. 北京：国防工业出版社，1993.

[11] 杨平生，张奇凤. 冲击拉压疲劳试验机及试验方法 [J]. 南昌大学学报：理科版，1994，18（1）：41-48.

[12] Yang PingSheng, Zhou Huijiu. Low cycle impact fatigue of mild steel and austenitic stainless steel [J]. Int. J. Fatigue. 1994, 16: 567-570.

[13] 陈南平，顾守仁，沈万慈. 机械零件失效分析 [M]. 北京：清华大学出版社，1988.

[14] 郑文龙，于青. 钢的环境敏感断裂 [M]. 北京：化学工业出版社，1988.

[15] 刘家浚. 材料磨损原理及其耐磨性 [M]. 北京：清华大学出版社，1993.

[16] 李诗卓，董祥林. 材料的冲蚀磨损与微动磨损 [M]. 北京：机械工业出版社，1987.

[17] 杨宜科，吴天禄，江先美，等. 金属高温强度及试验 [M]. 上海：上海科学技术出版社，1986.

[18] 哈宽富. 金属力学性质的微观理论 [M]. 北京：科学出版社，1983.

[19] Courtney T H. Mechanical behavior of materials [M]. 2nd ed. 北京：机械工业出版社，2004.

[20] 上海锅炉厂. 热强钢高温性能数据集 [M]. 上海：上海人民出版社，1975.

[21] 过梅丽，赵得禄. 高分子物理 [M]. 北京：北京航空航天大学出版社，2005.

[22] 殷敬华，莫志深. 现代高分子物理学：上册 [M]. 北京：科学出版社，2001.

[23] 武军，李和平. 高分子物理及化学 [M]. 北京：中国轻工业出版社，2001.

[24] 托马斯 E L. 聚合物的结构与性能 [M]. 施良和，沈静姝，等译. 北京：科学出版社，1999.

[25] 王承鹤. 塑料摩擦学——塑料的摩擦、磨损润滑理论与实践 [M]. 北京：机械工业出版社，1994.

[26] 斯温 M V. 陶瓷的结构与性能 [M]. 郭景坤，等译. 北京：科学出版社，1998.

[27] 钦征骑，等. 新型陶瓷材料手册 [M]. 南京：江苏科学技术出版社，1996.

[28] 王零森. 特种陶瓷 [M]. 长沙：中南工业大学出版社，1994.

[29] 关振铎，张中太，焦金生. 无机材料物理性能 [M]. 北京：清华大学出版社，1992.

[30] 铃木弘茂. 工程陶瓷 [M]. 徐克玷，等译. 北京：科学出版社，1989.

[31] 张清纯. 陶瓷的力学性能 [M]. 北京：科学出版社，1987.

[32] 师昌绪. 新型材料与材料科学 [M]. 北京：科学出版社，1988.

[33] 周敬恩，金志浩. 非金属工程材料 [M]. 西安：西安交通大学出版社，1987.

[34] 法拉格 M M. 工程材料及加工选择 [M]. 徐克玷，等译. 北京：机械工业出版社，1985.

[35] 王吉会,等. 材料力学性能 [M]. 天津:天津大学出版社,2006.

[36] 吴人洁. 复合材料 [M]. 天津:天津大学出版社,2000.

[37] 邹祖讳. 复合材料的结构与性能 [M]. 吴人洁,等译. 北京:科学出版社,1999.

[38] 克莱因 T W,威瑟斯 P J. 金属基复合材料导论 [M]. 余永宁,房志刚,译. 北京:冶金工业出版社,1996.

[39] 沈观林. 复合材料力学 [M]. 北京:清华大学出版社,1996.

[40] 张国定,赵昌正. 金属基复合材料 [M]. 上海:上海交通大学出版社,1996.

[41] 周祖福. 复合材料学 [M]. 武汉:武汉工业大学出版社,1995.

[42] 罗祖道,王震鸣. 复合材料力学进展 [M]. 北京:北京大学出版社,1992.

[43] Datoo M H. Mechanics of Fibrous Composites [M]. London:Elsevier Applied Science,1991.

[44] Chawla K K. Composite Materials:Science and Engineering [M]. New York:Springer,1987.

[45] 顾震隆. 短纤维复合材料力学 [M]. 北京:国防工业出版社,1987.

[46] 宋焕成,赵时熙. 聚合物基复合材料 [M]. 北京:国防工业出版社,1986.

[47] 刘锡礼,王秉权. 复合材料力学基础 [M]. 北京:中国建筑工业出版社,1984.

[48] 皮亚蒂 G. 复合材料进展 [M]. 北京:科学出版社,1984.

[49] Hull D. An Introduction to Composite Materials [M]. Cambridge:Cambridge University Press,1981.

[50] 杨王玥,强文江,等. 材料力学行为 [M]. 北京:化学工业出版社,2009.

[51] 全国钢标准化技术委员会. GB/T 24182—2009 金属力学性能试验 出版标准中的符号及定义 [S]. 北京:中国标准出版社,2010.

[52] 毕莘平,杨永林,李俏. 金属材料室温拉伸试验标准方法新旧版本对比分析 [J]. 金属热处理,2012,37(6):129-137.

[53] 全国钢标准化技术委员会. GB/T 228.1—2010 金属材料 拉伸试验 第1部分:室温试验方法 [S]. 北京:中国标准出版社,2011.

[54] 全国钢标准化技术委员会. GB/T 229—2007 金属材料 夏比摆锤冲击试验方法 [S]. 北京:中国标准出版社,2008.

[55] 李光瀛. 汽车构件与零部件新材料及其热处理新技术的发展与应用 [J]. 金属热处理,2010,35(12):1-13.

[56] 申文竹,等. 孪生诱发塑性钢的研究现状及展望 [J]. 金属热处理,2012,37(4):6-10.

[57] 雍岐龙,等. 先进机械制造用结构钢的发展 [J]. 金属热处理,2010,35(1):2-8.

[58] 高玉魁,赵振业. 齿轮的表面完整性与抗疲劳制造技术的发展趋势 [J]. 金属热处理,2014,39(4):1-6.

[59] 黄晓艳,翁柠,陈锋. 金属材料常用力学性能的规范表达 [J]. 金属热处理,2013,38(8):140-143.

[60] 刘耀中,范崇惠. 高碳铬轴承钢滚动轴承零件热处理技术发展与展望 [J]. 金属热处理,2014,39(1):53-57.

[61] 赵振业. 发展热处理和表面改性技术,提升国家核心竞争力 [J]. 金属热处理,2013,38(1):1-3.

[62] Norman E Dowling. Mechanical Behavior of Materials [M]. 4nd ed. PEARSON,2012.

[63] 尤绍军. 我国轴承钢及热加工技术的现状和研究方向 [J]. 金属热处理,2012,37(1):119-125.

[64] George E Dieter. Mechanical Metallurgy [M]. 3rd edition. New York:McGraw Hill,1986.

[65] 弗里德曼 Я Б. 金属机械性能 [M]. 孙希泰,等译. 北京:机械工业出版社. 1982.

[66] 周顺深. 钢脆性和工程结构脆性断裂 [M]. 上海:上海科学技术出版社,1981.

[67] 俞德刚,谈育煦. 钢的组织强度学——组织与强韧性 [M]. 上海:上海科学技术出版社,1981.

[68] 褚武扬. 断裂力学基础 [M]. 北京：科学出版社, 1979.
[69] 北京钢铁研究院金属物理室. 工程断裂力学：上册 [M]. 北京：国防工业出版社, 1978.
[70] 崔振源，等. 断裂韧度测试原理和方法 [M]. 上海：上海科学技术出版社, 1981.
[71] 高庆. 工程断裂力学 [M]. 重庆：重庆大学出版社, 1986.
[72] 黄明志，石德珂，金志浩. 金属力学性能 [M]. 西安：西安交通大学出版社, 1986.
[73] 蔡泽高，刘以宽，王承忠，等. 金属磨损与断裂 [M]. 上海：上海交通大学出版社, 1985.
[74] 徐灏. 疲劳强度设计 [M]. 北京：机械工业出版社, 1981.
[75] 榎本信助. 材料強度要論 [M]. 養賢堂, 1979.
[76] 罗尔斯 K M，等. 材料科学与材料工程导论 [M]. 范玉殿，等译. 北京：科学出版社, 1982.
[77] 曲敬信，任玉锁，刘俊英. 激光表面强化技术 [J]. 水利电力机械, 2003, 35 (2): 33-36.